Die garantierte Einspeisevergütung für Strom nach dem Gesetz über den Vorrang erneuerbarer Energien

Europäische Hochschulschriften
Publications Universitaires Européennes
European University Studies

Reihe II
Rechtswissenschaft

Série II Series II
Droit
Law

Bd./Vol. 3864

PETER LANG
Frankfurt am Main · Berlin · Bern · Bruxelles · New York · Oxford · Wien

Markus Weck

Die garantierte Einspeisevergütung für Strom nach dem Gesetz über den Vorrang erneuerbarer Energien

Anwendungsprobleme, europa- und verfassungsrechtliche Fragen

PETER LANG
Europäischer Verlag der Wissenschaften

Bibliografische Information Der Deutschen Bibliothek
Die Deutsche Bibliothek verzeichnet diese Publikation in der Deutschen Nationalbibliografie; detaillierte bibliografische Daten sind im Internet über <http://dnb.ddb.de> abrufbar.

Zugl.: Köln, Univ., Diss., 2003

D 38
ISSN 0531-7312
ISBN 3-631-52182-0

www.peterlang.de

VORWORT

Die vorliegende Arbeit entstand im Wesentlichen im Zeitraum von Juni 2000 bis Januar 2002 während meiner Zeit als wissenschaftliche Hilfskraft am Institut für Energierecht an der Universität zu Köln. Sie wurde im Sommersemester 2003 von der Rechtswissenschaftlichen Fakultät der Universität zu Köln als Dissertation angenommen. Soweit möglich wurden Literatur und Rechtsprechung bis einschließlich April 2003 berücksichtigt.

Danken möchte ich zunächst meinem Doktorvater, Herrn Professor Dr. Jürgen F. Baur, der mir durch die Ermöglichung einer Mitarbeit an verschiedenen Rechtsgutachten neue und wertvolle Perspektiven eröffnet hat. Herrn Prof. Dr. Peter J. Tettinger danke ich für die freundliche Übernahme und äußerst zügige Erstellung des Zweitgutachtens.

Danken möchte ich weiterhin meinen ehemaligen Kolleginnen und Kollegen am Institut für Energierecht, die mich annähernd sechs Jahre meines Lebens begleitet und unterstützt haben, insbesondere Herrn Dr. Bodo J. Herrmann, ehemals Geschäftsführer des Instituts, der mir stets mit Rat und Tat zur Seite gestanden hat.

Meiner lieben Frau Moni danke ich für ihr Verständnis und ihre ständige Unterstützung während der Höhen, vor allem aber auch während der Tiefen der Entstehung dieser Arbeit.

Dank gebührt Frau Ass. jur. Rita Mayer für das mühselige Korrekturlesen und dafür, in meinem Leben schon einige wichtige Kausalverläufe in Gang gesetzt zu haben.

Danken möchte ich schließlich meinen Eltern, die mir mein Studium ermöglicht und mich jederzeit vorbehaltlos unterstützt haben. Ihnen ist diese Arbeit gewidmet.

Brühl, im November 2003

Markus Weck

INHALTSVERZEICHNIS

ABKÜRZUNGSVERZEICHNIS

a.A.	anderer Ansicht
a.a.O.	am angegebenen Ort
ABl. C	Amtsblatt der Europäischen Gemeinschaften, Mitteilungen und Bekanntmachungen
ABl. L	Amtsblatt der Europäischen Gemeinschaften, Rechtsvorschriften
Abs.	Absatz
AcP	Archiv für civilistische Praxis
a.E.	am Ende
a.F.	alter Fassung
AG	Aktiengesellschaft / Amtsgericht
AGFW	Arbeitsgemeinschaft Fernwärme e.V.
AK	Reihe Alternativkommentare
AktG	Aktiengesetz
AöR	Archiv des öffentlichen Recht
Art.	Artikel
Aufl.	Auflage
AVBEltV	Verordnung über Allgemeine Bedingungen für die Elektrizitätsversorgung von Tarifkunden
Az.	Aktenzeichen
BB	Betriebs-Berater
BDI	Bundesverband der Deutschen Industrie
Beil.	Beilage
Beschl.	Beschluss
BGB	Bürgerliches Gesetzbuch
BGBl.	Bundesgesetzblatt
BGH	Bundesgerichtshof
BGHZ	Entscheidungssammlung des Bundesgerichtshofs
BGW	Bundesverband der deutschen Gas- und Wasserwirtschaft
BK	Bonner Kommentar zum Grundgesetz
BMU	Bundesministerium für Umwelt, Naturschutz und Reaktorsicherheit
BMWi	Bundesministerium für Wirtschaft und Technologie
BR-Drs.	Bundesrats-Drucksache
BT-Drs.	Bundestags-Drucksache
BTOElt	Verordnung über allgemeine Tarife für die Versorgung mit Elektrizität
BVerfG	Bundesverfassungsgericht
BVerfGE	Entscheidungssammlung des Bundesverfassungsgerichts
BVerwG	Bundesverwaltungsgericht
BVerwGE	Entscheidungssammlung des Bundesverwaltungsgerichts
CMLR	Common Market Law Review
DB	Der Betrieb

DÖV	Die öffentliche Verwaltung
DVBl.	Deutsches Verwaltungsblatt
DVG	Deutsche Verbundgesellschaft e.V.
E&M	Energie & Management
EEG	Erneuerbare-Energien-Gesetz
EE-RL	Richtlinie zur Förderung der Stromerzeugung aus erneuerbaren Energien im Elektrizitätsbinnenmarkt
EG	Vertrag zur Gründung der Europäischen Gemeinschaft in der Amsterdamer Fassung
EGV	Vertrag zur Gründung der Europäischen Gemeinschaft in der Maastrichter Fassung
ELR	European Law Review
EltVU	Elektrizitätsversorgungsunternehmen
ET	Energiewirtschaftliche Tagesfragen
EU	Europäische Union
EuGH	Europäischer Gerichtshof
EuR	Europarecht
EuZW	Europäische Zeitschrift für Wirtschaftsrecht
EVU	Energieversorgungsunternehmen
ew	Elektrizitätswirtschaft
FAZ	Frankfurter Allgemeine Zeitung
f.	folgende Seite
ff.	folgende Seiten
Fn.	Fußnote
GATT	General Agreement on Trade and Tariffs
GG	Grundgesetz
ggf.	gegebenenfalls
GRUR Int.	Gewerblicher Rechtsschutz und Urheberrecht Internationaler Teil
GWB	Gesetz gegen Wettbewerbsbeschränkungen
IGH	Internationaler Gerichtshof
i.d.F.	in der Fassung
i.S.d.	im Sinne des / der
i.S.v.	im Sinne von
i.V.m.	in Verbindung mit
JuS	Juristische Schulung
JZ	Juristen-Zeitung
KritV	Kritische Vierteljahresschrift für Gesetzgebung und Rechtswissenschaft
kV	Kilovolt
kW	Kilowatt
kWh	Kilowattstunde
KWK	Kraft-Wärme-Kopplung

KWKG	Gesetz für die Erhaltung, die Modernisierung und den Ausbau der Kraft-Wärme-Kopplung
KWKG a.F.	Gesetz zum Schutz der Stromerzeugung aus Kraft-Wärme-Kopplung
LdRW	Lexikon des Rechts der Wirtschaft
LG	Landgericht
ME	Marktplatz Energie
Mio.	Millionen
Mrd.	Milliarden
MW	Megawatt
NJW	Neue Juristische Wochenschrift
NuR	Natur und Recht
NVwZ	Neue Zeitschrift für Verwaltungsrecht
OLG	Oberlandesgericht
P.M.	Peter Moosleitners Magazin
PME	Pflanzenölmethylester
RabelsZ	Rabels Zeitschrift für ausländisches und internationales Privatrecht
RdE	Recht der Energiewirtschaft
RIW	Recht der Internationalen Wirtschaft
RME	Rapsmethylester
Rn.	Randnummer
Rs.	Rechtssache
Slg.	Amtliche Sammlung der Rechtsprechung der Europäischen Gerichte
SRÜ	UN-Seerechtsübereinkommen
StbRhb	Steuerberater Rechtshandbuch
StE	Steuern in der Elektrizitätswirtschaft
StGB	Strafgesetzbuch
StrEG	Stromeinspeisungsgesetz
TWh	Terrawattstunden
UPR	Umwelt- und Planungsrecht
Urt.	Urteil
UWG	Gesetz gegen den unlauteren Wettbewerb
v.	vom
VEnergR	Veröffentlichungen des Instituts für Energierecht an der Universität zu Köln
ver.di	Vereinte Dienstleistungsgewerkschaft
VerwArch	Verwaltungsarchiv

VDEW	Verband der Elektrizitätswirtschaft e.V.
vgl.	vergleiche
VIK	Verband der industriellen Energie- und Kraftwirtschaft
VKU	Verband kommunaler Unternehmen
VKU-ND	VKU-Nachrichtendienst
VO	Verordnung
VV II	Verbändevereinbarung Elektrizität
WLB	Wasser, Luft und Boden - Zeitschrift für Umwelttechnik
WRP	Wettbewerb in Recht und Praxis
WuW	Wirtschaft und Wettbewerb
z.B.	zum Beispiel
ZfE	Zeitschrift für Energiewirtschaft
ZfK	Zeitschrift für Kommunale Wirtschaft
ZHR	Zeitschrift für das gesamte Handels- und Wirtschaftsrecht
ZIP	Zeitschrift für Wirtschaftsrecht
zit.	Zitiert
ZNER	Zeitschrift für Neues Energierecht
ZPO	Zivilprozessordnung
ZRP	Zeitschrift für Rechtspolitik
ZUR	Zeitschrift für Umweltrecht

1. TEIL: EINFÜHRUNG IN DIE THEMATIK UND ZIELSETZUNG DER ARBEIT

Die Förderung der umwelt-, ressourcen- und klimaschonenden Energieerzeugung ist in den letzten Jahren verstärkt in den Blickpunkt von Politik, Wirtschaft und Öffentlichkeit gerückt. Im Mittelpunkt des Interesses stand und steht hierbei die Förderung der Stromerzeugung aus erneuerbaren Energiequellen, zunehmend aber auch die Sicherung und der Ausbau der Kraft-Wärme-Kopplung (KWK), also der gekoppelten Erzeugung von Strom und Nutzwärme in einem gemeinsamen technischen Prozess.
Zu dieser Entwicklung hat sowohl das Wissen um die Begrenztheit der fossilen Energieressourcen als auch die Erkenntnis beigetragen, dass der kontinuierliche CO_2-Eintrag aus fossilen Energiearten bedrohliche Auswirkungen auf das Klima hat und die Biosphäre weitaus empfindlicher auf eine Missachtung ökologischer Prinzipien reagiert als bisher angenommen.[1] Nicht zuletzt hat die kontrovers diskutierte Frage über den Ausstieg aus der kommerziellen Nutzung der Kernenergie in Deutschland[2] und die Unterzeichnung des Abkommens über den Ausstieg aus der Atomenergie zwischen der Bundesregierung und der Stromwirtschaft am 11.5.2001[3] das Bewusstsein von Politik und Öffentlichkeit hinsichtlich der Frage sensibilisiert, auf welche Weise der zurzeit bestehende Anteil der Kernenergie am Gesamtenergiemix substituiert werden kann.
Grundlage fast aller erneuerbarer Energiearten ist die Sonneneinstrahlung, welche bei der Verwendung von Sonnenkollektoren und Solarzellen direkt genutzt wird und im Rahmen der Nutzung von Biomasse, Wasser- und Windkraft die Antriebskraft von natürlichen Kreisläufen und Ausgleichsbewegungen darstellt.[4] So treibt die Energiezufuhr über die Sonneneinstrahlung das Ökosystem über die Photosynthese an, sorgt für großräumige Wassertransporte über Verdunstung und Niederschläge und erzeugt laufend über Temperatur- und Druckunterschiede in der Atmosphäre große Ausgleichsbewegungen von Luftmassen.[5] Lediglich Geothermie und

---

1 Vgl. *Schulz*, Förderung erneuerbarer Energiearten, S. 128. Der Zusammenhang von CO_2-Gehalt und globaler Durchschnittstemperatur wird aber neuerdings auch angezweifelt, vgl. *Neumann-Mahlkau*, ET 2002, S. 96 ff.

2 Vgl. die Vereinbarung zwischen der Bundesregierung und den Energieversorgungsunternehmen vom 14.6.2000, abgedruckt in Beilage Nr. IV/2000 zu NVwZ 10/2000. Zu den verfassungsrechtlichen Bedenken gegen die Handlungsform der gesetzesvorbereitenden Vereinbarung vgl. *Schorkopf*, NVwZ 2000, S. 1111 ff.

3 Das Abkommen über den Ausstieg aus der Atomenergie sieht im Wesentlichen vor, dass alle derzeit bestehenden Atomkraftwerke zusammen noch 2623 Milliarden kWh Strom produzieren dürfen, was umgerechnet eine verbleibende Gesamtlaufzeit von 32 Jahren ergibt. Dieser „Atomkonsens" stellte die Vorstufe zur Gesetzesnovelle des Atomgesetzes dar, welche am 27.4.2002 in Kraft getreten ist (Gesetz zur geordneten Beendigung der Kernenergienutzung zur gewerblichen Erzeugung von Elektrizität vom 22.4.2002, BGBl. I 2002, S. 1351).

4 *Schulz*, Förderung erneuerbarer Energiearten, S. 129.

5 *Hensing/Pfaffenberger/Ströbele*, Energiewirtschaft, S. 104.

die in Deutschland bislang nicht genutzte Gezeitenenergie gehen auf thermische Prozesse im Erdinneren bzw. die Gravitationswirkung zwischen Erde und Mond[6] zurück.[7]
Trotz des hohen theoretischen Potenzials der erneuerbaren Energiearten tragen diese in Deutschland derzeit nur zu etwa 2 % zum gesamten Primärenergieverbrauch und zu 6,4 % des Stromverbrauchs bei.[8] Dabei fiel der weitaus größte Anteil von rund 68 % auf die Stromerzeugung aus Wasserkraft. Der Anteil der Photovoltaik am Stromverbrauch erscheint demgegenüber mit lediglich 0,01 % verschwindend gering.
Die Gründe für den insgesamt sehr geringen Anteil erneuerbarer Energien sind vielfältig; beispielhaft können hohe Anfangsinvestitionskosten und geringe Wirtschaftlichkeit - insbesondere im Vergleich zur Stromerzeugung aus konventionellen Energieträgern - angeführt werden. Dies mag auf den ersten Blick verwundern, da die genutzten Energiequellen bei erneuerbaren Energiesystemen ganz überwiegend kostenlos zur Verfügung stehen und sich somit die wesentlichen Kosten auf die Investition in das Umwandlungssystem beschränken. Allerdings ist die Auslastung der Anlagen zur Erzeugung von Strom aus erneuerbaren Energien oftmals ungleichmäßig (zu denken ist etwa an Unregelmäßigkeiten in der Windstärke oder der Sonneneinstrahlung), woraus relativ hohe Kosten pro Einheit Energie resultieren.[9] Die Kosten des Stroms aus konventionellen Energieträgern sind daher trotz des zusätzlich zu erbringenden Brennstoffaufwandes regelmäßig geringer, da die Fixkosten der Investition in die Umwandlungsanlage auf eine wesentlich höhere Zahl erzeugter Einheiten umgelegt werden kann.[10] Der durch die Einführung des Wettbewerbs auf dem Elektrizitätsmarkt in Deutschland ausgelöste Preisverfall für Strom hat die Situation für erneuerbare Energien noch verschärft.[11]
Auch auf internationaler Ebene ist man sich der ungleichmäßigen und unzureichenden Nutzung der erneuerbaren Energieträger bewusst. In ihrem am 26.11.1997 vorgelegten Weißbuch hat die Kommission der Europäischen Gemeinschaften ihre Strategie zur Förderung erneuerbarer Energien an dem Ziel ausgerichtet, den Marktanteil erneuerbarer Energieträger am

6 Der Vollständigkeit halber sei erwähnt, dass auch die Sonne eine gewisse Gezeitenwirkung auf die Erde ausübt, indem sie die vom Mond ausgehende Wirkung je nach ihrer Stellung verstärkt (Springtiden) oder vermindert (Nipptiden), vgl. hierzu *Ranzini*, Astronomie, S. 93.

7 *Schulz*, Förderung erneuerbarer Energiearten, S. 129; *Hensing/Pfaffenberger/Ströbele*, Energiewirtschaft, S. 104.

8 Quellen: *Böhmer*, ew 2003, S. 24; VDEW; Statistisches Bundesamt, Kommunalwirtschaft 2000, S. 682; *Meller*, Elektrizitätswirtschaft 24/1999, S. 8; die angegebenen Zahlen beziehen sich dabei auf das Jahr 1999. Demgegenüber betrug der Anteil regenerativer Energien an der Bruttostromerzeugung im Jahr 1997 noch 5,2 %, *Schulz*, Förderung erneuerbarer Energien, S. 128; prognos-Endbericht „Möglichkeiten der Marktanreizförderung für erneuerbare Energien auf Bundesebene unter Berücksichtigung veränderter wirtschaftlicher Rahmenbedingungen“ im Auftrag des Bundesministeriums für Wirtschaft, Bonn, 1999, S. 6.

9 Vgl. *Hensing/Pfaffenberger/Ströbele*, Energiewirtschaft, S. 106 f.

10 *Hensing/Pfaffenberger/Ströbele*, ebenda.

11 Hierzu BT-Drs. 14/2776, S. 19; *Niedersberg*, NVwZ 2001, S. 21.

Brennstoffmix bis zum Jahre 2010 auf 12 % zu erhöhen.[12] Politische Verpflichtungen wie die Klimarahmenkonvention[13] und das Kyoto Protokoll[14], dem umweltvölkerrechtlichen Klimaschutzprotokoll der Vereinten Nationen, in welchem sich die Europäische Gemeinschaft und ihre Mitgliedstaaten zu einer Senkung der Treibhausgasemmissionen um 8 % im Zeitraum von 2008 bis 2012 verpflichtet haben[15], setzen die nationalen Regierungen und den Gesetzgeber zusätzlich unter Handlungsdruck. Einigkeit besteht jedenfalls insoweit, als die Verwirklichung bzw. Erfüllung der gesetzten Ziele und Verpflichtungen - sowohl hinsichtlich der Förderung erneuerbarer Energien als auch hinsichtlich der Treibhausgasreduktion - ohne geeignete Fördermaßnahmen nicht zu erreichen sind.[16]

Eine Förderung erneuerbarer Energien muss sich dabei notwendigerweise an den tatsächlichen technischen und wirtschaftlichen Gegebenheiten orientieren. So ist es etwa ein Merkmal des Regenerativstroms, dass dieser zu einem beachtlichen Teil in kleinen, dezentralen Anlagen von Privatpersonen erzeugt wird, welche nicht über ein eigenes Leitungsnetz verfügen.[17] Eine Förderung dieser Stromerzeugung setzt dementsprechend beinahe zwingend zunächst einmal die Ermöglichung der Einspeisung des erzeugten Stroms in ein hierfür geeignetes Stromnetz voraus. Unter betriebswirtschaftlichen Aspekten wird dies vom jeweiligen Netzbetreiber eher unerwünscht sein, da dieser seinen Strombedarf regelmäßig mit eigenen Erzeugungs- bzw. Bezugskapazitäten abgedeckt hat[18] und die Auslastung von Regenerativstromanlagen - wie bereits erwähnt - oftmals unregelmäßig ist. Es verwundert daher nicht, dass die Anfänge der Förderung der Stromeinspeisung aus erneuerbaren Energiequellen weniger umweltpolitisch als kartellrechtlich motiviert waren[19], bis im Jahr 1990 ein Förderungssystem mittels garantierter Einspeisevergütungen durch das Stromeinspeisungsgesetz (StrEG)[20] eingeführt wurde. Grundkonzept war die Verpflichtung der Netzbetreiber zur Aufnahme und zur Vergütung von

---

12 Weißbuch für eine Gemeinschaftsstrategie und Aktionsplan, KOM(97) 599 v. 26.11.1997, „Energie für die Zukunft: Erneuerbare Energieträger", S. 11 f.

13 Rahmenübereinkommen der Vereinten Nationen über Klimaänderungen v. 9.5.1992, BGBl. II 1993, S. 1784, in Kraft getreten am 21.3.1994, BGBl. II 1995, S. 316, hierzu *Klemm*, Kraft-Wärme-Kopplung, S. 4 ff.

14 Kyoto Protocol To The United Nations Framework Convention on Climate Change; United Nations-Doc. FCCC/CP1997/L.7.Add1.

15 Vgl. hierzu ausführlich *Klemm*, RdE 1998, S. 134; *Steeg*, RdE 1998, S. 131 f.

16 Hinsichtlich erneuerbarer Energien kommt der prognos-Endbericht zu dem Ergebnis, dass bei einem lediglich konstanten Marktausbau eine Verdopplung des Anteils erneuerbarer Energien nicht erreicht wird, vgl. prognos-Endbericht a.a.O. S. 13 ff.

17 *Espey*, Energiepolitische Instrumente, S. 16. Etwas anderes mag freilich für die Einspeisung von Regenerativstrom aus großen Wasserkraftwerken oder Windparks gelten.

18 Hierzu *Baur*, Vergütungen für Strom aus Eigenerzeugungsanlagen, S. 15; *ders.*, Das Kartellgesetz, S. 75 f.

19 Hierzu sogleich unten S. 25 f.

20 Gesetz über die Einspeisung von Strom aus erneuerbaren Energien in das öffentliche Netz v. 7.12.1990 (BGBl. I S. 2633), geändert durch Gesetz v. 19.7.1994 (BGBl. I S. 1618) und durch Art. 3 des NeuregelungsG v. 24.4.1998 (BGBl. I S. 730).

Regenerativstrom. Dabei waren die Vergütungshöhen als prozentuale Sätze des Durchschnittserlöses aus der Stromabgabe der Elektrizitätsversorgungsunternehmen (EltVU) an Letztverbraucher zu bestimmen. Das StrEG wurde mehrfach novelliert und am 1.4.2000 durch das Gesetz über den Vorrang Erneuerbarer Energien[21] (Erneuerbare-Energien-Gesetz - EEG) abgelöst. Auch das EEG behält trotz einiger Modifizierungen die Konzeption der Förderung durch eine garantierte Einspeisevergütung bei. Allerdings sind die Vergütungssätze nicht mehr an den durchschnittlichen Strompreis gekoppelt, sondern als zum Teil degressive gesetzliche Festpreise ausgestaltet.

Charakteristisch für das EEG ist seine privatrechtliche Ausgestaltung in Form von Ansprüchen und Verpflichtungen von Energieversorgungsunternehmen (EVU).[22] Dies hat teilweise zu der Einschätzung geführt, dass es sich bei der Förderung von Regenerativstrom im Wege einer garantierten Einspeisevergütung durch „Private“ um eine verfassungswidrige Umgehung der vom BVerfG aufgestellten Kriterien für die Zulässigkeit von Sonderabgaben handelt.[23] Auch unter europarechtlichen Aspekten war insbesondere das StrEG, aber auch das EEG äußerst umstritten.[24] So wird vorgebracht, dass es sich um staatliche Beihilfen i.S.d. Art. 87 Abs. 1 EG handele, deren Zulässigkeit überdies auch im Hinblick auf das Verbot mengenmäßiger Beschränkungen oder Maßnahmen gleicher Wirkung aus Art. 28 EG zweifelhaft sei. Wenngleich das im Folgenden noch näher zu erörternde Urteil des EuGH vom 13.3.2001[25] zum StrEG zumindest unter die warenverkehrsrechtliche Diskussion einen vorläufigen Schlussstrich gezogen hat, kann die Rechtslage kaum als geklärt, geschweige denn gesichert bezeichnet werden. Hinzu kommen auf einfachgesetzlicher Ebene Schwierigkeiten bei der Auslegung des EEG, was der Rechtssicherheit aller beteiligten Subjekte abträglich ist. Die knappe Skizzierung der Rechtslage liefert somit einen Befund, der in keiner Weise zu befriedigen vermag.

---

21 Vom 29.3.2000, BGBl. I 2000, S. 305.

22 Zu diesem Aspekt *Baur*, KWKG, S. 147 f.

23 Zur finanzverfassungsrechtlichen Diskussion zum StrEG sowie zum EEG etwa *Arndt*, RdE 1995, S. 41 ff.; *Berendes*, ZUR 1997, S. 261 ff.; *Blanke/Peilert*, RdE 1999, S. 96 ff.; *Dederer/Schneller*, RdE 2000, S. 214 ff.; *Friauf*, ET 1995, S. 597 ff.; *Hucko*, RdE 1995, S. 141 ff.; *Koch/Schütte*, ZNER 1/1998, S. 3 ff.; *Kremser*, AöR 121, S. 40 ff.; *Ossenbühl*, ET 1996, S. 97 ff.; *ders.*, RdE 1997, S. 46 ff.; *Pohlmann*, Rechtsprobleme, S. 72 ff.; *ders.*, NJW 1997, S. 545 ff.; *Richter*, Stromeinspeisungen, S. 165 ff.; *Scholz*, ET 1995, S. 600 ff.; *Studenroth*, DVBl. 1995, S. 1216 ff.; *Theobald*, NJW 1997, S. 550 ff.; *Treffer*, UPR 1996, S. 128 ff.; *Zinow*, ew 1995, S. 1085 ff.; zur Problematik ausführlich unten S. 191 ff.

24 Vgl. etwa *Frenz*, RdE 2002, S. 201 ff.; *Gebauer/Wollenleit/Hack*, ZNER 1/2001, S. 12 ff.; *Gellermann*, DVBl. 2000, S. 509 ff.; *Gent*, Mindestpreise, S. 125 ff.; *ders.*, ET 1999, S. 854 ff.; *ders.*, ET 2000, S. 600 ff.; *Iro*, RdE 1998, S. 11 ff.; *Koenig/Kühling*, NVwZ 2001, S. 768 ff.; *Lecheler*, RdE 2001, S. 140 ff.; *Nagel*, ZNER 1/2000, S. 3 ff.; *Pünder*, NVwZ 1999, 1059 ff.; *Richter*, Stromeinspeisungen, S. 93 ff.; *Ritgen*, RdE 1999, S. 176 ff.; *Ruge*, EuZW 2001, S. 247 f.; *ders.*, WuW 2001, S. 560 ff.; *Salje*, RIW 1998, S. 186 ff.; *Soltész*, EuZW 1998, S. 747 ff.; *Soria*, DVBl. 2001, S. 882 ff.; *Witthohn/Smeddinck*, ET 2001, S. 466; zur Problematik ausführlich unten S. 125 ff.

25 EuGH, Rs. C-379/98 - *PreussenElektra/Schleswag* -, Slg. I 2001, S. 2099 ff.

Die Förderung von Regenerativstrom durch das EEG stellt nur einen Teilbereich der in der Bundesrepublik Deutschland ergriffenen Maßnahmen zur Förderung einer nachhaltigen[26] Entwicklung der Energiewirtschaft dar. In den letzten Jahren hat sich verstärkt die Erkenntnis durchgesetzt, dass auch die Stromerzeugung in KWK einen erheblichen Beitrag zur Einsparung fossiler Energieträger zu leisten vermag.[27] Die besondere Eignung der KWK als Mittel zur ressourcen- und klimaschonenden Elektrizitätserzeugung resultiert aus den erzielbaren hohen Wirkungsgraden, welche diejenigen konventioneller Stromerzeugung regelmäßig um ein Vielfaches übersteigen.[28] Dem am 1.4.2002 in Kraft getretenen Gesetz für die Erhaltung, die Modernisierung und den Ausbau der Kraft-Wärme-Kopplung (Kraft-Wärme-Kopplungsgesetz, KWKG)[29] liegt dementsprechend die Zielsetzung zugrunde, durch die Nutzung der Kraft-Wärme-Kopplung bis zum Jahr 2005 eine Minderung der jährlichen Kohlendioxyd-Emissionen in der Bundesrepublik Deutschland in einer Größenordnung von 10 Millionen Tonnen und bis zum Jahr 2010 von insgesamt bis zu 23 Millionen Tonnen, mindestens aber 20 Millionen Tonnen zu erreichen (§ 1 Abs. 1 KWKG).[30]

EEG und KWKG werden von zusätzlichen Fördermaßnahmen wie etwa dem „100.000-Dächer-Solarstrom-Programm" der Bundesregierung oder der Ökozulage nach dem Eigenheimzulagegesetz flankiert.[31] Bedeutung haben zunehmend auch Selbstverpflichtungen der Industrie wie etwa die „Vereinbarung zwischen der Regierung der Bundesrepublik Deutschland und der deutschen Wirtschaft zur Minderung der CO_2-Emissionen und der Förderung der Kraft-Wärme-Kopplung in Ergänzung zur Klimavereinbarung vom 9.11.2000".[32] Gleichwohl ist die Förderung der Stromerzeugung aus regenerativen Energieträgern durch das EEG ein zentrales Element der energiepolitischen Fördermaßnahmen mit erheblichen wirtschaftlichen Auswirkungen. So wurde für das Jahr 2002 eine Einspeisemenge von 19,8 TWh „EEG-Strom" mit einem Vergütungsvolumen von 1,7 Mrd. € prognostiziert.[33] Nach wie vor bestehen aber erhebliche rechtliche Unsicherheiten bei der Anwendung des Gesetzes.

---

26 Zum Begriff der Nachhaltigkeit siehe unten S. 33 f.

27 Zur Situation der KWK in Deutschland etwa *Georgi*, Kommunalwirtschaft 2000, S. 679 ff.

28 So ermöglicht die KWK gegenüber der Erzeugung von Strom und Wärme in getrennten Anlagen eine Einsparung von bis zu 40 % der Brennstoffenergie, vgl. *Dittmann/Zscherning*, Energiewirtschaft, S. 284.

29 Vom 19.3.2002, BGBl. I 2002, S. 1092; siehe hierzu auch unten S. 233 ff.

30 Zur Förderung der Stromerzeugung in KWK war am 18.5.2000 zunächst das Gesetz zum Schutz der Stromerzeugung aus Kraft-Wärme-Kopplung (Kraft-Wärme-Kopplungsgesetz, KWKG, BGBl. I 2000, S. 703) in Kraft getreten, welches hinsichtlich seiner Funktionsweise dem EEG grundsätzlich vergleichbar war, hierzu *Herrmann*, RdE 2000, S. 184 ff.; *ders.*, Der Anwendungsbereich des KWKG, S. 59 ff.

31 Zu den verschiedenen Maßnahmen im Einzelnen *BMU*, Erneuerbare Energien, S. 73 ff.

32 Ziel der Vereinbarung war das Erreichen einer Minderung der CO_2-Emissionen in Höhe von 45 Millionen Tonnen im Jahr 2010, vgl. die Begründung zum Gesetzentwurf des KWKG, BT-Drs. 14/7024, S. 9; das geltende KWKG ist als Bestandteil dieser Vereinbarung gleichsam in diese „eingebettet", hierzu *Herrmann*, Festschrift Baur, S. 167 f.

33 *Böhmer*, ew 2002, Heft 10, S. 30, Bild 3.

Die vorliegende Untersuchung hat es sich zum Ziel gesetzt, einige der zentralen rechtlichen Unsicherheiten im Zusammenhang mit der Anwendung des EEG einer Klärung zuzuführen. Demgemäß sollen im Folgenden zunächst Anwendungsprobleme und Auslegungsmöglichkeiten der Vorschriften des EEG untersucht werden. Aufgrund der mittlerweile sehr umfangreichen Literatur zum StrEG und zum EEG liegt dabei der Schwerpunkt auch auf der Untersuchung des EEG im Hinblick auf die vom Gesetzgeber vorgenommenen Änderungen im Vergleich zum StrEG. Sodann wird auf die europa- und verfassungsrechtliche Problematik des EEG eingegangen.

2. TEIL: GRUNDLEGENDES ZUR STROMEINSPEISUNG AUS REGENERATIVEN ENERGIEN

A. Rechtslage vor In-Kraft-Treten des StrEG - Vergütung nach den vermiedenen Kosten

Die Förderung erneuerbarer Energien in Deutschland wurde bis zum 1.4.2000 durch das StrEG geregelt, dessen Ursprungsfassung am 1.1.1991 in Kraft getreten war[34]. Mit dem StrEG wurde erstmals eine gesetzlich ausgestaltete Einspeise- und Vergütungspflicht für Strom aus erneuerbaren Energien geschaffen.

Vor In-Kraft-Treten des Gesetzes bestand - abgesehen von der Festlegung eines bestimmten Förderpreises für die Stromerzeugung aus Kleinwasserkraftwerken in Bayern im Jahr 1952[35] - lediglich unter bestimmten Voraussetzungen ein kartellrechtlicher Anspruch gegen den Netzbetreiber auf Abnahme und Vergütung des regenerativ erzeugten Stroms, der aus § 26 Abs. 2 i.V.m. § 35 Abs. 1, § 103 Abs. 5 Satz 2 Nr. 3 GWB a.F. hergeleitet wurde.[36] Dabei wurde zugrundegelegt, dass für die Einspeisung in öffentliche Versorgungsnetze ein Markt besteht bzw. als vom GWB vorausgesetzt gilt. Aufgrund der Gebietsmonopole für die öffentliche Stromversorgung bestand keine zumutbare Möglichkeit i.S.d. § 26 Abs. 2 GWB, den erzeugten Strom auf andere Weise abzusetzen. Dementsprechend war nach der Rechtsprechung des BGH[37] ein EVU mit Gebietsmonopol, welches die Wahl zwischen dem Bezug von Strom aus erneuerbaren Energien und solchem aus endlichen Primärenergiequellen hat, grundsätzlich dazu verpflichtet, den Strom aus erneuerbaren Energien aufzunehmen und dafür einen angemessenen Preis zu bezahlen. Jedoch wurzelte dieser kartellrechtliche Einspeiseanspruch auf dem Missbrauchsgedanken, was zur Folge hatte, dass eine Vergütung, die die beim EltVU durch die Einspeisung ersparten Kosten übersteigt, nicht zu erreichen war.[38] Da der Wettbewerb keine kostendeckenden Preise garantiert[39], konnte der Maßstab der Vollkosten des behinderten oder diskriminierten Unternehmens niemals Gegenstand eines Nachteilsausgleichs durch die Missbrauchsaufsicht sein.[40] Die Vergütung für den eingespeisten Strom aus erneuerbaren Energien orientierte sich vielmehr nach ständiger Rechtsprechung an den sog. ver-

---

34 Gesetz über die Einspeisung von Strom aus erneuerbaren Energien in das öffentliche Netz v. 7.12.1990 (BGBl. I S. 2633), geändert durch Gesetz v. 19.7.1994 (BGBl. I S. 1618) und durch Art. 3 des NeuregelungsG v. 24.4.1998 (BGBl. I S. 730).

35 Bayerischer Staatsanzeiger Nr. 11 v. 15.3.1952, S. 3.

36 Vgl. hierzu *Herrmann*, Anwendungsprobleme, S. 27 ff.

37 BGH, Urt. v. 6.10.1992 - KZR 10/91 -, BGHZ 119, S. 335, 341 f.

38 *Herrmann*, Anwendungsprobleme, S. 35.

39 *Baur*, Vergütungen für Strom aus Eigenerzeugungsanlagen, S. 50.

40 *Salje*, EEG, Einführung, Rn. 58.

miedenen Kosten des den Strom aufnehmenden Unternehmens.[41] Grundlage für die Bestimmung der vermiedenen Kosten ist die (hypothetische) Betrachtung, welche anderweitigen Möglichkeiten des Bezugs oder der Eigenproduktion jeweils genutzt worden wären, wenn die Einspeisung aus erneuerbaren Energien unterblieben wäre.[42] Als entscheidender Anhaltspunkt wird dabei betrachtet, aus welchen Quellen und zu welchen Kosten das aufnehmende EVU zur Zeit der Einspeisung bereits tatsächlich Strom bezogen hat.[43] Der BGH hat hierzu ausgeführt, bei den vermiedenen Kosten handele es sich konkret um diejenigen Kosten, die das den Strom aufnehmende Unternehmen bei seinem Hauptlieferanten als Strompreis hätte zahlen müssen, wenn der Strom statt vom Kraftwerk des Klägers beim Hauptlieferanten hätte bezogen werden müssen.[44]

In der Praxis wurde die Abnahme und Vergütung regenerativen Stroms durch die im Jahre 1979 abgeschlossene Vereinbarung der Spitzenverbände VDEW, BDI und VIK „Grundsätze über die Intensivierung der wirtschaftlichen Zusammenarbeit zwischen öffentlicher Elektrizitätsversorgung und industrieller Kraftwirtschaft“ (sog. Verbändevereinbarung[45]) reguliert. Die Verbändevereinbarung stellte eine Bereitschaftserklärung öffentlicher EltVU dar, Überschussstrom aus Wasserkraft und anderen regenerativen Energiequellen, Abfällen und KWK in ihr Netz einzuspeisen, sofern gegenüber der Stromerzeugung in großen Kondensationskraftwerken in ausreichendem Maße Primärenergie eingespart wird.[46] Für den eingespeisten Strom wurden Vergütungen auf Grundlage der vermiedenen Kosten festgelegt. Die Verbändevereinbarung entfaltete ihre Geltung jedoch nur zwischen den Verbänden und nicht auch zwischen den den Verbänden angehörenden Unternehmen, so dass eine unmittelbare Verpflichtung der betroffenen Unternehmen zur Abnahme und Vergütung des regenerativen Stroms aufgrund der Verbändevereinbarung selbst nicht bestand.[47]

---

41 Vgl. BGH, Urt. v. 6.10.1992 - KZR 10/91 -, BGHZ 119, S. 335, 341 f.; OLG Stuttgart, Urt. v. 22.3.1991 - 2 U 51/90 -, RdE 1992, S. 33, 36; BGH, Urt. v. 4.4.1995 - KZR 5/94 -, WM 1995, S. 1600, 1601; BGH, Urt. v. 22.10.1996 - KZR 19/95 -, NJW 1997, S. 574, 575; anders OLG Karlsruhe, Urt. v. 11.11.1987 - 6 U 242/86 Kart. -, RdE 1988, S. 8, 10, wonach sich die Vergütungshöhe an den Stromerzeugungskosten orientieren sollte.

42 Vgl. BGH, Urt. v. 22.10.1996 - KZR 19/95 -, NJW 1997, S. 574, 575.

43 Die Bestimmung der Höhe der vermiedenen Kosten ist in der Praxis mit nicht unerheblichen Schwierigkeiten verbunden, da sie von vielen unterschiedlichen Faktoren abhängig ist. Beispielhaft seien nur Änderungen des Kraftwerksparks, anderweitige Lieferbeziehungen und Kostenänderung der eingesetzten Primärenergien genannt, vgl. *Schmitz*, RdE 1990, S. 116. Die Möglichkeit einer exakten Bestimmung der vermiedenen Kosten wird dementsprechend angezweifelt, vgl. *Baur*, Vergütungen für Strom aus Eigenerzeugungsanlagen, S. 36.

44 Vgl. BGH, Urt. v. 4.4.1995 - KZR 5/94 -, WM 1995, S. 1600, 1601.

45 Abgedruckt in Tegethoff/Büdenbender/Klinger, Anhang zu § 103 GWB a.F., mit Änderungen in den Jahren 1985, 1987 und 1994.

46 *Salje*, EEG, Einführung, Rn. 56. Vgl. ausführlich zur Verbändevereinbarung *Baur*, Vergütungen für Strom aus Eigenerzeugungsanlagen, S. 17 ff.; *Herrmann*, Anwendungsprobleme, S. 21 ff., 33 f.

47 *Pohlmann*, Rechtsprobleme, S. 37.

Diese Vergütungspraxis führte - auch nach einer Modifizierung der Verbändevereinbarung im Jahre 1988 [48] - nicht zur Zufriedenheit der Regenerativstromerzeuger, da nach wie vor die Stromgestehungs- und Unterhaltskosten größtenteils nicht abgedeckt waren. Gefördert wurde letztlich regelmäßig nur die Stromerzeugung durch solche Energieträger, bei denen die Stromgestehungskosten mit den (vermiedenen) Kosten konventioneller Stromanlagen konkurrieren konnten, was hauptsächlich bei bestimmten Wasserkraftwerken der Fall war.[49] Anreize für einen Ausbau der Stromerzeugung aus erneuerbaren Energieträgern konnten dementsprechend durch die Vergütung auf Grundlage der vermiedenen Kosten kaum geschaffen werden. Insofern lässt sich durchaus die Auffassung vertreten, dass die Vergütungshöhe nach Maßstab der vermiedenen Kosten den Ausbau regenerativer Kapazitäten mehr behindert als gefördert hat.[50]

B. Rechtslage nach In-Kraft-Treten des StrEG

I. Überblick über den Regelungsgehalt des StrEG

Die Einführung des StrEG[51] brachte für die einspeisewilligen EVU beachtliche Vorteile. § 2 StrEG verpflichtete EVU der allgemeinen Versorgung, den in ihrem Versorgungsgebiet erzeugten Strom aus regenerativen Energien - erfasst waren Wasserkraft, Windkraft, Sonnenenergie, Deponiegas, Klärgas und Biomasse - abzunehmen und zu vergüten. Dabei stellte nicht die Abnahmepflicht - welche ja mittelbar bereits nach den soeben erwähnten kartellrechtlichen Vorschriften bestand -, sondern die Vergütungspflicht ein wesentliches Novum dar. Die Höhe der zu zahlenden Einspeisevergütung war an einen Prozentsatz vom Durchschnittserlös für Strom gekoppelt. Sie betrug für Strom aus Wasserkraft, Deponiegas, Klärgas und Biomasse zuletzt mindestens 80 % des in der amtlichen Statistik des Bundes für das jeweils vorletzte Kalenderjahr veröffentlichten Durchschnittserlöses je kWh aus der Stromabgabe an alle Letztverbraucher, für Strom aus Sonnenenergie und Windkraft mindestens 90 %. Die sich hieraus ergebenden Mindestvergütungssätze für Strom aus erneuerbaren Energien überstiegen die Vergütung entsprechend der Verbändevereinbarung etwa um das Doppelte;

48 Die Neufassung der Verbändevereinbarung sah vor, dass zugunsten des Einspeisers auch die im langfristigen Durchschnitt, d.h. die in der Zukunft ersparbaren Leistungskosten berücksichtigt werden, hierzu *Schmitz*, RdE 1990, S. 110; *Herrmann*, Festschrift Baur, S. 156.

49 Vgl. *Baur*, KWKG, S. 149.

50 So *Karstens*, ZUR 1999, S. 188.

51 Vgl. zum Gesetzgebungsverfahren *Herrmann*, Anwendungsprobleme, S. 23 ff.

die an den vermiedenen Kosten[52] orientierte Vergütung wurde um ein Mehrfaches überschritten.[53]

Ausgenommen von der Abnahmepflicht war Strom aus Wasserkraftwerken, Deponiegas- und Klärgasanlagen und aus Anlagen, in denen Strom aus Biomasse gewonnen wird, mit einer Leistung von mehr als 5 MW sowie Strom aus Anlagen, die zu mehr als 25 % der Bundesrepublik Deutschland, einem Bundesland, öffentlichen EVU oder Unternehmen gehören, die mit ihnen i.S.d. § 15 AktG verbunden sind.

Die Ursprungsfassung des Gesetzes enthielt in § 4 StrEG eine Härteklausel, welche dann eingreifen sollte, wenn die Einhaltung der Abnahme- und Vergütungspflicht eine unbillige Härte darstellte oder dem EVU die Einhaltung seiner Verpflichtungen aus der Bundestarifordnung Elektrizität (BTOElt)[54] unmöglich gemacht hätte. Eine unbillige Härte sollte gemäß § 4 Abs. 2 StrEG insbesondere dann vorliegen, wenn ein EVU derart hohe Einspeisevergütungen zahlen musste, dass es seine Stromabgabepreise spürbar über die Preise gleichartiger oder vorgelagerter EVU hinaus hätte anheben müssen. Die Abnahme- und Vergütungspflicht sollte in diesem Fall auf das vorgelagerte EVU übergehen.[55]

1998 wurde die rechtlich und ordnungspolitisch umstrittene Härteklausel[56] durch zwei Härteklauseln („erster und zweiter Deckel") ersetzt, die an das Erreichen eines Anteils von 5 % regenerativ erzeugten Stroms im Netz anknüpften. Sowie die abnahmepflichtige Strommenge aus erneuerbaren Energien 5 % der vom EVU im Kalenderjahr insgesamt über ein Versorgungsnetz abgesetzten Strommenge überstieg, konnte das EVU die entstandenen Mehrkosten vom vorgelagerten Netzbetreiber ersetzt verlangen. Durch diesen ersten 5 %-Deckel wurde also die Mehrkostenlast von den Verteilnetzbetreibern auf die vorgelagerten Netzbetreiber verschoben. Auch für die vorgelagerten Netzbetreiber war die Mehrkostenerstattungspflicht auf 5 % ihres Stromaufkommens begrenzt. Die zweite Deckelung griff ein, wenn für einen Netzbetreiber ohne vorgelagertes Netz - regelmäßig auf der Verbundnetzebene - die 5 %-Schwelle überschritten wurde. Dann entfiel die Abnahme- und Vergütungspflicht auch auf den unteren Netzebenen.[57]

---

52 Zum Begriff oben S. 25 f.

53 Vgl. Erfahrungsbericht zum StrEG, BT-Drs. 13/2681, S. 6; *Ennuschat*, RdE 1996, S. 183. Zu kartellrechtlichen und ordnungspolitischen Bedenken gegen die „Entfernung" vom Prinzip der vermiedenen Kosten vgl. *Mutschler*, RdE 1995, S. 12 ff.

54 Vom 19.12.1989, BGBl. I S. 2255.

55 Nach allgemeiner Auffassung handelte es sich dabei um einen gesetzlich angeordneten Schuldnerwechsel, vgl. *Salje*, ET 1996, S. 172 f.; *Ennuschat*, RdE 1996, S. 186 f.

56 Vgl. hierzu insbesondere *Salje*, ET 1996, S. 172 f.; *Herrmann*, Anwendungsprobleme, S. 117 ff.; *Ennuschat*, RdE 1996, S. 186 ff.

57 Auch die Härteklausel der am 29.4.1998 in Kraft getretenen Änderung des StrEG sah sich nicht zuletzt erheblicher ordnungspolitischer Kritik ausgesetzt. So wurde beispielsweise vorgebracht, dass eine Obergrenze für die Verfolgung des Ziels, einen möglichst großen Anteil konventionellen Stroms zu verdrängen, widersinnig sei; vgl. zu diesem Aspekt *von Fabeck*, ZNER 3/1998, S. 61 f.

II. Auswirkungen des StrEG

Das StrEG führte zu einer spürbaren Erhöhung des Anteils regenerativer Energien an der Stromversorgung; insbesondere die Windkraft erfuhr eine äußerst dynamische Entwicklung.[58] Hiervon war insbesondere die windgünstige norddeutsche Küstenregion betroffen, in welcher die Zuwachsraten bei Windkraftanlagen zu erheblichen einseitigen Belastungen der vergütungspflichtigen EVU führte.[59] Im Erfahrungsbericht des Bundesministeriums für Wirtschaft zum StrEG ist hierzu ausgeführt, dass mittelfristig, in jedem Fall aber längerfristig, eine Entwicklung zu erwarten sei, bei der die Belastung dieser Regionen ein nicht mehr vertretbares Ausmaß erreiche.[60]

Während die Stromerzeugung aus Wasserkraft bereits vor In-Kraft-Treten des StrEG wirtschaftlich war, konnten die Vergütungssätze des StrEG für Photovoltaikanlagen aber bei weitem keine kostendeckende Vergütung bieten.[61]

Nach der Konzeption des StrEG leisteten die EVU zur positiven Entwicklung erneuerbarer Energien einen maßgeblichen Beitrag. Die den EVU durch die Vergütungspflicht nach dem StrEG entstandenen Mehrkosten wurden bei In-Kraft-Treten des Gesetzes auf rund 50 Mio. DM geschätzt.[62] Bis Ende 1994 war bereits ein Anstieg der Mehrkosten auf rund 135 Mio. DM zu verzeichnen. Für das Jahr 1998 wurden die Mehrkosten von der VDEW auf 526 Mio. DM beziffert. Bezogen auf den Strompreis bedeutete dies Mehrkosten von ca. 0,1 Pf. pro erzeugter kWh, wobei die Kosten regelmäßig von den EVU an die Letztverbraucher weitergegeben wurden.[63]

III. Kritik am StrEG

In ordnungspolitischer[64] und rechtlicher Hinsicht sah sich das StrEG seit seinem In-Kraft-Treten erheblicher Kritik ausgesetzt. Von Schwierigkeiten bei der Auslegung und Umsetzung des Gesetzes abgesehen[65], bestanden insbesondere europa- und verfassungsrechtliche Bedenken gegen die Wirksamkeit des StrEG. Die Kritikpunkte betrafen aus europarechtlicher Sicht

---

58 Vgl. die Gesetzesbegründung zum EEG, BT-Drs. 14/2776, S. 18.

59 Vgl. hierzu - insbesondere mit Blick auf die Entwicklung der Belastungen der Schleswag AG - *Schulz-Jander*, ew 1999, S. 64 ff.

60 Vgl. BT-Drs. 13/2681, S. 4.

61 *Ennuschat*, RdE 1996, 183.

62 Obernolte/Danner-*Feuerborn*, Energiewirtschaftsrecht, III B 2.1, Vorb, Rn. 5.

63 Hierbei darf nicht unerwähnt bleiben, dass die Berechnung der Mehrkosten im Einzelnen umstritten ist. Insbesondere weisen die Vertreter erneuerbarer Energien darauf hin, dass in den zum Vergleich herangezogenen Strompreisen Subventionen enthalten sind und die sog. externen Kosten nicht in vollem Umfang in die Strompreise einfließen, vgl. Obernolte/Danner-*Feuerborn*, Energiewirtschaftsrecht, III B 2.1, Vorb, Rn. 6; zur Diskussion vgl. den Erfahrungsbericht zum StrEG, BT-Drs. 13/2681, S. 8.

64 Vgl. insbesondere *Klinger*, Festschrift Börner, S. 541 ff.; *Bartsch/Dingeldey*, ET 1995, S. 251; *Mutschler*, RdE 1995, S. 12 ff.

65 Vgl. hierzu den Überblick bei *Herrmann*, Anwendungsprobleme, S. 145 ff.

vor allem die Warenverkehrsfreiheit und beihilfenrechtliche Aspekte; aus verfassungsrechtlicher Sicht wurden insbesondere Eingriffe in die Grundrechte aus Art. 12, 14 und 3 GG gerügt. Zweifel an der Vereinbarkeit des StrEG mit dem Gleichheitssatz bestanden dabei insbesondere aufgrund der regional ungleichen Lastenverteilungen mit Blick auf den erheblichen Zubau von Windkraftanlagen in den Küstengegenden Norddeutschlands. Starken Auftrieb erhielt die verfassungsrechtliche Diskussion um das StrEG auch durch die als „Kohlepfennig-Beschluss" bekannt gewordene Entscheidung des BVerfG[66], auf welche im Folgenden noch ausführlich einzugehen sein wird.

Aufgrund der Vielschichtigkeit der an dieser Stelle nur kurz skizzierten rechtlichen Bedenken, verwundert es nicht, dass sich auch die Gerichte vermehrt mit dem StrEG zu beschäftigten hatten.

Während der EuGH[67] mit seiner Entscheidung vom 13.3.2001 zum StrEG zumindest unter die Diskussion über die Vereinbarkeit des Gesetzes mit dem Verbot mengenmäßiger Beschränkungen und Maßnahmen gleicher Wirkung einen vorläufigen Schlussstrich gezogen hat, liegt eine Entscheidung des BVerfG, die sich dezidiert mit dem Inhalt des StrEG auseinandersetzt, nicht vor. Mit Beschluss vom 9.1.1996 hat das BVerfG[68] eine Vorlage des LG Karlsruhe[69] gemäß Art. 100 Abs. 1 GG i.V.m. § 80 Abs. 2 BVerfGG als unzulässig zurückgewiesen, da sich das Landgericht nach Auffassung des BVerfG nicht eingehend genug mit der einfachrechtlichen Rechtsfrage auseinandergesetzt habe. Auch eine - in der Begründung ausführlichere - Vorlage des AG Plön[70] wurde vom BVerfG[71] durch eine Richterliche Verfügung vom 7.8.2000 formlos weggelegt, neu eingetragen und schließlich als unzulässig verworfen[72]. Verschiedene andere vor dem BVerfG anhängige Verfahren gegen das StrEG[73] wurden inzwischen für unzulässig erklärt, allerdings ohne eine nähere Auseinandersetzung mit den materiellrechtlichen Fragestellungen[74].

66 BVerfG, Beschl. v. 11.10.1994 - 2 BvR 633/86 -, BVerfGE 91, S. 186 ff.

67 EuGH, Rs. C-379/98 - *PreussenElektra/Schleswag* -, Slg. I 2001, S. 2099, 2183 ff.; hierzu ausführlich unten S. 136 ff., 168 ff.

68 BVerfG, Beschl. v. 9.1.1996 - 2 BvL 12/95 -, NJW 1997, S. 537 f.

69 LG Karlsruhe, Beschl. v. 7.7.1995 - 2 O 176/95 -, RdE 1996, S. 75 f.

70 AG Plön, Beschl. v. 13.6.1996 - 2 C 350/96 -, NJW 1997, S. 591 ff.

71 BVerfG, Richterliche Verfügung v. 7.8.2000 - 2BvL 12/96 -, ZNER 3/2000, S. 207 mit Anmerkung *Tönnies*.

72 BVerfG, 2 BvL 6/02; die Entscheidung ist nicht veröffentlicht.

73 Dabei handelt es sich im Einzelnen um eine Verfassungsbeschwerde der Schleswag AG vom 5.9.1996 gegen das StrEG unmittelbar (BVerfG 2 BvR 1901/96), eine Verfassungsbeschwerde der Kraftübertragungswerke Rheinfelden AG vom 18.1.1997 gegen das Urt. des BGH (NJW 1997, S. 574 ff.) v. 22.10.1996 - KZR 19/95 - (BVerfG 2 BvR 121/97) und eine Verfassungsbeschwerde der PreussenElektra AG v. 27.5.1998 (2 BvR 890/98); hierzu *Albrecht*, ZNER 2/1998, S. 17 ff.

74 BVerfG, Beschl. v. 3.1.2002 - 2 BvR 1827/01 -; Beschl. v. 3.1.2002 - 2 BvR 1828/01 -; beide Entscheidungen sind bislang nicht veröffentlicht.

Resultierend aus dieser weitgehend ungeklärten Situation wurde die Einspeisevergütung seitens einiger Netzbetreiber zwischenzeitlich nur noch gekürzt und unter Vorbehalt gezahlt, damit auf die vom Einspeiser erhobene Zahlungsklage die Verfassungsmäßigkeit der Vergütungsregelung des StrEG geprüft werden konnte.[75] Aus der beschriebenen Rechtsunsicherheit mag sich auch die zunehmende Verunsicherung der Investoren in Anlagen zur Erzeugung von Strom aus erneuerbaren Energien erklären, so dass seitens des Gesetzgebers eine grundlegende Reform des Stromeinspeisungsrechts angezeigt erschien.

IV. Reformbedarf aus Sicht des Gesetzgebers

Eine Reform des StrEG erschien aber nicht nur aufgrund der vorgebrachten rechtlichen Bedenken, sondern auch aufgrund der verschlechterten Förderwirkung angebracht. So war aus Sicht des Gesetzgebers der Eintritt der Rechtsfolge bei Erreichen der prozentualen Deckelung nach § 4 Abs. 1 StrEG unerwünscht, da diese praktisch einen Investitionsstopp für Neuanlagen nach sich gezogen hätte. In Norddeutschland wurde die 5 %-Grenze aber bereits sowohl auf der kommunalen als auch auf der regionalen Ebene erreicht, so dass für die EVU keine Abnahmepflicht mehr für regenerativen Strom aus neu errichteten Anlagen bestand.[76]
Außerdem zeitigte die Reform des Energiewirtschaftsrechts im Jahr 1998 negative Effekte auf die Förderwirkung, da die Einspeisevergütung für regenerativ erzeugten Strom nach dem StrEG an die Höhe der Strompreise gekoppelt war. Durch die Liberalisierung war ein allgemeines Absinken der Strompreise zu verzeichnen, womit der rentable Betrieb bestehender und künftiger Anlagen in Frage gestellt wurde. Auch war nach Ansicht des Gesetzgebers nicht damit zu rechnen, dass sich auf dem Strommarkt ein Preis einpendele, der den mittel- und längerfristigen Kosten der Stromversorgung entspreche.[77] Durch den Preisverfall war bereits Mitte 1999 ein erheblicher Einbruch bei dem weiteren Ausbau erneuerbarer Energien, insbesondere bei Windkraft eingetreten.[78] Aus diesem Grund sollte diese Ankopplung nicht aufrecht erhalten, sondern die Vergütung für Strom aus erneuerbaren Energien zunächst über Festpreise geregelt werden.[79]
Aus Sicht des Gesetzgebers ergab sich aber auch aus den mit dem StrEG verbundenen ungleichen Belastungen ein Reformbedarf. Bedingt durch das Fehlen einer bundesweiten Ausgleichsregelung hatten EVU in Regionen mit einem besonders hohen Anteil an regenerativer Energieerzeugung höhere Mehrkosten zu tragen als EVU in anderen Regionen der Bundesre-

75 Vgl. hierzu OLG Stuttgart, Beschl. v. 18.3.1996 - 2 Kart 3/95 -, NJW 1997, S. 595, welches diese Praxis im Ergebnis als zulässig erachtete; vgl. auch BT-Drs. 13/2681, S. 7.
76 Vgl. hierzu BT-Drs. 14/2681, S. 3, 4, 7 und BT-Drs. 14/2776, S. 19.
77 Vgl. BT-Drs. 14/2776, S. 19.
78 Vgl. *Niedersberg*, NVwZ 2001, S. 21.
79 BT-Drs. 14/2776, S. 19.

publik. Diese räumlichen Disparitäten waren nicht zuletzt im Hinblick auf den Gleichheitssatz aus Art. 3 Abs. 1 GG zweifelhaft und umstritten, so dass mit einer Neuregelung ein bundesweiter Ausgleich geschaffen werden sollte, der alle Stromversorger einbezieht.[80]

Die Bestrebungen des Gesetzgebers liefen allerdings bei formaler Betrachtung nicht auf eine bloße Reformierung des StrEG hinaus, sondern brachten - nach einem nur gut drei Monate dauernden Gesetzgebungsverfahren - das Gesetz für den Vorrang Erneuerbarer Energien hervor, welches das StrEG am 1.4.2000 ersetzte.[81] Gleichwohl hat das EEG - wie im Folgenden ausführlich zu zeigen sein wird - wesentliche Elemente des StrEG übernommen, insbesondere wurde die Konzeption einer Abnahme- und Vergütungspflicht für den Strom aus regenerativen Energiequellen beibehalten.

80 Ebenda.

81 Vgl. zum Gesetzgebungsverfahren *Salje*, RdE 2000, S. 125, *ders.*, EEG, Einführung, Rn. 15; *Brandt/Reshöft/Steiner*, EEG, Einleitung, Rn. 13 ff.

3. TEIL: REGELUNGSGEHALT, FUNKTIONSWEISE UND ANWENDUNGSPROBLEME DES EEG

A. Ziel des Gesetzes

Die Aufnahme einer konkreten Zielformulierung in das EEG stellt im Vergleich zum StrEG ein Novum dar, wenngleich es in der Energiepolitik eine lange Tradition gibt, programmatische Aussagen mit quantitativen Zielvorgaben zu untermauern.[82] § 1 EEG bestimmt als Gesetzesziel die Ermöglichung einer nachhaltigen Entwicklung der Energieversorgung im Interesse des Klima- und Umweltschutzes. Demgemäß soll der Anteil der erneuerbaren Energien am gesamten Energieverbrauch bis zum Jahr 2010 mindestens verdoppelt werden. In Anbetracht des derzeitigen Beitrages erneuerbarer Energien zur Stromerzeugung von etwa 6 % stimmt die Zielsetzung mit dem im Weißbuch der Europäischen Kommission propagierten Ziel[83] weitgehend überein. Nach wohl zutreffender Auffassung von *Salje*[84] handelt es sich bei dieser Zielsetzung aber eher um einen bloßen Programmsatz als um eine bindende rechtliche Verpflichtung.

Neben der Klima- und Umweltschutzfunktion dient der Einsatz erneuerbarer Energien aber auch der Ressourcenschonung. Der Name „erneuerbare" Energie bringt gerade zum Ausdruck, dass sich die verwendeten Energieträger in überschaubaren Zeiträumen regenerieren und damit der Verbrauch endlicher Ressourcen vermieden werden soll.[85] Dementsprechend hebt die Zielbestimmung des EEG die „nachhaltige Entwicklung der Energieversorgung" ausdrücklich hervor. Was im Einzelnen unter den Begriff der ökologischen Nachhaltigkeit zu rechnen ist, ist im Kern wenig umstritten.[86] So liegt nach den „Managementregeln" der Enquetekommission des Bundestages ökologische Nachhaltigkeit insbesondere dann vor, wenn nicht-erneuerbare Ressourcen nur in dem Umfang genutzt werden, in dem ein physisch und funktionell gleichwertiger Ersatz geschaffen wird, aber auch dann, wenn die Abbaurate erneuerbarer Ressourcen deren Regenerationsrate nicht überschreitet.[87] Die Ressourcenschonung ist demnach als wesentlicher Bestandteil einer „nachhaltigen Entwicklung" neben Klima- und Umweltschutz als gleichberechtigtes Gesetzesziel des EEG anzusehen.[88]

---

82 Vgl. *Kübler*, ZfE 2001, S. 67.
83 Hierzu oben S. 20 f.
84 *Salje*, RdE 2000, S. 125.
85 Vgl. Ludwig/Odenthal-*Britz*, EEG, Rn. 3.
86 Vgl. hierzu ausführlich *Menzel*, ZRP 2001, S. 223; *BMU*, Erneuerbare Energien, S. 6 ff.
87 BT-Drs. 13/11200 „Konzept Nachhaltigkeit - vom Leitbild zur Umsetzung", S. 25.
88 Ludwig/Odenthal-*Britz*, EEG, Rn. 3.

B. Anwendungsbereich des EEG

I. Ausschließlichkeitsprinzip

Einer der zentralen, das EEG beherrschenden Grundsätze, ist das in § 2 Abs. 1 Satz 1 EEG enthaltene Ausschließlichkeitsprinzip; seine Bedeutung wird in der Beschlussempfehlung und dem Bericht des Ausschusses für Wirtschaft und Technologie ausdrücklich hervorgehoben[89]. Nach diesem für alle im EEG genannten Energieträger[90] geltenden Prinzip wird nur diejenige Form der Stromerzeugung privilegiert, die *vollständig* auf dem Einsatz des jeweiligen Energieträgers beruht, soweit nicht die Stromerzeugung erst durch eine Zünd- oder Stützfeuerung möglich wird. Dabei bezeichnet der Begriff der Zündfeuerung die notwendige Entfachung der Verbrennung der privilegierten Energieträger durch fossile Brennstoffe beim Anlagenstart.[91] Stützfeuerung ist nach zutreffender Auffassung diejenige Feuerung, die technisch erforderlich ist, um die Verbrennung aufrechtzuerhalten.[92] Demgegenüber wird teilweise die Ansicht vertreten, dass eine Stützfeuerung auch dann vorliege, wenn durch den zusätzlichen Einsatz fossiler Brennstoffe der Brennwirkungsgrad der Anlage insgesamt verbessert werden soll.[93] Diese Definition verkennt jedoch, dass die grundsätzliche Zulässigkeit der Zünd- und Stützfeuerung eine Ausnahme vom Ausschließlichkeitsprinzip darstellt und dementsprechend restriktiv gehandhabt werden muss. Die bloße Verbesserung des Brennwirkungsgrades der Anlage durch den zusätzlichen Einsatz fossiler Brennstoffe vermag demnach eine Aufweichung des Ausschließlichkeitsprinzips nicht zu rechtfertigen, soweit dies nicht erforderlich ist, um den Verbrennungsprozess aufrecht zu erhalten. Richtigerweise führt somit lediglich die Verwendung eines technisch nicht vermeidbaren Restanteils sonstiger Energieträger nicht zu einem Ausschluss aus dem Anwendungsbereich des EEG.[94]

Die Zulässigkeit der Zünd- und Stützfeuerung wird zudem durch das grundsätzliche Verbot der Mischgewinnung begrenzt.[95] Problematisch ist in diesem Zusammenhang die Abgrenzung der Zünd- oder Stützfeuerung von der Mischfeuerung. Allgemein ist dabei auf den Hilfscharakter der Zünd- bzw. Stützfeuerung abzustellen.[96] So soll die Ausschließlichkeit jedenfalls dann zu bejahen sein, wenn sich Zünd- und Stützfeuerung auf das erforderliche Mindestmaß

---

89 BT-Drs. 14/2776, S. 21.

90 Zu den einzelnen Energieträgern sogleich unten S. 37 ff.

91 Vgl. *Krieger*, RdE 1993, S. 221; *Klemm*, ET 2001, S. 594.

92 So *Klemm*, ET 2001, S. 594.

93 *Krieger*, RdE 1993, S. 221. Auch die Begründung zu § 4 der im Folgenden noch zu erörternden Biomasseverordnung will den Fall der Optimierung der Stromausbeute der Anlage vom Begriff der Stützfeuerung umfasst sehen, vgl. BT-Drs. 14/6059, S. 14.

94 Ebenso *Klemm*, ET 2001, S. 594.

95 Vgl. zur Rechtslage beim StrEG: *Herrmann*, Anwendungsprobleme, S. 74 ff., *Pohlmann*, RdE 1997, S. 95 f.; zum EEG: *Oschmann*, ET 2000, S. 461.

96 Vgl. *Pohlmann*, RdE 1997, S. 95.

beschränken und die Zugabe weiterer Stoffe quantitativ nicht ins Gewicht fällt.[97] Diese Abgrenzungskriterien sind freilich sehr unbestimmt und in der Praxis kaum handhabbar, weshalb vielfach der Versuch unternommen wird, greifbarere Maßstäbe zur Unterscheidung heranzuziehen.[98] Bedeutsam ist hierbei insbesondere der von der Deutschen Verbundgesellschaft e.V. (DVG) aufgestellte „Kriterienkatalog zum EEG", in welchem die Grenze zur Mischfeuerung bei maximal 10 % der Energieausbeute angesiedelt wird.[99] Bei einer Überschreitung dieser Grenze soll demgegenüber die gesamte erzeugte Energie nicht mehr vom EEG gefördert werden; allerdings erscheint die 10 %-Grenze nach Auffassung der *DVG* nur für Anlagen mit einer Kapazität von bis zu 5 MW vertretbar.[100]

Diesem Katalog entsprechend zeichnete sich in der Praxis bereits unter der Geltung des StrEG die Tendenz ab, dass sich Netzbetreiber grundsätzlich bereit zeigen, den Einsatz von bis zu 10 % Fremdenergie zu akzeptieren, während höhere Anteile von Fremdenergie regelmäßig zur Verweigerung der Abnahme und Vergütung durch den Netzbetreiber führen.[101]

Dies darf allerdings nicht darüber hinwegtäuschen, dass die 10 %-Grenze im Streitfall nicht als verbindlich angesehen werden kann. Weder aus dem EEG noch aus seiner Begründung ergibt sich ein Anhaltspunkt dafür, dass die Grenze zur Mischfeuerung ab einem Fremdanteil von 10 % überschritten wäre. Vielmehr hat der Gesetzgeber die praktisch bedeutsame Frage der Abgrenzung von Zünd- und Stützfeuerung zur Mischfeuerung offen gelassen, so dass nicht etwa ein mehr oder minder beliebiger Grenzwert herangezogen werden kann. Vielmehr ist von den Begriffen der Zünd- bzw. Stützfeuerung selbst auszugehen und im Einzelfall darüber zu befinden, ob es sich noch um diejenige Feuerung handelt, die technisch erforderlich ist, um den Erzeugungsprozess in Gang zu setzen bzw. aufrechtzuerhalten.

Darüber hinaus sollen nach der Gesetzesbegründung zum EEG im Hinblick auf den Gesetzeszweck zur Zünd- und Stützfeuerung nur ökologisch und ökonomisch sinnvolle Verfahren zur Anwendung kommen.[102] In der Begründung ist beispielhaft erwähnt, dass dies etwa beim Einsatz von Hafenschlick, behandelten Bahnschwellen, Spanplatten mit synthetischen Bestandteilen oder anderen schadstoffhaltigen Althölzern nicht der Fall sei.[103]

Eng im Zusammenhang mit der Frage nach der Abgrenzung der Zünd- und Stützfeuerung von der Mischfeuerung steht die Problematik der Kürzung der Einspeisevergütung um den Anteil,

---

97 Vgl. *Krieger*, RdE 1993, S. 221; *Ennuschat*, RdE 1996, S. 182.

98 So wird etwa eine Anlehnung an die von der VDEW im Rahmen der Verbändevereinbarung praktizierte Grenze eines Anteils von 10 % fossiler Brennstoffe für möglich gehalten, vgl. *Pohlmann*, RdE 1997, S. 95.

99 *DVG*, Kriterienkatalog EEG, S. 3.

100 Aus Sicht der *DVG* erscheint bei Anlagen größerer Kapazität eine Grenze von maximal 5 % vertretbar, vgl. *DVG*, Kriterienkatalog EEG, S. 4

101 Vgl. *Klemm*, ET 2001, S. 593.

102 BT-Drs. 14/2776, S. 21.

103 BT-Drs. 14/2776, S. 21.

der auf die Zünd- und Stützfeuerung entfällt. So wird eine entsprechende Vorgehensweise im DVG-Kriterienkatalog zum EEG vorgegeben. Danach soll nur die Strommenge abzunehmen und zu vergüten sein, die nachweislich auf Basis regenerativer Energieträger erzeugt worden ist, nicht aber diejenige Stromerzeugung, die der Stütz- und Zündfeuerung und somit fossilen Energieträgern zuzuordnen ist.[104]

Eine solche Praxis ist jedoch mit den gesetzlichen Vorgaben des EEG nicht zu vereinbaren. § 3 Abs. 1 Satz 1 EEG bestimmt, dass Anlagen zur Erzeugung von Strom nach § 2 EEG an das Netz anzuschließen sind und der gesamte angebotene Strom aus diesen Anlagen vorrangig abzunehmen und zu vergüten ist. Bei den „Anlagen i.S.d. § 2" handelt es sich aber unstreitig auch um solche Anlagen, in denen der Regenerativstrom unter Verwendung fossiler Brennstoffe im Rahmen der zulässigen Zünd- oder Stützfeuerung erzeugt wird. Anhaltspunkte für die Möglichkeit einer anteiligen Kürzung sind dabei nicht ersichtlich. Vielmehr ergibt sich aus der Gesetzesbegründung, dass dem Ausschließlichkeitsprinzip auch beim Einsatz fossiler Brennstoffe zur Zünd- und Stützfeuerung „genüge getan" ist, soweit die in der Begründung näher bestimmten Umweltanforderungen eingehalten werden.[105] Hieraus folgt, dass die gesamte erzeugte Strommenge als „ausschließlich" aus den in § 2 Abs. 1 Satz 1 EEG genannten Energieträgern erzeugt gilt, auch wenn ein rechnerischer Anteil des Stroms unter Verwendung fossiler Brennstoffe gewonnen wurde.[106] Eine Kürzung der Vergütung kommt somit aufgrund der unbedingten Abnahme- und Vergütungspflicht gemäß § 3 Abs. 1 Satz 1 EEG nicht in Betracht.

II. Energieträgerprivilieg und erfasste Energieträger

Das EEG bestimmt an keiner Stelle ausdrücklich, wer in persönlicher Hinsicht vom Gesetz begünstigt sein soll, wer also Inhaber des Abnahme- und Vergütungsanspruchs ist. Diese Frage beantwortet sich lediglich mittelbar aus der Regelung des Anwendungsbereichs des Gesetzes, in welchem bestimmte Anforderungen an die Energieerzeugungsanlagen in Bezug auf die verwendeten Energieträger, die Kapazität der Anlage und die Inhaberschaft an den Anlagen festgelegt werden. Hieraus ergibt sich, dass nicht etwa bestimmte Anlagenbetreiber oder Unternehmen, sondern die eigentliche Stromerzeugung mittels der in § 2 Abs. 1 Satz 1 EEG bestimmten Energieträger selbst privilegiert sein soll; Ansatzpunkt des Gesetzes ist ein Energieträgerprivileg.[107]

---

104 *DVG*, Kriterienkatalog EEG, S. 4.

105 BT-Drs. 14/2776, S. 21.

106 Vgl. *Herrmann*, Anwendungsprobleme, S. 132, *Salje*, EEG, § 2, Rn. 72; *Klemm*, ET 2001, S. 595 f.

107 So bereits zur Rechtslage unter Geltung des StrEG *Baur*, RdE 1996, S. 176; *Herrmann*, Anwendungsprobleme, S. 46 ff.; *Pohlmann*, Rechtsprobleme, S. 147; *Richter*, Stromeinspeisungen, S. 76.

Die von diesem Energieträgerprivileg im Einzelnen erfassten Energieträger sind in § 2 Abs. 1 Satz 1 EEG abschließend aufgezählt. Es handelt sich dabei um Wasserkraft, Windkraft, solare Strahlungsenergie, Geothermie, Deponiegas, Klärgas, Grubengas und Biomasse. Zu verzeichnen ist eine Erweiterung des Anwendungsbereiches im Vergleich zum StrEG, welches eine Förderung von Geothermie und Grubengas noch nicht vorsah.
Demgegenüber stellt die Verwendung des physikalisch korrekten Begriffes „solare Strahlungsenergie" (§ 1 Abs. 1 Satz 1 EEG) keine inhaltliche Änderung, sondern nur eine sprachliche Präzisierung des im StrEG verwendeten Begriffs „Sonnenenergie" (§ 1 Satz 1 StrEG) dar.[108]

1. Begriff der Wasserkraft

Die Energieerzeugung aus Wasserkraft hat derzeit unter den regenerativen Energien die größte Bedeutung[109], was nicht zuletzt darauf zurückzuführen ist, dass die in Fließgewässern enthaltene potenzielle Energie heute in hydroelektrischen Kraftwerken mit Wirkungsgraden von über 80 % genutzt werden kann; die hierzu verwendete Technik ist vollständig ausgereift.[110]
Herkömmlich werden - bezogen auf die Betriebsweise - Laufwasserkraftwerke, Speicherkraftwerke und Pumpspeicherkraftwerke unterschieden.[111]
Laufwasserkraftwerke, welche meist zur elektrischen Grundlasterzeugung dienen, nutzen in Wehren aufgestautes Flusswasser zum Antrieb von Generatoren. Demgegenüber wird das Wasser zum Antrieb von Speicherkraftwerken aus einem hochgelegenen künstlichen oder natürlichen See entnommen, der von Fließgewässern mit geringer Ergiebigkeit versorgt wird; über Druckrohre wird das Wasser sodann den Turbinen zugeführt. Die diesem Prinzip immanente hervorragende Regelbarkeit begründet die besondere Eignung von Speicherkraftwerken zum Ausgleich von Lastschwankungen im Netz.[112]
Während der Betrieb der vorstehend beschriebenen Arten von Wasserkraftwerken keines zusätzlichen Energieeinsatzes bedarf, erfordern Pumpspeicherkraftwerke anderweitig erzeugte elektrische Energie zum Betrieb von Pumpen, welche in Schwachlastzeiten, z.B. in der Nacht, Wasser aus einem tiefer liegenden Becken oder aus Flussläufen in ein höher gelegenes Spei-

---

108 Vgl. die Begründung zum Gesetzentwurf der Fraktionen SPD und BÜNDNIS 90/DIE GRÜNEN, BT-Drs. 14/2341, S. 7.

109 Weltweit sind Wasserkräfte mit 6,3 % am Primärenergieverbrauch beteiligt, vgl. *Dittmann/Zscherning*, Energiewirtschaft, S. 18.

110 *Bauer/Kamm*, WLB 1999, S. 29.

111 *Dittmann/Zscherning*, Energiewirtschaft, S. 339; *Bauer/Kamm*, WLB 1999, S. 29 f. Zu den Wasserkraftwerken zählen auch Gezeitenkraftwerke, deren Nutzung allerdings derzeit in der Bundesrepublik keinerlei praktische Bedeutung hat.

112 *Bauer/Kamm*, WLB 1999, S. 29 f.

cherbecken pumpen.[113] Dementsprechend geht die ganz herrschende Auffassung[114] davon aus, dass die Stromerzeugung in Pumpspeicherkraftwerken insgesamt nicht dem in § 2 Abs. 1 Satz 1 EEG enthaltenen Ausschließlichkeitsprinzip[115] entspricht.

Der Ausbaugrad des in der Bundesrepublik Deutschland als ausbauwürdig eingeschätzten Wasserkraftpotenzials beträgt ca. 81 %[116]; der Anteil der Wasserkraft am Bruttoinlandsstromverbrauch lag 2001 bei etwa 4 %[117]. Schätzungen zufolge könnten durch den Bau weiterer Klein- und Kleinstkraftwerke im Bereich von 1 MW bis einigen kW insgesamt nahezu 7 % der Stromerzeugung durch Wasserkraft gedeckt werden. Allerdings ist zu beachten, dass der Ausbau der Wasserkraft mit erheblichen negativen ökologischen Folgen verbunden sein kann[118], was bei der Verwirklichung weiterer Ausbauvorhaben eine ausgewogene Berücksichtigung von Umweltanliegen erforderlich macht.

2. Begriff der Windkraft

Unter Wind wird die Relativbewegung der Luft gegenüber der Erdoberfläche aufgrund von Ausgleichsvorgängen zwischen Luftdruckgebieten verstanden.[119] Die Nutzung der Bewegungsenergie des Windes erfolgt mithilfe eines Rotors, welcher durch den beim Vorbeiströmen an den Flügeln entstehenden Auftrieb in Rotation versetzt wird.[120] Dabei hat sich für den Einsatz zur Stromerzeugung der Horizontalachsen-Rotor mit drei Rotorblättern durchgesetzt.[121]

Insbesondere vor dem Hintergrund der Förderung durch das StrEG ist der Anteil der Windkraft an der Stromerzeugung im Zeitraum von 1990 bis 1998 um ein Vielfaches angestiegen. Waren Ende 1990 noch rund 480 Windkraftanlagen mit einer installierten elektrischen Leistung von 70 MW und einer Stromerzeugungskapazität von rund 100 GWh in Betrieb, belief

113 Der Betrieb von Pumpspeicherkraftwerken bietet sich also insbesondere dann an, wenn ein Wasserfluss zum Speichersee fehlt, vgl. hierzu *Bauer/Kamm*, WLB 1999, S. 30.

114 Vgl. BT-Drs. 11/7816, S. 4; *Herrmann*, Anwendungsprobleme, S. 43; *Salje*, EEG, § 2, Rn. 32 ff.; Ludwig/Odenthal-*Britz*, EEG, Rn. 46; im Ergebnis ebenso *Pohlmann*, Rechtsprobleme, S. 148; Obernolte/Danner-*Feuerborn*, Energiewirtschaftsrecht, III B 2.1., § 1, Rn. 5; differenzierend *Wagner*, ew 1993, S. 425, welcher bei Pumpspeicherkraftwerken mit natürlichem Zufluss diejenige Stromerzeugung als regenerativ ansehen will, die aufgrund des natürlichen Zuflusses in das Oberbecken bewirkt wird. Eine solche Differenzierung erscheint indes kaum praktikabel, so dass die Stromerzeugung aus Pumpspeicherkraftwerken generell vom Anwendungsbereich des EEG ausgeschlossen sein sollte.

115 Zum Ausschließlichkeitsprinzip oben, S. 34 ff.

116 *Dittmann/Zscherning*, Energiewirtschaft, S. 338.

117 *Böhmer*, ew 2003, Heft 7, S. 24; vgl. auch BMU, Erneuerbare Energien, S. 24.

118 Problematisch ist hierbei insbesondere die Veränderung bestehender Ökosysteme durch Flusskraftwerke und Stauseen, vgl. *Dittmann/Zscherning*, Energiewirtschaft, S. 18. *Bauer/Kamm*, WLB 1999, S. 29, führen dazu aus, dass der vollständige Ausbau der Wasserkraft aus jedem Fluss oder Bach ein vollständig kanalisiertes und träge fließendes Gewässer machen würde.

119 *Dittmann/Zscherning*, Energiewirtschaft, S. 19.

120 Vgl. *BMU*, Erneuerbare Energien, S. 18.

121 *BMU*, ebenda; *Bauer/Kamm*, WLB 1999, S. 30.

sich die Zahl der Windkraftanlagen im Jahr 1998 bereits auf etwa 5.800.[122] Im Jahr 2001 war ein erneuter Zuwachs auf rund 10.000 Anlagen mit einer Stromerzeugung von etwa 9,9 TWh zu verzeichnen.[123] Dabei werden Windkraftanlagen zunehmend nicht mehr nur in Küstennähe, sondern auch an windreichen Standorten im Binnenland errichtet.[124]

Dem derzeitigen Boom der Windkraft sind allerdings auch Grenzen gesetzt. Beträgt zwar das gesamte theoretische Potenzial der Windenergie ein Vielfaches des gegenwärtigen Primärenergieverbrauchs, so ist nur ein geringer Teil davon tatsächlich nutzbar, da technische, ökonomische, ökologische und Standortprobleme erhebliche Einschränkungen bewirken.[125] Bedeutsam ist auch die Problematik des willkürlichen und unregelmäßigen Anfalls der Windenergie, da - zumindest voraussichtlich in den nächsten 40 Jahren - weitgehend auf die sehr teure Speicherung von Elektroenergie verzichtet werden wird. Vor diesem Hintergrund werden Leistungsanteile von 10 bis 15 % Einspeisung von Windkraftanlagen in konventionelle Elektroenergiesysteme als beherrschbar und in den nächsten 20 Jahren erreichbar eingeschätzt.[126]

3. Begriff der solaren Strahlungsenergie

Solare Strahlungsenergie ist die Energie, die - erzeugt durch die Fusion von Wasserstoff zu Helium im Sonneninneren - hauptsächlich als Wärme- und Lichtstrahlung zur Erde gelangt.[127] Jährlich strahlt die Sonne das über 7.000-fache des derzeitigen Energiebedarfs auf die Erde; selbst in Deutschland beträgt die Sonneneinstrahlung fast das 100-fache des Energieverbrauchs.[128] Allerdings werden derzeit nur wenige Prozent des technischen Potenzials genutzt; insbesondere die geringe Energiedichte und das unregelmäßige Angebot sind Hürden bei der wirtschaftlichen Nutzung dieser Energieform. So ist neben dem unterschiedlichen Energieangebot über den Tag auch die Intensitätsverteilung über die Jahreszeiten zu beachten; das mittlere Monatsangebot ist im Sommerhalbjahr (April bis September) doppelt so groß wie in der

---

122 Kommunalwirtschaft 2000, S. 682.

123 *Böhmer*, ew 2003, Heft 7, S. 26; zur Entwicklung in den Vorjahren vgl. Kommunalwirtschaft 2000, S. 682; Bericht zur Härteklausel nach § 4 Abs. 4 StrEG 1998 v. 15.12.1999, BT-Drs. 14/2371, S. 1.

124 *Bauer/Kamm*, WLB 1999, S. 30.

125 Hierzu *Tauber*, ET 2002, S. 818 ff.; *Dittmann/Zscherning*, Energiewirtschaft, S. 20. Zu nachbarschutzrechtlichen Fragen bei der Errichtung und dem Betrieb von Windkraftanlagen vgl. etwa *Niedersberg*, ZNER 2/1998, S. 19 ff. In ökologischer Hinsicht ist vor allem die Förderung von Off-shore-Wind-Projekten im Hinblick auf mögliche Auswirkungen auf maritime Lebensräume bzw. auf die Meeresfauna vermehrt Gegenstand von Diskussionen auf politischer Ebene; vgl. hierzu insbesondere die Kleine Anfrage der Abgeordneten *Birgit Homburger*, *Marita Sehn*, *Ulrike Flach*, weiterer Abgeordneter und der Fraktion der FDP, BT-Drs. 14/6510 und die Antwort der Bundesregierung, BT-Drs. 14/6707.

126 *Dittmann/Zscherning*, Energiewirtschaft, S. 20.

127 Vgl. *Dittmann/Zscherning*, Energiewirtschaft, S. 15; zu den Abläufen im Sonneninneren ausführlich *Ranzini*, Astronomie, S. 48 ff.

128 *Bauer/Kamm*, WLB 1999, S. 28.

Übergangszeit (März und Oktober) und viermal so groß wie im Winter (November bis Februar).[129]

Die Nutzung solarer Strahlungsenergie zur Stromerzeugung erfolgt entweder durch solarthermische[130] oder photovoltaische Anlagen. Da die Stromgewinnung durch solarthermische Anlagen allerdings aufgrund der Klimaverhältnisse in Deutschland nicht praktikabel ist, können hierzulande allein Photovoltaikanlagen sinnvoll eingesetzt werden.[131] Photovoltaikanlagen erlauben durch die Nutzung von Halbleiter-Solarzellen die direkte Umwandlung der solaren Strahlungsenergie in elektrische Energie.

In den vergangenen zehn Jahren war ein beachtlicher Anstieg der Nutzung von Photovoltaikanlagen zu verzeichnen, der allerdings nur zum Teil auf die Förderung durch das StrEG zurückzuführen war. Daneben kam staatlichen Förderungsprogrammen wie dem 1.000- und dem 100.000-Dächer-Programm[132] eine erhebliche flankierende Bedeutung zu.

Nach Angaben der VDEW speisten im Jahr 1990 101 Anlagen Strom in das öffentliche Netz ein; die installierte Leistung betrug 0,6 MW; bereits im Jahr 1994 war die Zahl der Anlagen auf 2948 mit einer installierten Leistung von 7,9 MW angestiegen.[133] Für das Jahr 2001 wurde die Zahl der Photovoltaikanlagen mit 27.755 angegeben.[134] Gleichwohl betrug der Anteil der Photovoltaik am Stromverbrauch insgesamt lediglich 0,01 %.[135]

4. Begriff der Geothermie

Die Ausdehnung des Geltungsbereichs des EEG auf Geothermie wird damit gerechtfertigt, dass „deren großes Potenzial" nutzbar gemacht werden soll.[136]

Unter Geothermie oder Erdwärme versteht man die Wärme im Erdinneren, die durch die Erdkruste langsam an die Oberfläche dringt.[137] Bei der Verwendung der Geothermie steht derzeit die Heizung einschließlich der Warmwasserbereitung im Vordergrund. Die Nutzung der Geothermie kommt vor allem an Standorten in Betracht, an denen die Erdkruste dünner als

129 *Dittmann/Zscherning*, Energiewirtschaft, S. 17.

130 Solarkraftwerke auf thermischer Basis arbeiten mit fokussierenden Parabolspiegeln, die auf einen Turm ausgerichtet sind. Das fokussierte Sonnenlicht wird an der Turmspitze absorbiert, auf einen drucklosen Zwischenkreislauf mit Salzschmelze oder flüssigem Natrium übertragen und zu einem Dampferzeuger transportiert, in dem Frischdampf produziert wird. Der Wasser-/Dampfkreislauf ist wie bei einem konventionellen thermischen Kraftwerk ausgelegt, *Bauer/Kamm*, WLB 1999, S. 28.

131 *Bauer/Kamm*, WLB 1999, S. 28; *Salje*, EEG, § 2, Rn. 47.

132 Vgl. BT-Drs. 13/2681, S. 14; *Salje*, EEG, § 2, Rn. 48 f.; zum 100.000-Dächer-Programm vgl. *Stoltenberg*, ew 24/1999, S. 52.

133 BT-Drs. 13/2681, S. 14.

134 *Böhmer*, ew 2003, Heft 7, S. 25.

135 *Böhmer*, ebenda.

136 BT-Drs. 14/2341, S. 7, vgl. auch die Beschlussempfehlung und den Bericht des Ausschusses für Wirtschaft und Technologie, BT-Drs. 14/2776, S. 34.

137 *Bauer/Kamm*, WLB 4/1999, 30 f.

durchschnittlich ist, da dort die Temperatur mit der Tiefe rascher zunimmt. Die an diesen Stellen oftmals auftretenden natürlichen (oder durch Bohrungen verstärkten) Heißwasservorkommen lassen sich in Erdwärmeheizungen nutzen. Von Bedeutung für die Nutzung der Geothermie sind aber auch Erdwärmekraftwerke, welche mit Dampf arbeiten, der aus der Erde - vor allem in vulkanischen Gebieten - kommt.
Die Nutzung der Geothermie steht in Deutschland noch am Anfang, was nicht nur auf Kosten- und Umweltgründe, sondern vor allem auch auf geographische Umstände zurückzuführen ist. Für Erdwärmeheizungen besteht zwar ein technisches Potenzial von 27.000 MW Wärmeleistung. So wurden bereits einige geothermische Heizzentralen errichtet, etwa in Neubrandenburg und in Erding bei München.[138] Erdwärmekraftwerke dagegen sind in Mitteleuropa nicht vorhanden, da nur sehr wenige geeignete Heißwasser- oder Dampfvorkommen bekannt sind.[139] Damit ist das theoretische und technische Potenzial der Energiegewinnung aus Erdwärmekraftwerken in Deutschland sehr gering.
Ein neuer Auftrieb für die Stromerzeugung aus Geothermie wird allerdings durch den Einsatz und die Weiterentwicklung des Hot-Dry-Rock (HDR)-Verfahrens erwartet.[140] Dabei werden heiße und trockene Gesteinsschichten in bis zu 5 km Tiefe durch Bohrungen erschlossen. Zum Betrieb eines HDR-Heiz-Kraftwerks wird kaltes Wasser in die Tiefe gepumpt (Injektionsbohrung) und über eine zweite (Produktions-) Bohrung wieder an die Oberfläche geführt.[141] Das in der Tiefe erhitzte Wasser kann zur Speisung von Nah- und Fernwärmenetzen und bei einem entsprechend hohen Temperaturniveau auch zur Erzeugung von Elektrizität in einem Dampfkraftwerk verwendet werden.
Die Nutzung des HDR-Verfahrens durch den Bau geothermischer Kraftwerke befindet sich derzeit allerdings noch im Stadium der Planung, so z.B. im Oberrheingraben oder im schwäbischen Bad Urbach.[142]
Die praktische Bedeutung der Erweiterung des Anwendungsbereiches des EEG auf die Geothermie kann somit - zumindest im Augenblick - nur als gering eingeschätzt werden.

5. Deponiegas und Klärgas

Das beim Betrieb von Mülldeponien ständig anfallende Deponiegas entsteht durch den mikrobiologischen Abbau organischer Substanzen des Abfalls und wird durch indirekte Verbrennung in industriellen Kesseln oder Gasmotoren bzw. Gasturbinen zur Erzeugung elektrischer

138 *Müller*, Handbuch der Elektrizitätswirtschaft, S. 214.
139 Vgl. zu alledem: *Bauer/Kamm*, WLB 4/1999, 30 f.; *Müller*, Handbuch der Elektrizitätswirtschaft, S. 214 f.
140 Vgl. *Bußmann*, ZfK 1/2001, S. 11; *Bruhn*, ew 1999, S. 36.
141 Vgl. *BMU*, Erneuerbare Energien, S. 60; *Bußmann*, ZfK 1/2001, S. 11.
142 *BMU*, Erneuerbare Energien, S. 60; *Bußmann*, ZfK 1/2001, S. 11.

Energie genutzt.[143] Gerade der konstante Anfall dieses Energieträgers macht dessen Verstromung für das aufnehmende EVU interessant, da mit einer regelmäßigen Einspeisung gerechnet werden kann.[144] Nach dem Erfahrungsbericht des Bundesministeriums für Wirtschaft zum StrEG ist Deponiegas verstärkt zur Stromerzeugung genutzt worden, ohne dabei besondere Probleme aufzuwerfen.[145]

Als Klärgas wird das in Kläranlagen bei der Vergärung des Klärschlamms im Faulturm entstehende Faulgas bezeichnet.[146] Mithilfe des Klärgases werden Gasmotoren angetrieben, welche die elektrische Energie erzeugen. Dem Erfahrungsbericht des Bundesministeriums für Wirtschaft zum StrEG zufolge hatte das StrEG für Klärgas praktisch keine Bedeutung, da der daraus erzeugte Strom fast vollständig in den Kläranlagen selbst verbraucht wird.[147]

6. Begriff des Grubengases

Grubengas (vor allem Sumpfgas, CO_2, und CH_4) entsteht bei der langsamen Zersetzung organischer Substanzen unter Luftabschluss und fällt beim Abbau der fossilen Kohlen an.[148] In der Kohle ist das Gas zum überwiegenden Teil (etwa 80 - 90 %) an der inneren Oberfläche gebunden, zum kleineren Teil in ihren Poren und Hohlräumen unter Druck eingeschlossen. Um die bergbaulich bedingte Entstehung von Luft mit explosiven Gasanteilen[149] (sog. „schlagende Wetter“[150]) zu vermeiden, wird versucht, das Gas, noch bevor es in den Wetterstrom eintritt, bereits im Gebirge zu erfassen und getrennt vom Wetterstrom aus der Grube abzuführen.[151]

Nach der Begründung zum Gesetzentwurf des EEG soll durch die Aufnahme des Grubengases in den Kreis der förderungswürdigen Energieträger eine Verbesserung der Kohlendioxid- und Methanbilanz gegenüber der unverwerteten Abgabe an die Atmosphäre erreicht werden.[152] Gleichwohl ist die Förderung von Grubengas im Rahmen des EEG nicht frei von Widersprüchen. Ausweislich der Gesetzesbegründung sollen die fossilen Brennstoffe Öl, Kohle und Gas nach Sinn und Zweck des EEG nicht als förderungswürdig anzusehen sein, da diese sich nicht in überschaubaren Zeiträumen regenerieren.[153] Für Grubengas kann aber grundsätzlich nichts anderes gelten, da sich dieses - wie bereits erörtert - bei der Entstehung von Kohle gewisser-

143 *Schaefer*, Energietechnik, S. 257.
144 Vgl. *Baur*, Vergütungen für Strom aus Eigenerzeugungsanlagen, S. 14 f.
145 BT-Drs. 13/2681, S. 5.
146 *Herrmann*, Anwendungsprobleme, S. 46.
147 BT-Drs. 13/2681, S. 5.
148 Vgl. *Schaefer*, Energietechnik, S. 580.
149 Der Hauptbestandteil des Grubengases, CH_4, ist in Konzentrationen zwischen rund 5 und 16 Vol.-% explosionsgefährlich, *Gahlen/Weiß*, Glückauf 2001, S. 532.
150 Vgl. zum Begriff *Schaefer*, Energietechnik, S. 579 f.
151 Zur Abführung wurden in Nordrhein-Westfalen bereits an verschiedenen Stellen erfolgreich Besaugungen im Auftrag der Bergbehörde durchgeführt, *Gahlen/Weiß*, Glückauf 2001, S. 532.
152 Vgl. BT-Drs. 14/2341, S. 7.
153 Vgl. BT-Drs. 14/2776, S. 21.

maßen als „Nebenprodukt“ bildet. Es handelt sich somit gleichfalls um einen Energieträger, der sich nicht in einem überschaubaren Zeitraum regeneriert und folglich nicht als „erneuerbar“ i.S.d. Gesetzes bezeichnet werden kann.

Allerdings darf die praktische und wirtschaftliche Bedeutung der Aufnahme des Grubengases in das EEG nicht überschätzt werden, da eine Nutzung zu Zwecken der Energiegewinnung bei Grubengas bislang kaum erfolgt ist.[154]

7. Begriff der Biomasse

a. Allgemeines

Der Begriff der Biomasse wurde im EEG nicht näher definiert. In der Begründung der Beschlussempfehlung und dem Bericht des Ausschusses für Wirtschaft und Technologie zum EEG sind jedoch Hinweise dazu enthalten, wie der Begriff der Biomasse auszulegen ist. Danach sollen vom Begriff Biomasse im Hinblick auf den Gesetzeszweck jedenfalls nicht die fossilen Brennstoffe Öl, Kohle und Gas erfasst sein, da diese sich nicht in überschaubaren Zeiträumen regenerieren.[155] Der Begriff Biomasse umfasse vielmehr Brennstoffe in festem, flüssigem und gasförmigem Aggregatzustand, deren Ursprung geerntetes Pflanzengut einschließlich Resthölzern und Ernterückständen ist, sowie Holzabfälle und organische Abfälle aus der Nahrungsmittelerzeugung oder der Tierhaltung.[156]

Um die in der Biomasse gespeicherte Energie nutzen zu können, ist wie bei fossilen Energieträgern eine Verbrennung erforderlich, bei der auch CO_2 freigesetzt wird. Die Verbrennung von Biomasse ist jedoch CO_2-neutral, da der Atmosphäre durch nachwachsende oder neu entstehende Biomasse genauso viel CO_2 entzogen wird, wie ihr durch die Verbrennung zugeführt wird.[157] Der CO_2-Neutralität stehen auch Nachteile gegenüber. So ist der Energieaufwand für Anbau und Verarbeitung von Biomasse oft größer als der Energieertrag bei der Verbrennung; die Energiebilanz ist also bestenfalls knapp positiv. Darüber hinaus ist Biomasse ein komplexes Gemisch von Kohlenhydraten, weshalb bei der Energieumwandlung immer Schadstoffe wie z.B. Asche, NO_X, SO_2, Kohlenwasserstoffe, Staub oder Ruß entstehen.[158]

---

154 *Salje*, EEG, § 2, Rn. 55. Derzeit sind in den Städten Dinslaken und Essen Blockheizkraftwerke geplant, die aus Kohlegruben entweichendes Methan zur Energiegewinnung nutzen sollen. Zur verfassungsrechtlichen Problematik der Grubengasförderung oben S. 269.

155 BT-Drs. 14/2776, S. 21.

156 BT-Drs. 14/2776, S. 21.

157 *Bauer/Kamm*, WLB 1999, S. 29.

158 *Bauer/Kamm*, WLB 1999, S. 29.

b. Verordnung über die Erzeugung von Strom aus Biomasse

Um rechtsverbindlich klarzustellen, welche Stoffe und technische Verfahren bei Biomasse in den Anwendungsbereich des Gesetzes fallen und welche Umweltanforderungen einzuhalten sind, enthält § 2 Abs. 1 Satz 2 EEG eine Verordnungsermächtigung an das Bundesministerium für Umwelt, Naturschutz und Reaktorsicherheit. Von der Ermächtigung wurde durch die am 22.6.2001 in Kraft getretene Verordnung über die Erzeugung von Strom aus Biomasse (Biomasseverordnung - BiomasseVO)[159] Gebrauch gemacht. Die nicht unerhebliche Zeitspanne zwischen dem In-Kraft-Treten des EEG und dem In-Kraft-Treten der BiomasseVO dokumentiert, dass es sich nicht um einen einfachen Entscheidungsfindungsprozess handelte, zumal dem Bundestag bereits am 31.5.2000 ein Entwurf der Verordnung zugesandt wurde.[160]

aa. Zielsetzung und Regelungsgehalt der BiomasseVO

Aus der allgemeinen Begründung zur BiomasseVO ergibt sich als Ziel der Verordnung die Absicht, einen Beitrag zur nachhaltigen Entwicklung[161] der Energieversorgung im Interesse des Klima- und Umweltschutzes zu leisten. Dabei soll die vermehrte Nutzung von Biomasse eine nicht unerhebliche Rolle spielen und in geordnete, energie- und umweltpolitisch gewünschte und vertretbare Bahnen gelenkt werden, was es notwendig mache, die energie- und klimapolitisch als sinnvoll erachteten Technologien durch die Verordnung zu beschreiben und die Mindestanforderungen an diese zu formulieren.[162]

§ 2 Abs. 1 Satz 2 BiomasseVO bestimmt zunächst im Rahmen einer allgemeinen Definition, dass Biomasse i.S.d. Verordnung Energieträger aus Phyto- und Zoomasse (also pflanzlicher und tierischer Masse) sind. Darüber hinaus sind aber gemäß § 2 Abs. 1 Satz 2 BiomasseVO auch deren Folge- und Nebenprodukte, Rückstände und Abfälle als Biomasse einzuordnen. Im Weiteren enthält § 2 Abs. 2 BiomasseVO in Form einer „Positivliste"[163] eine nicht abschließende („[...] insbesondere [...]") Aufzählung von Energieträgern, die als Biomasse i.S.d. § 2 Abs. 1 BiomasseVO einzuordnen sind.[164]

---

159 Vom 21.6.2001, BGBl. I S. 1234.

160 BT-Drs. 14/3489; hierzu *Dannischewski*, ZNER 2/2001, S. 73 f.

161 Zum Begriff der „nachhaltigen Entwicklung" siehe bereits oben S. 33.

162 So die allgemeine Begründung zur BiomasseVO, BT-Drs. 14/6059, S. 7. Neben dem erwarteten Nutzen für Umwelt- und Klimaschutz sowie Ressourcenschonung und der Anregung von Investitionen von mehreren Milliarden DM wird auch die Schaffung von Arbeitsplätzen im landwirtschaftlichen Bereich und im Maschinenbau prognostiziert, vgl. *BMU*, Umwelt 2001, S. 502.

163 *BMU*, Umwelt 2001, S. 503.

164 Im Einzelnen sind dies: Pflanzen und Pflanzenbestandteile; aus Pflanzen oder Pflanzenbestandteilen hergestellte Energieträger, deren sämtliche Bestandteile und Zwischenprodukte wiederum aus Biomasse erzeugt wurden; Abfälle und Nebenprodukte pflanzlicher und tierischer Herkunft aus der Land-, Forst- und Fischwirtschaft; Bioabfälle aus der Bioabfallverordnung, aus Biomasse durch Vergasung oder Pyrolyse erzeugtes Gas und daraus resultierende Folge- und Nebenprodukte; aus Biomasse erzeugte Alkohole, deren Bestandteile, Zwischen-, Folge- und Nebenprodukte wiederum aus Biomasse erzeugt wurden.

§ 2 Abs. 3 BiomasseVO nennt darüber hinaus Energieträger, die als Biomasse i.S.d. Verordnung *gelten*. Die Vorschrift enthält dabei solche Energieträger, bei denen die Biomasseeigenschaft zweifelhaft sein kann, weil die Gefahr besteht, dass ein nicht zu vermeidender Fremdstoffgehalt vorliegt, welcher sich auf die Gesamtmasse in gewissem Umfang auswirkt.[165] Allerdings sei die Einbeziehung dieser Stoffgruppen vor dem Hintergrund der Ziele des EEG wünschenswert, weil deren Einsatz zur Stromerzeugung einen wichtigen Beitrag zum Ersatz anderer Energieträger leisten könne und unter Beachtung der umweltbezogenen Anforderungen keinen Bedenken unterliege.[166]

Erwähnenswert ist, dass nach der BiomasseVO grundsätzlich auch Pflanzenölmethylester (PME) als Biomasse gilt. Dies war - insbesondere in Bezug auf Rapsölmethylester (RME) - bereits unter der Geltung des StrEG umstritten. Während aus Raps gewonnenes Rapsöl als erste Verarbeitungsstufe unstreitig unter den Anwendungsbereich des StrEG bzw. des EEG fällt[167], kann dies aufgrund des Ausschließlichkeitsprinzips bei der Vermischung von Rapsöl mit den nicht geförderten Stoffen Methanol oder Ethanol nicht ohne weiteres bejaht werden. Bei einer rein formalen Betrachtung müsste eine Förderung von RME durch das EEG ausscheiden.[168]

Demgegenüber wird geltend gemacht, dass die Zumischung von Methanol oder Ethanol zum Rapsöl produktionstechnisch bedingt sei und sich lediglich als weiterer Verarbeitungsschritt mit dem Ziel einer energetischen Nutzanwendung des landwirtschaftlichen Erzeugnisses Raps darstelle, weshalb auf die rein formale Betrachtung verzichtet werden solle.[169] Maßgeblich sei, dass sich das Endprodukt nicht über das produktionstechnisch notwendige Maß hinaus verändert habe oder so weit vom Ausgangsstoff Biomasse entfernt sei, dass eine Förderung ausgeschlossen erscheinen müsse.[170]

Diese Auffassung teilt offenbar der Verordnungsgeber, da PME nunmehr ausdrücklich als Biomasse i.S.d. BiomasseVO „*gelten*". Im Vergleich zu den in § 2 Abs. 2 BiomasseVO genannten Energieträgern, welche „Biomasse i.S.d. Absatzes 1 *sind*", besteht also ein qualitativer Unterschied. So wurde in der Begründung zum ersten Entwurf der BiomasseVO ausge-

165 Vgl. BT-Drs. 14/6059, S. 10. Als Biomasse *gilt* insbesondere Altholz, bestehend aus Gebrauchtholz oder Industrierestholz das als Abfall anfällt, aus Altholz erzeugtes Gas, Pflanzenölmethylester, Treibsel aus Gewässerpflege, Uferpflege und -reinhaltung, sowie durch anaerobe Vergärung erzeugtes Biogas, § 2 Abs. 3 BiomasseVO.

166 Ebenda.

167 Vgl. nur *Salje*, EEG, § 2, Rn. 65.

168 In diesem Sinne *Krieger*, RdE 1993, S. 220 f.; *Pohlmann*, Rechtsprobleme, S. 152.

169 Vgl. *Salje*, EEG, § 2, Rn. 66, Obernolte/Danner-*Feuerborn*, Energiewirtschaftsrecht, III B 2.1, § 1, Rn. 9.

170 *Salje*, ebenda.

führt, dass bei den in § 2 Abs. 3 BiomasseVO enthaltenen Bereichen die Biomasseeigenschaft „zweifelhaft sein könnte, weil hier ein (unvermeidlicher) Fremdstoffgehalt vorliegen kann".[171] Derart deutliche Zweifel an der Biomasseeigenschaft von PME werden in der Begründung zur endgültigen Fassung der BiomasseVO nicht mehr ausdrücklich vorgebracht. Allerdings wird darauf hingewiesen, dass zur Herstellung der PME nach den derzeit angewandten Verfahren Methanol fossilen Ursprungs verwendet werde. Trotzdem solle an der Förderung von PME festgehalten werden, damit der vorhandene Anreiz zur Verstromung von Biomasse nicht abgebaut werde, bevor eine marktgängige Alternative gefunden sei.[172] Gleichwohl räumt der Verordnungsgeber ein, dass dieser Zustand nicht befriedigen könne und eine Entwicklung hin zur Verwertung von alternativ in Frage kommenden Pflanzenölen wünschenswert sei. Daher ist in § 2 Abs. 3 Satz 4 BiomasseVO eine anlagenbezogene zeitliche Einschränkung der Förderung vorgesehen, wonach PME nur bei einem Einsatz in Anlagen als Biomasse gilt, die spätestens drei Jahre nach In-Kraft-Treten der BiomasseVO, also bis zum 22.6.2004, in Betrieb genommen werden. In solchen Anlagen zählt PME also auch über diesen Zeitpunkt hinaus als Biomasse, um die notwendige Investitionssicherheit zu gewährleisten.[173]

§ 3 BiomasseVO enthält schließlich eine Aufzählung von Energieträgern, die nicht als Biomasse i.S.d. Verordnung gelten. Hierzu zählen aus Gründen der Klima- und Ressourcenschonung fossile Brennstoffe und daraus hergestellte Neben- und Folgeprodukte sowie Torf, gemischte Siedlungsabfälle aus privaten Haushaltungen, ähnliche Abfälle aus anderen Herkunftsbereichen, näher bestimmtes Altholz, Papier, Pappe, Karton, Klärschlämme i.S.d. Klärschlammverordnung, Hafenschlick, Textilien, Deponiegas und Klärgas. Vor dem Hintergrund der BSE-Problematik ist der gegenüber dem Ursprungsentwurf neu eingefügte § 3 Nr. 9 BiomasseVO zu betrachten, wonach Tierkörper, Tierkörperteile und Erzeugnisse, die nach den Bestimmungen des Tierkörperbeseitigungsrechts in Tierkörperbeseitigungsanstalten beseitigt werden müssen, nicht als Biomasse anerkannt werden.

§ 4 BiomasseVO bestimmt die technischen Verfahren, die zur Erzeugung von Strom aus Biomasse in Betracht kommen. Nur soweit die in der Vorschrift genannten Anlagentypen zur Stromerzeugung genutzt werden, kommt eine Förderung nach den Grundsätzen des EEG in Betracht. Die Nummern 1 - 4 bezeichnen dabei bereits erprobte und derzeit zur Verfügung stehende Anlagentypen zur Erzeugung von Strom aus Biomasse, während Nummer 5 als Auffangtatbestand auch andere Anlagen erfasst, die im Hinblick auf das Ziel des Klima- und Umweltschutzes betrieben werden. Hierdurch soll sichergestellt werden, dass die Bezeich-

171 BT-Drs. 14/3189, S. 8
172 BT-Drs. 14/6059, S. 11.
173 BT-Drs. 14/6059, S. 11.

nung bereits erprobter Anlagenarten nicht zu einem Forschungs- und Entwicklungshemmnis wird.[174]

Schließlich konkretisiert § 5 der BiomasseVO die Umweltanforderungen an die Stromerzeugung aus Biomasse, wobei sich der Verordnungsgeber allerdings im Wesentlichen auf die Feststellung beschränkt hat, dass mit der Vorrangregelung nach dem EEG keine Freistellung von den Anforderungen der einschlägigen Fachgesetze zum Umweltschutz verbunden sein soll. Eigene Umweltanforderungen formuliert die Vorschrift - insoweit noch im Gegensatz zum ursprünglichen Entwurf, welcher lediglich betonte, dass die jeweils einschlägigen Vorschriften des öffentlichen Rechts einzuhalten sind - in den Absätzen 2 und 3 bezüglich der Nutzung bestimmter Altholzarten zur Verstromung.

bb. Bewertung und Ausblick

Die BiomasseVO leistet einen erheblichen Beitrag zur praktischen Umsetzung des EEG, indem sie die als Biomasse i.S.d. EEG in Betracht kommenden Energieträger definiert und somit zur Rechts- und Investitionssicherheit für (potentielle) Betreiber von Anlagen zur Erzeugung von Strom aus Biomasse beiträgt. Insoweit stellt ihr Erlass einen erheblichen Fortschritt im Vergleich zur Rechtslage unter der Geltung des StrEG dar, welche bezüglich der Förderung von Strom aus Biomasse noch von Unsicherheiten geprägt war. Wenngleich die BiomasseVO nicht abschließend ist, erfasst sie immerhin den weit überwiegenden Teil der zur Stromerzeugung geeigneten Arten von Biomasse.

Die formelle Rechtmäßigkeit der BiomasseVO kann nicht in Zweifel gezogen werden. So ist die Ermächtigungsgrundlage (§ 2 Abs. 1 Satz 2 EEG) - Art. 80 Abs. 1 GG entsprechend - bezüglich Inhalt, Zweck und Ausmaß der erteilten Ermächtigung hinreichend bestimmt.[175] Den vom BVerfG aufgestellten Anforderungen an den Bestimmtheitsgrundsatz - danach muss der Bürger schon aus dem ermächtigenden Gesetz selbst hinreichend deutlich erkennen können, in welchen Fällen und mit welcher Tendenz von der Ermächtigung Gebrauch gemacht werden wird und welchen möglichen Inhalt die aufgrund der Ermächtigung erlassenden Verordnungen haben können - wird § 2 Abs. 1 Satz 2 EEG gerecht.

Fraglich ist indes, ob sich die durch Rechtsverordnung getroffene Regelung im Rahmen der Ermächtigungsgrundlage hält, die Vorgaben der Ermächtigungsgrundlage beachtet und auch mit den übrigen verfassungsrechtlichen Regelungen vereinbar ist.[176]

---

174 BT-Drs. 14/3489, S. 11; BT-Drs. 14/6059, S. 13.

175 Zum Bestimmtheitsgebot des Art. 80 Abs. 1 GG Sachs-*Lücke*, GG, Art. 80, Rn. 21 ff.; Dreier-*Bauer*, GG, Art. 80, Rn., 27 ff.; *Maurer*, Verwaltungsrecht, § 13, Rn. 6.

176 Dreier-*Bauer*, GG, Art. 80, Rn. 37; *Maurer*, Verwaltungsrecht, § 13, Rn. 14.

Dabei ist in diesem Zusammenhang vor allem das bereits erörterte Ausschließlichkeitsprinzip i.S.d. § 2 Abs. 1 Satz 1 EEG zu beachten, welches insbesondere bei der Verstromung von Biomasse Bedeutung erlangt. Der Verordnungsgeber der BiomasseVO musste, soweit er bestimmte Energieträger als förderungswürdige Biomasse definiert, die Frage berücksichtigen, ob er sich in Widerspruch zum Ausschließlichkeitsprinzip setzt. Nun gilt das Ausschließlichkeitsprinzip wie bereits erörtert nicht uneingeschränkt; es lässt vielmehr ausweislich der Gesetzesbegründung die Ermöglichung der Stromerzeugung durch eine Zünd- oder Stützfeuerung zu. Die Frage, ob die Verwendung von Pflanzenölmethylester zur Stromerzeugung förderungswürdig i.S.d. EEG ist, steht jedoch mit einer Zünd- oder Stützfeuerung nicht in Zusammenhang. Vielmehr geht es um die grundsätzliche Frage, ob die Anerkennung der Förderungswürdigkeit der Verstromung von Pflanzenölmethylester im Rahmen des EEG mit dem dort enthaltenen Ausschließlichkeitsprinzip in Einklang steht. Dies ist im Hinblick auf den unvermeidlichen und nicht unerheblichen Fremdstoffgehalt, bedingt durch die Zumischung von Methanol oder Ethanol, zumindest zweifelhaft. Allerdings wird nicht davon ausgegangen werden können, dass sich der Verordnungsgeber mit der Aufnahme von PME in die BiomasseVO in Widerspruch zu den Vorschriften des EEG und insbesondere der Ermächtigungsnorm begibt. Denn § 2 Abs. 1 Satz 2 EEG ermächtigt zum Erlass von Vorschriften, in denen geregelt ist, „welche Stoffe und technischen Verfahren bei Biomasse in den Anwendungsbereich des Gesetzes fallen, und welche Umweltanforderungen einzuhalten sind.“ In der Gesetzesbegründung wird hierzu ausgeführt, dass durch die Verordnungsermächtigung nicht ökologisch und ökonomisch sinnvolle Verfahren, die sich noch in der Entwicklung befinden, von vornherein ausgeschlossen werden sollen.[177] Damit stellt sich der Verordnungsgeber nicht unmittelbar in Widerspruch zu den Vorschriften des EEG, da er den Begriff der Biomasse erst ausfüllt. Stellt der Verordnungsgeber - wie geschehen - fest, dass RME als Biomasse gilt, kann die Verstromung ausschließlich von PME oder RME schwerlich gegen das Ausschließlichkeitsprinzip verstoßen. Zudem wird aus der Ermächtigungsnorm und deren Begründung ersichtlich, dass dem Verordnungsgeber ein gewisser Beurteilungsspielraum hinsichtlich der Frage zukommt, ob ein bestimmtes Verfahren ökologisch und ökonomisch sinnvoll ist oder nicht.

Gleichwohl hat auch der Verordnungsgeber erkannt, dass der Einsatz von PME zur Stromerzeugung zumindest auf lange Sicht nicht befriedigen kann. Allerdings wird darauf verwiesen, dass für alternativ in Frage kommende Pflanzenöle hinsichtlich geeigneter Motoren noch ein gewisser Verbesserungsbedarf besteht und PME bereits von der Einspeiseregelung des StrEG

177 BT-Drs. 14/2776, S. 21.

erfasst wurde.[178] Dies kann selbstverständlich nur für die praktische Umsetzung des StrEG gelten, da die Zulässigkeit einer Förderung der Verstromung von PME - wie bereits erörtert - von Teilen der Literatur für unzulässig gehalten wurde. Zu begrüßen ist daher die Aufnahme einer engen, anlagenbezogenen zeitlichen Einschränkung der Förderung von PME in die BiomasseVO, da ansonsten eine Aushöhlung und Entwertung des Ausschließlichkeitsprinzips zu befürchten ist. In Anbetracht der restriktiven Handhabung von PME in der BiomasseVO lässt sich ein Verstoß des Verordnungsgebers gegen die Ermächtigungsnorm jedenfalls nicht feststellen.

Abzuwarten bleibt, ob sich die optimistischen Prognosen für die Entwicklung der Biomasseverstromung in der Bundesrepublik Deutschland tatsächlich verwirklichen.[179] Seit In-Kraft-Treten des EEG hat sich der Bestand an Anlagen zur Stromerzeugung aus Biomasse von 1271 Anlagen im Jahr 2000 auf 1388 Anlagen im Jahr 2001 erhöht.[180] Immerhin lässt sich festhalten, dass mit dem In-Kraft-Treten der BiomasseVO ein erheblicher Gewinn an Rechtssicherheit für die Stromerzeuger aber auch für die zur Abnahme verpflichteten Netzbetreiber besteht. Streitigkeiten über die Frage, ob die Verwendung bestimmter Energieträger zur Stromerzeugung die im EEG enthaltenen Fördertatbestände für Biomasse erfüllt, dürften nunmehr die Ausnahme darstellen.

III. Einschränkung des sachlichen Anwendungsbereichs - § 2 Abs. 2 EEG

1. Leistungsgrenzen bei Wasserkraftwerken, Deponiegas- und Klärgasanlagen

§ 2 Abs. 2 EEG schränkt den sachlichen Anwendungsbereich des Gesetzes ein, wobei einerseits auf die installierte Kraftwerksleistung[181] und andererseits auf dic Eigentumsverhältnisse an den Anlagen abgestellt wird.

Gemäß § 2 Abs. 2 Nr. 1 EEG ist Strom aus Wasserkraftwerken, Deponiegas- oder Klärgasanlagen mit einer installierten elektrischen Leistung von über 5 MW oder aus Anlagen, in denen der Strom aus Biomasse gewonnen wird, mit einer installierten elektrischen Leistung über 20 MW nicht vom Anwendungsbereich des EEG erfasst. Die Einschränkung wird mit der Vermutung („[...] ist davon auszugehen [...]") begründet, dass große Anlagen auch ohne Förderung durch das EEG wirtschaftlich betrieben werden können. Zudem sollen nach dem Willen

---

178 BT-Drs. 14/6059, S. 11.

179 So rechnet Bundesumweltminister *Trittin* als Folge der Verordnung mit der zügigen Errichtung von modernen Anlagen zur Stromerzeugung aus Holz mit einer Kapazität von ein bis zwei Millionen Tonnen pro Jahr, vgl. BMU Pressedienst Nr. 48/01 v. 8.3.2001; vgl. auch *Staiß*, Jahrbuch Erneuerbare Energien, S. I-182; *Fischer*, Biomasse in KWK-Systemen, S. 11 f.

180 *Böhmer*, ew 2003, Heft 7, S. 28 f.

181 Unter dem Begriff der installierten elektrischen Leistung - auch Generatorleistung, Nennleistung oder Anlagenkapazität genannt - wird die unter gegebenen technischen und betrieblichen Verhältnissen tatsächlich erreichbare Leistung verstanden, vgl. *Brandt/Reshöft/Steiner*, EEG, vor §§ 4 - 8, Rn. 6.

des Gesetzgebers gerade kleine, dezentrale Anlagen zum Standbein der Energieversorgung werden.[182] Soweit also die installierte elektrische Leistung einer Anlage die in § 2 Abs. 2 EEG festgelegte Leistungsgrenze überschreitet, besteht die unwiderlegbare gesetzliche Vermutung, dass ein Förderungsbedürfnis nicht besteht.[183]

2. Leistungsgrenzen bei Biomasse

Im Bereich der Biomasse ist zu verzeichnen, dass die Grenze zur Förderungsunwürdigkeit (20 MW, § 2 Abs. 2 Satz 1 Nr. 1 EEG) im Vergleich zum StrEG (5 MW, § 1 Satz 2 StrEG) wesentlich erhöht wurde. Hierdurch sollen zusätzliche Potenziale erschlossen und Effizienzreserven aktiviert werden.[184]

3. Leistungsgrenzen bei solarer Strahlungsenergie

Während das StrEG für Anlagen zur Erzeugung von Strom aus solarer Strahlungsenergie noch keine Grenzwerte vorsah, beschränkt § 2 Abs. 2 Satz 1 Nr. 3 EEG die Förderung von Strom aus solarer Strahlungsenergie in zweifacher Weise. Ziel der Einschränkungen ist es, einem möglichen unerwünschten Nebeneffekt der Gewinnung solarer Strahlungsenergie - der Versiegelung von Freiflächen durch die Errichtung neuer Erzeugungsanlagen - entgegenzuwirken.[185]

Gemäß § 2 Abs. 2 Satz 1 Nr. 3 EEG sind Anlagen, die eine installierte elektrische Leistung von 5 MW überschreiten, nicht vom Anwendungsbereich des EEG erfasst. Es handelt sich insoweit um eine absolute Leistungsgrenze, die für alle Anlagen zur Erzeugung von Strom aus solarer Strahlungsenergie gilt.

Diese absolute Leistungsgrenze gemäß § 2 Abs. 2 Satz 2 EEG allerdings nur für solche Anlagen, die an oder auf baulichen Anlagen angebracht sind, die vorrangig anderen Zwecken als der Erzeugung von Strom aus solarer Strahlungsenergie dienen, da in diesem Fall eine weitere Versiegelung der Landschaft nicht zu befürchten ist. Die Gesetzesbegründung erwähnt als Beispiele Dächer, Fassaden, Lärmschutzwände und im Einzelfall auch Erdaufschüttungen, die nicht ausschließlich zum Zweck der solaren Stromerzeugung angelegt wurden.[186]

Für alle anderen Erzeugungsanlagen gilt gemäß § 2 Abs. 2 Satz 2 EEG eine erheblich niedrigere Leistungsgrenze von 100 kW.

182 BT-Drs. 14/2776, S. 21.
183 Vgl. zur Rechtslage beim StrEG *Herrmann*, Anwendungsprobleme, S. 83.
184 BT-Drs. 14/2776, S. 21.
185 BT-Drs. 14/2776, S. 21.
186 BT-Drs. 14/2776, S. 21.

4. Missbräuchliche Aufteilung größerer Erzeugungsanlagen

Bereits im Rahmen des StrEG war nicht eindeutig geklärt, ob sich die Kapazitätsgrenzen auf jede einzelne in den Anwendungsbereich des Gesetzes fallende Anlage beziehen, oder ob die Kapazitäten mehrerer in einem räumlichen Zusammenhang stehender Anlagen unter bestimmten Umständen zusammenzurechnen sind. Der Erfahrungsbericht der Bundesregierung zum StrEG erwähnt in diesem Zusammenhang Bemühungen eines Betreibers, eine Anlage zur Verstromung von Holz mit einer Kapazität von mehr als 5 MW zu errichten, wobei unter Inkaufnahme von erheblichen Mehrinvestitionen jede einspeisende Anlage den Grenzwert des § 1 Satz 2 Nr. 1 StrEG nicht überschreiten sollte.[187]

Nach Auffassung von *Feuerborn*[188] und *Salje*[189] kommt es für die Ermittlung der Anlagengröße nicht darauf an, ob die einzelnen Erzeugungsmodule ggf. unter der 5 MW Grenze liegen. Entscheidend sei vielmehr die an einem Standort im wirtschaftlichen Zusammenhang betriebene Kraftwerkskapazität. Räumlich getrennte Anlagen, welche lediglich aus technisch wirtschaftlichen Gründen über eine Leitung einspeisen, seien zur Größenbestimmung nicht zusammenzurechnen.

Demgegenüber sieht *Pohlmann*[190] den Anwendungsbereich des StrEG als nicht eröffnet an, wenn Kleinanlagen unter 5 MW entgegen den optimalen technischen und wirtschaftlichen Kennziffern missbräuchlich aufgeteilt werden.

Eine andere Sichtweise nimmt *Herrmann*[191] ein, welcher die Auffassung vertritt, dass die Einspeisung mehrerer Anlagen über eine gemeinsame Leitung die Zusammenfassung der Anlagen als wirtschaftliche Einheit rechtfertigen soll. Demgegenüber müsse die Einspeisung an getrennten Übergabepunkten zur getrennten Kapazitätsmessung führen, weil die Netzanbindung einen wesentlichen Teil der Kosten ausmache und deshalb für jede Anlage eine gesonderte Wirtschaftlichkeitsbetrachtung angezeigt sei.[192]

Unter der Geltung des EEG hat sich an der beschriebenen Problematik nichts geändert. Allerdings enthält die Gesetzesbegründung eine Erläuterung hinsichtlich der Behandlung räumlich getrennter Anlagen. Danach sind diese hinsichtlich des Anwendungsbereichs weiterhin getrennt zu behandeln, auch wenn sie über eine gemeinsame Leitung einspeisen.[193] Ausreichend ist in diesem Sinne also offenbar jede räumliche Trennung, gleichgültig in welchem Abstand sich die Anlagen zueinander befinden.

---

187 BT-Drs. 13/2681, S. 15.
188 Obernolte/Danner-*Feuerborn*, Energiewirtschaftsrecht, III B 2.1, § 1, Rn. 4.
189 *Salje*, EEG, § 2, Rn. 88 ff.
190 *Pohlmann*, Rechtsprobleme, S. 158 f.
191 *Herrmann*, Anwendungsprobleme, S. 84 ff.
192 *Herrmann*, Anwendungsprobleme, S. 86 f.
193 BT-Drs. 14/2776, S. 21.

Hiermit ist allerdings noch nichts darüber gesagt, inwieweit eine missbräuchliche Aufteilung der Erzeugungsanlagen zu anderen Ergebnissen führen muss. So ließe sich einerseits die Auffassung vertreten, dass das EEG diesbezüglich eine Gesetzeslücke enthält. Eine solche liegt dann vor, wenn dem Gesetz eine, vom Wertungsplan der Gesetzgebung aus betrachtet, erforderliche Regelung fehlt.[194] Da der Gesetzgeber in Kenntnis der Problematik eine Regelung offensichtlich nicht für erforderlich gehalten hat, läge damit eine bewusste Gesetzeslücke vor, mit der Konsequenz, dass die Regelung der Missbrauchsproblematik der Klärung durch die Rechtsprechung überlassen bleibt.

Denkbar wäre allerdings auch, dass eine Regelung der Missbrauchsproblematik vom Wertungsplan des Gesetzgebers aus betrachtet nicht erforderlich war. Hierfür könnte sprechen, dass es sich beim Verbot des Rechtsmissbrauchs um einen allgemeinen, in § 242 BGB enthaltenen Rechtsgedanken handelt[195], welcher einer spezialgesetzlichen Ausprägung im Rahmen des EEG nicht bedurfte. Denn nach der sog. „Innentheorie" bilden Treu und Glauben eine allen Rechten, Rechtslagen und Rechtsnormen immanente Inhaltsbegrenzung.[196] Damit müsste das Vorliegen einer Gesetzeslücke im eigentlichen Sinn abgelehnt werden, wenngleich auch in diesem Fall die Gerichte - etwa im Wege der Auslegung der entsprechenden Normen des EEG - darüber zu befinden hätten, wann eine missbräuchliche Aufteilung von Stromerzeugungsanlagen vorliegt. Ob eine solche Gesetzeslücke vorliegt oder nicht, ist demnach nicht die entscheidende Frage; vielmehr gilt es zu klären, wann ein einspeisewilliger Anlagenbetreiber missbräuchlich handelt, mit der Konsequenz, dass der Netzbetreiber den Anschluss der Anlage(n) sowie die Abnahme und die Vergütung des angebotenen Stroms verweigern kann.

Hinter der Ausschlussregelung des § 2 Abs. 2 EEG steht ausweislich der Gesetzesbegründung der Gedanke, dass „große Anlagen" auch ohne Aufnahme in den Anwendungsbereich des EEG wirtschaftlich betrieben werden können. Maßgeblich für die Frage, ob eine Anlage nach den Grundsätzen des EEG zu fördern ist, ist also deren Wirtschaftlichkeit, wobei - wie bereits erörtert - bei Überschreitung der in § 2 Abs. 2 EEG normierten Leistungsgrenzen eine unwiderlegbare Vermutung für deren Wirtschaftlichkeit besteht. Umgekehrt bedeutet dies aber nicht, dass der Betrieb kleiner Anlagen unbesehen als unwirtschaftlich einzustufen wäre. Maßgeblich muss vielmehr eine Gesamtbetrachtung der in einem räumlichen Zusammenhang betriebenen Anlagen unter Berücksichtigung der jeweils beteiligten Anlagenbetreiber sein. So kann - gerade auch unter Berücksichtigung der in der Gesetzesbegründung enthaltenen Klarstellung - die Nutzung einer gemeinsamen Einspeiseleitung durch verschiedene Anlagenbetreiber bzw. Investoren, nicht schon allein deshalb zu einer Zusammenrechnung der Kapazi-

194 *Rüthers*, Rechtstheorie, Rn. 844.
195 Vgl. nur Palandt-*Heinrichs*, BGB, § 242, Rn. 38 ff.
196 MünchKomm-*Roth*, BGB, § 242, Rn. 45.

täten führen.[197] Im Hinblick auf ein missbräuchliches Verhalten sind vielmehr solche Sachverhalte zweifelhaft, in denen ein einzelner Investor mehrere Anlagen, die knapp unterhalb der jeweils einschlägigen Kapazitätsgrenze liegen, in einem räumlichen Zusammenhang, an einem Standort, errichtet. Dabei wird man allerdings entgegen der Auffassung von *Feuerborn* und *Salje* nicht davon ausgehen können, dass die Kapazitäten mehrerer an einem Standort im wirtschaftlichen Zusammenhang betriebener Anlagen zusammenzurechnen sind. Denn nach der Gesetzesbegründung, welche im Übrigen durch den Wortlaut des § 2 Abs. 2 EEG gestützt wird, soll jede räumliche Trennung der Anlagen ausreichen, um die gesetzlich vorgegebenen Leistungsgrenzen zu wahren. Anhaltspunkte dafür, dass die Kapazitäten mehrerer Anlagen, die an einem Standort in einem wirtschaftlichen Zusammenhang errichtet wurden, zusammengerechnet werden können, sind nicht ersichtlich.[198] Insbesondere kann das einem missbräuchlichen Verhalten immanente Unwerturteil nicht bereits deshalb gefällt werden, weil ein Betreiber mehrere Regenerativstromanlagen, die jeweils in den Anwendungsbereich des EEG fallen, an einem Standort in einem wirtschaftlichen Zusammenhang errichtet. Vielmehr wird man für die Annahme eines missbräuchlichen Verhaltens verlangen müssen, dass - insoweit im Sinne von *Pohlmann* - eine Aufteilung der an einem Standort in wirtschaftlichem Zusammenhang betriebenen Anlagen entgegen den optimalen technischen und wirtschaftlichen Kennziffern durchgeführt wird.

5. Ausschluss bestimmter Betreiber aus dem Begünstigtenkreis

§ 2 Abs. 2 Satz 1 Nr. 2 EEG enthält die Bestimmung, dass Strom aus Anlagen, die zu über 25 % der Bundesrepublik Deutschland oder einem Bundesland gehören, nicht in den Anwendungsbereich des EEG fällt. Der Ausschluss wird in den Gesetzesmaterialien zum EEG nicht näher begründet; es kann jedoch davon ausgegangen werden, dass der Regelung die gleiche Motivation zugrunde liegt wie der vergleichbaren Regelung beim StrEG, in welcher eine ähnliche personenbezogene Ausschlussklausel vorgesehen war. Diese wurde damit begründet, dass es sich bei den Anlagen, die zu über 25 % der Bundesrepublik oder den Bundesländern gehören, um Wasserkraftwerke im Zusammenhang mit Flussregulierungen oder Kanalbauten handele, deren Erhalt auch ohne eine Förderung durch das StrEG gesichert sei.[199] Wie auch unter der Geltung des StrEG gilt der Ausschluss vom Anwendungsbereich aber nicht für

---

197 Zutreffend führt *Salje*, EEG, § 2, Rn. 92, aus, dass es ökonomisch unsinnig wäre, mehrere Betreiber zu zwingen, je eine getrennte Einspeiseleitung zu errichten.

198 Insbesondere ist es hierfür entgegen *Salje*, EEG, § 2, Rn. 93, unbeachtlich, dass der Gesetzeswortlaut im Vergleich zur Rechtslage unter der Geltung des StrEG unverändert geblieben ist. Denn im Hinblick auf den in der Gesetzesbegründung zum EEG enthaltenen Auslegungshinweis wäre auch eine Änderung des Wortlauts nicht erforderlich gewesen, da dieser gerade die im Auslegungshinweis verdeutlichte Rechtsansicht stützt.

199 Vgl. BT-Drs. 11/7816, S. 4.

Kommunen, so dass für diese die grundsätzliche Möglichkeit einer Förderung des erzeugten regenerativen Stroms nach den Vorschriften des EEG besteht.[200]

§ 2 Abs. 2 Satz 1 Nr. 2 EEG enthält aber auch eine indirekte, im Vergleich zum StrEG wesentliche Erweiterung des Anwendungsbereichs. Im StrEG war - über den Ausschluss von Anlagen, die zu 25 % der Bundesrepublik Deutschland oder einem Bundesland gehören, hinausgehend - vorgesehen, dass auch Anlagen, die zu über 25 % öffentlichen EVU oder Unternehmen gehören, die mit ihnen i.S.d. § 15 des AktG verbunden waren, nicht in den Anwendungsbereich des Gesetzes fallen. Diese Einschränkung wurde nunmehr im Rahmen des EEG gestrichen, womit implizit auch solche Anlagen grundsätzlich einer Förderung durch das EEG zugänglich sind. In den Gesetzesmaterialien wird diese Erweiterung des Anwendungsbereichs mit Gleichbehandlungserwägungen begründet.[201] Durch die Gleichstellung erhofft sich der Gesetzgeber eine Motivation für alle Produzenten, in erneuerbare Energien zu investieren.[202]

Der Begriff „öffentliches EVU" wurde unter der Geltung des StrEG (§ 1 Satz 2 Nr. 2 StrEG) i.S.d. § 2 Abs. 2 EnWG a.F.[203] ausgelegt.[204] § 2 Abs. 2 Satz 1 EnWG a.F. definierte den Begriff der öffentlichen Energieversorgung als die Versorgung anderer mit elektrischer Energie oder Gas durch Unternehmen und Betriebe oder die Verwaltung solcher Unternehmen.

Der Begriff der öffentlichen Energieversorgung ist im novellierten EnWG[205] nicht mehr enthalten. Allerdings werden im Rahmen der Begriffsbestimmungen in § 2 Abs. 3 EnWG EVU als alle Unternehmen und Betriebe definiert, die andere mit Energie versorgen oder ein Netz für die allgemeine Versorgung betreiben. Festzuhalten ist also, dass zwischen den öffentlichen EVU und den EVU i.S.d. § 2 Abs. 3 EnWG eine weitgehende Begriffsidentität besteht. Damit sind nunmehr alle Unternehmen der allgemeinen Versorgung i.S.d. EnWG mit In-Kraft-Treten des EEG grundsätzlich in vollem Umfang förderfähig.[206]

IV. Räumliche Grenzen des sachlichen Anwendungsbereichs

Während in § 1 Satz 1 StrEG der Anwendungsbereich des Gesetzes auf regenerativen Strom beschränkt war, der „im Geltungsbereich dieses Gesetzes" gewonnen wurde, ist gemäß § 2 Abs. 1 Satz 1 EEG solcher Strom erfasst, der im Geltungsbereich des EEG oder in „der deut-

---

200 Vgl. hierzu *Herrmann*, Anwendungsprobleme, S. 88; *Pohlmann*, Rechtsprobleme, S. 169; *Salje*, EEG, § 2, Rn. 98.

201 BT-Drs. 14/2776, S. 21.

202 Ebenda.

203 Gesetz zur Förderung der Energiewirtschaft (Energiewirtschaftsgesetz alter Fassung - EnWG a.F.) v. 13.12.1935 (RGBl. I 1935 S. 1451; BGBl. III 752-1) i.d.F. v. 19.12.1977 (BGBl. I 1977 S. 2750), abgedruckt in *Herrmann/Schweers*, Rechtsgrundlagen, S. 19 ff.

204 Vgl. *Herrmann*, Anwendungsprobleme, S. 95; *Ennuschat*, RdE 1996, S. 183.

205 Gesetz über die Elektrizitäts- und Gasversorgung (Energiewirtschaftsgesetz - EnWG) v. 24.4.1998 (BGBl. I S. 730).

206 Vgl. nur *Salje*, RdE 2000, S. 126.

schen ausschließlichen Wirtschaftszone gewonnen wird." Ausweislich der Begründung soll damit der Anwendungsbereich des EEG auf die außerhalb der 12-Meilen-Zone liegende ausschließliche Wirtschaftszone erweitert werden, um Off-shore-Wind-Projekte in diesem Bereich zu ermöglichen.[207]

1. Geltungsbereich des EEG

Der räumliche Anwendungsbereich des EEG wird in § 2 Abs. 1 Satz 1 EEG zunächst über den „Geltungsbereich dieses Gesetzes" definiert. Um Rückschlüsse auf den Anwendungsbereich des EEG ziehen zu können, ist somit zunächst klärungsbedürftig, was unter dem Geltungsbereich des EEG zu verstehen ist.

Aus dem Grundsatz der Gebietshoheit ergibt sich, dass sich der räumliche Geltungsbereich der staatlichen Rechtsordnung auf das einem Staat zugehörige Gebiet beschränkt.[208] Innerhalb dieses Gebietes hat der Staat die Möglichkeit, aufgrund seiner umfassenden Verfassungs- und Gesetzgebungskompetenz die Rechts- und Lebensverhältnisse aller Personen umfassend zu regeln.[209] Demgegenüber würde die Ausübung von Hoheitsrechten auf fremdem Staatsgebiet grundsätzlich eine völkerrechtswidrige Intervention darstellen.[210]

Der Geltungsbereich des EEG ist somit in räumlicher Hinsicht auf das Staatsgebiet der Bundesrepublik Deutschland beschränkt, welches sich neben dem entsprechenden Teil der Erdoberfläche auf das an die Küste angrenzende Küstenmeer erstreckt.[211] Traditionell umfasst das Küstenmeer eine Zone von drei Seemeilen[212], nach Art. 3 des UN-Seerechtsübereinkommens (SRÜ)[213] ist jedoch eine Ausdehnung bis zu 12 Seemeilen möglich. Von dieser Möglichkeit hat die Bundesrepublik Deutschland durch Proklamation vom 11.11.1994 mit Wirkung zum 1.1.1995 Gebrauch gemacht.[214]

Es kann damit zunächst festgehalten werden, dass der Geltungsbereich des EEG das Staatsgebiet der Bundesrepublik Deutschland einschließlich der 12-Seemeilen-Zone umfasst. Innerhalb dieser Grenzen erzeugter Strom aus erneuerbaren Energien unterliegt somit grundsätzlich der Förderung durch das EEG, § 2 Abs. 1 Satz 1 EEG.

---

207 BT-Drs. 14/2776, S. 21.

208 Vgl. *Ipsen*, Völkerrecht, § 23, Rn. 3 ff.; vgl. hierzu auch *Baur*, RdE 1996, S. 175 ff.

209 *Ipsen*, Völkerrecht, § 23, Rn. 4.

210 *Doehring*, Völkerrecht, § 2, Rn. 88.

211 Graf-Vitzthum-*Hailbronner*, Völkerrecht, 3. Abschn., Rn. 120.

212 „Kanonenschußweite", Graf-Vitzthum-*Hailbronner*, Völkerrecht, 3. Abschn., Rn. 120.

213 Vgl. das Gesetz zu dem Seerechtsübereinkommen der Vereinten Nationen v. 10.12.1982 (Vertragsgesetz Seerechtsübereinkommen) vom 2.9.1994, BGBl. II S. 1798.

214 BGBl. I 1994, S. 3428.

2. Ausschließliche Wirtschaftszone

In die Förderung durch das EEG eingeschlossen soll aber auch solcher Strom aus erneuerbaren Energien sein, der in der deutschen ausschließlichen Wirtschaftszone gewonnen wird, § 2 Abs. 1 Satz 1 EEG.

Die sog. ausschließliche Wirtschaftszone wurde durch die Seerechtskonferenzen, die 1982 ihren Abschluss fanden, eingeführt.[215] Die Küstenstaaten sollten damit eine begrenzte Zone zur Nutzung der dort angesiedelten Ressourcen erhalten, wobei die Wirtschaftszone allerdings nicht der territorialen Souveränität der jeweiligen Staaten unterliegt.[216] Aus Art. 56 Abs. 1 lit. a SRÜ ergibt sich für den jeweiligen Küstenstaat das ausschließliche Recht der Erforschung und Ausbeutung, Erhaltung und Bewirtschaftung der lebenden und nicht lebenden natürlichen Ressourcen der Gewässer über dem Meeresboden, des Meeresbodens und dessen Untergrunds.

Die ausschließliche Wirtschaftszone darf von den Küstenstaaten bis zu einer Distanz von 200 Seemeilen jenseits der Basislinien in Anspruch genommen werden, von denen aus die Breite des Küstenmeeres gemessen wird, Art. 57 SRÜ. Der Anspruch auf eine diesem Umfang entsprechende Wirtschaftszone ist mittlerweile gewohnheitsrechtlich anerkannt.[217]

Die Bundesrepublik Deutschland hat mit Proklamation vom 29.11.1994 eine ausschließliche Wirtschaftszone in der Nordsee und in der Ostsee errichtet.[218] Die Frage einer „Überschneidung" ausschließlicher Wirtschaftszonen im Hinblick auf angrenzende oder gegenüberliegende Küstenstaaten - namentlich Großbritannien, Frankreich, Belgien, Niederlande, Dänemark, Schweden, Norwegen und Polen - und damit die theoretische Möglichkeit, dass auch Strom aus erneuerbaren Energien, der im Ausland gewonnen wurde, in den Anwendungsbereich des EEG fallen könnte, stellt sich nicht, da Art. 74 SRÜ vorsieht, dass die Abgrenzung der ausschließlichen Wirtschaftszone zwischen Staaten mit gegenüberliegenden oder aneinander angrenzenden Küsten durch Übereinkunft auf der Grundlage des Völkerrechts erfolgt[219], womit auch das SRÜ von einer strikten Exklusivität ausschließlicher Wirtschaftszonen ausgeht.

Damit fällt Regenerativstrom, der in Anlagen erzeugt wurde, die sich außerhalb des Staatsgebietes der Bundesrepublik Deutschland sowie außerhalb der ausschließlichen Wirtschaftszone befinden, nicht in den Anwendungsbereich des EEG. Die Frage, ob dies unter dem Gesichts-

---

215 *Doehring*, Völkerrecht, § 2, Rn. 103.

216 *Herdegen*, Völkerrecht, § 31, Rn. 6.

217 Vgl. *Herdegen*, Völkerrecht, § 31, Rn. 7; *Doehring*, Völkerrecht, § 2, Rn. 105.

218 BGBl. II 1994, S. 3769 ff. Der Verlauf der Abgrenzung der deutschen ausschließlichen Wirtschaftszone in der Nordsee ist in der Seegrenzkarte 2920 veröffentlicht.

219 Die Vorschrift ist mit Art. 83 SRÜ (Abgrenzung des Festlandsockels zwischen Staaten mit gegenüberliegenden oder aneinander angrenzenden Küsten) weitgehend identisch, vgl. hierzu *Henkin/Pugh/Schachter/Smit*, International Law, S. 1293, 1283.

punkt des Verbots mengenmäßiger Beschränkungen (Art. 28 EG) europarechtlich zulässig ist, wird an anderer Stelle untersucht werden.[220]

V. Der zur Abnahme und Vergütung des Stroms Verpflichtete

Gemäß § 2 Abs. 1 Satz 1 EEG werden solche EltVU zur Abnahme und Vergütung des Stroms in die Pflicht genommen, die Netze für die allgemeine Versorgung betreiben (Netzbetreiber). Unter dem Begriff „Netz" wird allgemein ein System von jeweils miteinander verbundenen Elektrizitätsversorgungsleitungen einschließlich des dafür erforderlichen Zubehörs verstanden.[221]

Schwieriger ist die Konkretisierung des Begriffs „Netz für die allgemeine Versorgung". Zwar ergibt sich aus der Gesetzesbegründung, dass der Begriff der allgemeinen Versorgung an die Begriffsbestimmungen des EnWG anknüpft.[222] Jedoch ist diese Bezeichnung, die im EnWG an verschiedenen Stellen mit jeweils unterschiedlicher Bedeutung verwendet wird, in hohem Maße unbestimmt und umstritten.

Grundlegend ist zunächst § 2 Abs. 3 EnWG zu beachten, welcher EVU als alle Unternehmen und Betriebe definiert, die andere mit Energie versorgen oder ein Netz für die „allgemeine Versorgung" betreiben. Über diese allgemeine Begriffsbestimmung hinausgehend bestimmt § 10 Abs. 1 Satz 1 EnWG, dass EVU für Gemeindegebiete, in denen sie die „allgemeine Versorgung von Letztverbrauchern" durchführen, Allgemeine Bedingungen und Allgemeine Tarife für die Versorgung in Niederspannung oder Niederdruck öffentlich bekanntzugeben und zu diesen Bedingungen und Tarifen jedermann an ihr Versorgungsnetz anzuschließen und zu versorgen haben.

Als anerkannt kann in diesem Zusammenhang zunächst festgehalten werden, dass der Begriff „allgemeine Versorgung von Letztverbrauchern" i.S.d. § 10 Abs. 1 Satz 1 EnWG in einem engeren Sinn zu verstehen ist als der Begriff der „allgemeinen Versorgung" in § 2 Abs. 3 EnWG, so dass er jedenfalls die Versorgung von Weiterverteilern nicht umfasst.[223] Da der Begriff „allgemeine Versorgung" in § 2 Abs. 3 EnWG demgegenüber nicht auf die Versorgung von Letztverbrauchern beschränkt ist, umfasst er nach wohl herrschender Auffassung auch solche Netze, die der Versorgung von Weiterverteilern dienen.[224]

Da das EEG - der Definition des § 2 Abs. 3 EnWG entsprechend - gleichfalls nicht zwischen Netzen für die allgemeine Versorgung und Netzen für die allgemeine Versorgung von Letztverbrauchern differenziert, ist davon auszugehen, dass auch Netze, die der Versorgung

---

220 Siehe unten S. 149 ff.
221 VWEW-*Schneider*, EnWG, Artikel 1, § 2, Rn. 4.2.2.
222 BT-Drs. 14/2776, S. 21.
223 VWEW-*Schneider*, EnWG, Artikel 1, § 2, Rn. 4.2.2.
224 VWEW-*Schneider*, ebenda; Obernolte/Danner-*Danner*, B § 2 EnWG, Rn. 34.

von Weiterverteilern dienen, Gegenstand der Anschlusspflicht aus § 3 Abs. 1 Satz 1 EEG sein können. Dabei kommen neben den örtlichen Betreibern des Niederspannungsnetzes grundsätzlich auch die Betreiber der Übertragungsnetze[225] auf höheren Spannungsebenen als Adressaten der Anschluss-, Abnahme- und Vergütungspflicht in Betracht, da auch diese Netze zumindest mittelbar der allgemeinen Versorgung dienen.[226] Keine Allgemeinversorgung liegt dann vor, wenn das Versorgungsnetz nur einem oder mehreren von vornherein abschließend festgelegten Abnehmern zur Verfügung steht, da der Netzbetrieb dann lediglich individuellen Interessen, nicht aber dem Versorgungsinteresse der Allgemeinheit dient.[227]

§ 3 Abs. 1 Satz 2 EEG verpflichtet dabei denjenigen Netzbetreiber, zu dessen technisch für die Aufnahme geeignetem Netz die kürzeste Entfernung zum Standort der Anlage besteht. Eine Bezugnahme auf Versorgungsgebiete, wie sie noch im StrEG (vgl. § 2 Satz 1 StrEG) enthalten war, ist damit vollständig aufgegeben worden. Praktisch dürfte die Änderung jedoch kaum von Bedeutung sein, da auch bereits im StrEG 1998 auf das nächstgelegene Netz Bezug genommen wurde, soweit sich die Erzeugungsanlage, aus der Strom aus erneuerbaren Energien eingespeist werden sollte, nicht im Versorgungsgebiet eines Netzbetreibers befand, § 2 Satz 2 StrEG.[228]

C. Anschluss-, Abnahme- und Vergütungspflicht des Netzbetreibers

I. Überblick

§ 3 Abs. 1 EEG regelt die wesentlichen Pflichten des Netzbetreibers und stellt damit einen der Kernbereiche des EEG dar.

Gemäß § 3 Abs. 1 Satz 1 EEG sind Netzbetreiber zunächst dazu verpflichtet, Anlagen zur Erzeugung von Strom nach § 2 EEG an ihr Netz anzuschließen. Sodann ist der gesamte angebotene Strom aus diesen Anlagen vorrangig abzunehmen und nach Maßgabe der §§ 4 - 8 EEG zu vergüten.

---

225 Der Begriff des Übertragungsnetzes ist gesetzlich nicht definiert; es besteht jedoch Einigkeit darüber, dass es sich dabei um die Höchstspannungsnetze (220 - 400 kV) der Netzbetreiber BewagAG, EnBW Transportnetze AG, E.ON Netz GmbH, HEW AG, RWE Net AG und Vereinigte Energiewerke AG (VEAG) handelt, vgl. *Brandt/Reshöft/Steiner*, EEG, § 3, Rn. 36.

226 So ausdrücklich die Gesetzesbegründung BT-Drs. 14/2776, S. 24; vgl. auch *Oschmann*, ET 2000, S. 462; *Salje*, EEG, § 3, Rn. 11. Die praktische Bedeutung der unmittelbaren Verpflichtung der Übertragungsnetzbetreiber zur Abnahme und Vergütung regenerativen Stroms dürfte jedoch aufgrund der hohen Anschlusskosten an die 380 kV-Ebene in den meisten Fällen nicht in Betracht kommen, vgl. *Niedersberg*, NVwZ 2001, S. 21.

227 Vgl. Obernolte/Danner-*Danner*, Energiewirtschaftsrecht, I B § 2, Rn. 23; *Niedersberg*, NVwZ 2001, S. 21.

228 Die Anknüpfung an das Versorgungsgebiet war unter Geltung der Ursprungsfassung des StrEG im Hinblick auf die Abnahme und Vergütung von Strom aus Offshore-Windenergieanlagen problematisch, da sich diese regelmäßig *außerhalb* eines Versorgungsgebietes befanden und mithin nicht in den Anwendungsbereich des StrEG fielen; vgl. hierzu ausführlich *Baur*, RdE 1996, S. 177 ff.; *Bartsch/Dingeldey*, ET 1995, S. 250 f.; *Erbguth*, RdE 1996, S. 85 ff.; Erfahrungsbericht zum StrEG, BT-Drs. 13/2681, S. 4.

Soweit die Abnahme des Stroms erst durch einen wirtschaftlich zumutbaren Ausbau des Netzes möglich wird, ist der Netzbetreiber auf Verlangen des Einspeisewilligen unverzüglich dazu verpflichtet; in diesem Fall gilt das Netz als technisch für die Aufnahme geeignet, § 3 Abs. 1 Satz 3 EEG. Schließlich sieht § 3 Abs. 1 Satz 4 EEG vor, dass sowohl Netzdaten als auch Anlagedaten offen zu legen sind, soweit dies für die Planung des Netzbetreibers und des Einspeisewilligen sowie für die Feststellung der Eignung erforderlich ist.

Die Reichweite der Offenlegungspflichten ist nicht unumstritten und war in der Praxis bereits Gegenstand zweier Urteile. Mit Urteil des LG Frankfurt/Oder[229] wurde eine Entscheidung des AG Fürstenwalde[230] aufgehoben. Das LG vertritt in seinem Urteil die Rechtsauffassung, dass der Netzbetreiber mittels einer nachprüfbaren Berechnung darüber Auskunft erteilen muss, ob sich an einem konkret benannten Standort eine bestimmte Zahl von Erzeugungsanlagen installieren lassen, und darüber hinaus die abnehmbare Strommenge und die voraussichtlichen Anschlusskosten zu berechnen hat. Ferner müsse der Netzbetreiber auch die Kosten für die Erteilung der Auskunft tragen.

Diese Auslegung des § 3 Abs. 1 Satz 4 EEG dürfte jedoch über das vertretbare Maß hinausgehen, da der Netzbetreiber nach dem Wortlaut der Vorschrift zunächst nur zur Offenlegung der Daten verpflichtet ist. Eine darüber hinausgehende Berechnungspflicht, deren Kosten der Netzbetreiber zu tragen hat, lässt sich weder dem Wortlaut, noch dem Sinn und Zweck des § 3 Abs. 1 Satz 4 EEG entnehmen. Die Offenlegungspflichten werden in der - auch vom LG Frankfurt/Oder argumentativ in Anspruch genommenen - Gesetzesbegründung mit der Überlegung gerechtfertigt, dass sowohl Netzbetreiber als auch Einspeisewillige aufwendige Planungen und Vermögensdispositionen treffen müssen.[231] Hieraus unter Verweis auf das gesetzgeberische Ziel, den Ausbau erneuerbarer Energien zu fördern, eine umfassende und kostenlose Berechnungs- und Auskunftspflicht zu konstruieren, erscheint jedoch zweifelhaft. Denn der Gesetzgeber wollte potenzielle Anlagenbetreiber mit der Offenlegungspflicht nicht von jedem erdenklichen betriebswirtschaftlichen Risiko befreien, sondern nur sicherstellen, dass ein Zugang zu den für die Planung der Anlage erforderlichen Daten seitens des Netzbetreibers ermöglicht wird. Die erforderlichen Berechnungen kann der einspeisewillige Unternehmer jedoch ohne weiteres selbst oder unter Hinzuziehung sachkundiger Dritter und unter Tragung der erforderlichen Kosten vornehmen. Unter systematischen Gesichtspunkten spricht hierfür auch der Umstand, dass gemäß § 10 Abs. 1 Satz 1 EEG der Anlagenbetreiber die Kosten des Anschlusses von Anlagen an den technisch und wirtschaftlich günstigsten Verknüpfungspunkt des Netzes zu tragen hat. Dies rechtfertigt die Annahme, dass auch Planungskos-

229 LG Frankfurt/Oder, Urt. v. 14.9.2001 - 6 (b) S 22/01-, ZNER 4/2001, S. 269 f.
230 AG Fürstenwalde, Urt. v. 12.12.2000 - 13 C 19/00 -, RdE 2001, S. 161.
231 BT-Drs. 14/2776, S. 22.

ten, die den eigentlichen Anschlusskosten zwingend vorausgehen, grundsätzlich in die Sphäre des Anlagenbetreibers fallen und auch von diesem zu tragen sind.
Im Übrigen geht die Entscheidung des LG Frankfurt/Oder auch über die allgemein anerkannte Bedeutung des Begriffs der „Netzdaten", unter welchem die *beschreibenden* Eigenschaften eines Verteilungs- oder Übertragungsnetzes - Kapazität, Spannungsebene, Ausbauzustand usw. - verstanden werden.[232], hinaus. Die Frage, wie viele zusätzliche Anlagen mit welcher abnehmbaren Strommenge und welchen voraussichtlichen Anschlusskosten an ein Netz angeschlossen werden können, lässt sich dem Begriff der Netzdaten wohl nicht mehr zuordnen. Der Entscheidung des LG Frankfurt/Oder kann damit letztlich nicht zugestimmt werden.[233]

II. Anschlusspflicht

§ 3 Abs. 1 Satz 1 EEG sieht erstmals ausdrücklich die Pflicht des Netzbetreibers vor, Anlagen zur Erzeugung von Strom aus erneuerbaren Energien an sein Netz anzuschließen. Eine inhaltliche Änderung im Vergleich zum StrEG - insbesondere im Hinblick auf die Kostentragung des Anschlusses - kann der Neuregelung nicht entnommen werden, da die vormals streitige Frage der Kostentragung nunmehr in § 10 EEG eine ausdrückliche Regelung gefunden hat.[234] Im Übrigen ergibt sich auch mittelbar aus der Gesetzesbegründung zu § 3 Abs. 1 EEG die lediglich klarstellende Bedeutung der Normierung der Anschlusspflicht, wenn es dort heißt: „Die Anschluss-, Abnahme- und Vergütungspflicht trifft *nunmehr* das nächstgelegene geeignete Netz."[235]
Dem Anschluss geht üblicherweise ein - im EEG nicht näher geregeltes - umfangreiches Prüfungsverfahren voraus.[236] Dabei muss der Netzbetreiber - nachdem sich der Anlagenbetreiber mit seinem Anschlussbegehren an diesen gewendet hat - zunächst feststellen, ob das Netz technisch überhaupt für die Einspeisung geeignet ist. In diesem Zusammenhang wird berichtet, dass es nicht unüblich sei, dass manche Netzbetreiber hierfür ein Entgelt verlangen, dass sich etwa im Bereich mehrerer tausend Mark bewegt.[237] Soweit dem Netzbetreiber alle erforderlichen Daten zur Verfügung stehen, beginnt die Netzverträglichkeitsprüfung, deren Gegenstand die Anschlusswerte der neu anzuschließenden Anlage unter Berücksichtigung der Vorbelastungen des Netzes durch andere Abnehmer und bereits angeschlossene Anlagen sind.[238] Einer Prüfung ist insbesondere die Frage zu unterziehen, ob das Netz im angefragten Sektor

---

232 Vgl. *Salje*, EEG, § 3, Rn. 76.
233 Ebenso *Germer*, ZfK 12/2001, S. 16, welcher zutreffend auf den Umstand verweist, dass gesetzlich normierte Auskunftspflichten auch ausdrücklich als solche bezeichnet werden (so etwa in § 18 EnWG).
234 Siehe hierzu unten S. 84 ff.
235 BT-Drs. 14/2776, S. 22.
236 Vgl. hierzu *Salje*, Versorgungswirtschaft 2001, S. 225 ff.
237 Vgl. *Salje*, Versorgungswirtschaft 2001, S. 225.
238 *Salje*, Versorgungswirtschaft 2001, S. 225.

überhaupt noch weiter Einspeisungen aufnehmen kann und welcher konkrete Netzverknüpfungspunkt - mit der nach Möglichkeit kürzesten Entfernung zum Standort der Anlage - hierfür geeignet ist; es findet also eine sektorbezogene und eine punktbezogene Prüfung statt.[239]

1. Anschlusspflicht hinsichtlich im Ausland betriebener Anlagen?

Bei vergleichender Betrachtung der §§ 2 Abs. 1 Satz 1 und 3 Abs. 1 Satz 1 EEG ist bemerkenswert, dass die Anschlusspflicht des Netzbetreibers im Rahmen der Bestimmung des Anwendungsbereiches des Gesetzes (§ 2 EEG) nicht erwähnt wird. § 2 Abs. 1 Satz 1 EEG beschränkt ausdrücklich lediglich *Abnahme* und *Vergütung* auf im Geltungsbereich des EEG oder in der deutschen ausschließlichen Wirtschaftszone gewonnenen Strom. Dies könnte zu der Annahme führen, dass Erzeuger regenerativen Stroms, die ihre Anlagen im Ausland betreiben, gleichwohl einen Netz*anschluss* an das nächstgelegene Versorgungsnetz gemäß § 3 Abs. 1 Satz 1 i.V.m. Satz 2 EEG verlangen könnten.[240]

Die Vorschriften der §§ 2, 3 EEG sind jedoch einschränkend auszulegen. In systematischer Hinsicht ist der enge Zusammenhang zwischen § 2 und § 3 Abs. 1 Satz 1 EEG zu beachten, da sich gemäß § 3 Abs. 1 Satz 1 EEG die Anschluss-, Abnahme- und Vergütungspflicht ausdrücklich auf Anlagen „zur Erzeugung von Strom nach § 2“ bezieht. Der Verweis ist also nicht nur auf § 2 *Abs. 2* EEG gerichtet, der die Anforderungen an den Strom, bzw. die Leistungsgrenzen der Erzeugungsanlagen festlegt. Er richtet sich vielmehr auch auf die räumliche Eingrenzung des Anwendungsbereichs des EEG in § 2 *Abs. 1 Satz 1*, nach welchem nur solcher Strom abzunehmen und zu vergüten ist, der im Geltungsbereich des EEG oder in der deutschen ausschließlichen Wirtschaftszone gewonnen wird. § 3 Abs. 1 Satz 1 EEG setzt demnach begrifflich voraus, dass sich die anzuschließende Anlage innerhalb der in § 2 Abs. 1 Satz 1 EEG bezeichneten räumlichen Grenzen befindet. Die Betreiber von im Ausland befindlichen Anlagen haben somit keinen Anspruch auf Anschluss ihrer Anlage an das Versorgungsnetz gemäß § 3 Abs. 1 Satz 1 EEG.

Kein anderes Ergebnis ergibt sich auch bei teleologischer Auslegung der §§ 2, 3 EEG. Denn selbst wenn die in Frage kommenden Anlagen ausländischer Erzeuger gemäß § 3 Abs. 1 Satz 1 EEG an das Versorgungsnetz angeschlossen würden, bestünde für den Netzbetreiber keine Pflicht zur Abnahme oder zur Vergütung des angebotenen Stroms, da sich die Abnahme- und Vergütungspflicht gemäß § 2 Abs. 1 Satz 1 EEG ausschließlich auf solchen Strom bezieht, der im Geltungsbereich des EEG oder in der deutschen ausschließlichen Wirtschaftszone gewonnen wurde. Die bloße Pflicht zum Anschluss einer Anlage ohne die Pflicht zur Abnahme und

239 Salje, Versorgungswirtschaft 2001, S. 225 f.
240 So *Britz* in Ludwig/Odenthal, EEG, Rn. 54.

Vergütung des angebotenen Stroms ist aber sowohl für Erzeuger als auch für den Netzbetreiber wirtschaftlich sinnlos, so dass nicht davon ausgegangen werden kann, dass der Gesetzgeber den Betreibern ausländischer Anlagen einen derartigen Anspruch gewähren wollte.

2. „Windhundverfahren" und dessen Umsetzung in der Praxis

Die Reihenfolge des Netzanschlusses bestimmt sich bei mehreren Einspeisungspetenten in der Praxis nach dem sog. „Windhundverfahren".[241] Danach ist von der zeitlichen Reihenfolge der Anträge auf Abschluss eines Einspeisevertrags auszugehen.

Die Netzbetreiber trifft aufgrund des in § 20 Abs. 1 GWB niedergelegten Diskriminierungsverbots die Pflicht zur Gleichbehandlung der Einspeisungspetenten, soweit nicht ein sachlicher Grund eine Ungleichbehandlung rechtfertigt.[242] Um diesem Grundsatz gerecht werden zu können, führen die Netzbetreiber eine sog. „Windhundliste", auf welcher die entsprechenden Anträge in ihrer zeitlichen Reihenfolge einzutragen sind.[243] Dies ergibt ein praktikables und transparentes System, wenngleich diesem eine - jeder Form des Prioritätsgrundsatzes anhaftende - Willkürlichkeit immanent ist.[244] Dabei ist aber auch zu beachten, dass mit dem Antrag auf Abschluss eines Einspeisungsvertrags nach den allgemeinen zivilrechtlichen Grundsätzen ein vorvertragliches Vertrauensverhältnis entsteht, welches für beide Parteien Sorgfaltspflichten begründet und bei einer Verletzung dieser Pflichten eine Haftung nach den Grundsätzen der *culpa in contrahendo* auslösen kann.[245] Insofern sprechen nicht nur Praktikabilitätserwägungen dafür, am Windhundverfahren festzuhalten, da jede Abweichung von diesem Verfahren zumindest eine Pflichtverletzung gegenüber dem zeitlich ersten Antragsteller darstellen kann.[246]

Schwierigkeiten bereitet dabei die Frage, wann ein Anspruch auf Aufnahme in die „Windhundliste" besteht.[247] Im Grunde geht es dabei um die Problematik, wie weit die Planung einer Anlage zur Erzeugung von Strom aus erneuerbaren Energien fortgeschritten sein muss, damit eine Aufnahme in die Liste vorgenommen werden kann. So ist beispielsweise die Situation vorstellbar, dass zwei potenzielle Anlagenbetreiber denselben Netzanschlusspunkt für ihre Einspeisungen nutzen wollen, wobei einer der Betreiber bereits über eine Bau-

---

241 Vgl. hierzu VDEW-*Pingel*, StrEG, S. 58.

242 Zum kartellrechtlichen Diskriminierungsverbot allgemein *Emmerich*, Kartellrecht, S. 227 ff.; Wiedemann-*Lübbert*, Kartellrecht, § 28, Rn. 1 ff.; *Baur*, Der Mißbrauch im deutschen Kartellrecht, S. 236 ff.

243 VDEW-*Pingel*, ebenda.

244 Gleichwohl wird man in der Berücksichtigung der zeitlichen Reihenfolge des Eingangs der Anträge grundsätzlich ein sachgerechtes „Selektionskriterium" sehen können.

245 Palandt-*Heinrichs*, BGB, Einf v § 145, Rn. 18; nunmehr geregelt in den §§ 311 Abs. 2 und 3, 241 Abs. 2 i.V.m. § 280 Abs. 1 BGB - „Schadensersatz wegen Pflichtverletzung".

246 Darüber hinaus erscheinen Alternativen zum Windhundverfahren - etwa in Form von Ausschreibungsverfahren - wenig praktikabel.

247 VDEW-*Pingel*, StrEG, S. 58.

genehmigung für die Anlage verfügt, während sich der zweite Betreiber noch in der Planungsphase befindet.[248] Stellt letzterer aber den zeitlich ersten Antrag auf Aufnahme in die „Windhundliste" und kommt der Netzbetreiber diesem Begehren nach, könnte dies die Einspeisung am betreffenden Netzanschlusspunkt für andere Einspeisungspetenten - welche ihr Vorhaben unter Umständen schneller realisieren können - blockieren.

Das EEG enthält keine Anhaltspunkte darüber, wie der soeben beschriebene Konflikt gelöst werden könnte. Es entspricht der Vorgehensweise einiger EVU, vom Antragsteller die Vorlage einer Baugenehmigung oder hilfsweise die Vorlage eines Bauvorbescheids zu verlangen, bevor eine Aufnahme in die Liste erfolgt.[249] Dies vermag regelmäßig zu befriedigenden Ergebnissen zu führen, da auf diese Weise vermieden werden kann, dass Einspeisekapazitäten zu Lasten anderer Projekte blockiert werden, die kurzfristiger realisiert werden könnten. Zudem ist mit der Vorlage der Baugenehmigung bzw. des Bauvorbescheids ein objektives Kriterium gegeben, was der Rechtssicherheit in besonderem Maße zuträglich ist.[250] Daher sollte sich auch mit Blick auf das in § 20 GWB niedergelegte kartellrechtliche Verbot unterschiedlicher Behandlung[251] die Praxis durchsetzen, dass solche Unternehmer, die eine Baugenehmigung bzw. einen Bauvorbescheid vorlegen können, bei der Erstellung einer Windhundliste bevorzugt berücksichtigt werden. Denn nur dann liegt ein sachlich gerechtfertigter Grund vor, der eine Diskriminierung bei der bevorzugten Aufnahme in die Windhundliste ausschließt.

III. Pflicht zur vorrangigen Abnahme von Regenerativstrom

1. Inhalt und Reichweite des Vorrangprinzips

Netzbetreiber sind gemäß § 3 Abs. 1 Satz 1 EEG dazu verpflichtet, den gesamten angebotenen Strom aus den in § 2 EEG bezeichneten Anlagen vorrangig abzunehmen. Hiermit wird im Gegensatz zum StrEG unter Verweis auf die „Elektrizitätsbinnenmarkt-Richtlinie der Euro-

---

248 Dabei sei an dieser Stelle klarstellend erwähnt, dass sich weder aus § 3 Abs. 1 Satz 2 noch aus § 10 Abs. 1 Satz 1 EEG ein Anspruch des Anlagenbetreibers auf Anschluss seiner Anlage an den nächstmöglichen Netzanschluss*punkt* ergibt. Die Bezugnahme auf das nächstgelegene Netz dient nur der Bestimmung des pflichtigen Netzbetreibers, wenngleich der Anlagenbetreiber aufgrund der im Folgenden noch zu erörternden Kostentragungspflicht ein erhebliches Interesse am Anschluss an den nächstgelegenen Anschlusspunkt haben dürfte; zur Kostentragungspflicht unten S. 84 ff.

249 VDEW-*Pingel*, StrEG, S. 58.

250 In diesem Sinne auch das - nicht rechtskräftige - Urteil des LG Itzehoe v. 25.8.1997 - 2 O 271/95 -, in welchem die Praxis des beklagten EVU, eine Vergabe an der zeitlichen Abfolge der Baugenehmigungen bzw. der Bauvorbescheide zu orientieren, ausdrücklich gebilligt wird, zitiert bei VDEW-*Pingel*, StrEG, S. 58, Fn. 36.

251 Das Verbot unterschiedlicher Behandlung verbietet es marktbeherrschenden und marktstarken Unternehmen, andere Unternehmen in einem gleichartigen Unternehmen üblicherweise zugänglichen Geschäftsverkehr ohne sachlich gerechtfertigten Grund unmittelbar oder mittelbar gegenüber gleichartigen Unternehmen unterschiedlich zu behandeln (Diskriminierung im engen Sinne), hierzu Wiedemann-*Lübbert*, Kartellrecht, § 28, Rn. 2; *Emmerich*, Kartellrecht, S. 227 f.; *Bunte*, Kartellrecht, S. 210 ff., 217 ff.

päischen Union"[252] ein echter Vorrang von Strom aus erneuerbaren Energien begründet, was zur Folge hat, dass der Netzbetreiber die Abnahme und Vergütung nicht mehr mit dem Argument zurückweisen kann, dass sein Netz bereits mit konventionell erzeugtem Strom ausgelastet sei.[253] Vielmehr muss vorrangig der gesamte Strom aus erneuerbaren Energien eingespeist, und auf entsprechende Mengen konventionell erzeugten Stroms verzichtet werden.[254]
Allerdings kann das Vorrangprinzip nicht uneingeschränkt gelten, was sich zwar nicht aus dem EEG selbst, aber aus dem mit Verfassungsrang ausgestatteten und in § 1 EnWG manifestierten Prinzip der Versorgungssicherheit ergibt.
Grundlegend ist dabei eine Entscheidung des BVerfG[255] hervorzuheben, in welcher die Sicherstellung der Energieversorgung als ein „Gemeinschaftsinteresse höchsten Ranges" herausgestellt wurde. So führt das Gericht aus, dass die ständige Verfügbarkeit ausreichender Energiemengen eine entscheidende Voraussetzung für die Funktionsfähigkeit der gesamten Wirtschaft sei; es handele sich um ein von der jeweiligen Politik des Gemeinwesens unabhängiges „absolutes" Gemeinschaftsgut.
Die Bedeutung der Sicherheit der Energieversorgung ist auch in der Zielbestimmung des EnWG enthalten. Gemäß § 1 EnWG ist Zweck des Gesetzes eine möglichst sichere, preisgünstige und umweltverträgliche leitungsgebundene Versorgung mit Elektrizität und Gas im Interesse der Allgemeinheit. Nach wohl einhelliger Auffassung hat dieser Ziele-Trias nicht nur Bedeutung für das EnWG, sondern für alle Bereiche der leitungsgebundenen Energieversorgung, auch wenn in anderen Gesetzen, wie z.B. im EEG, andere Ziele im Vordergrund stehen. Grundsätzlich wird davon ausgegangen, dass die in § 1 EnWG genannten Ziele gleichgeordnet nebeneinanderstehen, so dass nicht von einem automatischen Vorrang der Versorgungssicherheit gegenüber der Preisgünstigkeit und/oder der Umweltverträglichkeit auszugehen wäre.[256]
Anerkannt ist allerdings auch, dass bei der Gefährdung eines der Ziele die übrigen Ziele zurücktreten müssen.[257] Stehen sich also - bezogen auf das EEG - die Ziele Versorgungssicherheit und die durch Art. 20a GG gleichfalls mit Verfassungsrang ausgestattete Umweltverträglichkeit diametral gegenüber, wird ein Konflikt durch die Herbeiführung eines möglichst schonenden Ausgleichs, gleichsam im Sinne praktischer Konkordanz[258], vermieden werden

252 BT-Drs. 14/2776, S. 22.
253 BT-Drs. 14/2776, S. 22.
254 Ludwig/Odenthal-*Britz*, EEG, Rn. 56.
255 BVerfG, Beschl. v. 16.3.1971 - 1 BvR 52, 665, 667, 754/66 -, BVerfGE 30, S. 292, 323 f.; hierzu *Tettinger*, Recht der Energiewirtschaft, S. 695 f.
256 Vgl. Obernolte/Danner-*Danner*, Energiewirtschaftsrecht, I B § 1 EnWG, Rn. 2; VWEW-*Schneider*, EnWG, Artikel 1, § 1, Rn. 4.1.
257 Zur Zieloptimierung Obernolte/Danner-*Danner*, Energiewirtschaftsrecht, I B § 1 EnWG, Rn. 9
258 Freilich geht es hier nicht um den Ausgleich kollidierender Grundrechte, den eigentlichen Ursprung der Lehre von der praktischen Konkordanz, hierzu *Hesse*, Verfassungsrecht, Rn. 72.

müssen. Daraus ergibt sich, dass das Vorrangprinzip letztlich dann zurücktreten muss, wenn die Versorgungssicherheit nicht gewährleistet ist. Denn wie bereits erwähnt, liegt ein entscheidender Nachteil der Stromerzeugung aus erneuerbaren Energiequellen in der unregelmäßigen Auslastung der erforderlichen Erzeugungsanlagen. Um die Versorgungssicherheit gewährleisten zu können, ist also zumindest derzeit der Einsatz konventioneller Kraftwerke zur Deckung des Grundbedarfs mit Elektrizität unerlässlich.[259] Die entscheidende Frage lautet nach zutreffender Auffassung von *Mengers*[260] demnach: „Wie viele regelbare, konventionelle Kraftwerke sind unerlässlich, um die Versorgung zu gewährleisten?" Nur der Anteil konventionellen Stroms im Netz, der nicht zur Gewährleistung der Versorgungssicherheit erforderlich ist, kann aufgrund des Vorrangprinzips durch Strom aus erneuerbaren Energien ersetzt werden.

Dabei ist zu beachten, dass der Netzbetreiber nach dem in § 20 Abs. 1 GWB niedergelegten kartellrechtlichen Verbot unterschiedlicher Behandlung[261] grundsätzlich zur Gleichbehandlung der vertraglich verpflichteten Stromerzeuger verpflichtet ist. Ist demnach zur Umsetzung des Vorrangprinzips erforderlich, dass der Netzbetreiber einen geringeren Anteil konventionellen Stroms in sein Netz aufnimmt, wird er - je nach Ausgestaltung der Bezugsstrukturen - die Erzeuger oder Lieferanten gleichmäßig belasten müssen. Auf die hiermit verbundenen möglichen Auswirkungen soll im Folgenden genauer eingegangen werden.

2. Vorrangprinzip und bestehende Lieferverträge

Die Pflicht des Netzbetreibers zur vorrangigen Abnahme von Strom aus erneuerbaren Energien wirft die Frage nach dem Schicksal bereits in der Vergangenheit abgeschlossener und ungekündigt weiterbestehender Stromlieferungsverträge oder Netznutzungsverträge auf. Dabei muss beachtet werden, dass im Detail unterschiedliche Ausgangssituationen aufgrund der vielfältigen möglichen Vertragsbeziehungen bestehen können.

Ausgehend von einem vollständigen gesellschaftsrechtlichen Unbundling[262] der Bereiche Erzeugung, Übertragung und Verteilung wird regelmäßig zunächst ein Stromhändler bei Kraftwerken elektrische Arbeit bzw. Leistung kaufen und diese durch den Netzbetreiber zum

259 Dies gilt angesichts des Ausstiegs aus der kommerziellen Nutzung der Kernenergie umso mehr.

260 *Mengers*, ZNER 1/2001, S. 45.

261 Wiedemann-*Lübbert*, Kartellrecht, § 28, Rn. 2; *Emmerich*, Kartellrecht, S. 227 f.; *Bunte*, Kartellrecht, S. 210 ff., 217 ff.

262 Der Begriff des Unbundling meint die organisatorische und/oder gesellschaftsrechtliche Trennung von Netzbetrieb und eigenen Versorgungsaktivitäten; § 4 Abs. 4 EnWG schreibt ein organisatorisches Unbundling dahingehend vor, dass das Übertragungsnetz als eigene Betriebsabteilung, getrennt von Erzeugung und Verteilung sowie von den übrigen Tätigkeiten, die nicht mit ihm zusammenhängen, zu führen ist; hierzu Obernolte/Danner-*Danner*, Energiewirtschaftsrecht, I B § 4 EnWG, Rn. 18; *Büdenbender*, Schwerpunkte, Rn. 169.

Zwecke des Weiterverkaufs übertragen lassen. Rechtsgrundlage für die Übertragung der elektrischen Energie sind Netznutzungsverträge, welche zwischen Stromabnehmern und Netzbetreibern oder aber zwischen Stromlieferanten und Netzbetreibern abgeschlossen werden.[263] Die Frage nach der Rechtsnatur von Netznutzungsverträgen kann noch nicht als abschließend geklärt angesehen werden, da eine eindeutige Zuordnung zu einem der im BGB geregelten Vertragstypen Schwierigkeiten bereitet. Netznutzungsverträge enthalten Elemente des Dienst-, Werk-, Miet- und Geschäftsbesorgungsvertrags, was die Klassifizierung als „atypischer Mischvertrag" gerechtfertigt erscheinen lässt.[264]

Demgegenüber werden Verträge über die Lieferung von Elektrizität nach Rechtsprechung und ganz h.M. zutreffend als Kaufverträge eingeordnet[265] oder zumindest als solche behandelt.[266] Soweit der Netzbetreiber im Rahmen von Einspeiseverträgen selbst als Käufer von elektrischer Energie auftritt, schuldet er dabei entsprechend § 433 Abs. 2 BGB neben der Vergütung auch die Abnahme der bestellten Elektrizität.[267]

Als für den Netzbetreiber unproblematisch wird in diesem Zusammenhang die Erfüllung der Pflichten aus Netznutzungsverträgen mit Stromhändlern angesehen werden können. Denn einer Übertragung der vom Stromhändler beim Erzeuger eingekauften elektrischen Arbeit bzw. Leistung stehen weder rechtliche noch tatsächliche Hindernisse entgegen.[268] Dementsprechend erscheint ein Schaden seitens der Stromhändler unwahrscheinlich: Diese verkaufen Strom als Arbeit und elektrische Leistung in einem Umfang, wie er vertraglich mit einem

---

263 Nach der Verbändevereinbarung über Kriterien zur Bestimmung von Netznutzungsentgelten für elektrische Energie (VV II) hatte jeder Abnehmer zwei Verträge abzuschließen, nämlich einen Netzanschluss- und Netznutzungsvertrag mit dem örtlichen EVU und einen Vertrag über den Bezug von Energie mit dem jeweiligen Stromlieferanten. Abweichend von dieser Konzeption war aber davon auszugehen, dass Stromnetzbetreiber mit Blick auf den Wortlaut des § 6 EnWG auch zum Abschluss von Stromlieferverträgen mit neuen Stromlieferanten bereit sein müssen. Dies wurde durch die am 13.12.2001 verabschiedete und am 1.1.2002 in Kraft getretene Verbändevereinbarung über Kriterien zur Bestimmung von Netznutzungsentgelten für elektrische Energie und über Prinzipien der Netznutzung (VV II plus) bekräftigt, womit das Doppelvertragsmodell hinfällig geworden ist.

264 VWEW-*Recknagel*, Art. 1, § 6 EnWG 1998, 2.2; vgl. auch *Salje*, RdE 1998, S. 169 ff., welcher den Durchleitungsvertrag als Geschäftsbesorgungsvertrag mit Werkvertragscharakter gemäß § 675 i.V.m. § 631 BGB einordnet.

265 Vgl. ausführlich *Herrmann*, RdE 1998, S. 220 ff.; *Schweers*, Vertragsbeziehungen, S. 40 ff.; StbRhb-*Weck*, Fach Z, Kapitel 8, Rn. 37; vgl. auch *Larenz/Canaris*, Schuldrecht BT II/2, S. 61; *Emmerich*, ZfE 1980, S. 112 m.w.N.; BGH, Urt. v. 19.1.1983 - VIII ZR 81/82 -, NJW 1983, S. 1777; BGH, Urt. v. 29.9.1993 - VIII ZR 107/93 -, RdE 1994, S. 70, 72; OLG Hamm, Urt. v. 1.6.1977 - 20 U 12/77 -, RdE 1977, S. 89, 91; a.A. z.B. *Büdenbender*, Energierecht, Rn. 844; *Reinholz*, RdE 1999, S. 74, wonach Energielieferungsverträge schuldrechtliche Verträge eigener Art darstellen sollen.

266 BGH, Urt. v. 29.9.1993 - VIII ZR 107/93 -, RdE 1993, S. 74, 76 unter Verweis auf BGH, Urt. v. 2.7.1969 - VIII ZR 172/68 -, NJW 1969, S. 1903, 1905 und BGH, Urt. v. 6.12.1978 - VIII ZR 273/77 -, NJW 1979, S. 1304; letzteres Urteil bezieht sich allerdings auf einen Wärmelieferungsvertrag.

267 Dies gilt freilich nicht allgemein, sondern nur im Rahmen von Einspeiseverträgen. Eine Abnahmepflicht von Tarifkunden bei gewöhnlichen Elektrizitätsversorgungsverträgen lässt sich demgegenüber nur schwerlich konstruieren, da der Endverbraucher in keiner Weise zur Nutzung energieverbrauchender Geräte - und damit zur Abnahme von Strom - verpflichtet ist, vgl. *Herrmann*, Anwendungsprobleme, S. 114 f.

268 Vgl. *Mengers*, ZNER 1/2001, S. 46.

Stromerzeuger oder Vorlieferanten vereinbart wurde; das Vorrangprinzip steht der Erfüllung dieser Verträge nicht entgegen.[269]

Problematisch sind vielmehr solche Konstellationen, in denen der Netzbetreiber selbst die Leistung eines oder mehrerer konventioneller Stromerzeuger kontrahiert hat, er also in eigener Person als Kaufvertragspartei auftritt. Dann nämlich ist die Situation denkbar, dass der Netzbetreiber aufgrund des Vorrangprinzips trotz bestehender vertraglicher Verpflichtung nur noch geringere Mengen oder gar keinen Strom mehr von einem konventionellen Stromerzeuger oder einem Lieferanten nachfragt. In Betracht kommt aber auch die - praktisch eher unwahrscheinliche - Möglichkeit, dass das netzbetreibende EVU seinen Abnahmeverpflichtungen zeitweise nicht nachkommen kann, weil das Netz mit Regenerativstrom ausgelastet ist.

Die Lösung dieses Problems richtet sich nach den allgemeinen zivilrechtlichen Grundsätzen. Kann der Netzbetreiber aufgrund des Vorrangprinzips seinen vertraglichen Verpflichtungen nicht nachkommen, so wird regelmäßig ein Fall der rechtlichen Unmöglichkeit[270] vorliegen, welcher nach den §§ 275 ff. BGB zu beurteilen ist.[271]

Soweit die vertraglich vereinbarte Abnahme des konventionellen Stroms aus den erwähnten Gründen unmöglich ist, wird der Netzbetreiber gemäß § 275 Abs. 1 BGB von seiner Verpflichtung zur Leistung frei; die konventionell erzeugte Elektrizität muss nicht abgenommen werden. Fragt der Netzbetreiber aufgrund des Vorrangprinzips nur einen Teil der vereinbarten konventionell erzeugten Strommenge nach oder ist das Versorgungsnetz nicht völlig mit regenerativ erzeugtem Strom ausgelastet, liegt ein Fall der teilweisen nicht zu vertretenden Unmöglichkeit vor. Der Netzbetreiber hat dann die noch mögliche Teilleistung (= teilweise Abnahme des konventionell erzeugten Stroms) zu erbringen.

Schadensersatzansprüche des Erzeugers des konventionellen Stroms wegen Nichterfüllung der vertraglich vereinbarten Abnahmepflicht könnten sich aus § 280 BGB ergeben, werden aber daran scheitern, dass der abnahmepflichtige Netzbetreiber die Änderung der gesetzlichen Rahmenbedingungen nicht zu vertreten hat.[272]

In der Literatur wurde bereits zu Recht darauf hingewiesen, dass das Vorrangprinzip insbesondere dann problematische Auswirkungen haben kann, wenn zwischen dem Erzeuger konventionellen Stroms und dem Netzbetreiber take-or-pay-Verpflichtungen vereinbart wur-

---

269 Vgl. *Mengers*, ebenda.

270 Zum Begriff der rechtlichen Unmöglichkeit vgl. Palandt-*Heinrichs*, § 275, Rn. 7.

271 Vgl. *Salje*, RdE 2000, S. 128. Auch wenn dem Netzbetreiber die Abnahme der Elektrizität nur *zeitweise* unmöglich ist, wird regelmäßig ein Fall der Unmöglichkeit vorliegen; ein Verzug des Netzbetreibers scheitert am absoluten Fixschuldcharakter der Elektrizitätslieferung, soweit nicht die Lieferung von Strom in abgegrenzten Teilmengen vereinbart war und die Leistung nachholbar ist, vgl. hierzu *Taupitz*, BB 1982, S. 770.

272 Ebenso *Salje*, RdE 2000, S. 128.

den.[273] Denkbar ist auch die Möglichkeit, dass der Netzbetreiber zur Zahlung einer Vertragsstrafe verpflichtet ist, wenn er den konventionellen Strom nicht nachfragt oder er ihn - gleich aus welchen Gründen - nicht abnehmen kann. Aber selbst wenn der abgeschlossene Liefervertrag keine take-or-pay-Klausel oder die Verpflichtung zur Zahlung einer Vertragsstrafe vorsieht, kann den Vertragsparteien ein auch nur teilweises Festhalten am Liefervertrag unzumutbar sein. In solchen Fällen dürften die Voraussetzungen der nunmehr im Rahmen des § 313 BGB („Störung der Geschäftsgrundlage") kodifizierten und aus § 242 BGB entwickelten Lehre vom Wegfall der Geschäftsgrundlage erfüllt sein[274], aufgrund derer die benachteiligte Partei die Anpassung der vertraglichen Leistungspflichten (§ 313 Abs. 1 BGB) oder gegebenenfalls die Auflösung des Vertrags (§ 313 Abs. 3 BGB) verlangen kann.

Diese soeben dargestellten, möglichen Auswirkungen des Vorrangprinzips könnten mit Blick auf die Vertragsfreiheit und das Eigentumsgrundrecht aus Art. 14 Abs. 1 GG in verfassungsrechtlicher Hinsicht bedenklich sein. Hierauf wird an anderer Stelle eingegangen werden.[275]

IV. Vergütungspflicht

Den Netzbetreiber trifft gemäß § 3 Abs. 1 Satz 1 EEG die Pflicht, den eingespeisten Strom nach Maßgabe der §§ 4 - 8 EEG zu vergüten. Dabei rechtfertigt der Wortlaut des § 3 Abs. 1 Satz 1 EEG („[...] an ihr Netz anzuschließen [...] abzunehmen [...] und [...] zu vergüten.") die Annahme, dass nur solcher Strom zu vergüten ist, der auch tatsächlich in das Netz des aufnehmenden Netzbetreibers eingespeist wird. Übertragungsverluste des einspeisewilligen Anlagenbetreibers beim Stromfluss hin zum Netzanschlusspunkt sind damit auch von diesem zu tragen. Auch der systematische Zusammenhang mit § 10 EEG, wonach die Kostentragungspflicht für den Anschluss von Anlagen den Anlagenbetreiber trifft[276], spricht für eine Risikoverteilung zu Lasten des einspeisewilligen Anlagenbetreibers.

Die §§ 4 - 8 EEG beinhalten - nach den verschiedenen privilegierten Energieträgern geordnet - Vergütungsregelungen für den nach den Vorschriften des EEG eingespeisten Strom. Im Gegensatz zu der Vorgängerregelung des StrEG finden sich in den §§ 4 - 8 EEG Festpreise für die Vergütung, gestaffelt nach der installierten elektrischen Leistung bzw. der installierten elektrischen Wirkleistung. Durch diese Abkopplung der Vergütungssätze vom zurzeit sinkenden Strompreisniveau soll eine verbesserte Investitionssicherheit erreicht werden.

Die Höhe der Mindestvergütungssätze für die einzelnen Energieträger wurde zwischen den am Gesetzgebungsverfahren beteiligten Interessengruppen bis zuletzt kontrovers diskutiert.[277] In

273 Ebenda.
274 Vgl. hierzu allgemein Palandt-*Heinrichs*, § 242, Rn. 110 ff.
275 Siehe hierzu unten S. 216 ff., 239 ff.
276 Vgl. hierzu unten S. 84 f.
277 Vgl. die Stellungnahmen der geladenen Sachverständigen, abgedruckt in ZNER 1/2000, S. 55.

der Gesetzesbegründung kommt allerdings die Intention zum Ausdruck, dass das EEG den Betreibern von Anlagen zur Erzeugung von Strom aus erneuerbaren Energien lediglich bei rationeller Betriebsführung einen wirtschaftlichen Betrieb der Anlagen grundsätzlich ermöglichen will. Eine im Einzelfall jederzeit rentable Vergütung kann und will durch das EEG nicht garantiert werden.[278]

Mit Wirkung zum 1.1.2002 wurden die bis dahin geltenden Vergütungssätze durch das „Neunte Euro-Einführungsgesetz"[279] im Wege centgenauer Umrechnung in Centbeträge umgestellt. Dabei wurde allerdings zugunsten der begünstigten Anlagenbetreiber stets auf die zweite Stelle nach dem Komma aufgerundet.[280]

1. Vergütungssätze für Strom aus Wasserkraft, Deponiegas, Grubengas und Klärgas

Die Vergütungssätze für Strom aus Wasserkraft, Deponiegas, Grubengas und Klärgas sind in § 4 EEG niedergelegt. Gemäß § 4 Satz 1 EEG beträgt die Mindestvergütung für Strom aus den genannten Energieträgern mindestens 7,67 Cent/kWh[281], soweit die elektrische Leistung der Anlage 500 kW nicht überschreitet. Wird die Grenze von 500 kW überschritten, gilt gemäß § 4 Satz 2 EEG der Vergütungssatz von 7,67 Cent/kWh nur für den Teil des eingespeisten Stroms des Abrechnungsjahres, der dem Verhältnis von 500 kW zur Leistung der Anlage in kW entspricht. Dabei bemisst sich die Leistung nach dem Jahresmittel der in den einzelnen Monaten gemessenen mittleren elektrischen Wirkleistung. Sonstiger Strom ist gemäß § 4 Satz 3 EEG mit mindestens 6,65 Cent/kWh[282] zu vergüten.

Nach der Gesetzesbegründung sind Kostensenkungspotenziale in der Anlagentechnik für Wasserkraft-, Deponiegas-, Grubengas- und Klärgasanlagen weitgehend ausgeschöpft, weshalb auf eine degressive Gestaltung der Mindestvergütungssätze im Gegensatz zu anderen Energieträgern[283] verzichtet wurde.[284] Soweit Kostensenkungspotenziale verbleiben, seien diese durch die Inflationsrate in ausreichendem Maße berücksichtigt.[285]

278 Vgl. BT-Drs. 14/2776, S. 22.

279 Gesetz zur Umstellung von Gesetzen und Verordnungen im Zuständigkeitsbereich des Bundesministeriums für Wirtschaft und Technologie sowie des Bundesministeriums für Bildung und Forschung auf Euro - Neuntes Euro-Einführungsgesetz -, BGBl. I 2001 S. 2992.

280 Hierzu StE 2001, S. 70 f. Eine Abweichung zur kaufmännischen Rundung liegt aber nur bei § 5 Abs. 1 Nr. 2 und 3 EEG vor.

281 Bis einschließlich 31.12.2001 15 Pf./kWh.

282 Bis einschließlich 31.12.2001 13 Pf./kWh.

283 So etwa die Vergütungssätze für Biomasse, hierzu unten S. 70 ff.

284 BT-Drs. 14/2776, S. 22.

285 BT-Drs. 14/2776, S. 22.

2. Vergütungssätze für Strom aus Biomasse

a. Überblick

Nach der Gesetzesbegründung bietet die energetische Nutzung der Biomasse ein bislang nur unzureichend erschlossenes Potenzial für eine klimaschonende Energieversorgung.[286] Gleichzeitig wird aber auch auf mögliche Perspektiven für die einheimische Land- und Forstwirtschaft hingewiesen.[287] Vor diesem Hintergrund sah es der Gesetzgeber als notwendig an, die Vergütungssätze für Biomasse gegenüber dem StrEG deutlich anzuheben. Dabei wird nach der elektrischen Leistung der Anlagen zur Erzeugung von Strom aus Biomasse differenziert, um den höheren Stromgestehungskosten kleinerer dezentraler Anlagen Rechnung zu tragen.[288] So beträgt gemäß § 5 Abs. 1 Satz 1 Nr. 1 EEG die Vergütung für Strom aus Biomasse mindestens 10,23 Cent/kWh[289], soweit die Anlage die Grenze einer installierten elektrischen Leistung von 500 kW nicht überschreitet. Bei einer installierten elektrischen Leistung bis einschließlich 5 MW beläuft sich die Mindestvergütung auf 9,21 Cent/kWh[290] (§ 5 Abs. 1 Satz 1 Nr. 2 EEG); ab einer installierten elektrischen Wirkleistung der Anlage von 5 MW ist der eingespeiste Strom immerhin noch mit 8,70 Cent/kWh[291] zu vergüten (§ 5 Abs. 1 Satz 1 Nr. 3 EEG).

Der Wortlaut des Gesetzes ist dabei insoweit widersprüchlich, als „bis einschließlich" einer Leistung von 5 MW eine Mindestvergütung von 9,21 Cent, und „ab einer installierten elektrischen Wirkleistung von 5 MW" eine Mindestvergütung von 8,70 Cent geschuldet wird. Danach würden für Anlagen mit einer Leistung von exakt 5 MW beide Vergütungssätze Geltung beanspruchen, was vom Gesetzgeber nicht beabsichtigt sein kann.

Es handelt sich somit um einen Formulierungsfehler, der mit Blick auf den Normzweck und systematische Gesichtspunkte im Wege der teleologisch begründeten Gesetzeskorrektur[292] aufzulösen ist. Aus der Zusammenschau mit § 2 Abs. 2 Satz 1und § 4 Satz 2 EEG, bei welchen jeweils die *Überschreitung* bestimmter Leistungsgrenzen maßgeblich ist, ergibt sich, dass § 5 Abs. 1 Nr. 3 EEG so auszulegen ist, dass erst bei einer Anlagenleistung von *über* 5 MW der Vergütungssatz von 8,70 Cent/kWh Geltung beansprucht.[293]

Gemäß § 5 Abs. 1 Satz 1 EEG gelten die Vergütungssätze für Strom aus Biomasse erst ab dem Tag des In-Kraft-Tretens der Verordnung nach § 3 Abs. 1 Satz 2 EEG. Der Wortlaut des § 5 Abs. 1 Satz 1 EEG („[...]; dies gilt jedoch erst ab dem Tag des Inkrafttretens der Verord-

286 BT-Drs. 14/2776, S. 22.
287 BT-Drs. 14/2776, S. 22.
288 BT-Drs. 14/2776, S. 23.
289 Bis einschließlich 31.12.2001 20 Pf./kWh.
290 Bis einschließlich 31.12.2001 18 Pf./kWh.
291 Bis einschließlich 31.12.2001 17 Pf./kWh.
292 *Rüthers*, Rechtstheorie, Rn. 950; *Larenz/Canaris*, Methodenlehre, S. 216 ff.
293 Ebenso *Salje*, EEG, § 5, Rn. 7.

nung [...]“) lässt dabei ohne weiteres die Auslegung zu, dass die Bestimmung für alle in § 5 Abs. 1 Satz 1 EEG genannten Anlagen gilt, da nicht ausdrücklich auf eine bestimmte Leistungsgrenze verwiesen wird. Gleichwohl lässt sich der Gesetzesbegründung entnehmen, dass die Bestimmung, nach der Vergütungen erst nach In-Kraft-Treten der Verordnung gezahlt werden, nur für Anlagen *über* 5 MW Leistung gelten soll.[294] Die Vergütungen für Strom aus Anlagen unter 5 MW Leistung sind somit ab dem Zeitpunkt des In-Kraft-Tretens des EEG zu zahlen.

Da die BiomasseVO erst am 28.6.2001, also über ein Jahr nach In-Kraft-Treten des EEG in Kraft getreten ist, stellt sich die Frage, wie die Vergütung für Strom aus Biomasse aus Anlagen mit einer installierten elektrischen Wirkleistung über 5 MW in der Zwischenzeit zu handhaben war. Dabei kann jedenfalls nicht von einer analogen Anwendung der Vorschrift des § 5 Abs. 1 Satz 1 Nr. 1 oder Nr. 2 EEG ausgegangen werden, da sich diese Regelungen ausdrücklich nur auf Anlagen der dort bezeichneten Art beziehen und der Gesetzgeber die Vergütungspflicht für Anlagen mit einer installierten Leistung von über 5 MW ausdrücklich vom In-Kraft-Treten der BiomasseVO abhängig gemacht hatte. Eine für eine Analogie erforderliche planwidrige Regelungslücke[295] ist mithin aufgrund des insoweit eindeutigen Wortlautes der Vorschrift nicht ersichtlich, so dass für Anlagen mit einer installierten Leistung von mehr als 5 MW lediglich eine Anschluss- und Abnahmepflicht des Netzbetreibers nach den Grundsätzen des EEG bestand, nicht aber auch eine bezifferte Mindestvergütungspflicht. Maßgeblich für die Vergütung des eingespeisten Stroms aus den in Rede stehenden Anlagen waren somit bis zum Zeitpunkt des In-Kraft-Tretens der BiomasseVO ausschließlich die Vereinbarungen zwischen Anlagenbetreiber und Netzbetreiber.[296]

§ 5 Abs. 1 Satz 2 EEG bestimmt schließlich, dass § 4 Satz 2 Halbsatz 1 EEG entsprechende Anwendung findet. Danach bemisst sich die Leistung der Anlage nach dem Jahresmittel der in den einzelnen Monaten gemessenen elektrischen Wirkleistung.

b. Vergütungssätze für Neuanlagen

Im Rahmen der Vergütungssätze wurde nicht zwischen Alt- und Neuanlagen unterschieden. Allerdings sind die Vergütungssätze für Strom aus Biomasse für Neuanlagen baujahreinheitlich nominal degressiv ausgestaltet, um den technologischen Fortschritt und erwartete Kostensenkungen zu berücksichtigen.[297] Kostenvorteile für neue Anlagen können sich dabei insbe-

294 Vgl. BT-Drs. 14/2776, S. 23.
295 Vgl. *Rüthers*, Rechtstheorie, Rn. 886, 888 ff.; *Larenz/Canaris*, Methodenlehre, S. 202.
296 Ebenso *Salje*, EEG, § 5, Rn. 9.
297 BT-Drs. 14/2776, S. 22.

sondere aufgrund der zu erwartenden Zunahme von Neubestellungen von Anlagen und der damit einhergehenden Massenproduktion von Anlagenteilen ergeben.[298]

Gemäß § 5 Abs. 2 EEG werden die Mindestvergütungen nach § 5 Abs. 1 EEG ab dem 1.1.2002 jährlich jeweils für mit diesem Zeitpunkt neu in Betrieb genommene Anlagen um jeweils 1 % gesenkt, wobei die Beträge auf eine Stelle hinter dem Komma zu runden sind.[299]

Hierbei ist fraglich, ob bei der prozentualen Absenkung des Vergütungssatzes jeweils auf die Ausgangsvergütungssätze des § 5 Abs. 1 EEG zu rekurrieren ist oder ob - nach der erstmaligen Absenkung der Vergütung - von den jeweils gesenkten Vergütungssätzen auszugehen ist.[300]

Die tatsächlichen Auswirkungen der beiden Auslegungsmöglichkeiten sollen zunächst an einer Beispielsrechnung - bezogen auf Anlagen mit einer installierten elektrischen Leistung von über 5 MW - dargestellt werden. Auszugehen ist dabei gemäß § 5 Abs. 1 Satz 1 Nr. 3 EEG von einer Mindestvergütung von 8,70 Cent bzw. 17 Pf./kWh.

Bezieht man die Vorschrift des § 5 Abs. 2 EEG stets auf den Ausgangsvergütungssatz, so ergeben sich für den Strom aus den genannten Anlagen folgende Vergütungsätze:

im Jahr 2001	8,70 Cent bzw. 17 Pf./kWh;
im Jahr 2002	8,613 Cent/kWh ≈ 8,6 Cent/kWh (abgerundet);
im Jahr 2003	8,526 Cent/kWh ≈ 8,5 Cent/kWh (abgerundet);
im Jahr 2004	8,439 Cent/kWh ≈ 8,4 Cent/kWh (abgerundet);
im Jahr 2005	8,352 Cent/kWh ≈ 8,4 Cent/kWh (aufgerundet);
im Jahr 2006	8,265 Cent/kWh ≈ 8,3 Cent/kWh (aufgerundet);

usw.

Wird demgegenüber - nach der erstmaligen Senkung des Ausgangsvergütungssatzes - bei der jährlichen Senkung vom jeweils verminderten Vergütungssatz ausgegangen, ergeben sich folgende Vergütungssätze:

im Jahr 2001	8,70 Cent bzw. 17 Pf./kWh;
im Jahr 2002	8,613 Cent/kWh ≈ 8,6 Cent/kWh (abgerundet);
im Jahr 2003	8,514 Cent/kWh ≈ 8,5 Cent/kWh (abgerundet);
im Jahr 2004	8,415 Cent/kWh ≈ 8,4 Cent/kWh (abgerundet);
im Jahr 2005	8,316 Cent/kWh ≈ 8,3 Cent/kWh (abgerundet);
im Jahr 2006	8,217 Cent/kWh ≈ 8,2 Cent/kWh (abgerundet);

usw.

298 Vgl. *Salje*, EEG, § 5, Rn. 13.
299 Dabei ist von dem Grundsatz auszugehen, dass Zahlen ab dem Wert „5“ aufzurunden, und bei einem geringeren Wert abzurunden sind.
300 Vgl. hierzu *Salje*, EEG, § 5, Rn. 14 ff.

Für das Jahr 2006 ergibt sich danach - je nachdem, welche Berechnungsweise zugrunde gelegt wird - bereits eine Differenz von 0,1 Cent/kWh. Für den Anlagenbetreiber - welcher für den von ihm erzeugten Strom die höchstmögliche Vergütung erzielen will - ist dementsprechend die erste Auslegung, bei der jeweils auf den Ausgangsvergütungssatz Bezug genommen wird, wirtschaftlich günstiger.[301] Kann zwar hieraus allein noch nicht auf den Willen des Gesetzgebers geschlossen werden, legt der Wortlaut des § 5 Abs. 2 EEG eine dementsprechende Auslegung der Vergütungssatzberechnung nahe, wenn die Vorschrift ausdrücklich auf „die Mindestvergütungen nach Absatz 1" verweist, welche „jährlich [...] um jeweils eins vom Hundert gesenkt" werden sollen. Wäre es die Absicht des Gesetzgebers gewesen, auf den jeweils abgesenkten Vergütungssatz Bezug zu nehmen, wäre der bloße Verweis auf die „jeweilige Mindestvergütung" ausreichend gewesen. Dass statt dessen ein konkreter Verweis auf die in Abs. 1 genannten Beträge gewählt wurde, macht eine gegenteilige Annahme nur schwer vertretbar.

c. Jährlich „wiederkehrende" Kürzung der Vergütungssätze bei Neuanlagen?

Die Vorschrift des § 5 Abs. 2 EEG, nach der die Mindestvergütungen des Abs. 1 beginnend ab dem 1.1.2002 jährlich jeweils für mit diesem Zeitpunkt neu in Betrieb genommene Anlagen um jeweils 1 % gesenkt werden, lässt die Auslegung zu, dass die Kürzung der Vergütungssätze um 1 % für jede betroffene Anlage jährlich vorzunehmen ist, solange die Anlage ihren Betrieb fortsetzt.

Eine solche Auslegung wird in der Literatur jedoch zu Recht abgelehnt.[302] Die Vorschrift des § 5 Abs. 2 EEG ist vielmehr so zu verstehen, dass die im Jahr der Inbetriebnahme der Anlage geltende Mindestvergütung fortzuzahlen ist. Dies ergibt sich mittelbar aus der Gesetzesbegründung, in der die degressiv ausgestaltete Regelung der Vergütungssätze wie folgt kommentiert wird: „Ab dem Jahr 2002 erfolgt zur Berücksichtigung des technologischen Fortschritts und wegen der erwarteten Kostensenkung baujahreinheitlich eine nominal degressiv ausgestaltete jährliche Absenkung der Vergütungssätze für Biomasse von 1 Prozent [...]."[303] Mit der Absenkung der Vergütungssätze wird demnach beabsichtigt, die aufgrund der technologischen Entwicklung entstehenden Kostenvorteile bei der Errichtung von Neuanlagen im Rahmen der Vergütungssätze zu berücksichtigen. Bereits in Betrieb genommene Anlagen können solche Kostenvorteile jedoch allenfalls bei einem Ausbau oder einer Modernisierung realisieren. Wenn im EEG und in der Gesetzesbegründung aber auf das Baujahr bzw. die Inbetriebnahme der Anlage abgestellt wird, kann hieraus nicht geschlossen werden, dass auch gefallene Ausbau- oder Modernisierungskosten bei der Preisentwicklung berücksichtigt wer-

301 Vgl. aber *Salje*, EEG, § 5, Rn. 15.
302 Vgl. *Salje*, EEG, § 5, Rn. 16.
303 BT-Drs. 14/2776, S. 22.

den sollen. Zudem wäre es dann widersprüchlich und inkonsequent, für Anlagen, die vor dem 1.1.2002 in Betrieb genommen wurden, keine degressive Ausgestaltung der Vergütungssätze vorzusehen.

Schließlich spricht auch die Gesetzesbegründung zu der - im Wesentlichen wortgleich gefassten - Vorschrift über die Vergütung für Strom aus solarer Strahlungsenergie (§ 8 EEG[304]) für die hier vertretene Auslegung des § 5 Abs. 2 EEG. Dort heißt es: „Für Anlagen, die nach dem 1. Januar 2002 in Betrieb gehen, wird die Vergütung *für die Lebensdauer der Anlage* um fünf Prozent degressiv abgesenkt."[305]

Die sich aus § 5 Abs. 1 i.V.m. Abs. 2 EEG für das Jahr der Inbetriebnahme der jeweiligen Anlage ergebenden Vergütungssätze sind demnach auch über das Jahr der Inbetriebnahme hinaus fortzuzahlen.

3. Vergütungssätze für Strom aus Geothermie

Gemäß § 6 Satz 1 Nr. 1 EEG beträgt die Vergütung für Strom aus Geothermie mindestens 8,95 Cent/kWh[306], soweit die Anlage eine installierte elektrische Leistung bis einschließlich 20 MW aufweist. Ab einer installierten elektrischen Leistung von 20 MW beträgt die Vergütung mindestens 7,16 Cent/kWh[307], § 6 Satz 1 Nr. 2 EEG.

Die Formulierung des § 6 Satz 1 EEG weist die gleiche Ungenauigkeit wie die bereits erörterte Vorschrift des § 5 EEG auf, so dass auch hier eine Korrektur des Wortlauts vorgenommen werden muss. Danach ist § 6 Satz 1 Nr. 2 EEG so zu verstehen, dass der Vergütungssatz von mindestens 7,16 Cent/kWh bei einer installierten elektrischen Leistung von *über* 20 MW zur Anwendung kommt.[308]

Die Leistungsgrenzen sind - bezogen auf die übrigen Energieträger - auf einem vergleichsweise hohen Niveau angesiedelt. Darüber hinaus sieht § 6 EEG keine Leistungsbegrenzung nach oben vor. In der Gesetzesbegründung ist dies mit der Abhängigkeit der Geothermienutzung von verlässlichen Rahmenbedingungen für die Investoren gerechtfertigt.[309]

4. Vergütungssätze für Strom aus Windkraft

Die Vergütungssätze für Windkraft haben in § 7 EEG eine ausführliche und detaillierte Regelung erfahren, da nach Auffassung des Gesetzgebers die bisher geltende Regelung nicht

---

304 Hierzu ausführlich unten, S. 76 ff.

305 BT-Drs. 14/2776, S. 23.

306 Bis einschließlich 31.12.2001 17,5 Pf./kWh.

307 Bis einschließlich 31.12.2001 14 Pf./kWh.

308 Vgl. *Salje*, EEG, § 6, Rn. 4.

309 BT-Drs. 14/2776, S. 23.

ausreichend war, um den notwendigen Standortdifferenzierungen zu genügen.[310] Die Neufassung soll daher eine „technikneutrale Differenzierung der Vergütungshöhe je nach Ertragskraft des Standorts“ begründen.[311]

Die maximale Mindestvergütung für Strom aus Windkraft beträgt gemäß § 7 Abs. 1 Satz 1 EEG 9,10 Cent[312] und ist für die Dauer von fünf Jahren gerechnet ab dem Zeitpunkt der Inbetriebnahme zu gewähren. Für den Zeitraum danach ist gemäß § 7 Abs. 1 Satz 2 EEG eine anlagenbezogene Differenzierung anhand einer sog. Referenzanlage vorzunehmen, welche im Anhang des Gesetzes technisch beschrieben ist. Für Anlagen, die 150 % des Referenzertrages unterschreiten, beträgt die Vergütung mindestens 6,19 Cent.[313] Für sonstige Anlagen verlängert sich die Frist des Satzes 1 für jedes 0,75 % des Referenzertrages, um den ihr Ertrag 150 % des Referenzertrages unterschreitet, um zwei Monate.

Für Offshore-Windenergieanlagen, die in einer Entfernung von mindestens drei Seemeilen zu den der Begrenzung der Hoheitsgewässer dienenden Basislinien errichtet und bis einschließlich dem 31.12.2006 in Betrieb genommen worden sind, sieht § 7 Abs. 1 Satz 4 EEG eine Sonderregelung vor. Danach beträgt die Frist des Satzes 1 sowie der Zeitraum des Satzes 2 neun Jahre. Grund für die Regelung sind die - im Vergleich zu Onshore-Anlagen - wesentlich höheren Investitionskosten, welche auf mangelnde Erfahrungen, teurere Anlagentypen, aufwendige Gründungen und bislang fehlende Serieneffekte zurückzuführen sind. Die Regelung ist insbesondere für die in der Planung befindlichen Off-shore-Windparks von Bedeutung, die zukünftig in Nord- und Ostsee errichtet werden sollen.[314]

§ 7 Abs. 2 EEG enthält Sondervorschriften für Altanlagen, also Anlagen, die gemäß § 2 Abs. 3 Satz 4 EEG vor dem 1.4.2000 (In-Kraft-Treten des EEG) in Betrieb genommen worden sind. Für solche Altanlagen verringert sich die Frist i.S.v. Abs. 1 Satz 1 - 3 um die Hälfte der bis zum 1.4.2000 zurückgelegten Betriebszeit; die Fristen laufen allerdings in jedem Fall mindestens vier Jahre vom 1.4.2000 gerechnet.

Auch die Vergütungssätze für Strom aus Windkraft sind - für Anlagen, die nach dem 1.1.2002 neu in Betrieb genommen werden bzw. worden sind - degressiv ausgestaltet. So sieht § 7 Abs. 3 EEG vor, dass die Vergütungssätze - beginnend mit dem 1.1.2002 - jährlich jeweils für

310 Vgl. BT-Drs. 14/2776, S. 23.

311 Ebenda.

312 Bis einschließlich 31.12.2001 17,8 Pf./kWh.

313 Bis einschließlich 31.12.2001 12,1 Pf./kWh.

314 In der Literatur wird berichtet, dass Anlagen mit einer Leistung von 3 - 5 MW geplant sind, z.B. ein Windpark vor der Insel Helgoland mit einer Gesamtkapazität von ca. 1000 MW sowie in einer Entfernung von 15 km vor Dahme in der Ostsee mit einer Gesamtkapazität von 300 MW. Die Kosten werden mit 1,5 - 2,5 Mrd. DM beziffert, vgl. *Niedersberg*, NVwZ 2001, S. 22; zu den Plänen eines verstärkten „Offshore“-Ausbaus vgl. E&M 22/2001, S. 23.

ab diesem Zeitpunkt neu in Betrieb genommene Anlagen um jeweils 1,5 % gesenkt werden; dabei sind die Beträge auf eine Stelle hinter dem Komma zu runden.

Die Umsetzung der Vorschrift weist in der Praxis - ebenso wie § 5 Abs. 2 EEG - Schwierigkeiten auf, da auch aus ihr nicht ausdrücklich hervorgeht, von welchem Ausgangspunkt die Berechnung der Vergütungssenkung vorzunehmen ist. Insoweit kann aber - aufgrund des weitgehend identischen Wortlautes der Vorschriften - auf die obigen Ausführungen bezüglich der Absenkung der Vergütungssätze bei Biomasse verwiesen werden.[315] Auch bei den Vergütungssätzen für Windkraft muss davon ausgegangen werden, dass bei der Berechnung der abgesenkten Vergütungsbeträge stets auf den jeweiligen Ausgangsvergütungssatz verwiesen wird. Dies ergibt sich aus der Formulierung in § 7 Abs. 3 EEG, nach welcher „die Mindestvergütungen nach Absatz 1“ „jeweils“ in dem näher bestimmten Umfang zu senken sind.

5. Vergütungssätze für Strom aus solarer Strahlungsenergie

Nach der Gesetzesbegründung verfügt die Nutzung der solaren Strahlungsenergie - langfristig betrachtet - über das größte Potenzial für eine klimaschonende Energieversorgung.[316] Gleichzeitig wird aber auch hervorgehoben, dass solare Strahlungsenergie technisch anspruchsvoll ist und entsprechende Erzeugungsanlagen derzeit mangels ausreichender Nachfrage noch nicht in ausreichend hohen Stückzahlen gefertigt werden. Hieraus erklärt sich auch der - mit mindestens 50,62 Cent/kWh[317] - hoch angesiedelte Regelsatz für Strom aus solarer Strahlungsenergie, § 8 Abs. 1 Satz 1 EEG.

Der Gesetzgeber erhofft sich von den Vergütungssätzen eine starke Anreizwirkung, so dass die Vergütungssätze - als Folge einsetzender Massenproduktion - zügig sinken sollen. § 8 Abs. 1 Satz 2 EEG bestimmt dementsprechend, dass die Mindestvergütung beginnend mit dem 1.1.2002 jährlich jeweils für ab mit diesem Zeitpunkt neu in Betrieb genommene Anlagen um jeweils 5 % gesenkt wird, wobei der Betrag der Vergütung auf eine Stelle hinter dem Komma zu runden ist.

Zur Auslegung dieser Regelung kann auf die Ausführungen zu den ähnlich gefassten Bestimmungen über die Vergütung von Strom aus Biomasse und Windkraft verwiesen werden. So ist bei der prozentualen Absenkung des Vergütungssatzes jeweils auf den Ausgangsvergütungssatz von 50,62 Cent/kWh Bezug zu nehmen. Deutlicher als bei den erwähnten Vorschriften für Biomasse und Windkraft kommt darüber hinaus in der Gesetzesbegründung zum Ausdruck, dass die jeweilige Mindestvergütung für Anlagen, die ab dem 1.1.2002 in Betrieb ge-

---

315 Siehe oben S. 70 f.

316 Vgl. hierzu und im Folgenden BT-Drs. 14/2776, S. 23.

317 Bis einschließlich 31.12.2001 99 Pf./kWh.

nommen wurden, für die Lebensdauer der Anlage fortzuzahlen ist[318], wobei freilich die Vorschrift des § 9 Abs. 1 EEG zu beachten ist, nach welcher die Pflicht zur Zahlung der jeweiligen Mindestvergütungen auf 20 Jahre beschränkt ist.[319]

Zuzüglich zu den degressiv ausgestalteten Vergütungssätzen erfährt die Vergütung für Strom aus solarer Strahlungsenergie in § 8 Abs. 2 Satz 1 EEG eine zweite Einschränkung. Danach entfällt die Verpflichtung zur Vergütung für Photovoltaikanlagen, die nach dem 31.12. des Jahres in Betrieb genommen werden, das auf das Jahr folgt, in dem Photovoltaikanlagen, die nach diesem Gesetz vergütet werden, eine installierte Leistung von insgesamt 1000 MW erreichen. Dabei muss erwähnt werden, dass das EEG in seiner ursprünglichen Fassung noch eine installierte Leistung von lediglich 350 MW vorsah. Durch das Gesetz zur Änderung des Mineralölsteuergesetzes und anderer Gesetze[320] wurde die nunmehr geltende Leistungsgrenze eingeführt. Nach der Gesetzesbegründung zum EEG errechnete sich die Zahl von 350 MW aus der Summe des Anlagenbestandes und dem durch das 100.000-Dächer-Solarstrom-Programm angestrebten Volumen von 300 MW.[321] Weder der Gesetzeswortlaut noch die Begründung gaben jedoch darüber Auskunft, auf welche Weise die verbindliche Feststellung erfolgen soll, dass die 350 MW-Grenze überschritten sei. Angesichts der einschneidenden finanziellen Folgen, die das Erreichen der 350-MW-Grenze zeitigen kann, erschien es jedenfalls nicht praktikabel, die Entscheidung darüber einzelnen Verbänden zu überlassen, zumal mit Streitigkeiten bei der Feststellung gerechnet werden konnte. Unter diesen Aspekten und mit Blick auf das Erfordernis rechtsstaatlicher Klarheit und Bestimmtheit[322] erschien es angebracht, die verbindliche Festlegung des Erreichens der 350-MW-Grenze als Angelegenheit des Bundestages zu betrachten.[323] Dies ergibt sich mittelbar auch aus der Vorschrift des § 8 Abs. 2 Satz 2 EEG, welche eine Selbstverpflichtung des Deutschen Bundestages vorsieht, nach der dieser „vor Entfallen der Vergütungsverpflichtung“ gemäß § 8 Abs. 2 Satz 2 EEG eine Anschlussvergütungsregelung trifft, die „eine wirtschaftliche Betriebsführung unter Berücksichtigung der inzwischen erreichten Kostendegression in der Anlagentechnik sicherstellt.“ Besteht also die Verpflichtung des Deutschen Bundestages nach dem insoweit eindeutigen Gesetzeswortlaut vor dem Entfallen der Vergütungsregelung, so hätte dies - nach der ursprünglichen Gesetzesfassung - jedenfalls zunächst das Erreichen der 350-MW-Grenze vorausgesetzt. Dass es der Gesetzgeber für erforderlich erachtet hat, kurz vor Ende der Legislaturperiode die

---

318 BT-Drs. 14/2776, S. 23.

319 Hierzu sogleich S. 78.

320 Vom 23. Juli 2002, BGBl. I 2002, 2778 ff.

321 BT-Drs. 14/2776, S. 24.

322 Vgl. hierzu Sachs-*Sachs*, GG, Art. 20, Rn. 123 ff., 126 ff.; Dreier-*Schultze-Fielitz*, GG, Art. 20 R, Rn. 117 ff.

323 Anders *Salje*, EEG, § 8, Rn. 14, welcher es als „kaum angemessen“ betrachtet, die Aufgabe dem Deutschen Bundestag zuzuweisen.

Leistungsgrenze erheblich aufzustocken, und damit die Vorschrift über die Anschlussvergütungsregelung zu „umgehen“, wird in der Beschlussempfehlung und dem Bericht des Finanzausschusses damit begründet, dass die deutsche Solarindustrie den Anschluss an die USA und Japan wieder zu verlieren drohe.[324] Mit dieser Vorgehensweise und dem durch die Selbstverpflichtung in § 8 Abs. 2 Satz 2 EEG auferlegten Tätigwerden zeigt sich, dass der Deutsche Bundestag jedenfalls mittelbar selbst bestimmt, wann die jeweilige Leistungsgrenze erreicht ist.[325]

V. Gemeinsame Vorschriften für die Vergütungsregelungen

In § 9 EEG finden sich gemeinsame Vorschriften für die Mindestvergütungsregelungen. Für neu in Betrieb genommene Anlagen sind die Vergütungen je Anlage 20 Jahre zu zahlen, soweit es sich nicht um Wasserkraftanlagen handelt. Hierbei ist das Inbetriebnahmejahr nicht zu berücksichtigen. Für Altanlagen gilt gemäß § 9 Abs. 1 Satz 2 EEG als Inbetriebnahmejahr das Jahr 2000.

Die anlagenbezogene zeitliche Beschränkung der Förderungsdauer ist im Vergleich zum StrEG eine Neuerung. Mit der Festsetzung der Vergütungsdauer soll sichergestellt werden, dass sich die Regenerativstromanlagen nach den gängigen energiewirtschaftlichen Berechnungsformeln amortisieren.[326] Die Ausnahme für Wasserkraftanlagen ergibt sich nach der Gesetzesbegründung aus der Erwägung, dass die Frist von 20 Jahren nicht ausreichend sei, um die Rentabilität der Anlage zu sichern.[327]

Gemäß § 9 Abs. 2 Satz 1 EEG ist für die Berechnung der Höhe differenzierter Vergütungen die maximale Wirkleistung jeder einzelnen Anlage maßgeblich, soweit Strom aus mehreren Anlagen über eine gemeinsame Messeinrichtung abgerechnet wird. Abweichend hiervon bestimmt Satz 2, dass bei Strom aus Windkraftanlagen für die Berechnung die kumulierten Werte dieser Anlagen maßgeblich sind.

VI. Zivilrechtliche Einordnung der Anschluss-, Abnahme- und Vergütungspflicht

Bereits im Rahmen des StrEG bestand in Rechtsprechung und Literatur Uneinigkeit bezüglich der Frage, ob die in § 2 StrEG statuierte Pflicht zur Abnahme und Vergütung des regenerativen Stroms eine unmittelbar wirkende gesetzliche Pflicht zu einem bestimmten Verhalten

324 BT-Drs. 14/9265, S. 18. Vgl. zur Kritik innerhalb des Ausschusses ebenda, S. 13.

325 Hiermit ist allerdings noch nichts über die Beachtlichkeit dieser Selbstverpflichtung gesagt, da die Anschlussvergütungsregelung von künftigen Bundestagen geregelt werden muss. Solche Selbstverpflichtungen erscheinen demnach im Hinblick auf Art. 38 Abs. 1 Satz 2, 2. Halbsatz GG nicht unbedenklich.

326 Vgl. BT-Drs. 14/2776, S. 24.

327 Ebenda.

oder einen Kontrahierungszwang begründete. Die Unsicherheiten resultierten weitgehend aus dem Wortlaut der Abnahme- und Vergütungspflicht in § 2 StrEG, nach welchem die im Gesetz näher bestimmten EltVU dazu „verpflichtet" waren, den innerhalb ihres Versorgungsgebietes erzeugten Strom aus erneuerbaren Energien „abzunehmen und (...) zu vergüten", woraus sich das Erfordernis eines Vertragsabschlusses zumindest nicht ausdrücklich entnehmen ließ.

Dabei war der Streit nicht nur rechtstheoretischer Natur, da sich - je nach der rechtlichen Einordnung der Anschluss-, Abnahme- und Vergütungspflicht - erhebliche Unterschiede zivilprozessualer Natur ergeben können. So besteht bei Annahme eines Kontrahierungszwangs zwar grundsätzlich die Möglichkeit, eine auf Vertragsabschluss gerichtete Klage mit der Klage auf Erfüllung zu verbinden.[328] Allerdings ist das Urteil auf Vertragsabschluss aufgrund des § 894 ZPO nicht vorläufig vollstreckbar, was für das einspeisewillige EVU - im Hinblick auf die Gefahr eines langwierigen Rechtsstreits durch die Instanzen - mit wirtschaftlichen Nachteilen verbunden sein kann.[329]

Unter einem Kontrahierungszwang wird nach der grundlegenden Definition von *Nipperdey*[330] die aufgrund einer Norm der Rechtsordnung einem Rechtssubjekt ohne seine Willensbindung im Interesse eines Begünstigten auferlegte Verpflichtung verstanden, mit diesem einen Vertrag bestimmten oder von unparteiischer Seite zu bestimmenden Inhalts abzuschließen. Dabei wird zwischen dem sog. mittelbaren und dem unmittelbaren Kontrahierungszwang unterschieden.[331] Von einem mittelbaren Kontrahierungszwang wird gesprochen, wenn sich der Abschlusszwang als Rechtsfolge aus der Anwendung einer zum Schadensersatz verpflichtenden Norm ergibt, was immer dann der Fall sein kann, wenn der Schaden gerade im Nichtabschluss eines begehrten Vertrages besteht. Demgegenüber ist beim unmittelbaren Kontrahierungszwang die vom Gesetzgeber ausdrücklich auferlegte Pflicht, unter bestimmten Voraussetzungen einen privatrechtlichen Vertrag abzuschließen, in der Norm selbst enthalten.[332]

---

328 Vgl. *Pohlmann*, Rechtsprobleme, S. 40

329 Vgl. VDEW-*Pingel*, StrEG 1998, S. 49. Unbeachtlich ist in diesem Zusammenhang hingegen die Erwägung, dass das Erfordernis eines Vertragsschlusses den Netzbetreibern die Möglichkeit einräume, die Erfüllung ihrer gesetzlich auferlegten Pflichten zumindest zu verzögern, wie dies von *Brandt/Reshöft/Steiner*, EEG, § 3, Rn. 33, vertreten wird. Denn wollte man dem pflichtigen Netzbetreiber eine „böse Absicht" unterstellen, würde es kaum einen Unterschied machen, ob eine Pflicht zum Vertragsschluss besteht oder nicht; eine Verzögerung könnte der Netzbetreiber in jedem Fall herbeiführen.

330 *Nipperdey*, Kontrahierungszwang, S. 7.

331 Die Terminologie ist dabei uneinheitlich; z.T. wird auch von einem direkten bzw. indirekten Kontrahierungszwang gesprochen, vgl. *Vykydal*, JuS 1996, S. L 33.

332 Vgl. zur Unterscheidung *Flume*, Das Rechtsgeschäft, S. 612; *Vykydal*, JuS 1996, S. L 36. Dementsprechend geht auch die Annahme fehl, dass ein unmittelbarer Kontrahierungszwang ein gesetzliches Schuldverhältnis begründe, wie dies etwa von *Altrock*, Preisregelungen, S. 26, angenommen wird.

Zur Rechtslage unter der Geltung des StrEG ging die ganz herrschende Meinung vom Vorliegen eines solchen unmittelbaren Kontrahierungszwangs aus.[333] Dies wurde damit begründet, dass ein Dauerschuldverhältnis wie die Stromeinspeisung eine höhere Regelungsdichte erfordere und daher ein Vertrag als Grundlage der Stromeinspeisung unentbehrlich sei, zumal das StrEG nicht alle wesentlichen Punkte regele.[334] Einigkeit bestand in der Literatur auch darüber, dass der Annahme eines Kontrahierungszwangs jedenfalls nicht der Wortlaut des StrEG entgegengehalten werden konnte, da mit vergleichbaren Formulierungen unstreitig auch andere Kontrahierungszwänge begründet werden.[335] Für den BGH[336] stellte die aus dem StrEG resultierende Verpflichtung eine Verlängerung der kartellrechtlichen Verpflichtung aus den §§ 35, 26 Abs. 2 GWB a.F. dar, ohne dass hiermit eine Änderung ihrer Rechtsqualität verbunden wäre.
Auch im Rahmen des EEG hat sich an der grundsätzlichen Terminologie, welche vom Netzbetreiber lediglich den Anschluss, die Abnahme und die Vergütung des regenerativen Stroms fordert, ohne dabei die Verpflichtung zu einem Vertragsabschluss zum Ausdruck zu bringen, nichts geändert.
Gleichwohl spricht gegen die Annahme eines gesetzlichen Schuldverhältnisses - neben den bereits erwähnten Argumenten - auch die Gesetzesbegründung. Dort heißt es: „Das Erneuerbare-Energien-Gesetz enthält als zentrales Regelungselement eine *Kaufpflicht* für Strom aus Erneuerbaren Energien auf der Basis der in einem Kalenderjahr erzeugten Strommenge [...].“[337] Nach der Vorstellung des Gesetzgebers erfolgt also zumindest die Umsetzung der Abnahme- und Vergütungspflicht aufgrund von Kaufverträgen. Hierfür spricht auch die - bereits im StrEG enthaltene - gesetzliche Konzeption der Mindestvergütungen (§§ 4 - 8 EEG), da eine über die gesetzlich festgeschriebene Mindestvergütung hinausgehende Vergütung nur durch eine vertragliche Regelung begründet werden kann.

333 Vgl. BGH, Urt. v. 29.9.1993, - VIII ZR 107/93 -, NJW-RR 1994, S. 175, 177; BGH, Urt. v. 22.10.1996 - KZR 19/95 -, NJW 1997, 574 ff.; *Herrmann*, Anwendungsprobleme, S. 103; *Pohlmann*, Rechtsprobleme, S. 39 f.; VDEW-*Pingel*, StrEG, S. 49 ff.; *Salje*, StrEG, § 2, Rn. 18 ff.; *Ossenbühl*, RdE 1997, S. 48; *Ennuschat*, RdE 1996, S. 185; *Arndt*, RdE 1995, S. 45; *Studenroth*, DVBl. 1995, S. 1218; *Vykydal*, JA 1996, S. 86 ff.; *Theobald*, NJW 1997, S. 551; *Koch/Schütte*, ZNER 1/1998, S. 3. Anders - von einer unmittelbaren Abnahmepflicht ausgehend - LG Koblenz, Urt. v. 7.6.1996 - 1 O 222/95 -; LG Itzehoe, Urt. v. 3.2.1998 - 5 O 121/97 und 5 O 135/97 -, beide Urteile sind nicht rechtskräftig; vgl. auch *Jackel*, Einspeisevergütung, S. 32, welcher von einem gesetzlich begründeten Stromabnahmeverhältnis ausgeht, auf das die Regeln des Kaufrechts Anwendung finden.
334 So zur Rechtslage unter Geltung des EEG auch *Altrock*, Preisregelungen, S. 28.
335 Vgl. *Pohlmann*, Rechtsprobleme, S. 38, VDEW-*Pingel*, StrEG, S. 52.
336 BGH, Urt. v. 22.10.1996 - KZR 19/95 -, NJW 1997, S. 574 ff.
337 BT-Drs. 14/2776, S. 20.

§ 3 Abs. 1 Satz 1 i.V.m. §§ 4 - 8 EEG enthält somit keine unmittelbare gesetzliche Verpflichtung zu einem bestimmten Verhalten, sondern einen Kontrahierungszwang.[338]
Uneinheitlich wird allerdings nach wie vor die Frage beantwortet, welche praktischen Auswirkungen das Vorliegen eines Kontrahierungszwangs zeitigt. So wird die Auffassung vertreten, dass der Kontrahierungszwang lediglich einen Anspruch auf den Abschluss eines Vertrags beinhalte, während nach anderer Ansicht sogleich die aus dem erst noch abzuschließenden Vertrag resultierende Leistung verlangt werden kann. Teilweise wurde in Bezug auf § 2 StrEG auch vom Vorliegen eines Doppelanspruchs ausgegangen, wonach der Anlagenbetreiber sowohl unmittelbar Abnahme und Vergütung als auch den Abschluss eines darauf gerichteten Vertrags verlangen konnte.[339] Schließlich wird § 3 Abs. 1 Satz 1 EEG als eine Präzisierung des Gesetzesvollzugs durch Kontrahierungszwang verstanden, wobei unmittelbar aufgrund Gesetzes die Möglichkeit zur Klage auf Abnahme und Vergütung bestehen soll.[340] Da jedoch die wesentlichen Vertragsbestandteile - Parteien, Gegenstand und Preis - bereits im Gesetz geregelt seien, bedürfe es eines konkretisierenden Vertrags nicht, da insofern nur noch Nebenbestimmungen zu regeln seien; da ein solcher Vertrag allenfalls deklaratorischen Charakter habe, erscheine er überflüssig.[341]
Die geführte Diskussion erscheint - zumindest teilweise - weniger rechtsdogmatischer als ergebnisorientierter Natur. Wird der Kontrahierungszwang - insoweit unstreitig - als Gebot aufgefasst, ein bestimmtes Vertragsangebot anzunehmen, erscheint es zweifelhaft, den Vertrag selbst als überflüssig oder entbehrlich zu betrachten, da sich ansonsten die Frage stellt, ob überhaupt noch von einem Kontrahierungszwang gesprochen werden kann. Auch liegt es gerade in der Rechtsnatur des Kontrahierungszwangs, dass die Hauptpflichten bzw. der Inhalt des abzuschließenden Vertrags weitgehend vorgegeben sind. Dies macht aber den Vertragsschluss selbst nicht entbehrlich. Dabei wird - soweit unmittelbar die Leistung begehrt wird - das Verlangen der Leistung die Vertragsofferte einschließen und deren Annahme oftmals durch konkludentes Handeln erfolgen.[342]
Die Überlegung, ob neben dem erforderlichen Vertragsschluss auch unmittelbar die Leistung - im Sinne eines Doppelanspruches - verlangt werden kann oder nicht, ist deshalb eher theoretischer Natur. Jedenfalls wird man - auch mit Blick auf den Wortlaut des § 3 EEG - die sofortige Klage auf die Leistung als zulässig erachten müssen. Stellt das Gericht fest, dass der Be-

338 So zum EEG - ohne nähere Begründung - *Dederer/Schneller*, RdE 2000, S. 214. Auch *Altrock*, Preisregelungen, S. 28 f., geht im Ergebnis zu Recht vom Erfordernis eines Einspeisungsvertrages aus; ebenso zuletzt das OLG Schleswig, Urt. v. 17.5.2002 - 1 U 166/98 -, ZNER 2002, S. 227.

339 *Herrmann*, Anwendungsprobleme, S. 104 unter Rückgriff auf *Bydlinski*, AcP 180, S. 25.

340 Vgl. hierzu und zum Folgenden: *Salje*, EEG, § 3, Rn. 29 ff.

341 *Salje*, ebenda; dieser Auffassung schließen sich wohl auch *Brandt/Reshöft/Steiner*, EEG, § 3, Rn. 34, an; ähnlich AG Hamburg, Urt. v. 11.12.2001 - 12 C 472/01 -, S. 157 f.

342 *Larenz*, Schuldrecht AT, S. 49.

klagte Netzbetreiber zum Abschluss eines Einspeisevertrags verpflichtet ist und verurteilt es den Netzbetreiber zur Leistung, so ersetzt dieses Urteil die Erklärung des Beklagten und bewirkt damit das Zustandekommen des Vertragsverhältnisses.[343]
Bezüglich des Inhalts der abzuschließenden Verträge kann weitestgehend auf die bereits erörterten gesetzlichen Vorgaben, insbesondere auf die Mindestvergütungssätze der §§ 4 - 8 EEG verwiesen werden. Allerdings besteht in der Praxis oftmals Streit bezüglich der in den abzuschließenden Einspeiseverträgen zu vereinbarenden Vertragslaufzeiten. Eine der aktuellen Rechtsstreitigkeiten endete vor der Berufungskammer des LG Gießen[344] mit einem gerichtlichen Vergleich, der in der Sache einer Klagerücknahme gleichkam.[345] Danach konnte der klagende Ökostromerzeuger im Ergebnis für die Einspeisung des von seiner Photovoltaikanlage erzeugten Stroms nicht auf einen Einspeisevertrag mit einer Laufzeit von 20 Jahren - in Anlehnung an die Vorschrift des § 9 EEG - bestehen. Dieses Begehren wurde bereits im November 2000 in erster Instanz zurückgewiesen, da nicht auszuschließen sei, dass die Vergütungsregelung zukünftig geändert werde.[346] Bei einer Festschreibung der Vertragslaufzeit auf 20 Jahre hätte eine Änderung des Gesetzes keine Auswirkungen auf den Vertrag; der Sachverhalt wäre der Dispositionsbefugnis des Gesetzgebers entzogen. Eine solche Verpflichtung des Netzbetreibers sei dem EEG jedoch nicht zu entnehmen.[347] Auch die Berufung zum LG Gießen führte aus Sicht des Klägers nicht zum gewünschten Erfolg. Im letztlich geschlossenen Vergleich verpflichtete sich der Netzbetreiber, auch ohne Abschluss eines entsprechenden Vertrags den eingespeisten Strom abzunehmen und nach den Sätzen des EEG in der jeweils geltenden Fassung zu vergüten.
Einer solchen Gestaltung der Einspeiseverträge ist - insbesondere mit Blick auf die im Folgenden noch zu erörternde Richtlinie zur Förderung der Stromerzeugung aus erneuerbaren Energiequellen im Elektrizitätsbinnenmarkt[348] - ausdrücklich zuzustimmen, da es durchaus fraglich sein wird, ob die in § 9 EEG vorgesehene Vergütungsdauer von 20 Jahren vor dem Hintergrund der Richtlinie Bestand haben wird.

343 Insoweit lässt die Situation mit der von der herrschenden Auffassung zur Wandelung im Kaufrecht vertretenen „modifizierten Vertragstheorie“ vergleichen, hierzu *Larenz*, Schuldrecht AT, S. 49 f.; zu den prozessualen Fragen im Rahmen der modifizierten Vertragstheorie vgl. ausführlich *Larenz*, Schuldrecht BT II/1, S. 53 ff.
344 LG Gießen, - 1 S 595/00 -.
345 Vgl. hierzu ZfK 12/2001, S. 16 („EEG-Vergütung ohne Laufzeit“).
346 AG Friedberg, 2 C 194/00 (11) -.
347 ZfK 12/2000, S. 16.
348 Hierzu oben, S. 184 ff.

D. Pflicht zum Ausbau des Netzes

Die Anschluss-, Abnahme- und Vergütungspflicht trifft denjenigen Netzbetreiber, zu dessen technisch für die Aufnahme geeignetem Netz die kürzeste Entfernung zur Anlage besteht, § 3 Abs. 1 Satz 2 EEG. Regelmäßig wird dies der vor Ort tätige Verteilnetzbetreiber sein, soweit dessen Netz - regelmäßig ein örtliches Niederspannungsnetz - technisch zur Aufnahme geeignet ist.[349] An der technischen Eignung kann es nach der Gesetzesbegründung beispielsweise dann fehlen, wenn Strom aus einem großen Windpark eingespeist werden soll.[350] In solchen Fällen können auch die Betreiber von Netzen höherer Spannungsebenen bis hin zur Übertragungsnetzebene zum Anschluss und zur Abnahme sowie zur Vergütung des angebotenen Stroms verpflichtet sein.[351]

Gemäß § 3 Abs. 1 Satz 3 EEG gilt ein Netz aber auch dann als technisch geeignet, wenn die Abnahme des Stroms unbeschadet des Vorrangs nach Satz 1 erst durch einen wirtschaftlich zumutbaren Ausbau des Netzes möglich wird; in diesem Fall ist der Netzbetreiber auf Verlangen des Einspeisewilligen zum unverzüglichen Ausbau verpflichtet. „Unverzüglichkeit" liegt dabei dann vor, wenn der Ausbau des Netzes i.S.d. § 121 Abs. 1 Satz 1 BGB ohne schuldhaftes Zögern erfolgt. Die Pflicht zum unverzüglichen Ausbau wird dementsprechend nicht nur dahingehend auszulegen sein, dass mit dem Ausbau ohne schuldhaftes Zögern begonnen werden muss, sondern auch dahingehend, dass der Ausbau ohne schuldhaftes Zögern durchzuführen ist, soweit der Netzbetreiber hierauf Einfluss nehmen kann.

Aufgrund des Vorrangprinzips kommt diese für den Netzbetreiber ungünstige Regelung aber erst dann zur Anwendung, wenn das gesamte Netz mit Strom aus erneuerbaren Energien ausgelastet ist, was in der Gesetzesbegründung grundsätzlich als Ausnahmefall dargestellt wird.[352]

Die wirtschaftliche Zumutbarkeit ist dabei nach der Gesetzesbegründung als Ausprägung des Verhältnismäßigkeitsgrundsatzes zu verstehen.[353] Trotz dogmatischer und terminologischer Unsicherheiten[354] lässt sich der Grundsatz der Verhältnismäßigkeit im Kern als Ausdruck des „Maßvollen" oder des „Maßstabsgerechten" verstehen.[355] Er bezieht sich auf eine Relation zwischen dem Zweck einer staatlichen Maßnahme und dem zu ihrer Verwirklichung eingesetzten Mittel und fordert, dass dieses dem Zweck angemessen ist.[356] Die Rechtsprechung des BVerfG fasst unter dem Überbegriff „Prinzip der Verhältnismäßigkeit im weiten Sinne" die

349 Vgl. Ludwig/Odenthal-*Britz*, EEG, Rn. 59.
350 BT-Drs. 14/2776, S. 24.
351 BT-Drs. 14/2776, S. 24.
352 BT-Drs. 14/2776, S. 22.
353 BT-Drs. 14/2776, S. 22.
354 Vgl. hierzu *Grabitz*, AöR 98, S. 570 f.
355 *Larenz/Canaris*, Methodenlehre, S. 309, 243.
356 *Grabitz*, AöR 98, S. 571.

Grundsätze der Geeignetheit, der Erforderlichkeit und der Verhältnismäßigkeit im engen Sinne zusammen.[357]

Bezogen auf die Regelung des § 3 Abs. 1 Satz 3 EEG bedeutet dies vor allem, dass der Ausbau des Netzes erforderlich und angemessen sein muss, um die Abnahme des angebotenen Stroms aus erneuerbaren Energien zu ermöglichen. Aus dem Aspekt der Angemessenheit ergibt sich vor dem Hintergrund der noch zu erörternden Kostentragung, dass ein Ausbau des Netzes dem Netzbetreiber dann nicht wirtschaftlich zumutbar ist, wenn dem Anlagenbetreiber eine Netzanbindung an einem anderen Netzanschlusspunkt möglich ist. Ein Fall der „Unangemessenheit" kann aber auch dann vorliegen, wenn die einzuspeisende Strommenge außer Verhältnis zu dem finanziellen Aufwand eines Netzausbaus steht („Kleineinspeisungen"[358]). Umgekehrt wäre es dem Betreiber eines örtlichen Niederspannungsnetzes in dem in der Gesetzesbegründung als Beispiel herangezogenen Fall der Stromeinspeisung aus einem großen Windpark unzumutbar, sein Netz zu einem Netz einer höheren Spannungsebene auszubauen. Die technische Eignung eines Netzes zur Einspeisung lässt sich demnach nicht ohne weiteres über die Pflicht zum Netzausbau erzwingen; vielmehr steht die Netzausbaupflicht stets unter der Bedingung der im Einzelfall zu prüfenden wirtschaftlichen Zumutbarkeit. Dabei ergibt sich aus der Gesetzesbegründung, dass als Hauptanwendungsfall für die Pflicht zum Netzausbau Kapazitätsengpässe kommen, also Sachverhalte, in denen das Netz bereits vollständig durch Strom aus erneuerbaren Energien ausgelastet ist, was derzeit noch einen Ausnahmefall darstellen wird.[359]

E. Regelung der Netzkosten

Die unter der Geltung des StrEG offene und rechtlich umstrittene[360] Frage der Netzkosten, also der Netzanschluss- und Netzausbaukosten, ist nunmehr in § 10 EEG geregelt.

I. Netzanschlusskosten

Die Frage des Netzanschlusses und der damit verbundenen Kosten stellte eine der größten Behinderungen beim Ausbau regenerativer Energien dar. Dies lag darin begründet, dass in der

357 Ständige Rechtsprechung seit dem „Apothekenurteil" BVerfG, Urt. v. 11.6.1958 - 1 BvR 596/56 -, BVerfGE 7, S. 377, 407 ff.; vgl. auch Beschl. v. 2.5.1970 - 1 BvR 668, 710/68 und 337/69 -, BVerfGE 28, S. 264, 280 f.; Beschl. v. 16.3.1971 - 1 BvR 52, 665, 667, 754/66 -, BVerfGE 30, S. 292, 316.

358 *Salje*, EEG, § 3, Rn. 21.

359 BT-Drs. 14/2776, S. 22.

360 Vgl. hierzu etwa BGH, Urt. v. 29.9.1993 - VIII ZR 107/93 -, RdE 1994, S. 70 ff.; OLG Düsseldorf, Urt. v. 14.7.1992 - 21 U 21/92 -, RdE 1993, S. 77 ff.; *Herrmann*, Anwendungsprobleme, S. 105 ff.; *Pohlmann*, RdE 1997, S. 100 f.

Praxis oftmals nicht nachvollziehbare und im Einzelnen nicht nachzuprüfende Anschlusskosten in Rechnung gestellt wurden.[361]

Zur Klärung der Kostentragungspflicht griff der BGH[362] unter der Geltung des StrEG auf die Regeln des Kaufrechts[363] und dabei insbesondere auf den Rechtsgedanken des § 448 Abs. 1 BGB zurück, wonach die Kosten der Übergabe der verkauften Sache dem Verkäufer zur Last fallen. Hieraus ergebe sich, dass die Kosten zur Schaffung der für die Einspeisung erforderlichen Voraussetzungen, insbesondere der Verlegung von Kabeln bis zum Einspeisungsort, der Stromerzeuger selbst zu tragen habe.[364]

Nunmehr bestimmt § 10 Abs. 1 EEG - der bisherigen Rechtsprechung entsprechend -, dass der Anlagenbetreiber die notwendigen Kosten des Anschlusses von Anlagen an den technisch und wirtschaftlich günstigsten Verknüpfungspunkt des Netzes trägt, wobei die Ausführung des Anschlusses den im Einzelfall notwendigen technischen Anforderungen des Netzbetreibers und dem § 16 EnWG[365] entsprechen muss.

Die Präzisierung, dass der Anschluss der Anlagen an den technisch und wirtschaftlich günstigsten Verknüpfungspunkt des Netzes zu erfolgen habe, war im ursprünglichen Gesetzentwurf des EEG noch nicht enthalten.[366] Mit ihrer Einfügung soll dem bereits erwähnten Problem begegnet werden, dass Anlagenbetreibern in der Praxis teilweise zu hohe und nicht nachvollziehbare Kosten für den Anschluss der Anlage vom Netzbetreiber in Rechnung gestellt wurden.[367] In der Begründung zu § 10 Abs. 1 EEG ist dazu klarstellend ausgeführt, dass der Anschluss der Anlage nicht notwendig unmittelbar an das Netz für die allgemeine Versorgung erfolgen muss, sondern - im Rahmen des technisch Möglichen - auch andere Netze dafür genutzt werden können, die sich zwischen der Anlage und dem abnahmepflichtigen Netz für die allgemeine Versorgung befinden. Dadurch sollen volkswirtschaftlich unsinnige Kosten vermieden werden.[368]

---

361 *Niedersberg*, NVwZ 2001, S. 22.

362 BGH, Urt. v. 29.9.1993 - VIII ZR 107/93 -, RdE 1994, S. 70 ff.

363 Offen gelassen wurde dabei vom BGH die strittige Frage, ob das Kaufrecht unmittelbar oder nur entsprechend auf die entgeltliche Lieferung von Elektrizität anwendbar sei; vgl. hierzu aus der neueren Literatur für eine unmittelbare Anwendung *Schweers*, Vertragsbeziehungen, S. 40 ff.

364 BGH, Urt. v. 29.9.1993 - VIII ZR 107/93 -, RdE 1994, S. 72. Anders dagegen das o.g. Urteil des OLG Düsseldorf, in welchem - unter Rückgriff auf das Recht der Geschäftsbesorgung - der Anschluss an das Versorgungsnetz als eigene Angelegenheit des Anlagenbetreibers betrachtet wurde, welchem demnach auch die Kostentragungspflicht hierfür obliege.

365 § 16 EnWG bestimmt im Wesentlichen, dass Energieanlagen so zu errichten und zu betreiben sind, dass die technische Sicherheit gewährleistet ist. Insbesondere sind dabei die allgemein anerkannten Regeln der Technik zu beachten.

366 Vgl. BT-Drs. 14/2341, S. 5 (§ 9).

367 *Niedersberg*, NVwZ 2001, S. 22.

368 Vgl. BT-Drs. 14/2776, S. 24.

Dem Anlagenbetreiber obliegt lediglich die Tragung der *notwendigen* Anschlusskosten. Bestehen also mehrere unterschiedlich aufwendige Anschlussmöglichkeiten, die gleichermaßen den technischen Anforderungen des Netzbetreibers und den Vorgaben des § 16 EnWG entsprechen, hat der Anlagenbetreiber nur die jeweils günstigste Anschlussmöglichkeit finanziell zu tragen.

Der Anschluss der Anlage an das Versorgungsnetz ist dabei nicht notwendigerweise vom Netzbetreiber selbst vorzunehmen. § 10 Abs. 1 Satz 3 EEG bestimmt, dass der Anlagenbetreiber den Anschluss auch von einem fachkundigen Dritten vornehmen lassen kann. Damit soll dem Problem begegnet werden, dass den Einspeisewilligen in der Vergangenheit regelmäßig ein Vertragsangebot zum Netzanschluss unterbreitet wurde, welches nur eine Endsumme enthielt, die im Einzelnen nicht nachzuprüfen war. So blieb für den potenziellen Anlagenbetreiber nur die Möglichkeit, das Angebot zu akzeptieren oder die bereitgestellte Kapazität an einen Mitbewerber zu verlieren.[369]

II. Netzverstärkungskosten

§ 10 Abs. 2 Satz 1 EEG regelt, dass die notwendigen Kosten eines nur infolge neu anzuschließender Anlagen nach § 2 erforderlichen Ausbaus des Netzes für die allgemeine Versorgung zur Aufnahme und Weiterleitung der eingespeisten Energie vom Netzbetreiber zu tragen sind. Wiederum hat also der Gesetzgeber die Kostentragungsregelung auf die notwendigen Kosten beschränkt; soweit die Netzverstärkungskosten über das notwendige Maß hinausgehen, ist der Anlagenbetreiber nicht mehr zur Tragung dieser Kosten verpflichtet.[370] Damit der Anlagenbetreiber aber in die Lage versetzt wird, die Erforderlichkeit der Netzausbaukosten nachvollziehen und überprüfen zu können, ordnet § 10 Abs. 2 Satz 2 EEG an, dass der Netzbetreiber die konkret erforderlichen Investitionen unter Angabe ihrer Kosten im Einzelnen darlegt.[371]

Schließlich bestimmt § 10 Abs. 2 Satz 3 EEG, dass der Netzbetreiber den auf den Ausbau entfallenden Kostenanteil bei der Ermittlung des Netznutzungsentgelts in Ansatz bringen kann.

Die Regelung der Netzverstärkungskosten steht mit dem bereits erörterten Vorrangprinzip in engem Zusammenhang. Da der Netzbetreiber gemäß § 3 Abs. 1 Satz 1 EEG dazu verpflichtet ist, den gesamten angebotenen Strom aus erneuerbaren Energien vorrangig abzunehmen,

---

369 *Niedersberg*, NVwZ 2001, S. 23.

370 § 10 Abs. 2 Satz 1 EEG enthält also einen Anspruchsausschluss und somit eine Einwendung, die im Zivilprozess von Amts wegen zu beachten ist, *Salje*, EEG, § 10, Rn. 24.

371 Zur prozessualen Bedeutung der Norm vgl. *Salje*, EEG, § 10, Rn. 24.

kommt eine Netzverstärkung erst bei einer vollständigen Auslastung des Netzes durch regenerativ erzeugten Strom in Betracht.[372]

III. Abgrenzung zwischen Netzanschluss und Netzverstärkung

Trotz der insgesamt klaren Verteilung der Netzkosten in § 10 EEG bereitet die Differenzierung zwischen Netzanschluss und Netzverstärkung in der Praxis nach wie vor Schwierigkeiten.[373] Problematisch sind solche Fälle, in denen Netzanschlussanlagen teilweise Netzverstärkungen darstellen, was z.B. bei Hin- und Rückleitungen aus dem Netz zu Übergabestationen, Erweiterungen einer Schaltanlage um ein Einspeisefeld oder der Erweiterung eines Umspannwerkes um einen Transformator der Fall sein kann.[374]

Da das EEG für solche Fälle keine Kostenteilung vorsieht, werden im Streitfall die Gerichte einzelne Kostenpositionen entweder an den Netzbetreiber oder an den Anlagenbetreiber zuweisen müssen.[375] Dabei gilt es allerdings zu prüfen, anhand welcher Abgrenzungskriterien eine solche Kostenzuweisung vorgenommen werden kann. Das OLG Nürnberg[376] hat in seinem Urteil vom 30.4.2002 ein Urteil des LG Regensburg[377] bestätigt, und dem Umstand, dass sich der Netzbetreiber das Eigentum an der zu verlegenden Netzanschlussleitung ausbedungen hat, besondere Bedeutung beigemessen. Der Anlagenbetreiber habe keine rechtliche oder tatsächliche Verfügungsmacht über diesen Teil des Netzes, während umgekehrt der Netzbetreiber in der Lage sei, die Leitung allein zu nutzen, zu ersetzen oder in ihr Anlagen zu errichten, um andere Abnehmer oder Einspeisende anzuschließen. Daher sei das Verlangen des Netzbetreibers auf Übertragung des Eigentums als gewichtiges Indiz dafür anzusehen, dass Netzausbauinvestitionen vorliegen.[378]

Allerdings lässt sich anzweifeln, dass dem Eigentum an der Netzanschlussleitung maßgebliche Bedeutung zukommen kann, da eine hierauf gestützte Abgrenzung zu beliebigen Ergebnissen führt. So ist etwa der Sachverhalt vorstellbar, dass eine vom Anwendungsbereich des EEG erfasste Regenerativstromanlage auf Kosten des Anlagenbetreibers an das Netz des zuständigen Netzbetreibers angeschlossen wird, wobei der Anlagenbetreiber auf das Eigentum an der Leitung verzichtet, weil er am Erwerb des Eigentums kein Interesse hat. Für den Anla-

372 Siehe hierzu bereits oben S. 83 f.

373 Vgl. hierzu LG Regensburg, Urt. v. 30.10.2001 - 4 O 1618/01 - ZNER 2001, S. 270 ff. mit Anmerkung *Bönning*; OLG Nürnberg, Urt. v. 30.4.2002 - 3 U 4066/01 -, ZNER 2002, S. 225 ff.

374 Vgl. *Niedersberg*, NVwZ 2001, S. 23.

375 Vgl. *Salje*, EEG, § 10, Rn. 22; *Hinsch/Meier*, ZNER 2002, S. 294. Es entsprach bislang der Praxis, dass der Netzbetreiber die anfallenden Erweiterungsarbeiten selbst ausführte, die Kosten vom Einspeisewilligen erstattet erhielt und dann das Eigentum an den erweiterten Anlagenteilen verlangte, vgl. hierzu *Niedersberg*, NVwZ 2001, S. 23.

376 OLG Nürnberg, Urt. v. 30.4.2002 - 3 U 4066/01 -, ZNER 2002, S. 225 ff.

377 LG Regensburg, Urt. v. 30.10.2001 - 4 O 1618/01 - ZNER 2001, S. 270 ff.

378 OLG Nürnberg, ebenda, unter Verweis auf *Salje*, EEG, § 10, Rn. 23.

genbetreiber würde es sich dann um eine Netzanschlussleitung im Sinne von § 10 Abs. 1 EEG handeln, während sie für einen anderen Anlagenbetreiber, der seine Anlage ebenfalls an dieselbe Leitung anschließen möchte, zum Netz des Netzbetreibers gehören würde, da der Netzbetreiber Eigentümer der Leitung ist.
Solche Widersprüchlichkeiten lassen sich bei Zugrundelegung einer funktionalen Betrachtungsweise vermeiden: Wird ausschließlich auf die Funktion der Leitung abgestellt, ergibt sich im vorstehenden Beispiel, dass es sich für beide Regenerativstromanlagenbetreiber zutreffend um Netzanschlussleitungen im Sinne des § 10 Abs. 1 EEG handeln würde. Das Eigentum betreffende Erwägungen sollten daher bei der Abgrenzung zwischen Netzanschluss und Netzverstärkung außer Betracht bleiben.[379]
Maßgeblich und sachgerecht ist allein die im Einzelfall vorzunehmende Differenzierung anhand der allgemein anerkannten, von Literatur und Rechtsprechung herausgearbeiteten Unterscheidungsmerkmale. Danach sind Netzanschlusskosten alle erforderlichen Aufwendungen, die der Verbindung der Stromerzeugungsanlage mit dem zur Einspeisung technisch geeigneten Netz dienen, insbesondere also die Verbindungsleitungen, die Anschlusssicherung, die Messeinrichtungen, die Baukosten sowie die Kosten der Inbetriebnahme des Anschlusses.[380] Hingegen sind Netzausbaukosten die Kosten für die Verstärkung des Bereichs des Einspeiseübernahmepunktes im Netz sowie zusätzliche Leitungen und Regeleinrichtungen des Netzes.[381]

IV. Clearingstelle

Schließlich wurde nach § 10 Abs. 3 EEG zur Klärung von Streitigkeiten eine Clearingstelle beim BMWi eingerichtet.
Clearingstellen - wie z.B. auch im Rahmen der Verbändevereinbarung über Kriterien zur Bestimmung von Netznutzungsentgelten für elektrische Energie und über Prinzipien der Netznutzung[382] (VV II Plus) vorgesehen - dienen der einverständlichen außergerichtlichen Beilegung von Meinungsverschiedenheiten. Dabei ist von Bedeutung, dass die Clearingstelle nicht mit quasi richterlicher Gewalt ausgestattet ist, ihre Entscheidungen also nicht in formelle oder materielle Rechtskraft erwachsen.[383] Auch wird die Möglichkeit der Inanspruchnahme des Rechtswegs durch die Einrichtung einer solchen Stelle weder ausgeschlossen noch in dem

379 So wurde der Frage des Eigentums an den Netz- bzw. Netzanschlusskomponenten unter Geltung des StrEG in den Entscheidungen des BGH, Urt. v. 29.9.1993 - VIII ZR 107/93 -, RdE 1994, S. 70 ff., und des OLG Düsseldorf, Urt. v. 14.7.1992 - 21 U 21/92 -, RdE 1993, S. 77 ff., keinerlei Bedeutung beigemessen.

380 *Salje*, EEG, § 10, Rn. 8; *Brand/Reshöft/Steiner*, EEG, § 10, Rn. 7, 14; BGH, Urt. v. 29.9.1993 - VIII ZR 107/93 -, RdE 1994, S. 72.

381 *Salje*, EEG, § 10, Rn. 22; *Brand/Reshöft/Steiner*, EEG, § 10, Rn. 9 ff

382 Vom 13.12.2001, abgedruckt in: *Herrmann/Schweers*, Rechtsgrundlagen, S. 105 ff.

383 *Salje*, EEG, § 10, Rn. 38; Ludwig/Odenthal-*Britz*, EEG, Rn. 73.

Sinne eingeschränkt, dass vor Einleitung des Rechtsweges die Clearingstelle angerufen werden müsste.

Über das Verfahren vor der Clearingstelle oder deren Befugnisse sind im EEG keine Hinweise enthalten. Aus der systematischen Stellung der Regelung innerhalb des § 10 EEG ergibt sich lediglich, dass sich die Zuständigkeit der Clearingstelle auf die in § 10 Abs. 1 und Abs. 2 EEG geregelte Materie beschränkt und nicht auf andere - mit dem EEG in Zusammenhang stehende - Streitigkeiten auszudehnen ist.

F. Bundesweite Ausgleichsregelung

I. Gesetzliche Konzeption

§ 11 EEG führt erstmals in der Geschichte der Stromeinspeisung eine Ausgleichsregelung ein, welche eine gleichmäßige Verteilung der aufgrund der Einspeisevergütung entstehenden Belastungen bewirken soll. Die durch das EEG entstehenden Belastungen werden damit nicht mehr nur hauptsächlich von Unternehmen und Endverbrauchern in besonders betroffenen Regionen getragen.[384]

§ 11 EEG ist in engem Zusammenhang mit § 3 EEG zu sehen, welcher den eigentlichen Ausgangspunkt des bundesweiten Belastungsausgleichs darstellt. Beide Vorschriften ergeben bei gemeinsamer Betrachtung ein „gestuftes Abnahme- und Vergütungssystem" bei dem insgesamt vier Stufen unterschieden werden können.

1. Ausgangspunkt des Belastungsausgleichs - erste Stufe

Grundlage und „erste Stufe" des Abnahme- und Vergütungssystems ist die bereits erörterte Anschluss-, Abnahme- und Vergütungspflicht des Netzbetreibers gemäß § 3 Abs. 1 EEG. Diese Stufe bildet den „ökologisch wirksamen" Kernbereich des EEG und soll nach dem Willen des Gesetzgebers einen Anreiz zum Ausbau erneuerbarer Energien geben. Demgegenüber schaffen die folgenden Abnahme- und Vergütungspflichten keine weitere Anreizwirkung zum Ausbau der Stromerzeugung aus erneuerbaren Energiequellen; sie dienen ausschließlich der gleichmäßigen Verteilung der mit der ersten Stufe verbundenen Belastungen.[385]

Zum besseren Verständnis der nachfolgenden Ausführungen sei hervorgehoben, dass der Ab*nahme*- und Vergütungspflicht des Netzbetreibers keine Ab*gabe*pflicht des Betreibers einer Regenerativstromanlage gegenübersteht. Dieser ist lediglich dazu berechtigt, den von seiner Anlage erzeugten Strom vom nächstgelegenen Netzbetreiber abnehmen und nach den Grundsätzen des EEG vergüten zu lassen; eine Pflicht hierzu besteht nicht.

384 Ludwig/Odenthal-*Britz*, EEG, Rn. 74.
385 Ludwig/Odenthal-*Britz*, EEG, Rn. 10.

So haben Regenerativstromanlagenbetreiber grundsätzlich zwei Möglichkeiten, mit dem in ihren Anlagen erzeugten Strom zu verfahren. Die erste Möglichkeit besteht darin, den erzeugten Strom ohne Inanspruchnahme des EEG selbst zu vermarkten und als regenerativ erzeugten, „grünen Strom“ [386] zu verkaufen. Der Unternehmer tritt dann nicht nur als Regenerativstromerzeuger, sondern auch als Stromhändler auf, indem er seinen Strom selbst an Letztverbraucher oder etwa auch an weiterverteilende EVU vermarktet.

Wirtschaftlich günstiger dürfte in der Regel allerdings die zweite Möglichkeit sein, nach welcher der Regenerativstromerzeuger seinen Strom nicht selbst vermarktet, sondern die Abnahme- und Vergütungspflicht des EEG mit den dort implementierten Mindestvergütungssätzen in Anspruch nimmt. Für den Erzeuger ist diese Option komfortabel, da er - ohne den erzeugten Regenerativstrom aufwendig vermarkten zu müssen - verhältnismäßig hohe Vergütungssätze nach den §§ 4 - 8 EEG verlangen kann.

Für das den Strom aufnehmende Unternehmen - den Netzbetreiber - bestehen nun zwei denkbare Verfahrensweisen: Soweit es sich bei diesem Unternehmen um ein integriertes EVU handelt, welches in den Bereichen Übertragung und Verteilung tätig ist, kann es den eingespeisten Strom selbst als „grünen Strom“ vermarkten und an Letztverbraucher verkaufen. Dabei kann unterstellt werden, dass das EVU kein Interesse daran haben wird, den ursprünglich eingespeisten Strom zu günstigeren Preisen als den durch das EEG vorgegebenen Vergütungssätzen zu verkaufen. Ob sich entsprechende Preise auf dem Strommarkt regelmäßig erzielen lassen, kann an dieser Stelle nicht mit Sicherheit beantwortet werden, dürfte aber letztlich zu bezweifeln sein.[387] Allerdings ist zu beachten, dass das EVU zumindest anderweitige Beschaffungskosten für den Strom erspart, wodurch im Ergebnis durchaus auch finanzielle Vorteile erwachsen können.

Entscheidet sich das aufnehmende EVU dagegen, den aufgenommenen Strom selbst als „grünen Strom“ zu vermarkten, kann es schließlich den Ausgleichsmechanismus nach den Vorschriften des EEG in Anspruch nehmen, welcher auf der nächsten Stufe eine korrespondierende Abnahme- und Vergütungspflicht des Übertragungsnetzbetreibers gemäß § 3 Abs. 2 EEG vorsieht. Es besteht also keine Pflicht des aufnehmenden Netzbetreibers zur Weitergabe des aufgenommenen Stroms an den jeweils zuständigen Übertragungsnetzbetreiber, sondern - wie auch schon für den Erzeuger des ursprünglich eingespeisten Regenerativstroms - nur eine Berechtigung. Nur für diesen zuletzt erörterten und wohl die Regel darstellenden Sachverhalt gelten die folgenden Ausführungen über den bundesweiten Belastungsausgleich.

---

386 Zum Begriff des „grünen“ Stroms vgl. *Langniß/Markard*, ZfE 1999, S. 275 f.

387 So dürfte ein Unternehmen, welches in großem Maße Strom aus solarer Strahlungsenergie zum Preis von 99 Pf. bzw. 50,62 Cent/kWh aufzunehmen hatte, Schwierigkeiten haben, diesen Strom zu mindestens demselben Preis als „grünen Solarstrom“ an Letztverbraucher weiterzuverkaufen.

2. Abnahme- und Vergütungspflicht der Übertragungsnetzbetreiber - zweite Stufe des Belastungsausgleichs

Als „zweite Stufe“ bestimmt § 3 Abs. 2 EEG, dass der vorgelagerte Übertragungsnetzbetreiber zur Abnahme und Vergütung der vom Netzbetreiber nach Abs. 1 aufgenommenen Energiemenge entsprechend der §§ 4 - 8 EEG verpflichtet ist. Wird im Netzbereich des abgabeberechtigten Netzbetreibers kein inländisches Übertragungsnetz betrieben, so trifft die Pflicht zur Abnahme und Vergütung nach Satz 1 den nächstgelegenen inländischen Übertragungsnetzbetreiber. Beabsichtigt ist also eine Weiterwälzung der Kosten auf den jeweils vorgelagerten Netzbetreiber bis hin zur höchsten Netzebene innerhalb der Bundesrepublik Deutschland.

Teilweise wird bezogen auf die Regelung des § 3 Abs. 2 EEG die Auffassung vertreten, dass es zumindest nicht ausgeschlossen sei, dass der Übertragungsnetzbetreiber auch höhere Vergütungen, die der aufnahmepflichtige Netzbetreiber auf der ersten Stufe freiwillig gezahlt hat, voll erstatten müsse.[388] Dies wird mit dem Verweis auf die Mindestvergütungen gemäß §§ 4 - 8 EEG begründet.

Nach hier vertretener Auffassung dürfte jedoch das Gegenteil der Fall sein. Dadurch, dass der Gesetzgeber auch den Übertragungsnetzbetreiber zur Abnahme und Vergütung der nach § 3 Abs. 1 EEG aufgenommenen Energiemenge entsprechend §§ 4 - 8 EEG verpflichtet, obliegt dem Übertragungsnetzbetreiber auch nur die Pflicht zur Zahlung der jeweiligen Mindestvergütung. Eine darüber hinausgehende Vergütung wird auch der Übertragungsnetzbetreiber allenfalls freiwillig erbringen können; eine Pflicht hierzu ergibt sich aus dem Wortlaut des Gesetzes nicht.[389]

Darüber hinaus liefert auch die Gesetzesbegründung keinen zwingenden Anhaltspunkt dafür, dass nach dem Willen des Gesetzgebers der Übertragungsnetzbetreiber die vom aufnahmepflichtigen Netzbetreiber gezahlten Vergütungen exakt und in voller Höhe erstatten sollte. Das System der Mindestvergütungen soll lediglich ermöglichen, dass auch über die Mindestvergütung hinausgehende Vergütungen zur gezielten Förderung einzelner Technologien gezahlt werden können, um auf diese Weise die Ziele des EEG besser zu erreichen.[390] Dabei könnte freilich eingewandt werden, dass es in der Praxis kaum zur - vom Gesetzgeber durchaus erwünschten - Zahlung höherer Vergütungen kommen wird, wenn nicht auch eine entsprechend erhöhte Vergütungspflicht des Übertragungsnetzbetreibers besteht.

Andererseits muss aber beachtet werden, dass das EEG eine im Einzelfall rentable Vergütung nicht garantieren kann und will. Genau dies wäre jedoch z.B. dann der Fall, wenn ein vertikal

388 Vgl. *Salje*, Versorgungswirtschaft 2000, S. 175.
389 Ebenso Ludwig/Odenthal-*Britz*, EEG, Rn. 60.
390 BT-Drs. 14/2776, S. 22.

integriertes Unternehmen - also ein Unternehmen, welches auf den Gebieten Erzeugung, Übertragung und Verteilung mindestens zwei Funktionen wahrnimmt[391] - Regenerativstrom aus einer eigenen Anlage ins eigene Leitungsnetz einspeist, was nach der Konzeption des EEG nunmehr ohne weiteres möglich wäre. Dann nämlich könnte das Unternehmen für den selbst erzeugten und abgenommenen Strom bis hin zur Grenze des Missbrauchs jeden beliebigen Betrag zahlen und vom Übertragungsnetzbetreiber erstattet verlangen.

Solche Entwicklungen sind jedoch vom Gesetzgeber ersichtlich nicht beabsichtigt, weshalb die Zahlung einer höheren als der Mindestvergütung stets auf freiwilliger Basis zu erfolgen hat. Der Verweis des § 3 Abs. 2 EEG für den Übertragungsnetzbetreiber bezüglich der Vergütung bezieht sich somit uneingeschränkt auf die §§ 4 - 8 EEG, und damit auch auf das jeweils vorhandene Tatbestandsmerkmal „mindestens". Eine Pflicht zur exakten Vergütung der aufgenommenen Energiemenge besteht nicht.

3. Ausgleich zwischen den Übertragungsnetzbetreibern - dritte Stufe des Belastungsausgleichs

§ 11 Abs. 1 EEG stellt i.V.m. Abs. 2 die „dritte Stufe" des Belastungsausgleichs dar. Gemäß § 11 Abs. 1 EEG sind die Übertragungsnetzbetreiber dazu verpflichtet, den unterschiedlichen Umfang der nach § 3 abzunehmenden Energiemengen und Vergütungszahlungen zu erfassen und nach Maßgabe des Abs. 2 untereinander auszugleichen.

Gemäß § 11 Abs. 2 EEG ermitteln die Betreiber der Übertragungsnetze bis zum 31.3. eines jeden Jahres die Energiemenge, die sie im Vorjahr nach § 3 EEG abgenommen haben, und den Anteil dieser Menge an der gesamten Energiemenge, die sie unmittelbar oder mittelbar über nachgelagerte Netze an Letztverbraucher abgegeben haben. Übertragungsnetzbetreiber, die größere Mengen abzunehmen hatten, als es diesem durchschnittlichen Anteil entspricht, haben gegen die anderen Übertragungsnetzbetreiber einen Anspruch auf Abnahme und Vergütung nach §§ 3 - 8 EEG, bis auch die übrigen Übertragungsnetzbetreiber den durchschnittlichen Wert abnehmen. Auf die zu erwartenden Ausgleichszahlungen sind monatliche Abschlagszahlungen zu entrichten, § 11 Abs. 3 EEG. Ziel der Vorschrift ist also, dass alle Netzbetreiber einen - gemessen an ihrer Stromabgabe - relativ gleichen Anteil an der nach § 3 EEG aufgenommenen Strommenge abnehmen und vergüten.

---

391 Vgl. Art. 2 Nr. 18 der Richtlinie 96/92/EG des Europäischen Parlaments und des Rates vom 19.12.1996 betreffend gemeinsame Vorschriften für den Elektrizitätsbinnenmarkt, abgedruckt in *Herrmann/Schweers*, Rechtsgrundlagen, S. 163 ff.

4. Abnahme- und Vergütungspflicht der Letztversorger - vierte Stufe des Belastungsausgleichs

Hiermit ist der Ausgleich aber noch nicht abgeschlossen: § 11 Abs. 4 EEG bestimmt als „vierte Stufe", dass die EVU, die Strom an Letztverbraucher liefern[392], dazu verpflichtet sind, den von dem für sie regelverantwortlichen Übertragungsnetzbetreiber den nach § 11 Abs. 2 EEG abgenommenen Strom anteilig abzunehmen und zu vergüten. Dabei bestimmt sich der abzunehmende Anteil wiederum nach der vom jeweiligen EVU gelieferten Strommenge, so dass es auch hier nicht zu einer absolut, sondern zu einer relativ gleichen Belastung der EVU kommt.[393]

Von der Abnahme- und Vergütungspflicht nach § 11 Abs. 4 EEG ausgenommen sind solche Unternehmen, die bezogen auf die gesamte von ihnen gelieferte Strommenge, zu mindestens 50 % Strom i.S.v. § 2 Abs. 1 i.V.m. Abs. 2 EEG „liefern". Damit soll ausweislich der Gesetzesbegründung dem Umstand Rechnung getragen werden, dass die betreffenden Unternehmen - dem Verursacherprinzip entsprechend - dem Klima- und Umweltschutz ausreichend genüge getan haben.[394]

a. Maßgeblicher Zeitraum für die Lieferung von Regenerativstrom

§ 11 Abs. 4 Satz 2 EEG weist in der Praxis einige Schwierigkeiten auf, da sich der Vorschrift nicht mit Sicherheit entnehmen lässt, in welchem Zeitraum die betreffenden Stromlieferanten zu mindestens 50 % Strom i.S.v. § 2 Abs. 1 i.V.m. Abs. 2 EEG geliefert haben müssen. So tendiert *Salje*[395] zu der Auffassung, dass sich die Vorschrift trotz des Wortlauts („liefern") auf die Stromlieferungen des Vorjahres bezieht. Dies wird mit den Erwägungen begründet, dass die von diesen Stromlieferanten gelieferten Strommengen gemäß § 11 Abs. 4 Satz 4 EEG bei der Ermittlung des Umfangs der Abnahmepflicht abzuziehen sind, was dazu führen könnte, dass Mengen aus verschiedenen Bezugsjahren miteinander verbunden würden. Zudem wäre - will man nicht auf die Stromlieferungen des EltVU im Vorjahr, sondern auf die Lieferungen während des laufenden Ausgleichs- und Abrechnungsjahres abstellen - fraglich, welcher exakte Zeitpunkt für das Erreichen des Schwellenwertes maßgeblich sein soll. In Betracht käme dabei beispielsweise jeder Monat des abgelaufenen Teils des Ausgleichsjahres, der Durchschnitt der einzelnen Monate oder nur derjenige Monat, der dem Abrechnungszeitraum vorausgegangen ist.

392 Verpflichtet sind also nicht lediglich die Verteilernetzbetreiber, sondern alle EVU, die - auch im Wege der Durchleitung - Strom an Letztverbraucher liefern, vgl. Ludwig/Odenthal-*Britz*, EEG, Rn. 13.
393 Zur exakten Berechnung des Umfangs der anteiligen Abnahmepflicht vgl. *Salje*, EEG, § 11, Rn. 72 ff.
394 BT-Drs. 14/2776, S. 24.
395 *Salje*, EEG, § 11, Rn. 64 f.

Zwingend sind diese Erwägungen indes nicht. Denn vom Ausnahmetatbestand des § 11 Abs. 4 Satz 2 EEG werden regelmäßig ohnehin nur solche Unternehmen begünstigt sein, die als sogenannte „Grüne Stromversorger“[396] am Markt tätig sind, womit sich schwierige Abgrenzungs- und Nachweisfragen nach der Konzeption des § 11 Abs. 4 EEG nicht stellen dürften.
Im Markt für grünen Strom erwirbt ein Anbieter oder Händler umweltverträglich erzeugte Elektrizität von einem Produzenten oder erzeugt diese in eigenen Anlagen. Im Rahmen eines Versorgungsangebots gibt er diese Elektrizität als „Grünen Strom“ an seine Kunden weiter; er wird zum Stromlieferanten des Kunden, wobei er sich zur Energieübertragung den Leistungen des Netzbetreibers bedient. Für die von den Kunden verbrauchte Elektrizität wird in der Regel in gleicher Menge Regenerativstrom erzeugt, ein physikalischer Zusammenhang besteht jedoch nicht.[397] Auch „konventionelle“ Energieversorger bieten vermehrt „Grüne Tarife“ an; diese Tarife stellen aber nur einen Teilbereich der Produktpalette dar, wobei der Anteil des regenerativen Stroms am Umsatz bzw. an der insgesamt gelieferten Strommenge einen nur geringen Anteil ausmacht, der jedenfalls deutlich unter 50 % liegen wird.[398] Dass sich der Gesetzgeber bei der Formulierung der Vorschrift des Präsens bedient hat („liefern“), lässt sich dann nämlich auch in dem Sinne verstehen, dass nur eine bestimmte „Spezies“ von Stromlieferanten - nämlich die eben bezeichneten „Grünen Stromversorger“ - von der Ausnahmevorschrift profitieren sollen, soweit diese Letztverbraucher versorgen. Ob bei einem solchen Verständnis Mengen aus verschiedenen Bezugsjahren miteinander verbunden würden, wäre damit in der Praxis kaum relevant und würde jedenfalls nicht zu unbilligen oder verfälschenden Ergebnissen führen. Dass die Einwendung des § 11 Abs. 4 Satz 2 EEG nur dann geltend gemacht werden kann, wenn der Anteil von 50 % oder mehr Strom aus erneuerbaren Energiequellen im Vorjahr an Letztverbraucher geliefert worden ist, kann der Vorschrift somit nicht ohne weiteres entnommen werden.
In diesem Zusammenhang weist *Salje*[399] darauf hin, dass der Schwellenwert von 50 % in gewisser Weise willkürlich erscheint. Die Schwelle dürfte sich indes aus dem Umstand erklären, dass von „grünem Strom“ oder von Ökostrom allgemein nur dann ausgegangen wird, wenn es sich um Strom handelt, der entweder zu 100 % aus regenerativen Energiequellen gewonnen wird oder wenn alternativ ein Mix von 50 % Regenerativstrom und 50 % fossiler KWK vorliegt.[400] Ein Unternehmen, welches ausschließlich auf diese Weise erzeugten Strom verkauft, wird daher die Schwelle des § 11 Abs. 4 Satz 2 EEG von 50 % stets überschreiten. Auch dieser Umstand spricht letztlich dafür, dass der Gesetzgeber lediglich reine „Grünstromhändler“

396 Zum Begriff *Langniß/Markard*, ZfE 1999, S. 275.
397 *Langniß/Markard*, ZfE 1999, S. 276.
398 Vgl. *Langniß/Markard*, ZfE 1999, S. 275 f.
399 *Salje*, EEG, § 11, Rn. 63.
400 Vgl. z.B. *Timpe/Fritsche*, ET 1999, S. 730 ff.

begünstigen wollte. Zwar lässt sich nicht bestreiten, dass eine nähere Ausdifferenzierung der Ausnahmeregelung im Hinblick auf Gleichbehandlungserwägungen besser geeignet gewesen wäre, den unterschiedlichen Umweltbeiträgen einzelner Stromlieferanten gerecht zu werden. Es muss aber auch beachtet werden, dass eine mehrfach gestufte oder „fließende“ Schwelle für die Abnahme- und Vergütungspflicht auf der Ebene des § 11 Abs. 4 EEG mit praktischen Schwierigkeiten verbunden gewesen wäre. Dies beginnt bereits mit den umfangreichen Nachweispflichten, die im Fall einer solchen Ausgestaltung erforderlich wären. Die vom Stromlieferanten eigentlich anteilig abzunehmende und zu vergütende Strommenge müsste sodann um einen dem Umweltbeitrag des Lieferanten entsprechenden Anteil gekürzt werden. Aus Gründen der Praktikabilität erscheint somit das vom Gesetzgeber gewählte „Alles-oder-Nichts-Prinzip“[401] als die vorzugswürdigere Variante.

Der genaue Umfang der Abnahmepflicht bestimmt sich gemäß § 11 Abs. 4 Satz 4 EEG nach dem Verhältnis des nach § 3 EEG insgesamt eingespeisten Stroms zu dem insgesamt an Letztverbraucher abgesetzten Strom, von dem die Strommenge abzuziehen ist, die von EltVU i.S.v. Satz 2 geliefert wird.

b. Abnahme- und Vergütungspflicht für „ausländische“ Versorger „inländischer“ Letztverbraucher?

Die Vorschrift des § 11 Abs. 4 Satz 1 EEG wirft die Frage auf, ob die dort geregelte Abnahme- und Vergütungspflicht nur solche EVU trifft, die ihren Sitz in der Bundesrepublik Deutschland haben oder ob auch Versorgungsunternehmen mit Sitz im Ausland, die innerhalb der Bundesrepublik Deutschland im Wege der Durchleitung Endverbraucher mit Elektrizität versorgen, dieser Pflicht unterliegen.

Wie bereits festgestellt wurde[402], ist im Ausland bzw. außerhalb der ausschließlichen deutschen Wirtschaftszone erzeugter Strom aus erneuerbaren Energien gemäß § 2 Abs. 1 Satz 1 EEG nicht vom Anwendungsbereich erfasst. Auch die Abnahme- und Vergütungspflicht des Netzbetreibers gemäß § 3 Abs. 1 EEG beschränkt sich ausschließlich auf inländische Netzbetreiber. Der sachliche Anwendungsbereich des § 3 Abs. 1 EEG fällt insoweit mit dem räumlichen Geltungsbereich des EEG zusammen, welcher sich auf den Geltungsbereich des Grundgesetzes beschränkt. Die Abnahme- und Vergütungspflicht im Rahmen der Ausgleichsregelung des § 3 Abs. 2 EEG bezieht sich ausdrücklich ausschließlich auf inländische Übertragungsnetzbetreiber. Somit ließe sich die Vermutung anstellen, dass die Pflicht nach § 11 Abs. 4 EEG ebenfalls nur solche Sachverhalte betreffen soll, in denen ein EVU mit Sitz

---

401 *Salje*, EEG, § 11, Rn. 63.
402 Siehe hierzu oben S. 54 ff.

in der Bundesrepublik Deutschland einen Endverbraucher in der Bundesrepublik Deutschland mit Strom versorgt.

Allerdings ist - insoweit anders als in § 2 Abs. 1 Satz 1 und § 3 Abs. 2 Satz 2 EEG - an keiner Stelle des EEG eine ausdrückliche Einschränkung des Anwendungsbereiches des § 11 Abs. 4 EEG enthalten. Der Wortlaut der Vorschrift verpflichtet schlicht „Energieversorgungsunternehmen, die Strom an Letztverbraucher liefern". Dies könnte in dem Sinne zu verstehen sein, ausnahmslos alle EVU - und damit auch solche mit Sitz im Ausland - zur anteiligen Abnahme- und Vergütung nach § 11 Abs. 4 EEG verpflichtet sein sollen, soweit sie innerhalb des Hoheitsgebietes der Bundesrepublik Deutschland Letztverbraucher versorgen. Gegenstand der Untersuchung ist damit der sachliche Anwendungsbereich des § 11 Abs. 4 EEG. Der sachliche Anwendungsbereich bezeichnet die Sachverhalte, auf die sich die Norm nach ihrer spezifischen Regelung erstrecken soll[403] und ist durch Auslegung der Norm mit den Methoden der Hermeneutik zu ermitteln[404].

Eine Erstreckung der Abnahme- und Vergütungspflicht nach § 11 Abs. 4 EEG auf die in Rede stehenden Sachverhalte würde nach dem Wortlaut der Vorschrift zunächst voraussetzen, dass ein EVU mit Sitz im Ausland überhaupt der Regelverantwortung eines *inländischen* Übertragungsnetzbetreibers unterliegen kann. Dies wird durch § 3 Abs. 2 EEG impliziert, der sich für den vorgelagerten horizontalen Ausgleich zwischen den Übertragungsnetzbetreibern ausdrücklich auf inländische Übertragungsnetzbetreiber bezieht. Ob eine Regelverantwortung des Übertragungsnetzbetreibers vorliegt, bestimmt sich danach, ob sich vom Übertragungsnetzbetreiber vorgenommene Netzregelungen auf EVU im Sinne von § 11 Abs. 4 Satz 1 EEG auswirken; vermag das EVU bzw. der für das EVU zuständige Verteilnetzbetreiber sein Netz zu steuern, ohne dass der Übertragungsnetzbetreiber Einfluss auf die Laststeuerung zu nehmen vermag, besteht keine Abnahme- und Vergütungspflicht gemäß § 11 Abs. 4 EEG.[405] Daraus ergibt sich, dass die Regelverantwortlichkeit eines inländischen Übertragungsnetzbetreibers hinsichtlich eines EVU mit Sitz im Ausland nur unter engen Voraussetzungen denkbar ist, etwa wenn im grenznahen Ausland Strom zum Zwecke der Versorgung von Letztverbrauchern innerhalb der Bundesrepublik Deutschland unmittelbar oder mittelbar in das jeweilige „inländische" Übertragungsnetz eingespeist wird.

In solchen Fällen wird allerdings von einer Anwendbarkeit des § 11 Abs. 4 EEG auszugehen sein: Neben dem Fehlen einer einschränkenden Regelung im EEG spricht für eine solche Auslegung der Vorschrift auch die Überlegung, dass es im Vergleich zu solchen EVU mit Sitz

403 *Forsthoff*, Verwaltungsrecht, S. 143.

404 Hierzu *Vogel*, Anwendungsbereich der Verwaltungsrechtsnorm, S. 416 ff.; vgl. auch *Baur*, RdE 1996, S. 175.

405 *Salje*, EEG, § 11, Rn. 69.

in der Bundesrepublik Deutschland, die Strom an Letztverbraucher liefern, zu erheblichen Ungleichgewichtungen kommen würde, wenn EVU mit Sitz im Ausland, die gleichfalls im Bereich des jeweils regelverantwortlichen Übertragungsnetzbetreibers Letztverbraucher versorgen, von der Ausgleichsregelung des § 11 Abs. 4 EEG ausgenommen wären. Dies hätte zur Folge, dass sich der von den EVU mit Sitz im Inland abzunehmende und zu vergütende Anteil des Stroms nach der Berechnungsgrundlage des § 11 Abs. 4 Satz 3 und 4 EEG entsprechend vergrößern würde, was die Wettbewerbsposition von EVU mit Sitz im Ausland, die inländische Endverbraucher versorgen, unbillig stärken würde, da diesen Unternehmen im Ergebnis durch das EEG keine Mehrkosten entstünden. Eine solche Situation kann nicht als vom Gesetzgeber gewollt betrachtet werden, was durch die Regelung des § 11 Abs. 4 Satz 3 EEG, nach der jedes EVU einen relativ gleichen Anteil der abzunehmenden Strommenge erhalten soll, auch hinreichend deutlich zum Ausdruck kommt.

Der sachliche Anwendungsbereich des § 11 Abs. 4 EEG geht insoweit also über den räumlichen Geltungsbereich hinaus; er erstreckt sich - soweit die Versorgung inländischer Letztverbraucher betroffen ist - auch auf Auslandssachverhalte, was nach völkerrechtlichen Grundsätzen grundsätzlich zulässig ist[406] Allerdings erfolgt durch das allgemeine Prinzip des Völkerrechts - bestätigt durch die Rechtsprechung des IGH -, dass zwischen dem normierenden Staat und dem von ihm normierten Auslandssachverhalt eine „echte Verknüpfung" („*genuine link*") vorliegen muss, eine Begrenzung der Freiheit der Staaten, die Ausdehnung ihrer Gesetze und Gerichtsbarkeit auf Personen, Vermögen und Handlungen außerhalb ihres Gebietes vorzunehmen.[407] Diese Verknüpfung besteht hier bereits darin, dass es um die Versorgung inländischer Endverbraucher und um die Schaffung einheitlicher Rahmenbedingungen für die Energieversorgung in der Bundesrepublik Deutschland geht.

Mit der Abnahme- und Vergütungspflicht nach § 11 Abs. 4 EEG ist der gesetzlich geregelte Teil des Belastungsausgleichs abgeschlossen. Eine „fünfte Stufe" bezüglich der Vermarktung des abgenommenen Stroms an die Letztverbraucher, ist im EEG nicht geregelt worden. Soweit aber die EVU den nach § 11 Abs. 4 Satz 1 EEG abgenommenen Strom als Strom i.S.d. § 2 EEG (also als Strom, der ausschließlich aus den bezeichneten regenerativen Energiequellen gewonnen wurde) oder als diesem vergleichbarer Strom vermarktet wird, ist die - im Folgenden noch näher zu erörternde[408] - Vorschrift des § 11 Abs. 4 Satz 6 EEG zu beachten. Danach darf solcher Strom nicht unter der vom Stromlieferanten selbst gemäß § 11 Abs. 4 Satz 5 EEG gezahlten Vergütung verkauft werden.

---

406 Hierzu *Ipsen*, Völkerrecht, § 23, Rn. 94.
407 *Ipsen*, Völkerrecht, § 23, Rn. 95.
408 Vgl. hierzu unten S. 101 ff.

II. Umsetzung der Ausgleichsregelung in der Praxis

Nach dem bisher Gesagten enthält § 11 EEG ein gestuftes Abnahme- und Vergütungssystem, welches die unterschiedlich starken Belastungen der abnahme- und vergütungspflichtigen EVU auszugleichen versucht. Dabei ist für die Praxis insbesondere der zeitliche und technische Ablauf des Ausgleichsmechanismus von Bedeutung, da die gesetzliche Konzeption diesbezüglich einige Unklarheiten enthält. Beim zeitlichen und technischen Ablauf der Weiterwälzung des eingespeisten Stroms bzw. der eingespeisten Strommengen handelt es sich aber um einen in der energiewirtschaftlichen Handelspraxis wesentlichen und kostenrelevanten Faktor, welcher im Folgenden näher betrachtet werden soll.

Am Anfang des Ausgleichsmechanismus steht die bereits erörterte Pflicht der Übertragungsnetzbetreiber, die vom Netzbetreiber nach § 3 Abs. 1 EEG aufgenommenen Energiemenge entsprechend der §§ 4 - 8 EEG abzunehmen und zu vergüten, § 3 Abs. 2 EEG. Dabei ist davon auszugehen, dass diese Pflicht unmittelbar nach der Abnahme der regenerativen Energie durch den Netzbetreiber gemäß § 3 Abs. 1 Satz 1 EEG entsteht und von der Abnahme auf der ersten Stufe im Sinne einer „Akzessorietät“[409] abhängig ist.

Die Überwälzung auf den Übertragungsnetzbetreiber dürfte daher in der Praxis mit einem gewissen zeitlichen Nachlauf verbunden sein.[410] Daraus ergibt sich die Frage, ob der von den Übertragungsnetzbetreibern aufzunehmende Strom mit dem ursprünglich vom Netzbetreiber aufgenommenen Strom aus erneuerbaren Energiequellen identisch ist. Diese Frage ist im Sinne einer physikalischen Identität des Stroms zu verneinen, da sich § 3 Abs. 2 EEG auf die aufgenommene „Energie*menge*“ und nicht auf den tatsächlich gemäß § 3 Abs. 1 Satz 1 EEG eingespeisten Strom bezieht. Eine solche Regelung wäre in der Praxis auch nicht durchführbar, da sich elektrischer Strom nicht speichern lässt, sondern im Augenblick seines Verbrauchs erzeugt werden muss. Eine physikalische Identität des „durchgeleiteten“ Stroms ist somit ausgeschlossen.

Hiervon zu unterscheiden ist die Frage, ob sich die Pflicht der vorgelagerten Übertragungsnetzbetreiber zur Abnahme und Vergütung nach § 3 Abs. 2 EEG auf regenerativ erzeugten Strom bezieht oder ob die gesetzliche Abnahme- und Vergütungspflicht auch mit der Abnahme- und Vergütung von konventionellem Netzstrom erfüllt werden kann. Das EEG wie auch seine Begründung lassen diese praktisch bedeutsame Frage offen. Vieles spricht aber dafür, dass das EEG an dieser Stelle mit einer Fiktion in dem Sinne arbeitet, dass nicht notwendig regenerativ erzeugter Strom Gegenstand des Weiterwälzungs- und Umverteilungsmechanismus ist. Hierfür spricht zum einen der Wortlaut des § 3 Abs. 2 EEG, welcher nur zur Abnah-

409 *Salje*, EEG, § 3, Rn. 123.
410 Vgl. *Salje*, RdE 2000, S. 131.

me- und Vergütung der vom Netzbetreiber nach Absatz 1 aufgenommenen Energiemenge verpflichtet, aber an keiner Stelle bestimmt, dass die abzunehmende und zu vergütende Energiemenge auch tatsächlich aus erneuerbaren Energiequellen gewonnen werden musste. Zum anderen sind auch die physikalischen Besonderheiten regenerativ erzeugter Energie, insbesondere die oftmals ungleichmäßige Leistung von regenerativen Erzeugungsanlagen - beispielsweise aufgrund von schwankenden Windverhältnissen - zu beachten. Diese Gegebenheiten dürften es unmöglich machen, exakte und im Voraus bestimmte Mengen von Strom aus erneuerbaren Energien zur praktischen Umsetzung der aus § 3 Abs. 2 EEG resultierenden Pflichten zu nutzen. Schließlich gebietet auch Sinn und Zweck des § 3 Abs. 2 EEG nicht, dass sich die Abnahme- und Vergütungspflicht auf Regenerativstrom bezieht, da die Funktion des § 3 Abs. 2 EEG nur noch in einer gerechten Kostenverteilung der eigentlichen Abnahme- und Vergütungspflicht gemäß § 3 Abs. 1 Satz 1 EEG besteht und § 3 Abs. 2 EEG - wie auch alle anderen nachfolgenden Abnahme- und Vergütungspflichten - keine Anreizwirkung zum Ausbau regenerativer Energien entfalten soll.

Diese Ausführungen gelten im Wesentlichen auch für den im Weiteren folgenden Ausgleich zwischen den Übertragungsnetzbetreibern gemäß § 11 Abs. 2 EEG, welcher darüber hinaus erst dann stattfinden kann, wenn die nach § 3 EEG abgenommene Energiemenge und der Anteil dieser Menge an der gesamten Energiemenge, die von den Übertragungsnetzbetreibern unmittelbar oder mittelbar über nachgelagerte Netze an Letztverbraucher abgegeben wurde, ermittelt wurde. Da die Ermittlung dieser Energiemengen bis zum 31.3. eines jeden Jahres zu erfolgen hat und sich diese jeweils auf das Vorjahr bezieht, kann der endgültige und abschließende Ausgleich zwischen den Übertragungsnetzbetreibern danach erst mit einer Verzögerung von maximal 15, mindestens aber 12 Monaten vorgenommen werden.[411] Für die betroffenen Übertragungsnetzbetreiber kann dementsprechend ein erheblicher Zwischenfinanzierungsbedarf entstehen, welcher allerdings durch die Leistung von monatlichen Abschlägen gemäß § 11 Abs. 3 EEG ggf. abgemildert wird.

Schließlich regelt § 11 Abs. 4 Satz 1 EEG die Pflicht solcher EltVU, die Strom an Letztverbraucher liefern, den vom regelverantwortlichen Übertragungsnetzbetreiber nach § 11 Abs. 2 EEG abgenommenen Strom anteilig abzunehmen und zu vergüten.

Auch auf dieser (letzten) Stufe des bundesweiten Ausgleichssystems bezieht sich die Abnahme- und Vergütungspflicht aufgrund der bereits dargestellten Besonderheiten (so insbesondere

411 Ob die Bewertung des Ausgleichsmechanismus aufgrund dieses zeitlichen Nachlaufs als „gravierender ordnungspolitischer Fehlgriff" gerechtfertigt ist, wie dies von *Tettinger*, Zur Stärkung der ökologischen Dimension der Elektrizitätswirtschaft, S. 962, behauptet wird, sei hier dahingestellt. Kaum bezweifeln lässt sich jedenfalls, dass ein Ausgleichsmechanismus - gleich welcher Art - immer die Kenntnis dessen, was ausgeglichen werden soll, voraussetzt.

der mangelnden Verfügbarkeit) nicht notwendigerweise auf Regenerativstrom.[412] Ebenso ist die Möglichkeit einer „Nachlieferung" des gerade nicht verfügbaren Regenerativstroms eher theoretischer Natur und kommt aufgrund des dann kaum noch zu bewältigenden Verwaltungsaufwandes nicht in Betracht.[413] Strom, der also gemäß § 11 Abs. 4 Satz 1 EEG von den Versorgern der Letztverbraucher abgenommen wurde, ist mithin gewöhnlicher und damit ganz überwiegend konventionell erzeugter Netzstrom. Aus dem Wortlaut des § 11 Abs. 4 EEG und der Systematik des § 11 EEG ergibt sich keine Pflicht der Letztversorger zur Leistung von Abschlagszahlungen an den jeweils regelverantwortlichen Übertragungsnetzbetreiber. Allerdings entspricht die Leistung von Abschlagszahlungen der Praxis der EVU, um einen übermäßigen Zwischenfinanzierungsbedarf der Übertragungsnetzbetreiber zu vermeiden.
Die genauen technischen Details der Abwicklung des bundesweiten Ausgleichsmechanismus sollen in diesem Rahmen nur in ihren Grundzügen Erwähnung finden.[414] Grundvoraussetzung für die Wälzung der eingespeisten Strommengen ist - wie im gesamten Stromhandel - die Definition des eingespeisten Stroms in Form von Lastprofilen, derzeit also als ¼-h-Leistungswerte. Unproblematisch ist dabei die Einspeisung von Regenerativstrom aus größeren, mit einer ¼-h-Leistungsmessung ausgestatteten Anlagen in das Netz des Verteilnetzbetreibers. Diesen Strom kann der Verteilnetzbetreiber dann nämlich mit dem gemessenen Profil an den Übertragungsnetzbetreiber „durchreichen".[415]
In der Praxis problematischer ist die Einspeisung von Strom aus Anlagen, in denen keine registrierende Viertelstundenmessung vorgenommen wird. Zur Handhabung solcher Fälle sind verschiedene Praktiken denkbar. So besteht die Möglichkeit, dass der Verteilnetzbetreiber den eingespeisten Regenerativstrom in ein Band umwandelt und den Strom in dieser „veredelten" Form an den Übertragungsnetzbetreiber weiterleitet.[416] Nachteilig an einer solchen Lösung ist allerdings der Umstand, dass dem Verteilnetzbetreiber ein Leistungsfehler zwischen tatsächlicher Einspeisung und weitergeleiteter Bandlieferung entsteht. Daher wird zu Recht mindestens vorgeschlagen, dass - unter dem Vorbehalt wirtschaftlicher Vertretbarkeit - regelmäßig eine registrierende Messung der Stromeinspeisung vorgenommen werden soll.[417]

---

412 So auch *Salje*, RdE 2000, S. 130.
413 Vgl. *Salje*, ebenda.
414 Vgl. statt dessen die instruktive Darstellung bei *Krzikalla/Schrader/Lehmann*, ME 5-6/ 2001, S. 34 ff.
415 *Krzikalla/Schrader/Lehmann*, ME 5-6/2001, S. 35.
416 Hierzu - im Ergebnis ablehnend - *Krzikalla/Schrader/Lehmann*, ME 5-6/2001, S. 35 ff.
417 Vgl. hierzu und zu Alternativen insbesondere für die praktische Abwicklung der Rückwälzung des Stroms an die Versorger von Letztverbrauchern *Krzikalla/Schrader/Lehmann*, ME 5-6/2001, S. 35 ff.

III. Verbot des Unterpreisverkaufs

§ 11 Abs. 4 Satz 6 EEG bestimmt, dass der nach § 11 Abs. 4 Satz 1 EEG abgenommene Strom, soweit er als Strom i.S.d. § 2 EEG (also als ausschließlich aus den bezeichneten erneuerbaren Energiequellen gewonnener Strom) oder als diesem vergleichbarer Strom vermarktet wird, nicht unter der vom Stromlieferanten selbst gezahlten Vergütung verkauft werden darf. Nach der Gesetzesbegründung bedeutet dies, dass bei der Vermarktung der nach dem Gesetz eingespeisten Strommenge die Vergütungssätze die Stromerzeugungskosten darstellen, denen dann die weiteren Kosten (z.B. Netzbetriebsgebühr, Konzessionsabgabe, Öko- und Mehrwertsteuer) hinzugerechnet werden müssen, um den Marktpreis zu ermitteln.[418] Ziel des Gesetzgebers ist es, einem Preisdumping auf dem Ökostrommarkt entgegenzuwirken. Nach der Gesetzesbegründung besteht diese Gefahr deshalb, weil der größte Anteil des nach diesem Gesetz aufgenommenen Stroms von den großen EVU aufzunehmen ist, die immer noch eine marktbeherrschende Stellung innehaben.[419] In der Literatur wird die Vorschrift des § 11 Abs. 4 Satz 6 EEG in dem Sinne gedeutet, dass es den Letztversorgern frei steht, den nach § 11 Abs. 4 Satz 1 EEG abgenommenen und vergüteten Strom als Strom i.S.d. § 2 EEG oder als diesem vergleichbaren Strom zu vermarkten.[420]

1. Vermarktung von Regenerativstrom und Wettbewerbsrecht

Der Vorschrift liegt also zunächst die Vorstellung des Gesetzgebers zugrunde, dass Strom, der von einem Versorger von Letztverbrauchern gemäß § 11 Abs. 4 Satz 1 EEG abgenommen und vergütet wurde, als Strom i.S.d. § 2 EEG oder als diesem vergleichbarer Strom vermarktet werden *kann* und *darf*. Dies könnte unter Wettbewerbs- und Verbraucherschutzgesichtspunkten zweifelhaft sein, da das EEG zumindest auf dieser letzten Ebene des bundesweiten Ausgleichsmechanismus - wie bereits dargestellt - mit einer Fiktion arbeitet, was zur Folge hat, dass es sich bei dem nach § 11 Abs. 4 Satz 1 EEG abzunehmenden und zu vergütenden Strom nicht mehr um solchen Strom handelt, der tatsächlich aus erneuerbaren Energieträgern i.S.d. § 2 EEG gewonnen wurde. Aufgrund der bereits erörterten Unmöglichkeit, eine tatsächliche physische Weiterwälzung des ursprünglich eingespeisten Regenerativstroms durchzuführen, handelt es sich vielmehr um gewöhnlichen, konventionellen Netzstrom. Dies wirft die Frage auf, ob ein Verkauf dieses Stroms als Strom i.S.d. § 2 EEG (also als Strom der ausschließlich aus Wasserkraft, Windkraft, solarer Strahlungsenergie, Geothermie, Deponiegas, Klärgas,

418 BT-Drs. 14/2776, S. 25.

419 Ebenda.

420 So ausdrücklich Ludwig/Odenthal-*Britz*, EEG, Rn. 14; in diesem Sinne wohl auch *Salje*, Versorgungswirtschaft 2000, S. 176; *ders.*, RdE 2000, S. 130; *Oschmann*, ET 2000, S. 463.

Grubengas oder aus Biomasse gewonnen wird) oder als diesem vergleichbarer Strom überhaupt zulässig ist.
Grenzen der Vermarktung von Regenerativstrom ergeben sich aus den §§ 1 und 3 UWG. So hat das OLG München[421] entschieden, dass die Aussage, „AQUAPOWER liefert Ihnen zu 100 % Strom aus Wasserkraft", sachlich unrichtig ist und gegen das in § 3 UWG enthaltene Verbot der irreführenden Werbung verstößt. Diese Aussage erwecke bei einem nicht unbeachtlichen Teil der potenziellen Stromkunden den Eindruck, aufgrund eines Vertragsabschlusses mit der Beklagten seien sie künftig in der Lage, dem Netz ausschließlich umweltfreundlich erzeugten Strom zu entnehmen.[422] Der vom OLG München entschiedene Fall verdeutlicht die Problematik, dass Kunden, die regelmäßig mit den physikalischen Gegebenheiten im Zusammenhang mit elektrischer Energie wenig vertraut sind, Fehlvorstellungen über die Herkunft des von ihnen bezogenen Stroms unterliegen können. Denn aus technischer Sicht ist es keinem Anbieter von Strom - sei es im Wege der Direktvermarktung oder im Wege der Einspeisung - möglich, durchgehend zu 100 % regenerativ erzeugten Strom zu liefern.[423]
Vor diesem Hintergrund ist der Verkauf konventionell erzeugter Elektrizität als „Strom aus erneuerbaren Energien" bzw. als Strom i.S.d. § 2 EEG oder als diesem vergleichbarer Strom an der Generalklausel des § 1 UWG zu messen. Danach kann auf Unterlassung und Schadensersatz in Anspruch genommen werden, wer im geschäftlichen Verkehr zu Zwecken des Wettbewerbs Handlungen vornimmt, die gegen die guten Sitten verstoßen. Insbesondere der BGH hat im Laufe der Zeit zur Ausfüllung des Tatbestandsmerkmals der Sittenwidrigkeit verschiedene Fallgruppen wettbewerbswidriger Handlungen erarbeitet[424], die trotz der Unbestimmtheit des Begriffs der Sittenwidrigkeit eine präzise Anwendung von § 1 UWG ermöglichen.[425]
Für die Vermarktung von Elektrizität als „Strom aus erneuerbaren Energien" bzw. als Strom i.S.d. § 2 EEG oder als diesem vergleichbarer Strom ist die Tatbestandsgruppe des Kundenfangs in Form der „falschen Selbstanpreisung" im Rahmen des § 1 UWG von Bedeutung. Eine falsche Selbstanpreisung liegt dann vor, wenn Vorzüge einer Ware oder eines Produkts vorgegeben werden, die tatsächlich nicht vorhanden sind.[426] Wollte man einen strengen Maßstab anlegen, wäre die Vermarktung von Regenerativstrom damit a priori bedenklich, da es - wie bereits erwähnt - keinem Anbieter von Strom möglich ist, durchgehend zu 100 % regenerativ erzeugten Strom zu liefern. Eine solch enge Sichtweise würde allerdings dem Prinzip der

421 OLG München, Urt. v. 26.7.2001 - 29 U 1534/01 -, ZNER 2001, S. 165 ff.
422 OLG München, ebenda, S. 167.
423 OLG München, ebenda, S. 167.
424 Nach Art und Richtung der Wettbewerbsverstöße werden allgemein die Fallgruppen Kundenfang, Behinderung, Ausbeutung, Vorsprung durch Rechtsbruch und Marktstörung unterschieden, vgl. *Baumbach/Hefermehl*, Wettbewerbsrecht, UWG Einl, Rn. 157, 160.
425 *Baumbach/Hefermehl*, § 1 UWG, Rn. 2 ff.; Gloy-*Gloy*, Wettbewerbsrecht, § 13, Rn. 2.
426 *Baumbach/Hefermehl*, Wettbewerbsrecht, Einl UWG, Rn. 161, § 1 UWG, Rn. 10 f.

Substitution, welches der Vermarktung von „grünem“ Strom zugrunde liegt, nicht gerecht werden. Denn der mit dem Kauf von Regenerativstrom verbundene „Umweltnutzen“ wird dadurch erreicht, dass die vom Verbraucher dem Netz entnommene Spannung durch eine Stromerzeugung aus regenerativen Energien dem Netz mengen- und zeitgleich wieder zugeführt wird; ein unmittelbarer physikalischer Zusammenhang besteht dabei nicht.[427] Soweit dieser physikalische Hintergrund vom Anbieter bei der Vermarktung des regenerativen Stroms für den Kunden in erkennbarer Weise klargestellt wird, kann nicht von einer falschen Selbstanpreisung ausgegangen werden. Gleiches muss für das in § 3 UWG niedergelegte Verbot irreführender Werbung gelten.[428] Gemäß § 3 UWG kann auf Unterlassung in Anspruch genommen werden, wer im geschäftlichen Verkehr zu Zwecken des Wettbewerbs über geschäftliche Verhältnisse, insbesondere über die Beschaffenheit einzelner Waren oder Leistungen irreführende Angaben macht. Als Beschaffenheitsangaben in diesem Sinne sind alle deskriptiven Aussagen über tatsächliche und rechtliche Umstände, insbesondere über die Stoffbezeichnungen, unter denen eine Ware angepriesen wird.[429] Die Ware muss in ihrer stofflichen Beschaffenheit den konkreten Vorstellungen entsprechen, die das Publikum mit der Bezeichnung gewöhnlich verbindet.[430] Dies gilt insbesondere für Fälle der sogenannten Umweltwerbung, da der Verbraucher im Zuge des gewachsenen Umweltbewusstseins zunehmend Waren und Leistungen bevorzugt, die als umweltfreundlich oder gleichsinnig beworben werden; daher ist Umweltwerbung grundsätzlich nach strengen Maßstäben zu beurteilen.[431] Stellt der Stromanbieter allerdings klar, dass der Kunde den regenerativ erzeugten Strom nicht unmittelbar seinem Netz entnimmt, sondern dass die dem Netz entnommene Spannung durch eine Stromerzeugung aus regenerativen Energien dem Netz mengen- und zeitgleich wieder zugeführt wird, liegt grundsätzlich keine Irreführung über die Beschaffenheit des Stroms vor.

2. Rechtslage beim Verbot des Unterpreisverkaufs

Damit ist allerdings noch nicht entschieden, ob die vorstehenden Ausführungen auch für solchen Strom gelten, der im Rahmen des Belastungsausgleichs gemäß § 11 Abs. 4 Satz 6 EEG von Letztversorgern an Endkunden als Strom im Sinne des § 2 EEG oder als diesem ver-

---

427 *Langniß/Markard*, ZfE 1999, S. 276; vgl. auch OLG München, Urt. v. 26.7.2001 - 29 U 1534/01 -, ZNER 2001, S. 167.

428 Hierzu grundlegend *Baumbach/Hefermehl*, Wettbewerbsrecht, § 3 UWG, Rn. 1 ff.; Gloy-*Helm*, Wettbewerbsrecht, § 49, Rn. 1 ff.

429 *Baumbach/Hefermehl*, Wettbewerbsrecht, § 3 UWG, Rn. 124.

430 *Baumbach/Hefermehl*, Wettbewerbsrecht, § 3 UWG, Rn. 124; Gloy-*Helm*, Wettbewerbsrecht, § 49, Rn. 136; Köhler/Piper-*Piper*, UWG, § 3, Rn. 224 ff., 236.

431 BGH, Urt. v. 20.10.1988 - I ZR 219/87 -, BGHZ 105, S. 277, 280 f.; BGH, Urt. v. 18.10.1990 - I ZR 113/89 -, BGHZ 112, S. 311, 314 f.; Gloy-*Helm*, Wettbewerbsrecht, § 49, Rn. 150; *Baumbach/Hefermehl*, Wettbewerbsrecht, § 1 UWG, Rn. 179a.

gleichbarer Strom vermarktet wird. Zwar ist die in diesem Fall an den Endkunden weitergegebene Strommenge ursprünglich auch in gleicher Menge aus regenerativen Energieträgern erzeugt und ins Netz eingespeist worden; damit wurde „konventioneller“ Strom in gleicher Menge aus dem Netz verdrängt. Es muss allerdings auch beachtet werden, dass dieser Strom im Wege der Abnahme- und Vergütungspflicht des § 3 Abs. 1 Satz 1 EEG bereits durch den aufnehmenden Netzbetreiber „subventioniert“ wurde. Soweit diese Strommengen dann im Rahmen des Belastungsausgleichs erneut als Strom im Sinne des § 2 EEG oder diesem vergleichbarer Strom vermarktet werden, hat dies keine weitere Begünstigung der Erzeuger regenerativen Stroms zur Folge. Damit verleitet eine solche Vermarktung den Kunden zur Vornahme von Aufwendungen, die - entgegen der Absicht des Kunden - in keiner Weise einen ökologischen Steuerungseffekt entfalten; die nach § 11 Abs. 4 Satz 6 EEG abgenommene Strommenge wird - soweit sie nicht als „grüner“ Strom vermarktet wird - ohnehin gemeinsam mit dem übrigen Strom an Letztverbraucher abgegeben, wobei Mehrkosten des EVU regelmäßig gleichfalls an die Letztverbraucher weitergegeben werden.[432] Kaufen die Letztverbraucher also die teuren, gemäß § 11 Abs. 4 EEG an die Letztversorger weitergegebenen Strommengen als „grünen“ Strom, übernehmen sie die durch das EEG verursachte Belastung der Strompreise und finanzieren damit die niedriger bleibenden Preise der anderen Kunden.[433]
Fraglich ist allerdings, ob die Vermarktung der nach § 11 Abs. 4 EEG abgenommenen Strommengen als Strom im Sinne des § 2 EEG oder diesem vergleichbarer Strom letztlich auch zur Sittenwidrigkeit im Sinne des § 1 UWG führt bzw. ob ein hierauf gestütztes Unterlassungsbegehren nach § 3 UWG Erfolg haben kann. Bereits das Vorliegen einer tatbestandlichen Irreführung ist zweifelhaft, da es sich dabei um Strommengen handelt, die tatsächlich unter Nutzung erneuerbarer Energieträger erzeugt und ins Netz eingespeist wurde. Zudem muss berücksichtigt werden, dass die in § 11 Abs. 4 Satz 6 EEG enthaltene Regelung eine Vermarktung des abgenommenen Stroms als Strom i.S.d. § 2 EEG oder als diesem vergleichbarer Strom indirekt gestattet. Die Verwendung gesetzlich vorgeschriebener bzw. gesetzlich erlaubter Angaben und Bezeichnungen kann aber regelmäßig nicht beanstandet werden, und zwar auch dann nicht, wenn die Verkehrsauffassung von der gesetzlichen Regelung abweicht.[434]
Dementsprechend wird ein Verstoß gegen die guten Sitten i.S.d. § 1 UWG oder das Vorliegen einer irreführenden Angabe i.S.d. § 3 UWG nicht angenommen werden können.
Gleichwohl ist die gesetzliche Regelung aufgrund der soeben erläuterten Bedenken ordnungspolitisch fragwürdig. Zwar geht es dem Gesetzgeber um das durchaus billigenswerte Ziel der

432 Hierzu im Folgenden S. 106 ff
433 Vgl. Ludwig/Odenthal-*Britz*, EEG, Rn. 20.
434 Köhler/Piper-*Piper*, UWG, § 3, Rn. 230.

Vermeidung eines Ökostromdumpings, doch begünstigt er gleichzeitig einen schädlichen ökologischen Nebeneffekt zu Lasten des ökologiebewussten Verbrauchers, welcher durch seine vermeintliche Förderung ressourcenschonender Stromerzeugung davon abgehalten wird, seinen Energiebedarf über einen „echten" Ökostromanbieter i.S.d. § 11 Abs. 4 Satz 2 EEG zu decken.[435]

IV. Kritik am bundesweiten Belastungsausgleich

Die Konzeption des bundesweiten Belastungsausgleich weist im Zusammenhang mit den bereits dargestellten Umsetzungsproblemen auch Ungleichgewichtungen auf, die ihren Ursprung in der Vorbereitung des Ausgleichs gemäß § 3 Abs. 2 EEG haben.

Wie bereits dargestellt ist der gemäß § 3 Abs. 2 EEG an die Übertragungsnetzbetreiber weiterzureichende Strom physikalisch nicht mit dem ursprünglich eingespeisten Regenerativstrom identisch; dieser wird - noch vor der Weitergabe der eingespeisten Strommenge an die Übertragungsnetzbetreiber - anderweitig verbraucht werden. Hiervon aber profitieren die stromverteilenden EVU, welche den auf der „ersten Stufe" eingespeisten Strom letztlich vermarkten können, ohne diesen - jedenfalls zunächst - bezahlen zu müssen, da die zu leistende Mindestvergütung vom Übertragungsnetzbetreiber gemäß § 3 Abs. 2 EEG „erstattet" wird.[436] Darüber hinaus ersparen sich die verteilenden Unternehmen die Beschaffungskosten für den in Rede stehenden Strom, was ebenfalls einen beachtlichen Vorteil darstellt.

Der abschließende Ausgleich zwischen den (insoweit vorleistungspflichtigen) Übertragungsnetzbetreibern und die Weiterwälzung der finanziellen Lasten an die Versorger von Letztverbrauchern gemäß § 11 Abs. 4 EEG findet hingegen, wie bereits erörtert, erst im Anschluss an den 31.3. des Folgejahres statt, mit der Folge, dass das Vergütungsvolumen theoretisch zunächst beim jeweils vorgelagerten Übertragungsnetzbetreiber verbleibt. Eine gewisse Abmilderung der finanziellen Belastung findet allerdings durch die Pflicht zur Leistung von monatlichen Abschlägen auf die zu erwartenden Ausgleichsmengen und -vergütungen gemäß § 11 Abs. 3 EEG statt. Diese Pflicht bezieht sich jedoch nur auf die Leistungen, die im Zusammenhang mit dem Ausgleich zwischen den Übertragungsnetzbetreibern gemäß § 11 Abs. 2 EEG zu erbringen sind. Aufgrund des Wortlauts des § 11 Abs. 3 EEG und der Systematik des § 11 EEG kann hingegen nicht davon ausgegangen werden, dass die Pflicht zur Leistung von Abschlägen auf die zu erwartenden Ausgleichsmengen und -vergütungen auch im Verhältnis

---

435 Vgl. Ludwig/Odenthal-*Britz*, EEG, Rn. 22. Insoweit fordert *Lackmann*, ZNER 2002, S. 149, zu Recht, dass § 11 Abs. 4 Satz 6 EEG so ergänzt werden sollte, dass derjenige, der Strom aus erneuerbaren Energien oder Zertifikate für solchen Strom über die Regelungen des EEG hinaus vermarktet, den Vergütungsanspruch des EEG verliert.

436 Vgl. hierzu die instruktiven Ausführungen von *Salje*, EEG, § 3, 110 ff.; *ders.*, RdE 2000, S. 131; *ders.*, Versorgungswirtschaft 2000, S. 175 f..

zwischen Übertragungsnetzbetreiber und Letztversorger gemäß § 11 Abs. 4 EEG besteht.[437] Allerdings dürften in der Praxis auch ohne eine eindeutige gesetzliche Pflicht zur Leistung von Abschlagszahlungen auf der Stufe des § 11 Abs. 4 EEG regelmäßig Abschläge geleistet werden. Hierdurch wird der mit Zinsverlusten verbundene Zwischenfinanzierungsbedarf der Übertragungsnetzbetreiber erheblich abgemildert und eine übermäßige Ungleichgewichtung der Nutzen und Lasten aus den Abnahme- und Vergütungspflichten zwischen Verteilerunternehmen und Übertragungsnetzbetreibern vermieden. Gleichwohl sollte bei einer Novellierung des EEG auch im Rahmen des § 11 Abs. 4 EEG ausdrücklich die Pflicht zur Leistung von Abschlagszahlungen vorgesehen werden, ebenso die Möglichkeit einer Überwälzung etwaiger Zinsverluste aus dem Zwischenfinanzierungsbedarf auf die Netznutzungsentgelte. Gleichwohl wird die Berechtigung zu einer solchen Überwälzung in der Literatur auch ohne ausdrückliche Regelung im EEG als zulässig erachtet.[438]

Hingenommen werden muss demgegenüber wohl die zeitliche Verzögerung des endgültigen Ausgleichs zwischen den Übertragungsnetzbetreibern gemäß § 11 Abs. 2 EEG und des Ausgleichs zwischen Übertragungsnetzbetreibern und Letztversorgern gemäß § 11 Abs. 4 EEG, da die Durchführung eines Belastungsausgleichs zunächst zwingend die vorherige Erfassung des Umfangs der abgenommenen Energiemengen und geleisteten Vergütungszahlungen erfordert. Aber auch hier ist davon auszugehen, dass übermäßige Belastungen durch die (freiwilligen) Abschlagszahlungen der Letztversorger abgefedert werden.

G. Weitergabe der durch das EEG entstehenden Mehrbelastungen an die Endverbraucher

Wie bereits erwähnt, enthält das EEG und dabei insbesondere der soeben erörterte bundesweite Belastungsausgleich keine ausdrückliche Regelung darüber, ob und inwieweit die EVU die ihnen durch die Abnahme- und Vergütungspflicht entstandenen Mehrkosten für die Strombeschaffung und die Netznutzung an die endverbrauchenden Kunden weitergegeben werden können. Gleichwohl wurden im Jahr 2001 insbesondere bei der Belieferung von Sonderkunden Aufschläge von 0,53 bis 2,2 Pf./kWh (0,27 - 1,12 Cent) auf die vereinbarten Strompreise verlangt.[439] Angesichts des Umstands, dass im Jahr 2001 rund 15,8 TWh regenerativ erzeugter Energie über ein Volumen von rund 1,38 Mrd. Euro durch das EEG gefördert

437 Auch *Salje*, RdE 2000, S. 131; Versorgungswirtschaft 2000, S. 175, geht wohl davon aus, dass zumindest eine unmittelbare Anwendbarkeit des § 11 Abs. 3 EEG auf den Ausgleich gemäß § 11 Abs. 4 EEG ausscheiden muss.

438 *Salje*, EEG, § 3, Rn. 124.

439 *Gent*, RdE 2001, S. 50.

wurden[440], wird deutlich, dass es sich bei der Zulässigkeit der Weitergabe der entstehenden Mehrkosten um eine wirtschaftlich äußerst bedeutsame Frage handelt. Ihr soll im Folgenden nachgegangen werden.

I. Keine Weiterwälzungsmöglichkeit aufgrund des Fehlens einer gesetzlichen Regelung?

Bevor auf die rechtlichen Möglichkeiten einer Weiterwälzung der Mehrkosten auf den Endverbraucher eingegangen wird, verdient die grundsätzliche Frage Beachtung, ob eine Weiterwälzung schon aufgrund des Fehlens einer ausdrücklichen gesetzlichen Regelung ausgeschlossen sein könnte. Diese Frage mag auf den ersten Blick erstaunen, da nicht ohne weiteres vom Fehlen einer ausdrücklichen Regelung auf ein Verbot geschlossen werden kann. Jedoch sind Weiterwälzungsvorschriften für Mehrkosten bzw. Mehraufwendungen gerade im Bereich der Energiewirtschaft keine Ausnahme, sondern vielmehr die Regel, wie ein Blick auf die Vorschriften des Stromsteuergesetzes, des Mineralölsteuergesetzes, des § 9 Abs. 7 KWKG und nicht zuletzt auch auf § 10 Abs. 2 Satz 3 EEG verdeutlicht.[441] Daher könnte das Fehlen einer ausdrücklichen Weiterwälzungsregelung dafür sprechen, dass die durch das EEG verursachten Belastungen bei den EVU verbleiben sollen. So wurde zur Rechtslage unter der Geltung des StrEG die Auffassung vertreten, dass eine Abwälzung der Zusatzkosten auf die Endverbraucher den Absichten des Gesetzgebers widerspreche, da das StrEG ausweislich seiner Materialien nicht auf eine Überwälzung der Belastung angelegt sei.[442]

Offensichtlich geht aber der Gesetzgeber von der grundsätzlichen Möglichkeit einer Weitergabe der Mehrkosten aus, wenn es in der Gesetzesbegründung zum EEG heißt: „Auswirkungen auf das Preisniveau, insbesondere auf das Verbraucherpreisniveau, sind trotz voraussichtlich geringer Erhöhung der Netznutzungsentgelte nicht in nennenswertem Umfang zu erwarten. [...] Es ist lediglich mit geringfügigen Steigerungen der Strombezugspreise zu rechnen [...].“[443] Ist damit zwar kein ausdrücklicher Abwälzungstatbestand geschaffen, so kann dennoch nicht davon ausgegangen werden, dass eine Abwälzung auf den Endkunden unzulässig wäre, da der Gesetzgeber selbst eine Weitergabe der Mehrkosten - wenn auch in geringem Umfang - als möglich und zulässig erachtet. Ob das EEG auf die Weiterwälzung auf

440 Vgl. *Palic*, ew 3/2002, S. 70 f., der im Weiteren für das Jahr 2030 ein Fördervolumen von 120 TWh / 10 Mrd. Euro prognostiziert.

441 § 3 Abs. 1 Satz 4 KWKG bestimmt, dass „nicht vermeidbare Mehraufwendungen“ aufgrund der Abnahme- und Vergütungspflicht bei der Ermittlung des Netznutzungsentgelts in Ansatz gebracht werden können. Zur Auslegung der in der Praxis recht umstrittenen Vorschrift vgl. *Herrmann*, RdE 2000, S. 184 ff.

442 *Ossenbühl*, RdE 1997, S. 49 unter Verweis auf *Studenroth*, DVBl. 1995, S. 1218, der einer Weiterwälzung der Kosten allerdings nicht grundsätzlich widerspricht, sondern diese als „marktabhängige Möglichkeit“ durchaus in Betracht zieht; ebenso *Pohlmann*, NJW 1997, S. 549 und *Richter*, Stromeinspeisungen, S. 222.

443 BT-Drs. 14/2776, S. 2.

den Endkunden „ausgelegt“ ist, mag an dieser Stelle dahinstehen. Jedenfalls verhält sich das EEG selbst zu einer Weiterwälzung neutral[444], während die Gesetzesbegründung diese indirekt voraussetzt. Deutlicher ist in diesem Zusammenhang die Begründung zur BiomasseVO, in der es heißt: „Mit Erlass dieser Verordnung kann die gesetzliche Vergütung nach dem Erneuerbare-Energien-Gesetz (EEG) auch bei der Stromerzeugung aus Biomasse vollständig in Anspruch genommen werden. Entsprechend den EEG zu zahlende Einspeisevergütungen werden die Folge sein. *Diese Kosten der Energiewirtschaft dürften an die Stromverbraucher weitergegeben werden*, wobei nur eine geringfügige Belastung der Strompreise zu erwarten ist.“[445]

Vom Fehlen einer gesetzlichen Regelung allein kann daher letztlich nicht auf die Unzulässigkeit einer Weiterwälzung der Mehrkosten auf den Endverbraucher geschlossen werden.[446]

II. Weitergabe der Mehrkosten an Tarifkunden

Für die Frage der Weitergabe der durch das EEG entstehenden Mehrkosten an Tarifkunden - dies sind alle Abnehmer, die auf Basis allgemein geltender Bedingungen und Entgelte i.S.d. § 10 Abs. 1 Satz 1 EnWG beliefert werden[447] - spielt die BTOElt eine maßgebliche Rolle. Die BTOElt regelt die Gestaltung der Tarifpreise, welche gemäß § 12 Abs. 1 BTOElt der behördlichen Genehmigung bedürfen. Zuständige Behörde ist dabei die jeweilige oberste Landesbehörde als Preisaufsichtsbehörde.

Gemäß § 12 Abs. 2 BTOElt wird die Preisgenehmigung nur erteilt, soweit das EVU nachweist, dass entsprechende Preise in Anbetracht der gesamten Kosten- und Erlöslage bei elektrizitätswirtschaftlich rationeller Betriebsführung erforderlich sind. Da in den allgemeinen Grundsätzen der BTOElt über die Preisbildung (§ 1 Abs. 1 Satz 1 BTOElt) insbesondere gefordert wird, dass die von den EVU angebotenen Tarife den Erfordernissen der Ressourcenschonung und möglichst geringen Umweltbelastung genügen müssen, wird mittlerweile allgemein davon ausgegangen, dass die den EVU diesbezüglich entstehenden Kosten grundsätzlich in Preisgenehmigungsverfahren anerkennungsfähig und damit in die Preise einkalkulierbar sind.[448]

Somit lässt sich zunächst festhalten, dass im Tarifkundenbereich eine Weitergabe der durch das EEG entstehenden Mehrkosten an die Endverbraucher zumindest unter den zu beachten-

---

444 *Büdenbender*, ET 2001, S. 303.

445 Hervorhebungen vom Verfasser.

446 Im Ergebnis ebenso *Büdenbender*, ET 2001, S. 303 f.

447 Vgl. § 1 der Verordnung über Allgemeine Bedingungen für die Elektrizitätsversorgung von Tarifkunden - AVBEltV - (v. 21.6.1979, BGBl I 1979, S. 684; BGBl. I 2002, S. 1250); hierzu Ludwig/Odenthal-*Hempel*, § 1 AVBEltV, Rn. 42; *Herrmann/Dick*, Bündelung der Stromnachfrage, S. 52; *Schweers*, Vertragsbeziehungen, S. 47.

448 Vgl. *Büdenbender*, ET 2001, S. 301.

den rechtlichen Gegebenheiten ohne weiteres möglich ist. Dies steht allerdings unter einem zweifachen Vorbehalt: Einerseits kann nicht selbstverständlich davon ausgegangen werden, dass die jeweilige Preisaufsichtsbehörde die neuen Tarifpreise genehmigt, wie die Verweigerung des Energieministeriums des Landes Schleswig-Holstein im noch ausführlich zu erörternden Rechtsstreit Preussen Elektra AG gegen Schleswag AG[449] zeigt. Problematisch - für die vorliegende Untersuchung aber letztlich zu vernachlässigen - ist andererseits die Frage, ob die neuen Tarifpreise im liberalisierten Strommarkt auch durchsetzbar sind.[450]

III. Weitergabe der Mehrkosten an Sonderkunden

Als Sonderkunden werden solche Abnehmer bezeichnet, die nicht zu allgemeinen Bedingungen und zu allgemeinen Tarifen versorgt werden; die Versorgung findet also außerhalb der allgemeinen Anschluss- und Versorgungspflicht des § 10 Abs. 1 Satz 1 EnWG statt.[451] Dabei kann sich die Einordnung als Sondervertragskunde aus der Belegenheit des Kunden oder aus dem Inhalt des geschlossenen Versorgungsvertrages ergeben. Wenn beispielsweise ein EVU einen Energieversorgungsvertrag mit einem Kunden abschließt, der nicht an das eigene Versorgungsnetz des EVU angeschlossen ist, kommt - anders als beim Kontrahierungszwang gemäß § 10 Abs. 1 Satz 1 EnWG - ein freiwillig abgeschlossener Sonderkundenvertrag zustande.[452] Sonderkundenverträge können aber auch mit Kunden im eigenen Versorgungsgebiet abgeschlossen werden, wenn der Kunde - beispielsweise aufgrund von Besonderheiten in der Abnahmestruktur - nicht in das auf Massenschuldverhältnisse zugeschnittene Tarifabnehmerverhältnis passt. Sonderkunden sind regelmäßig industrielle Großabnehmer, Verteilerunternehmen oder Nachtspeicherkunden.[453] Schließlich können Sonderkundenverträge mit Kunden im eigenen Versorgungsgebiet auch dann zustande kommen, wenn im Wege von Individualabreden zu anderen - in der Regel günstigeren - Bedingungen als dem allgemeinen Tarif bzw. der AVBEltV[454] kontrahiert wird.[455]

Der kurze Überblick über die Sondervertragskunden zeigt, dass es sich keineswegs um eine homogene Gruppe handelt, was sich nicht zuletzt auch auf die zu beurteilenden Stromlieferverträge auswirkt. So finden sich unter den Sonderkundenverträgen sowohl standardisierte als

449 Vgl. zu diesem Aspekt den dem Urteil des EuGH v. 13.3.2001 zugrunde liegenden Sachverhalt, Slg. I 2001, S. 2099, 2170, Rn. 22.

450 Es handelt sich um eine Macht- und Marktfrage, vgl. *Baur*, Ökologische Energieversorgung, S. 16; *Büdenbender*, ET 2001, S. 301.

451 *Böwing/Rosin*, ET 2000, S. 74; Ludwig/Odenthal-*Hempel*, § 1 AVBEltV, Rn. 35; *Herrmann/Dick*, Bündelung der Stromnachfrage, S. 52 f.; *Schweers*, Vertragsbeziehungen, S. 53.

452 *Böwing/Rosin*, ET 2000, S. 74.

453 Ludwig/Odenthal-*Hempel*, § 1 AVBEltV, Rn. 35 f.

454 Vgl. Fn. 448.

455 *Herrmann/Dick*, Bündelung der Stromnachfrage, S. 52 f.

auch individuelle Verträge mit unterschiedlich ausgestalteten Preisanpassungs-, Steuer- und Abgaben- sowie Vertragsanpassungs- bzw. Wirtschaftsklauseln.[456] In der Praxis sind dabei regelmäßig solche Fälle problematisch und umstritten, in denen langfristige Sonderkundenverträge abgeschlossen wurden, bevor die Mehrbelastungen durch das EEG erkennbar waren.[457]

1. Steuer- und Abgabenklauseln

In den allgemeinen Geschäftsbedingungen der Energielieferungsverträge finden sich regelmäßig sogenannte Steuer- und Abgabenklauseln, welche etwa den folgenden Wortlaut haben:
„Soweit eine Kohlensteuer, eine Energiesteuer oder sonstige die Beschaffung, die Übertragung oder die Verteilung elektrischer Energie belastende Steuern oder Abgaben gleich welcher Art wirksam werden sollten, so werden diese in der jeweiligen Höhe vom Kunden getragen soweit das Gesetz nichts anderes bestimmt."
In der Praxis berufen sich derzeit zahlreiche EVU auf solche oder ähnliche Klauseln, um Strompreiserhöhungen anzukündigen. Dabei werden die besonderen Vergütungspflichten für regenerativ erzeugten Strom durch das EEG und die Vergütungspflichten für Strom aus KWK durch das KWKG als Mehrbelastungen im Sinne öffentlicher Abgaben eingeordnet, woraus sich die Weitergabe dieser Mehrkosten an den Endkunden unter Berufung auf die üblichen Steuer- oder Abgabenklauseln rechtfertigen soll.[458]
Im Mittelpunkt der folgenden Ausführungen steht demgemäß die Frage, ob die durch das EEG verursachten Mehrbelastungen in Form der Vergütungspflichten als Steuern oder Abgaben im Sinne der Steuer- und Abgabenklauseln qualifiziert werden können.

a. EEG als Steuer

Der Begriff der Steuer ist im GG nicht definiert. Allgemein wird auf die in § 3 Abgabenordnung (AO 1977) enthaltene Formel zurückgegriffen, nach der unter einer Steuer Geldleistungen verstanden werden, die nicht Gegenleistung für eine besondere Leistung darstellen und von einem öffentlich-rechtlichen Gemeinwesen zur Erzielung von Einnahmen allen auferlegt

456 Hierzu *Schweers*, Vertragsbeziehungen, S. 53 ff.
457 In neueren Verträgen dürfte der Problematik regelmäßig durch entsprechende „EEG-Klauseln" Rechnung getragen werden.
458 Vgl. *VIK*, Kurzgutachten, S. 2.

werden, bei denen der Tatbestand zutrifft, an den das Gesetz die Leistungspflicht knüpft.[459] Die Erzielung von Einnahmen kann dabei auch bloßer Nebenzweck sein[460]; dennoch bleibt die Einnahmenerzielung konstitutives Merkmal einer Steuer.[461] Maßgeblich für eine rechtliche Einordnung ist aber vor allem der materielle Gehalt der Abgabe; ob eine Steuer vorliegt bestimmt sich also nicht nach dem Belieben des Gesetzgebers.[462]

In Bezug auf das EEG kann festgehalten werden, dass die Kette von Abnahme- und Vergütungspflichten für die jeweils verpflichteten Unternehmen Zahlungspflichten begründet, welche nur teilweise eine Gegenleistung für eine besondere Leistung darstellen, da die Höhe der Vergütungen die vermiedenen Kosten zum Teil erheblich übersteigen. Fraglich ist es aber, ob der Regelungskomplex des EEG noch als von einem öffentlich-rechtlichen Gemeinwesen zur Erzielung von Einnahmen auferlegt betrachtet werden kann. Staatliche Einnahmenerzielung im abgabenrechtlichen Sinne liegt dann vor, wann das Abgabenaufkommen dem öffentlich-rechtlichen Gemeinwesen endgültig zufällt und von diesem mindestens in den Grenzen, die für Zwecksteuern gelten, frei verwendet werden kann.[463]

Hieraus ergibt sich, dass der Finanzierungsmechanismus des EEG nicht als Steuer eingeordnet werden kann, da die Finanztransfers regelmäßig zwischen Privaten, ohne Beteiligung des Staates, vollzogen werden; eine Einordnung in den Haushaltsplan gemäß Art. 110 Abs. 1 GG findet nicht statt. Dass das EEG unterschiedslos private, öffentliche und gemischtwirtschaftliche Unternehmen verpflichtet, ändert an diesem Ergebnis nichts. Soweit man überhaupt die Auffassung vertreten wollte, dass - bei öffentlich-rechtlichen Energieversorgungsunternehmen - eine Aufkommenswirkung zugunsten der öffentlichen Hand vorliegt, ist diese Wirkung jedenfalls nicht von diesem Unternehmen auferlegt.

Das EEG begründet demnach unter keinem denkbaren Gesichtspunkt eine Steuer.

b. EEG als (Sonder-)abgabe

Sonderabgaben sind kein Instrument der Finanzverfassung des GG. Gleichwohl oder gerade deswegen ist die Zulässigkeit dieser Abgabenform seit Geltung des GG anerkannt; Sonderab-

---

459 Diese Definition des Steuerbegriffs orientiert sich wiederum an der bis 1977 ergangenen Rechtsprechung des BVerfG zur Auslegung der Art. 105 ff. GG; *Klein*, AO, § 3, Rn. 4. Allerdings ist zu beachten, dass der Steuerbegriff des GG zwar an das traditionelle Begriffsverständnis anknüpft, jedoch im „Funktionszusammenhang der bundesstaatlichen Finanzverfassung auszulegen ist, BVerfG, Urt. v. 10.12.1980 - 2 BvF 3/77 -, BVerfGE 55, S. 274, 299; Urt. v. 6.11.1984 - 2 BvL 19, 20/83, 2 BvR 363, 491/83 -, BVerfGE 67, S. 256, 282. Der finanzverfassungsrechtliche Steuerbegriff ist somit nicht mit dem in § 3 Abs. 1 Satz 1 AO normierten Steuerbegriff identisch; dieser stellt aber zumindest eine wichtige Auslegungshilfe dar, vgl. *Birk*, Steuerrecht, Rn. 105.

460 Maunz/Dürig-*Maunz*, GG, Art. 105, Rn. 2; *Schmidt-Bleibtreu/Klein*, GG, Art. 105, Rn. 7.

461 Vgl. *Köck*, Die Sonderabgabe, S. 49 f., der das Merkmal „nebenzwecklich" lediglich im Sinne einer tatsächlichen Ertragsrelevanz auslegt.

462 *Schmidt-Bleibtreu/Klein*, GG, Art. 105, Rn. 8a; *Klein*, AO, § 3, Rn. 10.

463 *Schmidt-Bleibtreu/Klein*, ebenda.

gaben fanden ihre Legitimation in der Gestaltungsfreiheit des Gesetzgebers und der damit verbundenen Freiheit, Abgaben zu erfinden und einzuführen.[464]
Mit der inflatorischen[465] Vermehrung außersteuerlicher Abgaben setzte sich in den siebziger Jahren die Auffassung durch, dass Sonderabgaben restriktiv zu handhaben, und an ihre Zulässigkeit hohe Anforderungen zu stellen seien.[466] Diese Erkenntnis ergibt sich aus dem Umstand, dass sich Sonderabgaben auf Kompetenzen außerhalb der Finanzverfassung stützen, die Einnahmen außerhalb des Budgetrechts des Parlaments erzielt werden und diese nicht in den bundesstaatlichen Finanzausgleich einbezogen sind.[467] Sonderabgaben stehen mithin nicht innerhalb, sondern außerhalb des Systems des deutschen Finanzverfassungsrechts; gerade aber im Hinblick auf die noch zu erörternden Zulässigkeitskriterien für Sonderabgaben, welche mit den finanzverfassungsrechtlichen Schutzgütern eng verwoben sind, erscheint es gerechtfertigt, die Untersuchung des EEG unter sonderabgabenrechtlichen Gesichtspunkten an dieser Stelle vorzunehmen.
Sonderabgaben sind - insoweit übereinstimmend mit den Merkmalen einer Steuer - hoheitliche Geldleistungspflichten, denen keine unmittelbare Gegenleistung gegenübersteht.[468] Der Unterschied zur Steuer besteht darin, dass Sonderabgaben nur von bestimmten Gruppen erhoben werden, ihr Aufkommen näher festgelegt ist und sie der Erfüllung besonderer Sachaufgaben dienen.[469] Besonderes Charakteristikum ist aber vor allem, dass das Aufkommen der Sonderabgabe nicht in den allgemeinen Haushalt, sondern in einen speziellen Fonds fließt.[470]
Bei den gesetzlich festgelegten Mindestvergütungen des EEG handelt es sich zumindest um hoheitliche Geldleistungspflichten, denen - soweit die Vergütungshöhe die vermiedenen Kosten übersteigt - keine unmittelbare Gegenleistung gegenübersteht. Allerdings fließt das Aufkommen aus dem EEG weder in den allgemeinen Haushalt noch in einen Fonds; die im Rahmen des Vergütungsmechanismus geleisteten Finanzmittel fließen vielmehr ohne Umwege an den jeweils begünstigten Erzeuger von Strom aus erneuerbaren Energien. Es fehlt somit mindestens an der für Sonderabgaben typischen Aufkommenswirkung zugunsten der öffentlichen Hand.

---

464 Vgl. *Kirchhof*, Festschrift Friauf, S. 669; Dreier-*Heun*, GG, Art. 105, Rn. 24; BK-*Vogel-Waldhoff*, GG, Vorbem. z. Art. 104a-115, Rn. 448 f.; a.A. *Sieckmann*, welcher die Auffassung vertritt, dass das Grundgesetz die Einführung einer eigenständigen Abgabenform „Sonderabgabe“ nicht zulasse, vgl. Sachs-*Sieckmann*, GG, vor Art. 104 a, Rn. 130; kritisch auch *Friauf*, Festschrift Haubrichs, S. 105 ff.

465 *Kirchhof*, ebenda.

466 Vgl. hierzu grundlegend *Friauf*, Festschrift Jahrreiß, S. 45 ff.

467 BVerfG, Beschl. v. 11.10.1994 - 2 BvR 633/86 -, BVerfGE 91, S. 186, 201, 202.

468 BVerfG, Urt. v. 23.1.1990 - 1 BvL 44/86 und 48/87 -, BVerfGE 81, S. 156, 181 f.

469 Jarass/Pieroth-*Pieroth*, GG, Art. 105, Rn. 9.

470 Isensee/Kirchhof-*Kirchhof*, HdbStaatsR IV, § 88, Rn. 21; Jarass/Pieroth-*Pieroth*, GG, Art. 105, Rn. 9.

Damit wäre die Vergütungspflicht des EEG im Ergebnis jedenfalls dann nicht als Sonderabgabe einzuordnen, wenn man mit der herrschenden Meinung in der Literatur und - wie im Folgenden noch zu zeigen sein wird - der Rechtsprechung des BVerfG das Vorliegen eines öffentlich-rechtlichen Abgabengläubigers als konstitutives Merkmal einer öffentlich-rechtlichen Abgabe ansieht.[471]

Das Erfordernis eines öffentlich-rechtlichen Abgabengläubigers wird vereinzelt unter Berufung auf den Nichtannahmebeschluss des BVerfG[472] zum Vorlagebeschluss des LG Karlsruhe zum StrEG angezweifelt.[473] Die Bedenken stützen sich dabei im Wesentlichen darauf, dass die Kammer das Fehlen eines öffentlichen Abgabengläubigers im Fall des StrEG allein zum Anlass nehme, weitergehende Forderungen an das Vorliegen einer (Sonder-) Abgabe zu erheben.[474] Hieraus wird sodann der Schluss gezogen, dass auch bei der gesetzlich begründeten Gläubigerschaft eines Privatrechtssubjekts eine öffentlich-rechtliche Abgabe vorliegen kann.[475]

Allerdings dürfte gerade von einem gegenteiligen Verständnis des Beschlusses auszugehen sein, wenn es in der Beschlussbegründung heißt:

„Für die rechtliche Beurteilung hätte es daher, da ein öffentlichrechtlicher Sonderfonds gerade nicht eingerichtet wurde, u.a. näherer Darlegungen dazu bedurft, in welcher Weise hier eine Aufkommenswirkung zugunsten der öffentlichen Hand erreicht wird, und die geschuldete Leistung deshalb als öffentliche Abgabe anzusehen ist. Anschließend wäre im Falle der Annahme einer öffentlichen Abgabe zu untersuchen gewesen, ob diese als Sonderabgabe zu qualifizieren ist."[476]

Die Ausführungen des BVerfG verdeutlichen zweierlei: Zum einen war für das BVerfG offenbar allein die Tatsache, dass durch das StrEG kein öffentlich-rechtlicher Sonderfonds ein-

---

471 Vgl. bereits die Definition des Abgabenbegriffs bei *Creifelds*, Rechtswörterbuch, S. 6: „Abgaben (öffentliche) ist der Sammelbegriff für alle Geldleistungen, die der Bürger Kraft öffentlichem Recht *an den Staat oder sonstige Körperschaften des öffentlichen Rechts* abzuführen hat. Darüber hinaus allgemein Isensee/Kirchhof-*Kirchhof*, HdbStaatsR IV, § 88, Rn. 34 und - bezogen auf EEG bzw. StrEG - *Vinnen*, Rechtsprobleme der Nutzung regenerativer Energie, S. 277; *VIK*, Kurzgutachten, S. 3; *Gent*, RdE 2001, S. 53 f.; *Arndt*, RdE 1995, S. 42; *Scholz*, ET 1995, S. 600; *Blanke/Peilert*, RdE 1999, S. 98; *Koch/Schütte*, ZNER 1/1998, S. 4; *Dederer/Schneller*, RdE 2000, S. 215; *Richter*, Stromeinspeisungen, S. 166; *Berendes*, ZUR 1997, S. 262; *Studenroth*, DVBl. 1995, 1219; *Mengers*, ZNER 4/1998, S. 31; *Büdenbender*, DVBl. 2001, S. 958; *Ebel*, ET 2001, S. 813 f.; *Brandt/Reshöft/Steiner*, EEG, Einleitung, Rn. 42 ff.; OLG Oldenburg, Urt. v. 8.3.2002 - 6 U 198/01 -, RdE 2002, S. 187 f.; LG Koblenz, Urt. v. 31.1.2002 - 1 HO 92/01 -, RdE 2002, S. 154 f.; LG Krefeld, Urt. v. 5.3.2002 - 12 O 174/01 -, RdE 2002, S. 249, 251.

472 BVerfG, Beschl. v. 9.1.1996 - 2 BvL 12/95 -, NJW 1997, S. 573 f.

473 Vgl. hierzu auch die Entscheidung des AG Warendorf, Urt. v. 1.10.2001 - 5 C 525/01 -, RdE 2002, S. 79, in welcher der Versuch unternommen wird, die Aufkommenswirkung zugunsten des Staates dadurch zu begründen, dass der Bund ohne das EEG und KWKG diese Energien subventionieren oder anderweitig fördern müsste; diesen Ansatz greifen auch *Moench/Corino*, RdE 2002, S. 127 f., auf.

474 *von Heinegg*, Kurzgutachten, S. 6.

475 *von Heinegg*, ebenda.

476 BVerfG, Beschl. v. 9.1.1996 - 2 BvL 12/95 -, NJW 1997, S. 573.

gerichtet wurde, noch nicht Grund genug, das Vorliegen einer Sonderabgabe *kategorisch* auszuschließen. Allerdings gibt die Beschlussbegründung eine eindeutige Tendenz vor, wenn dort nähere Darlegungen zur Begründung einer solchen Annahme gefordert werden. Zum anderen lässt sich den Ausführungen entnehmen, dass Sonderabgaben eine Untergruppe der öffentlichen Abgaben darstellen und mit diesen jedenfalls die öffentlich-rechtliche Aufkommenswirkung gemein haben.

Die Argumentation des BVerfG, nach der konstitutive Voraussetzung einer öffentlich-rechtlichen Abgabe das Vorliegen eines öffentlich-rechtlichen Abgabengläubigers ist, wird in Bezug auf das EEG auch durch die folgende Überlegung gestützt: Die Vorschriften des EEG begründen nicht nur eine bloße Zahlungspflicht, was bereits durch die vom Gesetzgeber gewählte Bezeichnung des § 3 EEG als „Abnahme- und *Vergütungs*pflicht“[477] verdeutlicht wird. Die Zahlung der gesetzlich festgelegten Vergütung für den eingespeisten Regenerativstrom ist vielmehr untrennbar mit der Abnahme des Stroms verbunden; es handelt sich um eine „Kaufpflicht“[478], was bedeutet, dass die zu erbringenden Leistungen zueinander in einem Synallagma stehen. Diese Kaufpflicht bzw. der abzuschließende Kaufvertrag wird grundsätzlich zwischen Zivilrechtsobjekten begründet und verliert auch aufgrund seiner öffentlich-rechtlichen Wurzeln (*ex lege*) nicht seinen zivilrechtlichen Charakter.[479] Diesen einheitlichen zivilrechtlichen Vorgang - Einspeisung des Stroms gegen Zahlung der gesetzlich festgelegten Vergütung - gleichsam zu trennen und die Zahlung der Vergütung als öffentlich-rechtliche Abgabe zu betrachten, die Einspeisung des regenerativen Stroms demgegenüber als bloße zivilrechtliche Erfüllung der aus § 433 Abs. 1 BGB resultierenden Pflicht, hieße, eine trennscharfe Abgrenzung zwischen Finanzverfassungs- bzw. Sonderabgabenrecht einerseits und Zivilrecht andererseits aufzugeben. Gerade das BVerfG hat aber im bewussten Nichtannahmebeschluss deutlich zum Ausdruck gebracht, dass Preisfestsetzungen ohne abgabenrechtlichen Charakter von öffentlichen Abgaben unterschieden werden müssen, ohne Mittel und Ziel des Handelns unbesehen gleichzusetzen.[480] Dementsprechend kann auch nicht auf eine öffentliche Abgabengläubigerschaft als konstitutives Merkmal einer öffentlichen Abgabe verzichtet werden.

---

477 BT-Drs. 14/2776, S. 4.

478 BT-Drs. 14/2776, S. 20.

479 Vgl. *Nipperdey*, Kontrahierungszwang, S. 113.

480 BVerfG, Beschl. v. 9.1.1996 - 2 BvL 12/95 -, NJW 1997, S. 573. Aus diesem Grund ist auch die Rechtsauffassung des AG Plön in seinem Vorlagebeschluss v. 13.6.1996 - 2 C 350/96 -, NJW 1997, S. 591 ff. unzutreffend, in dem das Gericht eine materielle Sichtweise einnimmt und das StrEG als unzulässige Sonderabgabe einordnet, S. 594.

c. Zwischenergebnis

Somit kann mit Blick auf das EEG festgehalten werden, dass es sich bei der dort begründeten Vergütungspflicht für Strom aus erneuerbaren Energien nicht um eine Sonderabgabe handelt. Darüber hinaus kann auch nicht davon ausgegangen werden, dass die Vergütungspflichten des EEG als öffentlich-rechtliche Abgaben *sui generis* angesehen werden können, da eine Aufkommenswirkung zugunsten der öffentlichen Hand - wie soeben erörtert - konstitutives Merkmal öffentlich-rechtlicher Abgaben ist. Die durch das EEG begründeten Vergütungspflichten stellen mithin keine Steuern oder Abgaben im Sinne der in den Energielieferverträgen verwendeten Steuer- und Abgabenklauseln dar.

Der bereits unter der Geltung des StrEG kontrovers diskutierten Frage, ob die Zulässigkeitskriterien für Sonderabgaben entsprechend angewendet werden können oder ob in der Finanzierungsform einer garantierten Einspeisevergütung ein gesetzgeberischer Formenmissbrauch zu sehen ist, kommt an dieser Stelle keine eigenständige Bedeutung zu.[481] Da es sich bei den Vergütungspflichten des EEG weder um Steuern noch um Abgaben handelt, würde auch die Befürwortung einer entsprechenden Anwendung der Zulässigkeitskriterien oder die Annahme eines Formenmissbrauchs allenfalls zur Verfassungswidrigkeit der entsprechenden Normen des EEG, nicht aber zu einer unmittelbaren Anwendbarkeit der Steuer- und Abgabenklauseln führen.

d. Anwendbarkeit der Steuer- und Abgabenklausel infolge extensiver Vertragsauslegung?

Eine Anwendbarkeit der Steuer- und Abgabenklausel auf die durch das EEG begründeten Vergütungspflichten wäre jedoch denkbar, wenn der Anwendungsbereich der Klauseln im Wege der Vertragsauslegung auch auf andere gesetzliche Belastungen erstreckt werden könnte. Denn die durch das EEG begründete Pflicht zur Abnahme und Vergütung regenerativen Stroms *in ihrer Wirkung* einer Abgabe vergleichbar. Es fehlt einzig an einer Aufkommenswirkung zugunsten der öffentlichen Hand, da sich der Gesetzgeber zur Erreichung seiner Ziele des Finanztransfers unmittelbar zwischen den beteiligten Privatrechtssubjekten bedient. Damit ist *Büdenbender*[482], der davon ausgeht, dass eine Anwendung der Steuer- und Abgabenklausel „gerechtfertigt“ wäre, wenn die aus dem EEG resultierenden Belastungen finanzverfassungsrechtlich wie Abgaben behandelt würden, vom Ergebnis her zuzustimmen. Gleichwohl kann dies nur dann gelten, wenn ein solches Ergebnis auch vor dem Hintergrund einer entsprechenden Auslegung der Steuer- und Abgabenklausel Bestand haben kann.

481 Vgl. zu diesen Problembereichen aber die Ausführungen unten S. 195 ff.

482 *Büdenbender*, ET 2001, S. 309.

Fraglich ist jedoch, ob für eine Vertragsauslegung angesichts des regelmäßig klaren und eindeutigen Wortlauts typischer Steuer- und Abgabenklauseln überhaupt Raum verbleibt. So wird zum Teil die Auffassung vertreten, dass bei eindeutigen Willenserklärungen eine Auslegung unzulässig sei, da solche Erklärungen weder auslegungsbedürftig noch auslegungsfähig seien.[483] Demgegenüber geht die heute ganz herrschende Meinung davon aus, dass auch „eindeutige“ Willenserklärungen auslegungsfähig sind.[484] Dem ist zuzustimmen, da eine Berücksichtigung aller, auch außerhalb der Erklärung liegenden Umstände zu dem Ergebnis führen kann, dass sich hinter der Erklärung ein anderer Wille des Erklärenden verbirgt, als der Wortlaut der Erklärung vermuten lässt. Dies entspricht letztlich auch dem in § 133 BGB niedergelegten Grundsatz, dass nicht an dem buchstäblichen Sinn des Ausdrucks zu haften ist, sondern der wirkliche Wille zu erforschen ist.

aa. Einfache Auslegung der Steuer- und Abgabenklausel

Verträge sind gemäß § 157 BGB so auszulegen, wie Treu und Glauben mit Rücksicht auf die Verkehrssitte es erfordern. Darüber hinaus beansprucht aber auch § 133 BGB, nach welchem bei der Auslegung von Willenserklärungen der wirkliche Wille zu erforschen und nicht am buchstäblichen Sinne des Ausdrucks zu haften ist, für die Vertragsauslegung Geltung; nach einhelliger Auffassung sind beide Vorschriften stets nebeneinander anzuwenden.[485]

Die einfache Auslegung setzt unmittelbar an den erfolgten Willenserklärungen an, wobei im Rahmen empfangsbedürftiger Willenserklärungen im Interesse des Erklärungsempfängers nicht der wirkliche Wille des Erklärenden, sondern die objektive Bedeutung der Erklärung zu ermitteln ist.[486] Maßgeblich ist also, wie die Erklärung vom Empfänger bei der ihm zumutbaren Sorgfalt unter Heranziehung des zur Auslegung geeigneten Auslegungsmaterials zu verstehen ist.

Für den vorliegenden Sachverhalt ist allerdings zusätzlich zu beachten, dass Steuer- und Abgabenklauseln regelmäßig für eine Vielzahl von Verträgen vorformuliert sind und dem Vertragspartner bei Abschluss des Energielieferungsvertrages gestellt werden, es handelt sich somit um allgemeine Geschäftsbedingungen i.S.d. § 305 Abs. 1 Satz 1 BGB. Für die Auslegung der Steuer- und Abgabenklausel bedeutet dies, dass die soeben dargestellten allgemeinen Auslegungsgrundsätze dort nicht zur Anwendung kommen, wo es an typischen einzelfallbezogenen auslegungsrelevanten Umständen fehlt; statt dessen gilt in solchen Fällen der Grund-

483 Palandt-*Heinrichs*, § 133, Rn. 6.
484 Vgl. etwa *Larenz/Wolf*, BGB-AT, § 28, Rn. 36; Erman-*Palm*, BGB, § 133, Rn. 11; MünchKomm-*Mayer-Maly*, § 133, Rn. 42; *Brox*, BGB-AT, Rn. 125.
485 Palandt-*Heinrichs*, BGB, § 157, Rn. 1; Erman-*Hefermehl*, BGB, § 157, Rn. 2.
486 Normative Auslegung, vgl. *Brox*, BGB-AT, Rn. 133 ff.

satz der objektiven Auslegung.[487] Danach sind die AGB objektiv, also ohne Berücksichtigung besonderer Umstände des Einzelfalls auszulegen.[488] Bedeutung kommt dementsprechend primär dem Wortlaut der vorformulierten Vertragsbestandteile und seinem Verständnis aus Sicht der typischer Weise beteiligten Verkehrskreise zu.[489] Der Auslegungsschwerpunkt verlagert sich damit auf den § 157 BGB; für die im Rahmen von Individualverträgen gleichrangige, auf den wirklichen Willen der konkreten Parteien abstellende Vorschrift des § 133 BGB ist kein Raum.[490]

Bei den Begriffen „Steuern" bzw. „Abgaben" handelt es sich um Begriffe des öffentlichen Rechts, welche an bestimmte Tatbestandsmerkmale - oben bereits erörtert[491] - anknüpfen. Lassen sich die Mehrbelastungen durch das EEG - wie soeben gezeigt - gerade nicht in eine der beiden Kategorien einordnen, erscheint es zweifelhaft, der Verwendung der Klausel eine abweichende - erweiternde - Bedeutung in dem Sinne beizumessen, dass hoheitlich auferlegte Belastungen jedweder Art von ihr erfasst sein sollen.[492] Denn es kann - ausgehend vom Wortlaut der Steuer- und Abgabenklausel - nicht unterstellt werden dass die am Vertragsschluss beteiligten Verkehrskreise von einem derart extensiven Verständnis der Begriffe „Steuern" bzw. „Abgaben" ausgehen; es handelt sich vielmehr um feststehende Begriffe, die auch im unternehmerischen Verkehr im genannten Sinn verstanden werden.[493] Ob diese - für das Verfassungs- und Abgabenrecht entwickelten - Begriffselemente im Rahmen zivilrechtlicher Verträge uneingeschränkte und abschließende Gültigkeit haben[494] ist demnach nicht die entscheidende Frage. Maßgeblich ist, dass sich die Verwender von Steuer- und Abgabenklauseln dieser öffentlich-rechtlichen Begriffe bedienen und sowohl Verwender als auch Vertragspartner von einem bestimmten Verständnis dieser Begriffe ausgehen. Denn bei der Verwendung rechtstechnischer Fachausdrücke in AGB ist diesen grundsätzlich die Bedeutung zuzumessen, die ihnen in der juristischen Fachsprache gegeben wird, sofern nicht im allgemeinen

487 Ulmer/Brandner/Hensen/Schmidt-*Ulmer*, AGBG, § 5, Rn. 13 ff.; MünchKomm-*Kötz*, BGB, § 5 AGBG, Rn. 2; Palandt-*Heinrichs*, BGB, § 5 AGBG, Rn. 7.

488 Ebenda.

489 Ulmer/Brandner/Hensen/Schmidt-*Ulmer*, AGBG, § 5, Rn. 13; MünchKomm-*Kötz*, BGB, § 5 AGBG, Rn. 2.

490 Ulmer/Brandner/Hensen/Schmidt-*Ulmer*, AGBG, § 5, Rn. 14; *Larenz/Wolf*, BGB-AT, § 43, Rn. 40; BGH, Urt. v. 13.6.1990 - VIII ZR 130/89 -, WM 1990, S. 1389 f.

491 Siehe hierzu oben S. 110 ff.

492 In diesem Sinne auch *Starke*, Weitergabe von Belastungen, S. 414 f.; *Gent*, RdE 2001, S. 55.

493 *Starke*, Weitergabe von Belastungen, S. 413 f.; im Ergebnis ebenso LG Krefeld, Urt. v. 5.3.2002 - 12 O 174/01 -, RdE 2002, S. 251.

494 *Büdenbender*, ET 2001, S. 312, verneint dies, da es im Vertragsrecht um eine Abwägung der gegenseitigen Interessen und Verteilung der Risiken gehe, während der Steuer- und Abgabenbegriff im öffentlichen Recht der Klärung von Zuständigkeiten und der Frage dient, inwieweit die öffentliche Hand befugt ist, Zahlungen zu verlangen.

Sprachgebrauch von einer abweichenden Bedeutung ausgegangen wird.[495] Dies kann hinsichtlich der Begriffe „Steuern" oder „Abgaben" jedoch kaum angenommen werden.
Schließlich wird von *Starke*[496] zutreffend hervorgehoben, dass eine Weitergabe der Belastungen des EEG jedenfalls an der Unklarheitenregel des § 5 AGBG (nunmehr § 305c Abs. 2 BGB) scheitern dürfte, nach welcher Zweifel bei der Auslegung allgemeiner Geschäftsbedingungen zulasten des Verwenders gehen. Die Unklarheitenregel beruht auf dem Gedanken, dass es Sache des Verwenders ist, sich klar und unmissverständlich auszudrücken. Insbesondere nach In-Kraft-Treten des EEG hätte der Verwender der allgemeinen Geschäftsbedingungen also die aus dem EEG resultierenden Mehrbelastungen einer ausdrücklichen vertraglichen Regelung zuführen müssen. Gleiches gilt auch für solche Netzbetreiber, die bereits vor In-Kraft-Treten des EEG den Mehrbelastungen des StrEG ausgesetzt waren. Dass Zweifel an der Anwendbarkeit von Steuer- und Abgabenklauseln auf die aus dem EEG resultierenden Mehrbelastungen bestehen, kann jedenfalls in Anbetracht der beachtlichen Zahl entsprechender Abhandlungen in neuerer Zeit, kaum in Abrede gestellt werden.[497]

bb. Ergänzende Auslegung der Steuer- und Abgabenklausel

Während die einfache Auslegung der Feststellung dient, ob ein Verhalten als Willenserklärung aufzufassen ist und welchen Inhalt die Willenserklärung hat, kommt der ergänzenden Vertragsauslegung die Aufgabe zu, Lücken in der rechtsgeschäftlichen Regelung zu schließen.[498] Anerkanntermaßen ist eine ergänzende Auslegung auch im Rahmen von allgemeinen Geschäftsbedingungen möglich.[499]
Im Rahmen der ergänzenden Vertragsauslegung dürften nur tatsächliche Lücken des Vertrages ergänzt werden, wobei nicht jede fehlende Regelung bereits eine Vertragslücke darstellt.[500] Die Annahme einer Regelungslücke scheidet gewöhnlich aus, wenn eine Vereinbarung eine abschließende Regelung enthalten soll.[501] In Bezug auf Steuer- und Abgabenklauseln ließe sich daher der Schluss ziehen, dass diese Klauseln aufgrund ihres klar umrissenen Anwendungsbereichs keine Lücke aufweisen, sondern eine in sich abgeschlossene Regelung darstellen.[502] Allerdings muss beachtet werden, dass mit der Aufnahme von Steuer- und Abgaben-

495 MünchKomm-*Kötz*, BGB, § 5 AGBG, Rn. 3.
496 *Starke*, Weitergabe von Belastungen, S. 415.
497 Vgl. zu diesem Problembereich nur die Ausführungen von *von Heinegg*, Kurzgutachten, VIK, Kurzgutachten; *Starke*, Weitergabe von Belastungen, S. 411 ff.; *Büdenbender*, ET 2001, S. 298 ff.; *Gent*, RdE 2001, S. 50 ff.; *Troost*, RdE 2001, S. 205 ff.; *Ebel*, ET 2001, S. 812 ff.
498 Vgl. Palandt-*Heinrichs*, § 157 BGB, Rn. 2.
499 Palandt-*Heinrichs*, § 5 AGBG, Rn. 11.
500 Erman-*Hefermehl*, BGB, § 157, Rn. 17.
501 Vgl. BGH, Urt. v. 9.3.1990 - V ZR 244/88 -, NJW 1990, S. 1723; Erman-*Hefermehl*, BGB, § 157, Rn. 17.
502 So *Ebel*, ET 2001, S. 814; OLG Oldenburg, Urt. v. 8.3.2002 - 6 U 198/01 -, RdE 2002, S. 188; LG Koblenz, Urt. v. 31.1.2002 - 1 HO 92/01 -, RdE 2002, S. 155.

klauseln ins Vertragswerk eine bestimmte Risikoverteilung hinsichtlich bestimmter hoheitlich auferlegter Belastungen vorgenommen werden sollte.[503] Diese sollen nach der Vorstellung der Parteien, die eine Steuer- und Abgabenklausel verwenden, gerade in die Sphäre des Kunden fallen, soweit es sich um solche hoheitlich auferlegten Geldleistungspflichten handelt, die einen energiespezifischen Bezug aufweisen. Dieser ist - dem Wortlaut typischer Steuer- und Abgabenklauseln entsprechend - gerade in finanziellen Belastungen der Beschaffung, Übertragung oder der Verteilung elektrischer Energie zu sehen. Bei den aus dem EEG resultierenden Mehrbelastungen handelt es sich aber gerade um solche energiespezifischen finanziellen Belastungen, so dass eine für die ergänzende Vertragsauslegung erforderliche Regelungslücke, also eine planwidrige Unvollständigkeit des Vertrages, vorliegt.

Bei der Schließung dieser Lücke im Wege der ergänzenden Auslegung kommt es nicht auf die individuellen Vorstellungen der konkreten Parteien an, sondern auf die typischen Interessen beider Vertragsseiten.[504] Klärungsbedürftig ist demnach, wie die Parteien den Vertrag unter Berücksichtigung von Treu und Glauben mit Rücksicht auf die Verkehrssitte gemäß § 157 BGB gestaltet hätten, wenn ihnen die Problematik der Mehrbelastungen durch dass EEG bekannt bzw. bewusst gewesen wäre.

Diesbezüglich ist zu beachten, dass sich in den Mehrbelastungen ein politisches Risiko verwirklicht hat, das in seinen finanziellen Auswirkungen der Einführung bzw. einer Erhöhung einer Steuer oder einer Abgabe gleichkommt.[505] Wenn die Vertragsparteien aber solche energiespezifischen Mehrbelastungen durch die Vereinbarung einer Steuer- und Abgabenklausel dem Abnehmer der Elektrizität zuweisen, kann davon ausgegangen werden, dass die Parteien auch eine Weitergabe der durch das EEG verursachten Mehrkosten in Form eines einseitigen Preisbestimmungsrechts vereinbart hätten, sofern das In-Kraft-Treten des EEG mit seinen Konsequenzen absehbar gewesen wäre.[506] Denn die Verwendung einer Steuer- und Abgabenklausel im Rahmen eines Stromlieferungsvertrags belegt eine bestimmte von den Vertragsparteien gewollte Risikoverteilung dergestalt, dass politisch im Voraus kaum zu kalkulierende

503 Hierzu *Büdenbender*, ET 2001, S. 313 ff.

504 Vgl. Erman-*Hefermehl*, BGB, § 157, Rn. 21; MünchKomm-*Mayer-Maly*, BGB, § 157, Rn. 39 ff.; Palandt-*Heinrichs*, BGB, § 157, Rn. 7; *Larenz/Wolf*, BGB-AT, § 28, Rn. 122.

505 Vgl. *Büdenbender*, ET 2001, S. 316; *Starke*, Weitergabe von Belastungen, S. 417.

506 Soweit das LG Krefeld, Urt. v. 5.3.2002 - 12 O 174/01 -, RdE 2002, S. 252, in den Entscheidungsgründen unterstellt, dass es bei vorausschauender Betrachtungsweise zu erwarten war, dass der Gesetzgeber die Ungleichbehandlung der Stromversorgungsunternehmen, die sich aus dem StrEG ergab, zukünftig einmal gleichmäßig auf die Stromwirtschaft verteilen werde, kann dem nicht gefolgt werden. Einerseits war die Funktionsweise des EEG bei Abschluss einer Vielzahl von Verträgen noch gänzlich unbekannt, vgl. *Rosin/Elspas*, BB 2002, S. 1774. Andererseits steht aber gerade auch der Umstand, dass die Gesetzesbegründung eine Weiterwälzung der Kosten auf den Letztverbraucher indirekt voraussetzt (hierzu oben S. 107 f.), zu dieser Schlussfolgerung im Widerspruch.

Risiken zu Lasten des Letztverbrauchers gehen sollen.[507] Auch der Gesetzgeber ist - wie bereits erörtert - von der grundsätzlichen Möglichkeit einer Weitergabe der Mehrkosten ausgegangen, da er Auswirkungen auf das Preisniveau, insbesondere auf das Verbraucherpreisniveau und geringfügige Steigerungen der Strombezugspreise in Aussicht gestellt hat.[508]
Gegen eine solche Sichtweise wird von *Gent*[509] vorgebracht, dass der Gesetzgeber aber darauf verzichtet habe, den Abnehmern eine entsprechende gesetzliche Kostentragungspflicht aufzuerlegen, was den Rückschluss zulasse, dass die Kostenübernahme im Rahmen der Privatautonomie geregelt werden solle. Hierfür bedürfe es einer vertraglichen Vereinbarung. Dem stehe es entgegen, wenn man über die ergänzende Vertragsauslegung grundsätzlich in bestehende Verträge eine (vertragliche) Kostenübernahmeverpflichtung einfüge, da man auf diesem Wege „quasi durch die Hintertür" eine allgemeine Übernahmepflicht zu Lasten der Abnehmer statuiere. Diese stünde in ihrer Wirkung einer gesetzlichen Verpflichtung gleich und hebe die in diesem Zusammenhang erhaltene Privatautonomie auf.[510]
Eine solche Sichtweise verkennt jedoch, dass es bei der ergänzenden Vertragsauslegung gerade um die Schließung einer Vertragslücke unter Beachtung der Frage geht, wie die Vertragsparteien den Vertrag unter Berücksichtigung von Treu und Glauben und der Verkehrssitte in Kenntnis der Lücke abgeschlossen hätten. Dass der Gesetzgeber darauf verzichtet hat, eine ausdrückliche Kostenüberwälzung auf den Letztverbraucher in das EEG aufzunehmen bestätigt zwar die Auffassung, dass eine Kostenübernahme einer vertraglichen Vereinbarung bedarf, schließt aber - gerade im Hinblick auf mittel- und langfristige Energielieferungsverträge - eine ergänzende Vertragsauslegung nicht aus. Soweit verlangt wird, dass für eine ergänzende Vertragsauslegung konkrete Anhaltspunkte für eine Kostenzuweisung vorhanden sein müssen[511], wird eine solche Zuweisung bereits durch die Verwendung von Steuer- und Abgabenklauseln in Energielieferverträgen selbst indiziert, da solche Klauseln gerade die Funktion haben, energiespezifische Belastungen von staatlicher Seite - solche Belastungen, die gerade außerhalb des Einflussbereichs des Klauselverwenders liegen - an den Vertragspartner weiterzureichen.
In der Weitergabe der durch das EEG bedingten Mehrkosten liegt auch die einzig interessengerechte Lösung des Konflikts, da die erheblichen Mehrkosten der EVU nur durch die Um-

507 Daher geht auch der Verweis von *Ebel*, ET 2001, S. 814, wonach Steuern und Abgaben im Gegensatz zu den Belastungen aus dem EEG überschaubar, definierbar und im Gesetzestext genau umrissen sind, letztlich fehl. Denn maßgeblich ist vielmehr die Vorhersehbarkeit der zusätzlichen Belastungen, welche bei den Mehrbelastungen aus dem EEG genausowenig wie bei gesetzlich exakt definierten Steuern oder Abgaben gegeben sein konnte.
508 Siehe oben S. 107.
509 *Gent*, RdE 2001, S. 55.
510 *Gent*, RdE 2001, S. 55.
511 *Gent*, RdE 2001, S. 56.

verteilung auf den Endverbraucher in einem für die verpflichteten Unternehmen verhältnismäßigen Rahmen gehalten werden können. Ohne eine einseitige Weiterwälzungsmöglichkeit würden die EVU im günstigsten Fall nur vorübergehend auf ihren Kosten „sitzen bleiben" während die Preissteigerungen für den Endverbraucher bei der einer Weiterwälzungsmöglichkeit verhältnismäßig gering wären.[512]

Unter Berücksichtigung von Treu und Glauben ist die Steuer- und Abgabenklausel demnach ergänzend so auszulegen, dass auch die Belastungen aus dem EEG an den Endverbraucher weitergegeben werden können.[513]

2. Vertragsanpassungsklauseln

Die zweite Möglichkeit einer Überwälzung der durch das EEG entstehenden Mehrkosten für die EVU bilden die sogenannten Vertragsanpassungsklauseln[514], welche neben den bereits erörterten Steuer- und Abgabenklauseln regelmäßiger Bestandteil von Energielieferungsverträgen sind. Vertragsanpassungsklauseln sind etwa wie folgt formuliert:

„Soweit sich die bei Vertragsschluss maßgebenden rechtlichen oder tatsächlichen Umstände wesentlich verändern und dadurch das Festhalten am Vertrag für eine der Vertragsparteien unzumutbar wird, nehmen die Vertragsparteien eine Anpassung des Vertrages unter Berücksichtigung der eingetretenen Änderungen vor."

Vertragsanpassungsklauseln stellen demnach beim Vorliegen bestimmter Voraussetzungen den gesamten vertraglichen Regelungskomplex, und nicht etwa nur einzelne Teilbereiche des Vertrages zur Disposition[515]; sie weisen also zumindest grundsätzlich eine gewisse Nähe zur Störung der Geschäftsgrundlage auf, nach der beim Fehlen oder beim späteren Wegfall bestimmter für den Abschluss oder die Durchführung des Vertrages grundlegender Umstände, der Vertrag den veränderten Verhältnissen angepasst oder - wenn dies nicht möglich ist - auf-

---

512 Vgl. *Starke*, Weitergabe von Belastungen, S. 417.

513 Im Ergebnis ebenso *Starke*, Weitergabe von Belastungen, S. 417; *Büdenbender*, ET 2001, S. 315 f.; *Rosin/Elspas*, BB 2002, S. 1774; *Moench/Corino*, RdE 2002, S. 129 f.; anders *Gent*, RdE 2001, S. 55 f.; *Ebel*, ET 2001, S. 814 f.

514 Synonym werden auch die Begriffe „Wirtschaftsklauseln", „Loyalitätsklauseln" oder - vornehmlich im internationalen Verkehr - „hard ship-Klauseln" verwendet; aufgrund der Undeutlichkeit und geringen Kennzeichnungskraft dieser Bezeichnungen erscheint jedoch der Begriff „Vertragsanpassungsklausel" treffender, vgl. *Baur*, ZIP 1985, S. 906; *ders.*, Festschrift Steindorff, S. 510.

515 *Baur*, Vertragliche Anpassungsregelungen, S. 48; *ders.*, ZIP 1985, S. 906.

gelöst werden kann.[516] Relevant sind dabei nur solche Umstände, die sich auf den konkreten Vertrag beziehen, also beispielsweise auf die kontrahierten Waren, deren Preise, ihren Bezug und ihren Absatz, während Veränderungen irgendwelcher Teilbereiche des Wirtschaftslebens mangels Justiziabilität zwangsläufig außer Betracht bleiben müssen.[517] Da sich die durch das EEG entstehenden Mehrkosten für die EVU unmittelbar auf den Strompreis auswirken, wäre der Anwendungsbereich der Vertragsanpassungsklauseln aber jedenfalls grundsätzlich eröffnet.

Vertragsanpassungsklauseln enthalten regelmäßig keine Regelung der Frage, in welcher Art und Weise die Anpassung des Vertrages bei divergierenden Standpunkten der Vertragspartner vollzogen werden soll; insoweit wird ihr Regelungsgehalt dahingehend auszulegen sein, dass beim Vorliegen der in der Klausel bestimmten Umstände auf Verlangen eines Vertragspartners Verhandlungen über die Abänderung des Vertrages stattfinden.[518] Hieraus ergibt sich, dass Vertragsanpassungsklauseln - bezogen auf die durch das EEG verursachten Mehrkosten - für die EVU ungünstiger sind, da sie bei Änderung der rechtlichen bzw. tatsächlichen Umstände lediglich einen Anspruch auf erneute Vertragsverhandlungen gewähren; eine Änderung bzw. Anpassung des Vertrages ist im Gegensatz zu Steuer- und Abgabenklauseln damit nur in einvernehmlicher Weise möglich.

Anerkannt ist darüber hinaus, dass der Tatbestand von Vertragsanpassungsklauseln nicht bei jeder beliebigen, unbedeutenden Änderung der wirtschaftlichen Verhältnisse erfüllt ist. Vielmehr muss bei der Veränderung quantitativer Größen wie beispielsweise dem Preis eine bestimmte, quantitativ erfassbare Schwelle überschritten werden, wenn das Eingreifen der Vertragsanpassungsklausel gerade mit der Preisentwicklung begründet werden soll.[519] Wann eine Änderung der vereinbarten Preise für eine Partei nicht mehr zumutbar ist, bestimmt sich einzelfallabhängig nach Treu und Glauben.[520]

Bezogen auf die mit dem EEG eingetretenen finanziellen Mehrbelastungen wird regelmäßig davon auszugehen sein, dass diese keine so wesentliche Änderung der bei Vertragsschluss maßgebenden Umstände darstellen, dass den betroffenen EVU das Festhalten am Vertrag un-

---

516 Hieraus darf allerdings nicht geschlossen werden, dass Vertragsanpassungsklauseln lediglich Ausformungen des Geschäftsgrundlagenprinzips darstellen, da die Ausgangsposition eine gänzlich andere ist. Während die Störung der Geschäftsgrundlage in solchen Fällen relevant wird, in denen die Vertragsparteien gerade keine Vorsorge für Verhältnisänderungen getroffen haben, muss beachtet werden, dass die Vertragsparteien bei Verwendung von Anpassungsklauseln das Risiko von Verhältnisänderungen gerade nicht oder jedenfalls nicht in vollem Umfang übernommen haben. Das Vorliegen des Tatbestandes ist demnach nicht an den strengen Voraussetzungen der richterlichen Berücksichtigung der Störung der Geschäftsgrundlage gebunden, vgl. hierzu *Baur*, ZIP 1985, S. 907 f. mit weiteren Nachweisen.

517 Vgl. *Baur*, Festschrift Steindorff, S. 512.

518 *Baur*, ebenda.

519 Vgl. *Baur*, Festschrift Steindorff, S. 513; *ders.*, ZIP 1985, S. 911 f.

520 Vgl. *Troost*, RdE 2001, S. 210.

zumutbar wäre. Denn bei Zugrundelegung der derzeitigen Marktpreise für Elektrizität kann zwar von einer deutlichen Spürbarkeit der durch das EEG verursachten Mehrbelastungen ausgegangen werden; aufgrund des bundesweiten Belastungsausgleichs dürften sich diese Belastungen aber in einem Rahmen bewegen - die von EVU verlangten Aufschläge bewegen sich im Bereich von 0,53 - 2,2 Pf./kWh (= 0,27 Cent - 1,12 Cent/kWh) -, der ein Festhalten an den Verträgen noch als zumutbar erscheinen lässt.[521] Dies gilt allerdings nicht allgemein, sondern ist besonders im Hinblick auf das ausfüllungsbedürftige Merkmal der „Unzumutbarkeit des Festhaltens am Vertrag“ stets für den jeweiligen Einzelfall zu prüfen.

3 Zusammenfassung

Die wirtschaftlichen Belastungen des EEG sind nicht unmittelbar vom Anwendungsbereich der in Energielieferungsverträgen regelmäßig enthaltenen Steuer- und Abgabenklauseln erfasst, da die Abnahme- und Vergütungspflichten des EEG mangels einer Aufkommenswirkung zugunsten der öffentlichen Hand weder eine Steuer noch eine Abgabe darstellen. Auch die einfache Auslegung der Steuer- und Abgabeklausel, welche sich an objektiven Kriterien zu orientieren hat, führt nicht zu dem Ergebnis, eine Möglichkeit der Weitergabe der Mehrkosten besteht. Vielmehr liegt eine planwidrige Vertragslücke vor, die im Wege der ergänzenden Vertragsauslegung zu schließen ist. Ergebnis der Auslegung ist, dass die Vertragsparteien in Kenntnis der Belastungen des EEG unter Berücksichtigung von Treu und Glauben eine Weiterwälzungsmöglichkeit für die Mehrkosten vereinbart hätten.

Eine Anwendung der Vertragsanpassungsklausel ist an strengere Anforderungen geknüpft, da sie den gesamten vertraglichen Regelungskomplex zur Disposition stellt. Ihr Tatbestand ist nicht bei jeder beliebigen, unbedeutenden Änderung der wirtschaftlichen Verhältnisse erfüllt, so dass die Vertragsanpassungsklausel hinsichtlich der Mehrbelastungen durch das EEG regelmäßig nicht einschlägig sein wird.

Die beschriebene Problematik der Steuer- und Abgabenklausel dürfte für die Mehrzahl der nach In-Kraft-Treten von EEG und KWKG abgeschlossenen Stromlieferungsverträge nicht mehr von entscheidender Bedeutung sein, da sich die beschriebenen Auslegungsschwierigkeiten durch die geringfügige Änderung des üblichen Wortlauts solcher Klauseln vermeiden lassen. So könnten die aus EEG und KWKG resultierenden Mehrbelastungen ausdrücklich in die Klauseln aufgenommen werden. Ausreichend dürfte aber auch eine allgemeiner gehaltene und damit offenere Formulierung sein, die etwa wie folgt lauten könnte:

„Soweit eine Kohlensteuer, eine Energiesteuer oder sonstige die Beschaffung, die Übertragung oder die Verteilung elektrischer Energie belastende Steuern, Abgaben oder diesen in der

521 Ebenso *Gent*, RdE 2001, S. 57; *Troost*, RdE 2001, S. 210.

Belastungswirkung vergleichbare gesetzliche Maßnahmen gleich welcher Art wirksam werden sollten, so werden diese in der jeweiligen Höhe vom Kunden getragen, soweit das Gesetz nichts anderes bestimmt.“

4. TEIL: VEREINBARKEIT DES EEG MIT DEM RECHT DER EUROPÄISCHEN GEMEINSCHAFTEN

Das EEG enthält nach seiner Konzeption Bestimmungen, die mit Blick auf den europäischen Rechtsrahmen bedenklich erscheinen. Dabei sei an dieser Stelle nur der Anwendungsbereich des EEG hervorgehoben, der sich auf in der Bundesrepublik Deutschland oder in der ausschließlichen deutschen Wirtschaftszone erzeugten Strom beschränkt und damit den in den übrigen Mitgliedstaaten erzeugten regenerativen Strom von einer Förderung nach den Grundsätzen des EEG ausschließt. Eine solche Ausgrenzung mag - mit Blick auf die in den Art. 28 ff. EG statuierte Warenverkehrsfreiheit - umso mehr einer Rechtfertigung bedürfen, als der grenzüberschreitende Stromhandel zunehmend an Bedeutung gewinnt[522], wenngleich - jedenfalls derzeit - fehlende Übertragungskapazitäten der Verbundnetze dem zwischenstaatlichen Stromhandel Grenzen setzen.[523]

Aber auch die eigentliche Konzeption des EEG als gesetzlich festgelegte, garantierte Einspeisevergütung für Strom aus erneuerbaren Energieträgern kann den gemeinschaftlichen Wettbewerbsregeln, insbesondere den in den Art. 87 ff. EG niedergelegten Beihilfevorschriften entgegenstehen.

Besondere Aktualität kommt diesen Problemkreisen aufgrund der im Folgenden ausführlich zu erörternden Entscheidung des EuGH[524] zum StrEG zu, welcher sich mit eben diesen Fragestellungen auseinanderzusetzen hatte. Zwar sind StrEG und EEG nur noch in ihren Grundzügen miteinander vergleichbar; zwischen der Wirksamkeit des StrEG und der des EEG muss demnach streng unterschieden werden. Aus dem Urteil ergeben sich aber - aufgrund der weitgehend identischen Grundkonzeption einer garantierten Einspeisevergütung - wertvolle Anhaltspunkte auch für die europarechtliche Beurteilung des EEG.

A. EEG und europäisches Beihilfenrecht

Wie auch beim StrEG lässt sich die Funktionsweise des EEG als garantierte Einspeisevergütung verstehen, welche die Marktposition der Betreiber von Anlagen zur Erzeugung von Strom aus erneuerbaren Energien sichern und gleichzeitig den Beitrag regenerativer Energie an der Stromversorgung deutlich steigern will. Die Besonderheit des gewählten Systems liegt dabei darin, dass die Förderung zunächst durch die Betreiber der Leitungsnetze für die allge-

522 Derzeit werden mit 42,8 Mrd. kWh etwa 8 % des in Deutschland erzeugten Stroms exportiert; Import und Export befinden sich etwa im Gleichgewicht, vgl. *VDEW*, Strommarkt 2000, S. 22.

523 Vgl. zu diesem Problem insbesondere die aktuelle Untersuchung von *Haubrich u.a.*, ET 2002, S. 232 ff.; zu den Handelshemmnissen im Rahmen des grenzüberschreitenden Netzzugangs *Schulte-Beckhausen*, RdE 1999, S. 56 sowie den zweiten Bericht der Kommission an den Rat und das Europäische Parlament über den Harmonisierungsbedarf, Richtlinie 96/92/EC betreffend gemeinsame Vorschriften für den Elektrizitätsbinnenmarkt, II (Hemmnisse für den grenzüberschreitenden Handel mit Elektrizität).

524 EuGH, Rs. C-379/98 - *PreussenElektra/Schleswag* -, Slg. I 2001, S. 2099 ff.

meine Versorgung erfolgt, welche den eingespeisten regenerativen Strom zu bestimmten Festpreisen zu vergüten haben. Insgesamt betrachtet ist das Vergütungssystem auf die Umverteilung der den Netzbetreibern entstehenden Lasten und deren Abwälzung auf den Endkunden gerichtet.

Dabei beruft sich der Gesetzgeber des EEG bei der Formulierung des Gesetzesziels in § 1 EEG nicht nur auf Ziele der Bundesrepublik Deutschland, sondern auch auf solche der Europäischen Union. Gleichwohl hat die Umsetzung nationaler und gemeinschaftlicher Ziele in gemeinschaftsrechtskonformer Weise zu geschehen, ohne dass dabei die marktwirtschaftliche Ordnung des EG-Vertrages über ein mit dem Binnenmarktkonzept (Art. 3 Abs. 1 lit. c EG) nicht mehr verträgliches Maß hinaus verfälscht wird (vgl. auch Art. 3 Abs. 1 lit. g EG).

Wesentliches Mittel zur Verwirklichung der Grundfreiheiten und der Sicherung unverfälschter Wettbewerbsbedingungen ist das Beihilfenaufsichtsrecht, welches auf dem grundsätzlichen Verbot von wettbewerbsverfälschenden oder den Handel zwischen den Mitgliedstaaten beeinträchtigenden Beihilfen beruht (Art. 87 Abs. 1 EG). In Bezug auf das EEG - welches einen wettbewerbslenkenden Eingriff in den Strommarkt zugunsten regenerativ erzeugten Stroms darstellt - stellt sich nach den bisherigen Ausführungen die bereits unter der Geltung des StrEG kontrovers diskutierte Frage, ob die Vereinbarkeit der garantierten Einspeisevergütung mit den beihilfenrechtlichen Vorschriften angenommen werden kann oder nicht.

I. Durchführung der Beihilfenkontrolle / Notifizierung des EEG

Für die Erörterung der Vereinbarkeit des EEG mit europäischem Beihilfenrecht ist es zunächst angebracht, einen kurzen Blick auf das Beihilfenkontrollverfahren im Allgemeinen und in Bezug auf die erfolgte Beihilfenkontrolle des StrEG zu werfen.

Die Durchführung der Beihilfenkontrolle obliegt gemäß Art. 88 EG der Europäischen Kommission. Diese überprüft zum einen fortlaufend bestehende Beihilfen und entscheidet gegebenenfalls darüber, ob der Mitgliedstaat die von ihm gewährten Beihilfen aufheben oder umgestalten muss. Zum anderen ist es Aufgabe der Kommission, geplante Beihilfengewährungen bzw. geplante Beihilfenumgestaltungen zu genehmigen oder zu versagen (Art. 88 Abs. 3 EG). Dabei besteht die Pflicht der Mitgliedstaaten, die Kommission von jeder beabsichtigten Beihilfe so rechtzeitig zu unterrichten, dass sie über die Gewährung der Beihilfe entscheiden kann (Notifizierung). Die Notifizierung ist Voraussetzung für die Auszahlung der nationalen Beihilfe. Erfolgt die Auszahlung der Beihilfe ohne diese Notifizierung, besteht für die Kommis-

sion die Möglichkeit, ein Vertragsverletzungsverfahren gemäß Art. 226 EG einzuleiten.[525]
Der Gesetzentwurf der Ursprungsfassung des StrEG wurde durch Schreiben vom 19.12.1990 von der Kommission als Beihilfe nach Maßgabe des Art. 93 Abs. 3 EGV genehmigt.[526] Dabei erfolgte aufgrund des von der Bundesregierung prognostizierten, verhältnismäßig geringen Unterstützungsvolumens, keine eingehende Prüfung der Beihilfenqualität des StrEG. Nach Auffassung der Kommission wurde durch das StrEG die Schwelle der Erheblichkeit für eine Wettbewerbsverzerrung nicht überschritten, zumal die Maßnahme dazu geeignet sei, die Umweltsituation zu verbessern.[527]
Die Genehmigung erfolgte allerdings anhand einer Prognose, welche bald revidiert werden musste. Im Jahr 1995 waren die jährlichen Belastungen deutscher EltVU auf 150 Mio. DM gegenüber dem zunächst angenommenen Betrag von 50 Mio. DM angewachsen, so dass sich die Europäische Kommission/Generaldirektion Wettbewerb dazu veranlasst sah, dem Bundesminister für Wirtschaft Änderungen vorzuschlagen, welche teilweise auch Reduzierungen der Vergütungshöhe des eingespeisten Stroms vorsahen.[528]
Zur Rechtsunsicherheit unter der Geltung des StrEG trug darüber hinaus auch bei, dass die ursprüngliche Genehmigung des StrEG als Betriebskostenbeihilfe auf drei Jahre befristet und im Jahr 1994 ausgelaufen war. Die Reform des StrEG 1994, von der auch die Vergütungsregelungen des § 3 StrEG betroffen waren, wurde allerdings - ebenso wie die letzte Änderung des StrEG durch das Gesetz zur Neuregelung des Energiewirtschaftsrechts - ihrerseits nicht notifiziert, so dass bis zuletzt ein genehmigungsloser Zustand bestand.[529]
Nachdem die Erlöse der Erzeuger regenerativer Energie im Jahr 1999 etwa das Achtfache der ursprünglich geschätzten Werte erreicht hatten, war die Kommission in eine erneute Überprüfung des StrEG eingetreten.[530] Gegenstand des Kontrollverfahrens war dabei aber allein die Erhöhung der Einspeisevergütung nach dem StrEG infolge der Einführung der Stromsteuer

525 Derzeit bestehen Bestrebungen bestehen, nach denen die Beihilfenkontrolle zukünftig in einem durch eine Verordnung (VO [EG] 659/1999, ABl. L 83 1999, S. 1) geregelten Verfahren durchgeführt werden soll. Nach den neuen Verfahrensregeln sollen einerseits neue Kompetenzen der Kommission - beispielsweise durch die Möglichkeit der Durchführung von Inspektionen vor Ort - begründet werden. Andererseits ist aus Gründen der Rechtssicherheit die Einführung von Fristen vorgesehen, welche die Kommission binden sollen. Danach soll eine Beihilfe als zulässig gelten, wenn die Kommission nach der Anzeige der Beihilferegelung nicht innerhalb von zwei Monaten die erste Prüfung abgeschlossen hat.
526 Vgl. den 20. Wettbewerbsbericht der Kommission, Brüssel/Luxemburg 1991, Tz. 291.
527 *Klinger*, Festschrift Börner, S. 561.
528 Hierzu *Salje*, EEG, Einführung, Rn. 95.
529 Vgl. *Salje*, EEG, Einführung, Rn. 96.
530 Staatliche Beihilfe C 63/99 (ex NN 84/99) v. 20.7.1999, Schreiben Nr. 6875 v. 17.8.1999, ET 1999, S. 705 ff.; vgl. *Gent*, ET 1999, S. 855; *Salje*, EEG, Einführung, Rn. 92.

zum 1.4.1999[531], nicht aber die Frage, ob die Fortführung oder eine Änderung des StrEG eine neue oder bestehende Beihilfe darstellt.[532]

II. Begriff der Beihilfe / EEG als Beihilfe

Gemäß Art. 87 Abs. 1 EG sind staatliche oder aus staatlichen Mitteln gewährte Beihilfen gleich welcher Art, die durch die Begünstigung bestimmter Unternehmen oder Produktionszweige den Wettbewerb verfälschen oder zu verfälschen drohen, mit dem Gemeinsamen Markt unvereinbar, soweit sie den Handel zwischen den Mitgliedstaaten beeinträchtigen. Dabei ist der Begriff „Beihilfe" in Art. 87 Abs. 1 EG nicht ausdrücklich definiert; nach dem Wortlaut („gleich welcher Art") und dem Zweck der Vorschrift (Sicherung eines unverfälschten Wettbewerbs) ist jedoch eine weite Auslegung geboten.[533]

1. Charakteristika einer Beihilfe

Nach der Rechtsprechung des EuGH sind Beihilfen Maßnahmen, die speziell als Mittel zur Verfolgung bestimmter Ziele dienen, die in der Regel nicht ohne fremde Hilfe erreicht werden könnten[534]; danach umfasst der Beihilfenbegriff nicht nur positive Leistungen, sondern auch sonstige staatliche Maßnahmen, die in verschiedener Form die Belastungen vermindern, welche ein Unternehmen normalerweise zu tragen hat[535]. Charakteristisch sind die Freiwilligkeit der staatlichen Leistung, die begünstigende Wirkung bei den Empfängern und die Einseitigkeit, also die fehlende marktübliche Gegenleistung des Begünstigten.[536] Für die Beihilfenqualität einer Maßnahme kommt es somit nach der Rechtsprechung des EuGH maßgeblich auf die Wirkungen und nicht auf die konkrete Ausgestaltung, die Gründe oder Ziele an.[537] Dabei geht der EuGH[538] - in Übereinstimmung mit der Europäischen Kommission - davon aus, dass angesichts des weit gefassten Wortlauts des Art. 87 Abs. 1 EG bereits der bloße Erlass eines Gesetzes einen tatbestandlichen Beihilfeakt darstellen kann. Dies entspricht der in der Litera-

531 StromStG v. 24.3.1999, BGBl. I S. 378.

532 Vgl. ET 1999, S. 706.

533 Allgemeine Auffassung; vgl. G/T/E- *Mederer*, Art. 92 EGV, Rn. 2; Calliess/Ruffert-*Cremer*, Art. 87 EGV, Rn. 7; *Streinz*, Europarecht, Rn. 845; *Oppermann*, Europarecht, Rn. 1110; *Koenig/Kühling*, NJW 2000, S. 1065 f.; *Ritgen*, RdE 1999, S. 179.

534 Vgl. EuGH, Rs. 30/59 - *De Gezamenlijke Steenkolenmijnen in Limburg/Hohe Behörde* -, Slg. 1961, S. 5 f.

535 Ständige Rechtsprechung; vgl. EuGH, Rs. 30/59 - *De Gezamenlijke Steenkolenmijnen in Limburg/Hohe Behörde* -, Slg. 1961, S. 1 ff., 43; aus der neueren Rechtsprechung Rs. C-241/94, *Frankreich/Kommission*, EuZW 1997, S. 56, 58, Rn. 34.

536 G/T/E-*Mederer*, Art. 92 EGV, Rn. 6; Grabitz/Hilf-*v. Wallenberg*, Art. 92 EGV, Rn. 6 ff.; *Streinz*, Europarecht, Rn. 845.

537 Vgl. z.B. EuGH, Rs. 310/85 - *Deufil/Kommission* -, Slg. 1987, S. 901, 924. Diese weite Betrachtungsweise erscheint aufgrund der immer subtileren und differenzierteren mitgliedstaatlichen Beihilfenkonstruktionen auch angezeigt, vgl. hierzu *Koenig/Kühling*, NJW 2000, S. 1066.

538 Vgl. z.B. EuGH, Rs. 173/73 - *Italien/Kommission* -, Slg. 1974, S. 709, 718.

tur vertretenen Auffassung, welche zu Recht auf die ansonsten bestehende Gefahr eines Formenmissbrauchs durch die Mitgliedstaaten verweist.[539]

Die Europäische Kommission versucht im Gegensatz zum EuGH, sich dem Beihilfenbegriff weniger durch eine einheitliche Definition als durch eine umfassende Kasuistik zu nähern.[540] Von Bedeutung für die vorliegende Untersuchung ist in diesem Zusammenhang insbesondere die bereits erwähnte Eröffnung des Kontrollverfahrens gemäß Art. 88 Abs. 2 EG zum StrEG, in deren Rahmen die Kommission die Abnahme- und Vergütungspflicht für Strom aus erneuerbaren Energien als Beihilfe i.S.d. Art. 87 Abs. 1 EG einordnete. Dies wurde auf die Erwägung gestützt, dass die vom Netzbetreiber zu zahlende Einspeisevergütung über dem von den Versorgern bezahlten Einkaufspreis für Strom liege. Dies lasse darauf schließen, dass die Abnahme- und Vergütungspflicht ein Beihilfenelement in Höhe der Differenz zwischen den beiden Preisen enthalte.[541]

Bei der Übertragung der bislang gewonnenen Erkenntnisse auf das EEG ist somit maßgeblich auf die Wirkungen und Ziele des Gesetzes abzustellen.

Die garantierte Einspeisevergütung für erneuerbare Energien zielt darauf ab, einen wirtschaftlichen Betrieb der verschiedenen Anlagentypen zur Erzeugung von regenerativem Strom zu ermöglichen, wobei nach der Gesetzesbegründung die üblichen unternehmerischen Risiken von den Anlagenbetreibern selbst getragen werden sollen.[542] Dies kann allerdings nicht darüber hinwegtäuschen, dass das EEG den begünstigten Anlagenbetreibern die Garantie gewährt, dass der gesamte erzeugte Strom aus den in den Anwendungsbereich fallenden Anlagen abzunehmen und mit einem weit über den vermiedenen Kosten liegenden Preis zu vergüten ist, der in einem unbeinflussten Markt nicht zu erreichen wäre.[543] Dabei ist der Eingriff in das Marktgeschehen durch das neu aufgenommene Vorrangprinzip im Vergleich zur Rechtslage unter der Geltung des StrEG erheblich stärker, da die Abnahme und Vergütung des regenerativen Stroms nicht mehr unter Berufung auf eine anderweitige Auslastung des Netzes durch konventionellen Strom verweigert werden kann. Damit wird den Betreibern von Anlagen zur Erzeugung von Strom aus erneuerbaren Energien zumindest das - jedem Unternehmer obliegende - Absatzrisiko genommen, womit i.S.d. Rechtsprechung des EuGH die Belastun-

539 Vgl. Pohlmann, Rechtsprobleme, S. 49; *Brandt/Reshöft/Steiner*, EEG, Einführung, Rn. 109.

540 So wurden z.B. als Beihilfen eingeordnet: Zuschüsse, Befreiungen von Steuern und Abgaben, Zinszuschüsse, Übernahmen von Bürgschaften zu besonders günstigen Bedingungen, unentgeltliche oder besonders preiswerte Überlassungen von Gebäuden oder Grundstücken, Lieferungen von Gütern oder Dienstleistungen zu Vorzugsbedingungen, Übernahmen von Verlusten, Kapitalübertragungen, zinsermäßigte Darlehen, vgl. die Leitlinien der Kommission zur Prüfung einzelstaatlicher Beihilfen für den Fischereisektor, ABl. C 268/2 v. 19.10.1985, Nr. I 2.

541 ET 1999, S. 706.

542 BT-Drs. 14/2776, S. 1.

543 So ausdrücklich der Erfahrungsbericht zum StrEG, BT-Drs. 13/2681, S. 3.

gen vermindert werden, die jedes Unternehmen gewöhnlich zu tragen hat. Die für eine Beihilfe erforderliche begünstigende Wirkung ist demnach ohne weiteres gegeben. Dies gilt - insofern deutlicher als unter der Geltung des StrEG[544] - umso mehr, als die nach dem EEG zu zahlende Vergütung von den Marktpreisen für konventionellen Strom abgekoppelt ist und diese zumindest zum Teil erheblich übersteigt.

Die Grundvoraussetzungen für die Annahme einer Beihilfe i.S.d. Art. 87 Abs. 1 EG liegen demnach vor.

2. Fehlen einer angemessenen Gegenleistung

Darüber hinaus ist die Einseitigkeit, also das Fehlen einer marktüblichen und angemessenen Gegenleistung des Begünstigten, Voraussetzung für die Annahme einer Beihilfe.[545] Leistung und Gegenleistung müssen dabei nicht im Rahmen eines rechtlich verpflichtenden Synallagmas erfolgen; ausreichend ist vielmehr ein wirtschaftlich verbundener, wechselseitiger Zusammenhang von Leistung und Gegenleistung in tatsächlicher Hinsicht.[546]

Bezogen auf das EEG könnte im Hinblick auf dieses Kriterium die Auffassung vertreten werden, dass es an einer solchen Einseitigkeit fehlt, da der Netzbetreiber für die von ihm gezahlte Vergütung Strom aus erneuerbaren Energien erhält. Dabei liegt die Höhe der Vergütung zwar weit oberhalb der vermiedenen Kosten[547], in den meisten Fällen aber dennoch unter den eigentlichen Stromgestehungskosten, so dass bei einer rein ökonomischen Betrachtung eine zumindest adäquate Gegenleistung vorliegen würde.

Das Kriterium der Einseitigkeit gilt allerdings nicht uneingeschränkt; die Begünstigungswirkung einer Maßnahme ist vielmehr vor dem Hintergrund normaler Marktbedingungen zu beurteilen.[548] So liegt - wenn im Einzelfall eine Gegenleistung erbracht wird - nach der Rechtsprechung des EuGH[549] und der ganz herrschenden Auffassung in der Literatur[550] die Beihilfe in dem überschießenden, von der Gegenleistung nicht gedeckten Betrag, soweit der Empfänger einen Vorteil erhält, den er unter marktwirtschaftlichen Verhältnissen nicht erzielt hätte.

Bezogen auf die Einspeisevergütung für Strom aus regenerativen Energiequellen lässt sich festhalten, dass der einspeisende Anlagenbetreiber unter marktwirtschaftlichen Verhältnissen den durch das EEG vorgegebenen Preis nicht erzielen würde. Auch insoweit ist vom Vorliegen einer Beihilfe auszugehen, soweit die durch das EEG vorgegebenen Mindestvergütungs-

544 Vgl. hierzu *Richter*, Stromeinspeisungen, S. 100 f.; *Falk*, ZIP 1999, S. 738 f.

545 Grabitz/Hilf-*v. Wallenberg*, EGV, Art. 92, Rn. 7; Calliess/Ruffert-*Cremer*, Art. 87 EGV, Rn. 7; *Koenig/Kühling*, NJW 2000, S. 1066.

546 Vgl. *Koenig/Kühling*, NJW 2000, S. 1066.

547 Zum Begriff der vermiedenen Kosten oben S. 25 ff.

548 *Koenig/Kühling*, NJW 2000, S. 1066.

549 Vgl. z.B. EuGH, Rs. 78/76 - *Steinike und Weinlig/Bundesrepublik Deutschland* -, Slg. 1977, S. 595, 613.

550 G/T/E-*Mederer*, Art. 92 EGV, Rn. 6; Grabitz/Hilf-*v. Wallenberg*, Art. 92 EGV, Rn. 7.

sätze den Preis übersteigen, den der aufnehmende Netzbetreiber normalerweise für konventionellen Strom hätte aufwenden müssen; eine angemessene Gegenleistung für die Mehrvergütung erhält der aufnehmende Netzbetreiber nicht.
Als Zwischenergebnis ist somit zunächst festzuhalten, dass die Abnahme- und Vergütungspflicht des EEG alle Merkmale des Beihilfenbegriffs erfüllt.

III. Staatliche Mittelherkunft

Art. 87 Abs. 1 EG verlangt, dass die Beihilfe staatlich ist oder aus staatlichen Mitteln gewährt wird.
Das Erfordernis der staatlichen Mittelherkunft war bereits in Bezug auf das StrEG Gegenstand kontroverser Auseinandersetzungen.[551] Hierzu trug die recht ungewöhnliche Konzeption einer garantierten Einspeisevergütung maßgeblich bei, denn danach werden die Vergütungen für regenerativ erzeugten Strom gerade nicht vom Staat selbst, sondern vom jeweils zuständigen Netzbetreiber aufgewandt; der Unterschied zur herkömmlichen Art der Subventionierung besteht also lediglich in der Abkürzung des Leistungsweges.[552] Insofern kann - bei einer eher formellen Betrachtungsweise - die Staatlichkeit der Beihilfe durchaus in Zweifel gezogen werden. Andererseits wurde zum StrEG unter anderem auch die Auffassung vertreten, dass sich die Staatlichkeit der Beihilfe aus der bundesdeutschen Elektrizitätsversorgungsstruktur ergebe, da es sich bei den durch das StrEG verpflichteten Netzbetreibern zu einem erheblichen Teil um gemischt-öffentliche Unternehmen handele[553], deren Betriebsergebnisse - und damit auch die Einnahmen des Staates - durch die Einspeisevergütung geschmälert würden.[554]
Auch unter der Geltung des EEG haben die vorgebrachten Argumente ihre Berechtigung nicht verloren, da Funktionsweise und Wirkungen beider Gesetze weitgehend identisch sind. Bevor hierauf näher eingegangen wird, ist es indes erforderlich, die Begriffe „staatlich" und „aus staatlichen Mitteln" zu konkretisieren.

1. Das Kriterium der Staatlichkeit in der Rechtspraxis der Kommission

In der Praxis der Kommission wird das Kriterium der Staatlichkeit einer Beihilfe in einem verhältnismäßig weiten Sinne verstanden. So hat es die Kommission für das Vorliegen einer staatlichen Beihilfe wiederholt als ausreichend erachtet, dass diese das Ergebnis einer dem

---

551 Vgl. etwa *Gent*, Mindestpreise, S. 45 ff.; *Richter*, Stromeinspeisungen, S. 93 ff.; *Pohlmann*, Rechtsprobleme, S: 43 ff.; *Ritgen*, RdE 1999, S. 176 ff. und *Gellermann*, DVBl. 2000, S. 509 ff.
552 *Gellermann*, DVBl. 2000, S. 510.
553 Vgl. das Schreiben der Kommission, ET 1999, 706.
554 Vgl. vor allem *Pohlmann*, Rechtsprobleme, S. 63 f.

Staat zurechenbaren Verhaltensweise sei, also z.B. auf einem Gesetz beruhe. Eine Finanzierung der Beihilfe aus staatlichen Mitteln sei demgegenüber nicht zwingend erforderlich.[555]
Die Kommission stützt sich dabei - in Übereinstimmung mit einem Teil des Schrifttums[556] - im Wesentlichen auf die Interpretation des Art. 87 Abs. 1 EG im Lichte des Binnenmarktzieles eines unverfälschten Wettbewerbes. So wird vorgebracht, dass es nicht auf die Art der staatlichen Maßnahme, sondern allein auf ihre unerwünschten Wirkungen ankommen könne, wenn Wettbewerbsverzerrungen durch staatliches Handeln verhindert werden sollen.
Dabei ist für die Beurteilung des EEG wiederum das Kontrollverfahren der Kommission zum StrEG aufschlussreich[557], in welchem auf den Aspekt der Staatlichkeit eingegangen wurde. Danach sei im Rahmen des StrEG eine staatliche oder aus staatlichen Mitteln gewährte Beihilfe gegeben, da der Staat von seiner Hoheitsgewalt Gebrauch gemacht habe, um die Netzbetreiber zu verpflichten, die Beihilfe direkt an die Stromerzeuger zu zahlen, weshalb die Zahlung der Vergütung dem Staat zugerechnet werden könne.[558] Nach Auffassung der Kommission sei es unerheblich, ob der Staat zunächst eine gesonderte Einrichtung schaffe, die die betreffende Beihilfe entgegennehme und weiterverteile, oder ob dieselbe Wirkung mit einem Gesetz erreicht werde, welches genau bestimme, wer welchen Betrag an wen unter welchen Voraussetzungen zu zahlen habe.[559]

2. Das Kriterium der Staatlichkeit in der Rechtsprechung des EuGH

Die Rechtsprechung des EuGH zum Kriterium der Staatlichkeit einer Beihilfe erscheint zum Teil uneinheitlich und bedarf daher einer genaueren Betrachtung.
Ausgangspunkt bilden dabei zwei grundlegende Urteile, in denen der EuGH[560] für die Einordnung einer Beihilfe als staatlich oder aus staatlichen Mitteln stammend auf die Belastung des Haushalts des jeweiligen Mitgliedstaates abstellte.
Gegenstand der ersten Entscheidung - *Staatsanwaltschaft Niederlande/van Tiggele* - war die gesetzliche Festsetzung von Mindestpreisen für alkoholische Getränke im Einzelhandel, durch die niederländische Spirituosenhändler begünstigt und vor einem ruinösen Wettbewerb geschützt werden sollten. Der EuGH ging davon aus, dass die Regelung keine staatliche Beihilfe

555 Vgl. EuGH, Rs. C-72 u. 73/91 - *Sloman Neptun Schiffahrts AG/Seebetriebsrat Ziesemer* -, Slg. I-1993, S. 887, 901.
556 Vgl. *Iro*, RdE 1998, S. 13; *Salje*, RIW 1998, S. 187; *Richter*, Stromeinspeisungen, S. 114, zuletzt - in Bezug auf das EEG - *Altrock*, Preisregelungen, S. 60 ff.
557 Staatliche Beihilfe C 63/99 (ex NN 84/99) v. 20.7.1999, Schreiben Nr. 6875 v. 17.8.1999, ET 1999, S. 705 ff.
558 ET 1999, S. 706.
559 ET 1999, S. 706.
560 EuGH, Rs. 82/77, - *Staatsanwaltschaft Niederlande/van Tiggele* -, Slg. 1978, S. 25 ff.; Rs. 213 bis 215/81 - *Norddeutsches Vieh- und Fleischkontor u.a./Bundesanstalt* -, Slg. 1982, S. 3583 ff.; vgl. hierzu auch *Richter*, Stromeinspeisungen, S. 103 ff.

darstelle, wobei er maßgeblich darauf abstellte, dass die Vorteile, die ein derartiger Eingriff in die Preisbildung den Verkäufern des Erzeugnisses bringt, weder unmittelbar noch mittelbar aus staatlichen Mitteln stammen.[561] Damit folgte er im Ergebnis der Auffassung des Generalanwaltes *Capotorti*[562], welcher davon ausgegangen war, dass das Vorliegen einer Beihilfe eine „Belastung für die öffentlichen Finanzen in Form einer Ausgabe oder Mindereinnahme" voraussetzt.

Diese Rechtsprechung wurde durch die Entscheidung in der Rechtssache *Norddeutsches Vieh- und Fleischkontor u.a./Bundesanstalt* weiter untermauert, in der es um die Verwaltung eines Einfuhrkontingentes der Gemeinschaft durch die Bundesrepublik Deutschland ging. Hierzu führte der EuGH[563] aus: „Der finanzielle Vorteil, den die Marktteilnehmer aus ihrer Beteiligung an dem Kontingent ziehen, wird jedoch nicht aus staatlichen, sondern aus Gemeinschaftsmitteln gewährt, da die nicht erhobene Abschöpfung zu diesen letzteren gehört. Zwar ist der Begriff „aus staatlichen Mitteln gewährte Beihilfen" weiter als der Begriff „staatliche Beihilfen"; auch dieser Begriff setzt jedoch voraus, dass die Mittel für die Beihilfe vom Mitgliedstaat kommen."

Im Jahr 1985 nahm die Rechtsprechung des EuGH durch die Entscheidung in der Rechtssache *Kommission/Frankreich*[564] eine Wende. Gegenstand der Entscheidung war eine „Solidaritätsleistung" zugunsten französischer Landwirte, die von der „Caisse nationale de crédit agricole", einer öffentlichen Institution, gewährt wurde. Allerdings erfolgten die Zuwendungen aus Überschüssen, die aus einer privaten Banktätigkeit der Institution im Laufe der Jahre erwirtschaftet wurden. Zu ihrer Entstehung hatten also keine öffentlichen Mittel beigetragen.

Nach Auffassung des EuGH[565] handelte es sich bei den Zuwendungen um Beihilfen i.S.d. Art. 92 Abs. 1 EGV (Art. 87 Abs. 1 EG), da sich bereits aus dem Wortlaut des Art. 92 Abs. 1 EGV ergebe, dass staatliche Beihilfen nicht nur solche seien, die aus staatlichen Mitteln finanziert würden.

Diese Ausführungen des EuGH standen in direktem Gegensatz zu seiner bis dahin erfolgten Rechtsprechung, was zu dem verbreiteten Schluss Anlass gab, dass das einschränkende Kriterium der Belastung des Staatshaushaltes nunmehr aufgegeben sei.[566]

---

561 EuGH, Rs. 82/77 - *Staatsanwaltschaft Niederlande/van Tiggele* -, Slg. 1978, S. 41, Rn. 25.

562 Schlussanträge des Generalanwalts *Capotorti*, Slg. 1978, S. 52 f.

563 EuGH, Rs. 213 bis 215/81 - *Norddeutsches Vieh- und Fleischkontor u.a./Bundesanstalt* -, Slg. 1982, S. 3602, Rn. 22.

564 EuGH, Rs. 290/83 - *Kommission/Französische Republik* -, Slg. 1985, S. 439 ff.

565 Vgl. EuGH, Rs. 290/83 - *Kommission/Französische Republik* -, Slg. 1985, S. 449, Rn. 14.

566 Vgl. etwa *Modlich*, Infrastrukturmaßnahmen, S. 41, mit weiteren Nachweisen.

Dem Urteil in der Rechtssache *Kommission/Frankreich* folgten zwei weitere Urteile, in denen der EuGH von einem eher weiten Verständnis der staatlichen Mittelherkunft einer Beihilfe ausging.

So entschied der EuGH[567] in der Sache *van der Kooy/Kommission*, dass es für die Annahme einer Beihilfe ausreiche, wenn der Staat als Anteilseigner an den belasteten Unternehmen durch Festsetzung eines wirtschaftlich nicht gerechtfertigten Vorzugspreises auf einen Teil seiner Gewinne verzichte, wobei der EuGH ausschließlich darauf abstellte, dass die Festlegung der Tarife dem Staat zugerechnet werden konnte. Die Frage, ob hingegen auch staatliche Mittel verwendet wurden, schloss der EuGH in seine Überlegungen nicht ein. Im zu entscheidenden Fall ging es um einen Erdgasvorzugstarif, den die *Nederlandse Gasunie* - eine privatrechtlichen Gesellschaft, deren Kapital sich zu 50 % unmittelbar oder mittelbar in staatlichen Händen befand - für Gartenbaubetriebe mit Warmhauserzeugung einräumte.

Gegenstand der Rechtssache *Griechische Republik/Kommission*[568] war schließlich eine Zinsvergütung für Ausfuhrkredite, welche bewirkte, dass Exportunternehmen einen wirtschaftlichen Vorteil durch die Senkung der ihnen bei ihren Verkäufen auf den Märkten der anderen Mitgliedstaaten entstehenden Kosten erhielten. Die Zinserstattung wurde von der Griechischen Republik unter Einschaltung der Bank von Griechenland eingeführt, die auf diesem Gebiet unter der unmittelbaren Kontrolle des Staates tätig wurde.

Hierzu führte der EuGH unter Verweis auf sein Urteil in der Rechtssache *Kommission/Frankreich*[569] - und damit dem Schlussantrag des Generalanwaltes *Sir Gordon Slynn*[570] folgend - aus, dass eine Beihilfe nicht notwendigerweise aus staatlichen Mitteln finanziert werden müsse, um als staatliche Beihilfe angesehen zu werden. Art. 92 erfasse sämtliche staatliche oder aus staatlichen Mitteln gewährten Beihilfen, ohne dass danach zu unterscheiden sei, ob die Beihilfe unmittelbar vom Staat oder von öffentlichen oder privaten Einrichtungen, die von ihm zur Durchführung der Beihilferegelung errichtet oder damit beauftragt worden sind, gewährt werde.[571]

Anfang der neunziger Jahre vollzog sich in der Entscheidung *Sloman Neptun Schiffahrts AG/Seebetriebsrat B. Ziesemer*[572] eine erneute Wende in der Rechtspraxis des EuGH zur Beihilfenproblematik. Gegenstand des Urteils war das deutsche „Gesetz zur Einführung eines zusätzlichen Registers für Seeschiffe unter der Bundesflagge im internationalen Verkehr".

567 EuGH, Rs. 67/85 - *van der Kooy/Kommission* -, Slg. 1985, S. 219 ff.
568 EuGH, Rs. 57/88 - *Griechische Republik/Kommission* -, Slg. 1988, S. 2855 ff.
569 EuGH, Rs. 290/83 - *Kommission/Französische Republik* -, Slg. 1985, S. 439 ff.
570 Vgl. EuGH, Rs. 57/88 - *Griechische Republik/Kommission* -, Slg. 1988, S. 2867.
571 EuGH, Rs. 57/88 - *Griechische Republik/Kommission* -, Slg. 1988, S. 2872.
572 EuGH, Rs. C-72 u. 73/91 - *Sloman Neptun Schiffahrts AG/Seebetriebsrat Ziesemer* -, Slg. I 1993, S. 887, 933, Rn. 19.

Nach diesem Gesetz bestand die Möglichkeit, zwecks Senkung der Personalkosten Staatsangehörige von Drittstaaten zu schlechteren Vergütungs- und Sozialschutzbedingungen einzustellen, als sie für deutsche Seeleute tarifvertraglich vorgesehen waren. Nutznießer der Regelung waren dementsprechend die deutschen Reeder, da die betroffenen Arbeitnehmer aus den Drittstaaten eine bis zu 20 % niedrigere Heuer akzeptieren mussten. Das Arbeitsgericht Bremen sah hierin eine unerlaubte staatliche Beihilfe, da die Regelung die teilweise Nichtanwendung des deutschen Arbeits- und Sozialrechts ermöglichte. Auch die Kommission ging vom Vorliegen einer Beihilfe mit der Begründung aus, dass die Anwendung ausländischen Arbeitsrechts zu niedrigeren Gehältern führe. Diese Gehälter seien jedoch Grundlage der Berechnung der Sozialversicherungsbeiträge und der Steuern, was im Ergebnis zu Mindereinnahmen und damit zu einer finanziellen Belastung des deutschen Staates führe. Darüber hinausgehend sollte nach Ansicht des zuständigen Generalanwaltes *Darmon* das Kriterium der Belastung öffentlicher Mittel keine Berechtigung mehr haben.[573]

Nach Auffassung des EuGH handelte es sich - entgegen den dargestellten Auffassungen - bei dem Gesetz nicht um eine staatliche oder aus staatlichen Mitteln gewährte Beihilfe, da hierfür eine unmittelbare oder mittelbare Gewährung aus staatlichen Mitteln erforderlich sei. Wortlaut und Verfahrensvorschriften zeigten deutlich, dass die aus anderen als staatlichen Mitteln gewährten Vorteile nicht in den Anwendungsbereich der Vorschrift fallen. Die sich aus dem Gesetz ergebenden Konsequenzen - sowohl was die von der Kommission erwähnte Differenz in der Berechnungsgrundlage für die Sozialversicherungsbeiträge als auch die Steuereinbußen beträfe - seien einer solchen Regelung immanent und stellten kein Mittel dar, um den betroffenen Unternehmen einen bestimmten Vorteil zu gewähren.[574]

Diese Rechtsprechung wurde vom EuGH in mehreren späteren Entscheidungen bestätigt. In der Rechtssache *Kirsammer-Hack/Sidal*[575] ging es um die Frage, ob die in § 23 Abs. 1 Kündigungsschutzgesetz vorgesehene Befreiung von Kleinbetrieben von den nationalen Kündigungsschutzregelungen für Arbeitnehmer als staatliche oder aus staatlichen Mitteln gewährte Beihilfe zu bewerten sei. Der EuGH verneinte die Frage mit der Begründung, dass die Befreiung einer Gruppe von Unternehmen von der Kündigungsschutzregelung keine unmittelbare oder mittelbare Übertragung staatlicher Mittel auf diese Unternehmen darstelle.

Mit der gleichen Begründung festigte der EuGH diese Rechtsprechung in der Rechtssache *Epifanio Viscido u.a./Ente Poste Italiane*[576], in der es um eine Regelung des italienischen Ar-

573 Schlussanträge des Generalanwalts *Darmon*, Slg. I 1993, S. 905 ff.

574 EuGH, Rs. C-72 u. 73/91 - *Sloman Neptun Schiffahrts AG/Seebetriebsrat Ziesemer* -, Slg. I 1993, S. 887, 934, Rn. 21.

575 EuGH, Rs. C-189/91 - *Kirsammer-Hack/Sidal* -, Slg. I 1993, S. 6185 ff.

576 EuGH, Rs. C-52, 53 und 54/97 - *Epifanio Viscido u.a./Ente Poste Italiane* -, Slg. I 1998, S. 2629 ff., vgl. insbesondere S. 2641, Rn. 13.

beitsrechts ging, nach welcher bestimmte öffentliche Unternehmen von den strengen arbeitsrechtlichen Vorschriften über die Befristung von Arbeitsverträgen befreit sind.

3. Das Urteil des EuGH in der Rechtssache PreussenElektra AG / Schleswag AG

Das Urteil des EuGH in der Rechtssache PreussenElektra AG/Schleswag AG vom 13.3.2001[577] stellt den vorläufigen Abschluss der Rechtsprechung zur Auslegung des Merkmals der Staatlichkeit einer Beihilfe dar. Zugleich ist das Urteil für die vorliegende Untersuchung von entscheidender Bedeutung, da der EuGH über die Zulässigkeit der Verpflichtung zur Abnahme und Vergütung von Strom aus erneuerbaren Energien nach dem StrEG zu entscheiden hatte. Im Ergebnis ging der EuGH mit einer überraschenden Deutlichkeit von der Europarechtskonformität des StrEG sowohl im Hinblick auf die beihilfenrechtlichliche Problematik als auch - wie im Folgenden noch ausführlich darzustellen sein wird - im Hinblick auf das Verbot mengenmäßiger Beschränkungen aus; dies allerdings mit recht knapper Begründung und ohne eingehende Würdigung der vorgetragenen Argumente des Generalanwalts *Jacobs*. Daher ist eine eingehende Untersuchung des Urteils angebracht.

a. Gegenstand der Entscheidung

Die Entscheidung des EuGH geht auf eine Klage der PreussenElektra AG (heute E.ON AG) gegen die Schleswag AG, ein Tochterunternehmen, zurück.[578]

Die Schleswag AG war als regionales EVU zur Abnahme des in ihrem Versorgungsgebiet erzeugten regenerativen Stroms gemäß § 2 StrEG verpflichtet. Als Ende April 1998 der Bezug von Regenerativstrom durch die Schleswag AG einen Anteil von 5 % der im gesamten Vorjahreszeitraum abgesetzten Strommenge erreichte, stellte die Schleswag AG der Preussen-Elektra AG gemäß § 4 Abs. 1 StrEG die Mehrkosten für die Abnahme des Stroms aus erneuerbaren Energien in Rechnung und forderte zunächst monatliche Abschlagszahlungen in Höhe von 10 Mio. DM. Die Preussen-Elektra AG überwies daraufhin die Abschlagszahlung für Mai 1998 vorbehaltlich jederzeitiger Rückforderung. Von diesem Betrag machte die Preussen-Elektra AG mit ihrer Klage 500.000 DM vor dem LG Kiel geltend. Bei dieser Summe han-

---

577 EuGH, Rs. C-379/98 - *PreussenElektra/Schleswag* -, Slg. I 2001, S. 2099 ff.

578 Die Entscheidung erfuhr aufgrund der Tatsache, dass die Klage der PreussenElektra AG gegen ein eigenes Tochterunternehmen geführt wurde, eine zusätzliche Brisanz, da die Beteiligten des Rechtsstreits, die Windpark Reußenköge III GmbH und das Land Schleswig-Holstein gegen die Zulässigkeit der Vorlage vorbrachten, dass es sich um einen hypothetischen Rechtsstreit handele. Der EuGH folgte dieser Auffassung im Ergebnis nicht, da die entsprechenden Verpflichtungen der Beklagten und der Klägerin unmittelbar aus dem Stromeinspeisungsgesetz folgten und damit das Schicksal der vor dem LG Kiel erhobenen Klage von der Europarechtskonformität des StrEG abhängig sei, ein „konstruiertes" Verfahren liege damit nicht vor, vgl. EuGH, Rs. C-379/98, - *PreussenElektra/Schleswag* -, Slg. I 2001, S. 2099, 2177 f., Rn. 42 ff; zustimmend *Witthohn/Smeddinck*, ET 2001, S. 466 f.

delte es sich um den Teil des der Beklagten bezahlten Betrags, mit dem die Mehrkosten aus der Abnahme von Windstrom ausgeglichen wurden. Hierzu führte das LG Kiel[579] in seinem Vorlagebeschluss aus, dass es sich dabei um Mehrkosten handele, die nicht an die Kunden der Beklagten weitergegeben könnten, da das Energieministerium des Landes Schleswig-Holstein es abgelehnt habe, einen Antrag der Schleswag AG auf Änderung der Tarife zu genehmigen.
Die PreussenElektra AG machte in ihrer Klage geltend, dass der beanspruchte Betrag ohne Rechtsgrund geleistet worden sei, da § 4 StrEG gegen die unmittelbar anwendbaren beihilfenrechtlichen Vorschriften des EG-Vertrages verstoße und daher nicht angewandt werden könne. Dies wurde damit begründet, dass vor In-Kraft-Treten der Änderungen des StrEG aus dem Jahre 1998 (Änderung des Anwendungsbereichs und Einführung der Regelung über die Aufteilung der Mehrkosten) kein Notifizierungsverfahren gemäß Art. 93 EGV (Art. 88 EG) durchgeführt wurde.
Im Rahmen des Vorabentscheidungsverfahrens wurde vom LG Kiel zwischen den beiden beihilfenrechtlich relevanten Begünstigungstatbeständen unterschieden, und die Frage aufgeworfen, ob es sich bei der Stromeinspeisevergütungs- und Erstattungsregelung nach den §§ 2 oder 3 oder 4 oder §§ 2 bis 4 StrEG zusammen um eine staatliche Beihilfe i.S.v. Art. 92 EGV (Art. 87 EG) handele.[580] Diese Frage wurde vom LG Kiel darüber hinaus wie folgt konkretisiert:
„Ist Art. 92 EGV derart auszulegen, daß von dem zugrunde liegenden Beihilfebegriff auch nationale Regelungen erfasst werden, die die Förderung des Zahlungsempfängers bezwecken, wobei die erforderlichen Fördermittel aber weder mittelbar noch unmittelbar aus öffentlichen Haushalten stammen, sondern aufgrund von gesetzlich angeordneten Abnahmepflichten zu festgelegten Mindestpreisen einzelnen Unternehmen einer Branche auferlegt werden, die diese Aufwendungen aus rechtlichen und tatsächlichen Gründen nicht an den Endverbraucher weitergeben können?
Ist Art. 92 EGV derart auszulegen, daß von dem zugrunde zu legenden Beihilfebegriff auch nationale Regelungen erfasst werden, die lediglich die Verteilung von den Aufwendungen zwischen Unternehmen verschiedener Produktionsebenen regeln, die durch Abnahmepflichten und Mindestvergütungen entstanden sind, wenn die gesetzgeberische Konzeption faktisch auf eine dauerhafte Lastenverteilung hinausläuft, ohne dass das belastete Unternehmen eine Gegenleistung empfängt?“
Für den Fall, dass der EuGH die zweite Teilfrage dieser ersten Frage verneinen würde, warf das LG Kiel zusätzlich die folgende Frage auf: „Ist Art. 93 Abs. 3 EGV derart auszulegen, daß

579 LG Kiel, Beschl. v. 1.9.1998 - 15 O 134/98 -, EuZW 1999, S. 29 ff.
580 Vgl. LG Kiel, Beschl. v. 1.9.1998 - 15 O 134/98 -, EuZW 1999, S. 29.

sich die Sperrwirkung nicht nur auf die Förderung an sich, sondern auch auf Ausführungsregelungen wie § 4 des StrEG erstreckt?"

b. Die Erwägungen des EuGH zur Beihilfenproblematik

In seinem Urteil stellte der EuGH zunächst klar, dass eine Verpflichtung zur Abnahme von Strom aus erneuerbaren Energiequellen zu Mindestpreisen den Erzeugern regenerativen Stroms unstreitig einen wirtschaftlichen Vorteil verschaffe, da eine solche Verpflichtung den Erzeugern ohne jedes Risiko höhere Gewinne sichere, als diese ohne eine solche Regelung erzielen könnten.[581]

Gleichwohl sei nicht vom Vorliegen einer staatlichen Beihilfe auszugehen, da nach der Rechtsprechung des Gerichtshofs nur solche Vorteile als Beihilfen i.S.v. Art. 92 Abs. 1 EGV (Art. 87 Abs. 1 EG) anzusehen seien, die unmittelbar oder mittelbar aus staatlichen Mitteln gewährt werden.[582]

Die in Art. 92 Abs. 1 EGV (Art. 87 Abs. 1 EG) vorgenommene Unterscheidung zwischen staatlichen und aus staatlichen Mitteln gewährten Beihilfen bedeute nämlich nicht, dass alle von einem Staat gewährten Vorteile unabhängig davon ob sie aus staatlichen Mitteln finanziert werden, Beihilfen darstellen. Vielmehr diene die Unterscheidung nur dazu, in den Beihilfenbegriff die unmittelbar vom Staat gewährten Vorteile sowie diejenigen, die über eine vom Staat benannte oder errichtete öffentliche oder private Einrichtung gewährt werden, einzubeziehen.[583]

Die Verpflichtung privater EVU zur Abnahme von Strom aus erneuerbaren Energiequellen führe jedoch nicht zu einer unmittelbaren oder mittelbaren Übertragung staatlicher Mittel auf die Unternehmen, die diesen Strom erzeugen.[584] Der Umstand, dass die Abnahmepflicht auf einem Gesetz beruhe und bestimmten Unternehmen unbestreitbare Vorteile gewähre, könne damit der Regelung nicht den Charakter einer staatlichen Beihilfe verleihen.[585]

Eine denkbare Verminderung der Steuereinnahmen des Staates durch die finanziellen Einbußen der verpflichteten Unternehmen erachtete der EuGH[586] unter Verweis auf die bereits erwähnten Entscheidungen *Sloman Neptun Schiffahrts AG/Seebetriebsrat B. Ziesemer*[587] und

581 EuGH, Rs. C-379/98 - *PreussenElektra/Schleswag* -, Slg I 2001, S. 2099, 2180, Rn. 54.

582 EuGH, Urt. v. 13.3.2001, Rs. C-379/98 - *PreussenElektra/Schleswag* -, Slg I 2001, S. 2099, 2181 ff., Rn. 58 ff. unter Verweis auf die bereits erwähnten Entscheidungen *van Tiggele*, *Sloman Neptun Schiffahrts AG/Seebetriebsrat Ziesemer*, *Kirsammer-Hack/Sidal*, *Epifanio Viscido u.a./Ente Poste Italiane*, *Ecotrade/Altiforni* und *Piaggio/International Factors Italia*.

583 EuGH, Rs. C-379/98 - *PreussenElektra/Schleswag* -, Slg. I 2001, S. 2099, 2181, Rn. 58.

584 EuGH, Rs. C-379/98 - *PreussenElektra/Schleswag* -, Slg. I 2001, S. 2099, 2181, Rn. 59 f.

585 EuGH, Rs. C-379/98 - *PreussenElektra/Schleswag* -, Slg. I 2001, S. 2099, 2182, Rn. 61.

586 EuGH, Rs. C-379/98 - *PreussenElektra/Schleswag* -, Slg. I 2001, S. 2099, 2182, Rn. 62.

587 EuGH, Rs. C-72 u. 73/91 - *Sloman Neptun Schiffahrts AG/Seebetriebsrat Ziesemer* -, Slg. I 1993, S. 887.

Ecotrade[588] darüber hinaus als unbeachtlich, da dies einer derartigen Regelung immanent sei und nicht als Mittel angesehen werden könne, den Erzeugern von Strom aus erneuerbaren Energiequellen auf Kosten des Staates einen bestimmten Vorteil zu gewähren.

Im Ergebnis überraschen diese Erwägungen des EuGH kaum, entsprechen sie doch weitestgehend der in der jüngeren Rechtsprechung vertretenen Linie. Hervorzuheben ist allerdings die Passage der Urteilsbegründung, in der der EuGH[589] seine Grundauffassung zu den Beihilfevorschriften ausdrückt: „Art. 92 EGV stellt somit ein in sich vollständiges Verbot der von ihm erfassten staatlichen Handlungen dar, und Art. 5 EGV [...] kann nicht zur Ausdehnung des Anwendungsbereiches des Art. 92 EGV auf von diesem nicht erfasste staatliche Handlungen herangezogen werden."

4. Abschließende Bewertung

Nach den bisherigen Ausführungen ist zunächst festzuhalten, dass die Annahme einer staatlichen Mittelherkunft in Bezug auf das EEG unter zwei Aspekten möglich erscheint.

So könnte einerseits von einer Gewährung der Beihilfe „aus staatlichen Mitteln" ausgegangen werden, wenn man - wie von der Kommission und von Teilen der Literatur vertreten - maßgeblich auf die Erzeugungsstruktur der deutschen Elektrizitätswirtschaft abstellen will, da die nach dem EEG zu gewährenden Vergütungen zumindest teilweise von staatlichen und gemischtwirtschaftlichen EVU aufgebracht werden. Auch der Umstand, dass eine indirekte Betroffenheit staatlicher Haushaltsmittel in dem Steuerrückgang zu sehen ist, der dem Staat durch die finanziellen Einbußen der verpflichteten Unternehmen entsteht, wird nach wie vor als Argument für das Vorliegen einer Beihilfe aus staatlichen Mitteln herangezogen.[590]

Will man dieser Betrachtungsweise nicht folgen, lässt eine Auslegung des Art. 87 Abs. 1 EG im Lichte des Binnenmarktzieles eines unverfälschten Wettbewerbs auch die Auffassung zu, dass eine Belastung staatlicher Mittel für das Vorliegen einer Beihilfe nicht erforderlich sei; in diesem Fall könnte eine „staatliche" Beihilfe i.S.d. Art. 87 Abs. 1 EG angenommen werden.

a. „Aus staatlichen Mitteln" gewährte Beihilfe

Die Unternehmensstruktur der bundesdeutschen Elektrizitätswirtschaft ist zumindest derzeit noch von einer erheblichen Beteiligung der öffentlichen Hand geprägt. So wurde im Jahr 1998 die Versorgung der Letztverbraucher zu 27,4 % von staatlichen bzw. kommunalen Unternehmen, zu 62,9 % von gemischtwirtschaftlichen Unternehmen und zu 9,7 % von rein privaten

---

588 EuGH, Rs. C-200/97, - *Ecotrade/Altifori* -, Slg I 1998, S. 7907.

589 EuGH, Rs. C-379/98 - *PreussenElektra/Schleswag* -, Slg. I 2001, S. 2099, 2182, Rn. 65.

590 So zuletzt *Frenz*, RdE 2002, S. 202 f.; vgl. auch *Iro*, RdE 1998, S. 13; LG Kiel, Beschl. v. 1.9.1998 - 15 O 134/98 -, EuZW 1999, S. 31.

EVU durchgeführt.[591] Mit Blick auf die durch das EEG verursachten erheblichen Mehrkosten für die Unternehmen kann somit davon ausgegangen werden, dass diese zunächst erhebliche Gewinneinbußen hinnehmen müssen und sich dadurch die Erträge des Staates aus den von ihm gehaltenen Kapitalbeteiligungen entsprechend verringern.[592] Danach könnte von einer - zumindest mittelbaren - Belastung der öffentlichen Haushalte auszugehen sein, womit im Ergebnis eine Gewährung der Beihilfe aus staatlichen Mitteln vorläge.[593]

Gegen eine solche Betrachtungsweise ist unter der Geltung des StrEG teilweise vorgebracht worden, dass mit der gesetzlichen Inpflichtnahme auch der in der öffentlichen Hand befindlichen EVU nicht notwendig eine Belastung öffentlicher Finanzmittel verbunden sei, da die EVU verschiedene Möglichkeiten hätten, die Mehrkosten auf die Stromverbraucher abzuwälzen.[594] So könnten im Sonderkundenbereich die Lasten durch Preisvereinbarungen weitergereicht werden, während im Tarifkundenbereich die Möglichkeit einer Einbeziehung der Mehrkosten im Rahmen der Bemessung der Tarifpreise bestehe. Bezüglich reiner Verteilerunternehmen wird schließlich darauf hingewiesen, dass diese ihre zusätzlichen Kosten über Durchleitungsentgelte an die Netznutzer weitergeben könnten.[595]

An der grundsätzlichen Richtigkeit dieser Aussagen kann - erst recht unter der Geltung des EEG - kein Zweifel bestehen. Im Gegenteil muss beachtet werden, dass das EEG im Gegensatz zum StrEG durch den ausdrücklich geregelten Kostenwälzungsmechanismus eine Weitergabe der Mehrkosten an den Letztverbraucher zwar nicht explizit fordert, diese zumindest aber nahelegt. Hierzu trägt auch die in § 11 Abs. 4 Satz 6 EEG enthaltene Vermarktungsregelung für Ökostrom bei, wonach der nach dem EEG vergütete Strom von den EVU nicht unter den durchschnittlichen Vergütungssätzen als Strom aus erneuerbaren Energien vermarktet werden darf. Auch die Gesetzesbegründung zum EEG anerkennt bezüglich der sonstigen Kosten immerhin, dass „mit geringfügigen Steigerungen der Strombezugspreise" zu

591 Die Angaben beziehen sich auf die Abgabe von Elektrizität an Letztverbraucher, *VDEW*, Strommarkt 1998, S. 75, Tabelle 12; dabei gelten als Unternehmen der öffentlichen Hand solche Unternehmen, bei denen die Kapitalbeteiligung des Bundes, der Länder der Gemeindeverbände und Gemeinden 95 % und mehr beträgt; als gemischtwirtschaftliche Unternehmen gelten solche, die unter 95 % öffentliches und unter 75 % privates Kapital aufweisen; als private Unternehmen gelten solche, die über 75 % und mehr privates Kapital verfügen. Zum Begriff der gemischtwirtschaftlichen Unternehmen vgl. *Tettinger*, Besonderes Verwaltungsrecht, Rn. 157b ff.

592 Vgl. *Richter*, Stromeinspeisungen, S. 116 f.

593 In diesem Sinne *Pohlmann*, Rechtsprobleme, S. 64; vgl. auch das Schreiben der Kommission, zitiert bei *Bürger/Senger*, UPR 2000, S. 219. Ähnlich argumentierte auch der zuständige Generalanwalt *Sir Gordon Slynn* in seinen Schlussanträgen zur Rechtssache *van der Kooy* (siehe hierzu bereits oben, S. 119). So sei der Erdgasvorzugstarif aus staatlichen Mitteln finanziert gewesen, da der Staat auf seinen Anteil an den Gewinnen verzichtet habe, die die Nederlandse Gasunie erzielt hätte, wenn die Preise höher gewesen wären, vgl. die Schlussanträge in der Rs. 67/85, Slg. 1985, S. 250.

594 Vgl. *Pünder*, NVwZ 1999, S. 1060; *Richter*, Stromeinspeisungen, S. 117 f.; *Gellermann*, DVBl. 2000, S. 513 f.

595 *Gellermann*, DVBl. 2000, S. 514.

rechnen sei, die durch die im liberalisierten Markt sinkenden Strompreise deutlich überkompensiert würden.[596] Dabei bezieht sich die Begründung auf das finanzielle Volumen von etwa 500 Mio. DM, welches im Jahr 1998 bei der Berechnung der Durchleitungsentgelte in Ansatz gebracht werden konnte; dies ergebe eine Mehrbelastung von rund 0,1 Pf. pro kWh für alle Stromverbraucher.

Gleichwohl kann die Tatsache, dass letztlich der Verbraucher „die Zeche zahlt"[597], nicht als tragfähige, dogmatische Begründung für die Ablehnung einer staatlichen Mittelherkunft angeführt werden. Denn primär sind die EVU und nicht die Endverbraucher Adressaten der im EEG festgeschriebenen Pflichten; die EVU haben die Vergütungen an die Erzeuger erneuerbarer Energien aufzuwenden und können erst dann auf dem Wege einer Tarifänderung bzw. einer Vertragsanpassung die Mehrkosten auf den Verbraucher weiterwälzen. Dass aber die Umwälzung der Kosten durch die Änderung der Tarife nicht allein nach dem Belieben der EVU, sondern auch im Einvernehmen mit der jeweils zuständigen Energiebehörde durchgeführt werden muss, zeigt das Verfahren der PreussenElektra AG/Schleswag AG, in dem das Energieministerium des Landes Schleswig-Holstein eine Änderung der Tarife gerade nicht genehmigt hatte. Die Weitergabe der Mehrkosten an den Endverbraucher ist somit kein selbstverständlicher Automatismus. Daher ist die Ablehnung der staatlichen Mittelherkunft allein deshalb in ihrer Allgemeinheit nicht zutreffend.

Allerdings sprechen andere gewichtige Gründe gegen die Annahme, dass eine aus staatlichen Mitteln gewährten Beihilfe aufgrund der Versorgungsstruktur in der Bundesrepublik vorliege. Denn die durch das EEG vorgesehenen Regelungen verpflichten die EVU gerade ohne danach zu unterscheiden, ob es sich dabei um private, gemischtwirtschaftliche oder kommunale, bzw. staatliche Unternehmen handelt. Ist also darüber zu entscheiden, ob eine Beihilfe aus staatlichen Mitteln gewährt wird, so kann dabei nicht maßgeblich darauf abgestellt werden, dass zumindest bezüglich eines Teils der aufgebrachten Mittel eine mittelbare Belastung des Staatshaushaltes vorliegt. Denn ein anderer Teil der Mittel stammt von privaten Unternehmen, womit diesbezüglich eine Gewährung der Beihilfe aus staatlichen Mitteln gerade nicht in Betracht kommt. Für die Beurteilung der Frage, ob eine Beihilfe aus staatlichen Mitteln stammt, ist der Rückgriff auf das Argument der Unternehmensstruktur in der Bundesrepublik somit geradezu ungeeignet, da eine solche Betrachtungsweise den Gesetzgeber dazu verpflichten würde, im Rahmen wirtschaftslenkender Gesetze die Finanzierung der jeweils verfolgten Sachaufgabe ausschließlich privaten Unternehmen aufzubürden, um nicht in Konflikt mit europäischem Beihilfenrecht zu treten.[598] Dies hätte aber eine kaum zu rechtfertigende Un-

596 BT-Drs. 14/2776, S. 2.
597 *Gellermann*, DVBl. 2000, S. 514.
598 Ähnlich *Richter*, Stromeinspeisungen, S. 119.

gleichbehandlung und eine Verzerrung des Wettbewerbes zwischen öffentlichen und privaten Unternehmen zur Folge, zumal unterstellt werden kann, dass auch die Erfüllung der jeweiligen Sachaufgabe nahezu unmöglich gemacht, zumindest aber erheblich erschwert würde.
Entsprechend führt Generalanwalt *Francis G. Jacobs*[599] in seinem Schlussantrag zum Stromeinspeisungs-Urteil des EuGH aus: „[Ein derartiges Verständnis des Begriffes der Finanzierung aus staatlichen Mitteln würde] auch insofern zu absurden Ergebnissen führen, als die Mitgliedstaaten wahrscheinlich im öffentlichen Eigentum befindliche Unternehmen von Verpflichtungen ausnehmen müssten, die für andere Unternehmen gelten, um den Bestimmungen über staatliche Beihilfen gerecht zu werden. Das würde offensichtlich zu einer Verzerrung des Wettbewerbes zwischen den verschiedenen Unternehmensformen bei der Finanzierung der Maßnahme führen".
Darüber hinaus muss beachtet werden, dass insbesondere bei gemischtwirtschaftlichen Unternehmen kaum zu überwindende Bedenken hinsichtlich der Praktikabilität bei Zugrundelegung einer solchen Auslegung bestünden. So könnte die Frage, ob eine aus staatlichen Mitteln gewährte Beihilfe gegeben ist, nur mit Blick auf das jeweils verpflichtete Unternehmen und dessen konkret vorliegende staatliche Kapitalbeteiligung beantwortet werden, da die auf die privaten Anteilseigner entfallenden Gewinnausschüttungen nicht von Art. 87 Abs. 1 EG erfasst wären.[600]
Gerade in Zeiten vermehrter Unternehmenszusammenschlüsse und rasch wechselnder Beteiligungen ist es aber erforderlich, im Interesse der Rechtssicherheit[601] einheitliche Bewertungsmaßstäbe an das Vorliegen einer staatlichen Mittelbelastung anzulegen. Dass ein Teil der im Rahmen des EEG zu erbringenden Aufwendungen von staatlichen bzw. kommunalen oder gemischtwirtschaftlichen Unternehmen stammt, kann daher nicht als praktikables und entscheidendes Kriterium für die Begründung einer staatlichen Mittelherkunft angesehen werden; die Belastung dieser Unternehmen, die trotz teilweiser öffentlicher Anteilseignerschaft Teil der privaten Wirtschaft sind[602], stellt vielmehr einen bei der rechtlichen Betrachtung in Kauf zu nehmenden Nebeneffekt dar.
Auch mit Blick auf die Stromeinspeisungs-Entscheidung des EuGH lässt sich diesbezüglich kaum eine andere Betrachtungsweise vertreten. Zwar hat der EuGH[603] in seiner Entscheidung ausdrücklich auf die Belastung privater Unternehmen abgehoben, so dass erwogen werden könnte, dass der Gerichtshof in Bezug auf gemischtwirtschaftliche oder öffentliche Unter-

599 Schlussanträge des Generalanwalts *Jacobs* in der Rs. C-379/98 - *PreussenElektra/Schleswag* - Slg. I 2001, S. 2099, 2144, Rn. 175; zustimmend *Baur*, Ausnahmen von Kostenwälzungen, S. 9 f.
600 *Richter*, Stromeinspeisungen, S. 119.
601 Vgl. zu diesem Aspekt insbesondere auch *Richter*, Stromeinspeisungen, S. 118.
602 *Falk*, ZIP 1999, S. 739.
603 Vgl. EuGH, Rs. C-379/98 - *PreussenElektra/Schleswag* -, Slg. I 2001, S. 2099, 2180, Rn. 56.

nehmen anders entschieden hätte. Allerdings muss auch beachtet werden, dass der EuGH in seiner Entscheidung die Beteiligung der schleswig-holsteinischen Landkreise von insgesamt 34,7 % an der Schleswag AG nicht beanstandet hat. Die in den Leitsätzen enthaltene Einschränkung auf „private Unternehmen“ sollte demnach nicht überinterpretiert werden.

Auch die These, dass die Begünstigung des regenerativ erzeugten Stroms in Folge der Belastung der verpflichteten Unternehmen zu staatlichen Einnahmeverlusten führe, weshalb die Begünstigung letztlich aus staatlichen Mitteln finanziert werde[604], kann im Ergebnis nicht den Schluss rechtfertigen, dass das EEG eine Beihilfe aus staatlichen Mitteln begründe. Es ist bereits zweifelhaft, ob - wie von *Frenz*[605] behauptet - die staatlichen Einnahmeverluste in unmittelbarem sachlichen Zusammenhang mit der Begünstigung stehen. Denn die Begünstigung des regenerativen Stroms liegt ausschließlich in der Zahlung der im EEG vorgesehenen Vergütung. Die hieraus folgende Belastung des aufnehmenden Unternehmens ist aber nicht die „Kehrseite“ der Vergütungszahlung, da auch berücksichtigt werden muss, dass das aufnehmende Unternehmen eine Gegenleistung - den eingespeisten Strom - erhält. Eine „Belastung“ kann vielmehr nur in dem Anteil der Vergütung gesehen werden, der die vermiedenen Kosten des aufnehmenden Unternehmens übersteigt.[606] Sodann muss berücksichtigt werden, dass auf der zweiten Stufe des Belastungsausgleichs eine vollständige Kostenerstattung vorgesehen ist.[607] Auf den weiteren Ebenen des Belastungsausgleichs werden die geleisteten Vergütungszahlungen ausgeglichen und schließlich - insoweit gesetzlich nicht geregelt - größtenteils an die Endkunden weitergegeben.[608] Inwieweit hieraus entstehende Einnahmeverluste der Unternehmen wiederum zu staatlichen Einnahmeverlusten führen und welchen Umfang diese staatlichen Einnahmeverluste haben, wird aber an keiner Stelle dargelegt. Die Aussage, dass staatliche Steuerausfälle die „unmittelbare Kehrseite“ der staatlichen Förderung regenerativen Stroms durch Abnahme- und Vergütungspflicht darstellt,[609] ist in dieser Form jedenfalls nicht haltbar. Ihr könnte nur dann gefolgt werden, wenn die Höhe der insgesamt aufgrund des EEG gezahlten Vergütungen mit den durch sie kausal verursachten konkreten staatlichen Steuerausfällen deckungsgleich wäre. Dies ist jedoch nicht der Fall.

Zudem verwischt diese Auffassung unzulässig die Grenzen zur Beihilfenkategorie der „steuerlichen Verschonungssubvention“, bei der bestimmte Unternehmen gezielt und systemwidrig von einer Steuer ausgenommen werden.[610] Denn diese Beihilfenkategorie ist gerade

---

604 *Gent*, Mindestpreise, S. 61 f.; *Frenz*, RdE 2002, S. 202 f.

605 *Frenz*, RdE 2002, S. 203.

606 Zum Begriff der vermiedenen Kosten oben S. 25 ff.

607 Hierzu oben, S. 91 f.

608 Hierzu oben, S. 92 ff.

609 *Frenz*, RdE 2002, S. 203.

610 Vgl. hierzu G/T/E-*Mederer*, Art. 92 EGV, Rn. 14. Calliess/Ruffert-*Cremer*, Art. 87 EGV, Rn. 18; Schwarze-*Bär-Bouyssière*, Art. 87, Rn. 27; *Oppermann*, Europarecht, Rn. 1110.

von solchen Fällen abzugrenzen, in denen staatliche Steuerausfälle nur gewöhnlicher Nebeneffekt einer belastenden Regelung sind. Ansonsten wäre jeder durch staatliche Intervention verursachte Verlust von Unternehmensgewinnen in Ansehung des hierdurch verursachten Steuerverlustes als Beihilfe einzuordnen.[611]

Die Abnahme- und Vergütungspflicht nach dem EEG ist somit im Ergebnis nicht als eine aus staatlichen Mitteln gewährte Beihilfe einzuordnen.

b. Staatliche Beihilfe

Im Mittelpunkt der Betrachtung steht demnach die Auslegung des Begriffs „staatliche" Beihilfe, genauer gesagt die Frage, ob eine staatliche Beihilfe i.S.d. Art. 87 Abs. 1 EG die unmittelbare oder mittelbare Belastung staatlicher Mittel erfordert. Dabei stellt der Wortlaut des Vertragstextes den Ausgangspunkt und gleichzeitig die Grenze der Auslegung dar, da sich die Vertragspartner nur insoweit binden wollten und auch nur insoweit eine Ratifizierung in den Mitgliedstaaten stattgefunden hat.[612] Ein Auslegungsergebnis ist daher nur dann haltbar, wenn hierfür ein Anhaltspunkt im Wortlaut der auszulegenden Bestimmung enthalten ist.[613]

Hierzu wird teilweise geltend gemacht, dass Art. 87 Abs. 1 EG eindeutig zwischen staatlichen und aus staatlichen Mitteln gewährten Beihilfen unterscheide. Dies spreche dafür, dass es für das Vorliegen einer Beihilfe ohne Bedeutung sei, ob diese unmittelbar oder mittelbar aus staatlichen Mitteln finanziert werde, da die aus staatlichen Mitteln gewährten Beihilfen jedenfalls auch immer staatliche Beihilfen i.S.d. Art. 87 Abs. 1 EG darstellten.[614] In der Tat erscheint die Unterscheidung zwischen „staatlichen" und „aus staatlichen Mitteln" gewährten Beihilfen auf den ersten Blick als überflüssig, wenn nicht auch solche Maßnahmen unter den Beihilfebegriff fallen könnten, die nicht aus staatlichen Mitteln finanziert werden. Für eine solche Auslegung spräche auch der allgemein anerkannte Grundsatz, dass der Beihilfenbegriff angesichts der Formulierung „gleich welcher Art" denkbar weit auszulegen ist.[615]

Gleichwohl ist diese Betrachtungsweise nicht zwingend, wie sich aus den Ausführungen des EuGH ergibt. Danach dient die Unterscheidung zwischen „staatlichen" und aus „staatlichen Mitteln" gewährten Beihilfen lediglich dazu, in den Beihilfenbegriff die unmittelbar vom Staat gewährten Vorteile sowie diejenigen, die über eine vom Staat benannte oder errichtete

611 Ebenso *Faber*, NuR 2002, S. 141; *Iro*, RdE 1998, S. 13; *Falk*, ZIP 1999, S. 738 f.

612 *Bleckmann*, Europarecht, Rn. 538.

613 *Bleckmann*, Europarecht, Rn. 541.

614 Vgl. insbesondere die Schlussanträge von Generalanwalt *Darmon* zu EuGH, Slg. I 1993, S. 887, 913, und von Generalanwalt *van Themaat* zu EuGH, Slg. 1982, S. 3583, 3617; *Bleckmann*, RabelsZ 1984, S. 434.

615 EuGH, Rs. 47/69 - *Frankreich/Kommission* -, Slg. I 1970, S. 487, Rn. 16 f.; Calliess/Ruffert-*Cremer*, Art. 87 EGV, Rn. 7; Schwarze-*Bär-Bouyssière*, Art. 87 EGV, Rn. 27.

öffentliche oder private Einrichtung gewährt werden, einzubeziehen.[616] Zudem ließe sich einwenden, dass die Tatbestandsvariante „aus staatlichen Mitteln gewährte Beihilfe" überflüssig wäre, wenn streitige Maßnahmen ohne weiteres unter das Merkmal „staatliche Beihilfe" subsumiert werden könnten.[617] Eine ausschließlich am Wortlaut des Art. 87 Abs. 1 EG orientierte Auslegung kann somit keine eindeutige Antwort auf die Frage liefern, ob eine staatliche Beihilfe i.S.d. Art. 87 Abs. 1 EG die unmittelbare oder mittelbare Belastung staatlicher Mittel erfordert. Besondere Bedeutung ist daher im Rahmen dieser Untersuchung der teleologischen Auslegungsmethode beizumessen.

Bei der teleologischen Auslegung des Gemeinschaftsrechts ist vor allem auf die in den Gemeinschaftsverträgen enthaltenen Ziele zurückzugreifen[618]; von Bedeutung sind demnach insbesondere die Art. 2, 3 und 6 EG.

Dementsprechend wird von Teilen der Literatur unter Verweis auf das Ziel der Schaffung eines unverfälschten Wettbewerbs innerhalb des Binnenmarktes (Art. 2, 3 Abs. 1 lit. c), lit. g) EG) darauf hingewiesen, dass die Mitgliedstaaten angesichts knapper Haushaltsmittel künftig vermehrt Unterstützungssysteme wählen werden, welche zu Lasten von Privaten gehen, um den Staatshaushalt unberührt zu lassen. Wäre es nicht möglich, solche Maßnahmen unter den Beihilfenbegriff zu subsumieren, würde die Beihilfenkontrolle weitgehend unterlaufen und umgangen.[619]

Dieser Betrachtungsweise ist zuzugeben, dass sämtliche staatlichen nationalen Wettbewerbsverzerrungen vom Beihilfenbegriff erfasst wären, womit dem Gemeinschaftsziel der Schaffung und Aufrechterhaltung unverfälschter Wettbewerbsbedingungen weitestgehend entsprochen würde. Dennoch sprechen gewichtige Gründe gegen eine solche Auslegung des Begriffes „staatliche Beihilfe".

So würde eine extensive Auslegung des Beihilfenbegriffs der Beihilfenkontrolle ein kaum eingrenzbares Tätigkeitsgebiet eröffnen, was zur Folge hätte, dass kaum mehr Fälle staatlicher Wirtschaftsförderung denkbar wären, die nicht unter den Beihilfenbegriff fallen würden.[620]

---

616 EuGH, Rs. C-379/98 - *PreussenElektra/Schleswag* -, Slg. I 2001, S. 2099, 2181, Rn. 58 unter Verweis auf Rs. 82/77 - *van Tiggele* -, Slg. 1978, S. 25, Rn. 24 f.; - *Sloman Neptun* -, Rn. 19; Slg. 1993, S. I-6185 Rn. 16 - *Kirsammer-Hack* -; Slg. 1998, S. I-2629, Rn. 13 - *Viscido u.a.* -; Slg. 1998, S. I-7907, Rn. 35 - *Ecotrade* -; Slg. 1999, S. I-3735, Rn. 35 - *Piaggio* -.

617 *Brandt/Reshöft/Steiner*, EEG, Einführung, Rn. 117.

618 Vgl. hierzu *Bleckmann*, Europarecht, Rn. 547 ff.

619 In diesem Sinne *Pohlmann*, NJW 1997, S. 550; *Gent*, Mindestpreise, S. 100; *Witthohn/Smeddinck*, ET 2001, S. 467 f.; *Kühling*, RdE 2001, S. 98. Die Gefahr einer Umgehung wird auch von *Lecheler*, RdE 2001, S. 142, hervorgehoben und bezogen auf das StrEG letztlich als durchschlagend erachtet; vgl. in diesem Sinne zum EEG auch *Altrock*, Preisregelungen, S. 60 ff.

620 Vgl. *Soria*, DVBl. 2001, S. 883; *Ruge*, WuW 2001, S. 568; *Altrock*, Preisregelungen, S. 63. Auch *Lecheler*, RdE 2001, S. 142, weist auf die Schwierigkeit hin, Umgehungsakte in den Subventionsbegriff einzubeziehen, ohne damit zugleich die gesamte Arbeits- und Sozialgesetzgebung der Beihilfenaufsicht zu unterstellen.

Hierüber vermag der von *Altrock*[621] vertretene Ansatz, einer Ausuferung des Beihilfenbegriffs könne mit dem Erfordernis einer unmittelbaren Bezifferbarkeit der privaten Mittelaufwendung entgegengewirkt werden, letztlich nicht hinwegzuhelfen. So sei es für das Vorliegen einer Beihilfe notwendig, dass zumindest für die mit der Förderung beauftragte Stelle eine unmittelbar bezifferbare finanzielle Einbuße einhergeht. Aufgrund der im EEG enthaltenen festen Vergütungssätze, die - je nach Erzeugungsart - über den am Markt erzielbaren Preisen für den eingespeisten Strom liegen, sei die Belastung unmittelbar bezifferbar.[622]

Indes ergibt sich allein aus dem Umstand, dass das EEG feste Vergütungssätze je kWh vorsieht, noch keine unmittelbare Bezifferbarkeit der Belastungen. Eine Bezifferbarkeit der Belastungen setzt zunächst die genaue Ermittlung der vermiedenen Kosten voraus, da eine Belastung nur in dem Teil der Vergütung gesehen werden kann, der die vermiedenen Kosten übersteigt. Die Schwierigkeiten bei der Ermittlung der vermiedenen Kosten wurden bereits erwähnt[623] und stellen die Möglichkeit einer unmittelbaren Bezifferbarkeit der Belastungen in Frage. Darüber hinaus lassen sich die *unmittelbaren* Belastungen allenfalls nachträglich unter Berücksichtigung des von der eingespeisten Strommenge abhängigen Vergütungsvolumens feststellen; sie ergeben sich aber nicht bereits aus den gesetzlich geregelten Vergütungssätzen. Schließlich bleibt die Frage offen, inwieweit im Hinblick auf den bundesweiten Belastungsausgleich überhaupt noch von einer unmittelbar bezifferbaren Einbuße der verpflichteten EVU ausgegangen werden kann. So werden die den Netzbetreibern durch die Abnahme und Vergütung des Regenerativstroms entstandenen Aufwendungen im Zuge der zweiten Stufe des Belastungsausgleichs vom vorgelagerten Übertragungsnetzbetreiber vollständig übernommen.[624] Die im Weiteren erfolgende Umverteilung der Kosten[625] macht eine unmittelbare Bezifferbarkeit nahezu unmöglich, weshalb dieses Kriterium gerade für die Beurteilung der Beihilfenqualität des EEG ungeeignet ist.

Darüber hinaus muss der Umstand beachtet werden, dass die Wirtschaftspolitik nach wie vor auch und gerade im Hinblick auf die Art. 98 ff. EG in der Verantwortung der Mitgliedstaaten liegt (vgl. nur den Wortlaut des Art. 98 Satz 1 EG: „Die Mitgliedstaaten richten *ihre* Wirtschaftspolitik so aus, [...]“), wenngleich die Einhaltung gemeinschaftlicher Vorgaben einem behutsamen Kontrollverfahren unterworfen ist.[626] So kann der Rat mit qualifizierter Mehrheit auf Empfehlung der Kommission gemäß Art. 99 Abs. 4 EG die erforderlichen Empfehlungen an einen Mitgliedstaat richten, wenn festgestellt wurde, dass die Wirtschaftspolitik des Mit-

621 *Altrock*, Preisregelungen, S. 63 f.
622 *Altrock*, Preisregelungen, S. 63.
623 Hierzu oben, S. 26.
624 Hierzu oben, S. 91 f.
625 Hierzu oben, S. 93 ff.
626 Vgl. hierzu *Streinz*, Europarecht, Rn. 866 ff.

gliedstaats nicht mit den gemeinschaftlich festgelegten Grundzügen vereinbar ist. Denn Art. 98 EG will den Mitgliedstaaten nicht eine umfassende Gestaltungsfreiheit hinsichtlich ihrer Wirtschaftspolitik einräumen, sondern fordert, dass die Mitgliedstaaten ihre Wirtschaftspolitik so ausrichten, dass sie zur Verwirklichung der Ziele der Gemeinschaft i.S.d. Art. 2 EG beiträgt. Zu diesen Zielen gehören sowohl eine harmonische und ausgewogene Entwicklung des Wirtschaftslebens - welche insbesondere durch die Randbedingungen wirtschaftlicher Tätigkeit[627], also auch durch das EEG, beeinflusst wird - als auch ein hohes Maß an Umweltschutz und die Verbesserung der Umweltqualität.[628]

Dennoch ist deutlich erkennbar, dass die Befugnis zu wirtschaftspolitischen Maßnahmen einer ähnlich weitgehenden Kontrolle wie auf dem Gebiet des Beihilfenrechts entzogen sein soll.[629] Hieraus ergibt sich ein Spannungsfeld, das nicht nur im Lichte eines möglichst unverfälschten Wettbewerbes zwischen den Mitgliedstaaten, sondern gerade auch im Lichte der bei den Mitgliedstaaten selbst verbleibenden Kompetenz zur wirtschaftspolitischen Gestaltung aufzulösen ist. In diesem Zusammenhang betrachtet, drängt sich die Sichtweise des EuGH geradezu auf, nach welcher nur solche Vorteile als Beihilfen anzusehen sind, die unmittelbar oder mittelbar aus staatlichen Mitteln gewährt werden.[630] Bei einer Betrachtungsweise, welche ausschließlich oder überwiegend auf das Gemeinschaftsziel eines möglichst unverfälschten Wettbewerbs abstellt, wären nahezu alle staatlichen Interventionen in das Wirtschaftsleben, welche einzelnen Unternehmen Pflichten zum Vorteil anderer Unternehmen auferlegen, als Beihilfen anzusehen.[631]

Es sprechen somit gute Gründe dafür, die Differenzierung zwischen staatlichen und aus staatlichen Mitteln gewährten Beihilfen im Sinne der Rechtsprechung des EuGH zu verstehen, wonach diese lediglich dazu dient, in den Beihilfenbegriff die unmittelbar vom Staat gewährten Vorteile sowie diejenigen, die über eine vom Staat benannte oder errichtete öffentliche oder private Einrichtung gewährt werden, einzubeziehen.[632]

---

627 Calliess/Ruffert-*Ukrow*, Art. 2 EGV, Rn. 15.

628 Dabei kann wohl als unstreitig angesehen werden, dass grundsätzlich auch Preisregelungen als wirtschaftspolitische Maßnahmen im Sinne der Art. 98 ff. EG eingeordnet werden können, vgl. hierzu *Mestmäcker*, Preisregelungen auf dem Arzneimittelmarkt, S. 19 ff., wobei es sich freilich bei den dort in Rede stehenden Preisregelungen um Höchstpreise handelte, womit die Abgrenzung zum Beihilfenrecht keine besonderen Probleme aufwarf.

629 Vgl. *Ehricke*, RdE 2003, S. 58 f.

630 In diesem Sinne auch G/T/E-*Mederer*, Art. 92 EGV, Rn. 18; *Müller-Graff*, ZHR 152, S. 403 ff.; *ders.*, EuR 1985, S. 299 f.; *Gellermann*, DVBl. 2000, S. 509 ff.; *Pünder*, NVwZ 1999, S. 1059 ff.; *Falk*, ZIP 1999, S. 738; *Soria*, DVBl. 2001, S. 883 f.; *Bartosch*, NVwZ 2001, S. 645.

631 *Pünder*, NVwZ 1999, S. 1060.

632 Vgl. EuGH, Rs. C-379/98 - *PreussenElektra/Schleswag* -, Slg. I 2001, S. 2099, 2181, Rn. 58. Vgl. hierzu auch *Nagel*, ZNER 1/2000, S. 4, welcher das EEG als wirtschaftspolitisches Gesetz dem Beihilfenregime der Gemeinschaft von vornherein entzogen sieht, da es den Staat nicht finanziell belastet.

Wird nach den bisherigen Ausführungen das Kriterium der staatlichen Mittelbelastung für die Einschränkung und Begrenzung des Beihilfenbegriffs herangezogen, stellt sich die Frage, ob dies - unter dem Gesichtspunkt einer möglichst wirksamen Erreichung der Vertragsziele i.S.d. *effet utile* - auch erforderlich ist oder ob eine mildere Einschränkung des Beihilfenbegriffs denkbar ist. So wird in der Literatur zum StrEG vereinzelt darauf abgestellt, dass das Erfordernis einer nur vorübergehenden Mittelbelastung gleichfalls ausreiche, um den Beihilfenbegriff wirksam einzuschränken.[633] Eine solche Betrachtungsweise führt - übertragen auf das EEG - jedoch nur dann zu einem anderen Ergebnis, wenn das EEG überhaupt eine staatliche Mittelbelastung - gleich ob vorübergehend oder dauerhaft - bewirkt. Dies ist jedoch wie bereits dargestellt gerade nicht der Fall. Die nach dem EEG gezahlten Mittel stehen den deutschen Behörden weder dauernd noch vorübergehend zur Verfügung, da sie den privaten Sektor niemals verlassen.

Insoweit stellt das EEG auch unter dem Aspekt der nur vorübergehenden Belastung des Staatshaushaltes keine „staatliche Beihilfe" i.S.d. Art. 87 Abs. 1 EG dar.[634]

IV. Konsequenzen aus dem Stromeinspeisungs-Urteil des EuGH

Das Urteil des EuGH zum StrEG legt die Annahme nahe, dass das Erfordernis einer staatlichen Mittelbelastung für das Vorliegen einer staatlichen Beihilfe unabdingbar ist und nunmehr gefestigter Rechtsprechung entspricht. Dabei greift nach Auffassung des EuGH auch der häufig vorgebrachte Einwand der Umgehung bzw. der praktischen Aufhebung der geltenden Wettbewerbsregelungen nicht durch, da sich Art. 92 EGV (Art. 87 EG) im Gegensatz zu Art. 85 EGV - welcher nur das Verhalten von Unternehmen betreffe - unmittelbar auf Maßnahmen der Mitgliedstaaten beziehe.

Die vom EuGH im Stromeinspeisungs-Urteil aufgestellten und bekräftigten Grundsätze lassen sich auf die neue Rechtslage unter der Geltung des EEG weitgehend übertragen, da die Förderung erneuerbarer Energien nach wie vor auf Grundlage einer garantierten Einspeisevergütung durchgeführt wird. Soweit also die Abnahme- und Mindestvergütungspflicht des EEG in Rede steht, kann davon ausgegangen werden, dass der EuGH auch diesbezüglich nicht vom Vorliegen einer Beihilfe ausgehen würde. Dies kann allerdings nur bezogen auf die Verpflichtung

633 *Gent*, Mindestpreise, S. 98 ff.

634 Der Prüfung des Merkmals der „Wettbewerbsverfälschung" i.S.d. Art. 87 Abs. 1 EG kommt demnach keine Bedeutung mehr für das Ergebnis der Untersuchung zu, da der Anwendungsbereich des Beihilfenverbots schon nicht eröffnet ist. Der Vollständigkeit halber sei aber erwähnt, dass eine solche Wettbewerbsverfälschung durch das EEG vorliegt. Wettbewerbsverfälschend ist eine Beihilfe dann, wenn sie die Stellung des Begünstigten auf einem bestimmten Markt zu Lasten seiner potentiellen Konkurrenten verbessert, vgl. Calliess/Ruffert-*Cremer*, Art. 87 EGV, Rn. 12. Dass das EEG die Stellung der Erzeuger regenerativen Stroms auf dem Elektrizitätsmarkt zu Lasten der konventionellen Stromerzeuger verbessert, lässt sich nicht in Abrede stellen.

privater EVU mit Sicherheit prognostiziert werden, da die Ausführungen des EuGH eine diesbezügliche Einschränkung in den Leitsätzen des Stromeinspeisungs-Urteils andeuten könnten. Zu beachten ist allerdings, dass der EuGH - wie bereits erwähnt - die Beteiligung der schleswig-holsteinischen Landkreise an der Schleswag AG im Rahmen seiner Entscheidung nicht beanstandet hat. Ob der Gerichtshof also in Bezug auf öffentliche oder gemischtwirtschaftliche EVU eine andere Betrachtungsweise einnehmen würde, lässt sich durchaus anzweifeln.
Vor dem Hintergrund des Stromeinspeisungs-Urteils werden vermehrt Bedenken hinsichtlich der nunmehr zu erwartenden Subventionspolitik der Mitgliedstaaten geltend gemacht.[635] Dabei wird die Befürchtung geäußert, dass in naher Zukunft weitere Beispiele eines modernen „outsourcing" staatlicher Subventionspolitik folgen werden.[636] Diese Bedenken erscheinen nicht unberechtigt, da sich eine staatliche Mittelbelastung in vielfältiger Weise vermeiden lässt. Gleichwohl entspricht eine Stärkung der einzelstaatlichen Kompetenzen auf dem wirtschaftspolitischen Sektor ebenso den Interessen des EG-Vertrages, wie die Praktizierung einer restriktiven Beihilfenaufsicht. Letztlich dürfte damit für die Beurteilung künftiger „Subventionsgesetze" der Prüfungsmaßstab des nationalen Verfassungsrechts stärker in den Vordergrund rücken.

B. EEG und Warenverkehrsfreiheit

Die Errichtung eines Gemeinsamen Marktes, also eines Wirtschaftsraumes, in dem Waren und andere Leistungen im Rahmen einer einheitlichen Wettbewerbsordnung frei zirkulieren können[637], ist - wie sich aus Art. 2 EG ergibt - eine der Kernaufgaben der Europäischen Gemeinschaft. Als Mittel zur Verwirklichung dieses Zieles kommt neben der Zollunion (Art. 25 ff. EG) insbesondere der Abschaffung mengenmäßiger Beschränkungen (Art. 28 ff. EG) eine zentrale Rolle zu. Gemäß Art. 28 EG sind mengenmäßige Einfuhrbeschränkungen sowie alle Maßnahmen gleicher Wirkung zwischen den Mitgliedstaaten verboten. Hieraus resultiert die Pflicht der Mitgliedstaaten, bestehende Handelshemmnisse dieser Art abzubauen und keine neuen derartigen Handelshemmnisse einzuführen.[638]
Bereits in Bezug auf das StrEG war die Frage nach der Vereinbarkeit mit den Art. 28 ff. EG Gegenstand kontroverser Diskussionen[639], deren vorläufiger Schlusspunkt das bereits erörterte Stromeinspeisungs-Urteil des EuGH vom 13.3.2001 bildet. Hierin erkannte der EuGH im Er-

635 Vgl. *Kühne*, JZ 2001, S. 760 f.; *Ruge*, EuZW 2001, 247 f.; *v. Heinegg*, Festschrift Baur, S. 127 f.
636 *v. Heinegg*, Festschrift Baur, S. 127 f.
637 Vgl. *Streinz*, Europarecht, Rn. 657.
638 *Streinz*, Europarecht, Rn. 657.
639 Vgl. zum Streitstand etwa *Gent*, Mindestpreise, S. 108 ff.; *Gellermann*, DVBl. 2000, S. 514 ff.; Ludwig/ Odenthal-*Britz*, EEG, Rn. 27 ff.; aus der Rechtsprechung insbesondere den Vorlagebeschluss des LG Kiel, Beschl. v. 1.9.1998 - 15 O 134/98 -, EuZW 1999, S. 29 ff.

gebnis für Recht, dass eine Regelung, durch die private EVU verpflichtet werden, den in ihrem Versorgungsgebiet erzeugten Strom aus erneuerbaren Energiequellen abzunehmen, nicht gegen Art. 30 EGV (Art. 28 EG) verstößt.[640]

Das EEG sieht sich ähnlichen Bedenken ausgesetzt wie das StrEG, da nach dem ausdrücklichen Wortlaut des § 2 Abs. 1 Satz 1 EEG der Anwendungsbereich des Gesetzes auf den innerhalb des deutschen Bundesgebietes und der deutschen ausschließlichen Wirtschaftszone gewonnenen Regenerativstrom beschränkt ist.[641] Insofern stellt sich die Frage, ob das EEG mit dem in den Art. 28 ff. EG niedergelegten Verbot von mengenmäßigen Beschränkungen zwischen den Mitgliedstaaten - insbesondere mit Blick auf die aktuelle Rechtsprechung des EuGH - vereinbar ist.

Keiner eingehenden Erörterung bedarf dabei die Frage, ob Art. 28 EG neben den beihilfenrechtlichen Vorschriften der Art. 87 ff. EG zur Anwendung kommen kann, da das EEG - wie soeben gezeigt - nicht als staatliche Beihilfe i.S.d. Art. 87 Abs. 1 EG einzuordnen ist. Ob es sich bei Art. 87 EG um eine vorrangige Spezialnorm handelt, welche die Anwendbarkeit der Regeln über die Warenverkehrsfreiheit ausschließt, kann daher an dieser Stelle dahinstehen.[642]

I. Elektrischer Strom als Ware i.S.d. Art. 23 Abs. 2 EG

Art. 28 EG setzt zunächst voraus, dass die nationale Maßnahme Waren betrifft, die aus den Mitgliedstaaten stammen. Gleiches gilt für Waren, die aus Drittländern stammen, soweit sich diese Waren in den Mitgliedstaaten im freien Verkehr befinden, Art. 23 Abs. 2 EG.

Das EEG regelt die Anschlusspflicht von Anlagen zur Erzeugung von Strom aus erneuerbaren Energien sowie die Pflicht zur Abnahme und Vergütung des eingespeisten Stroms. Regelungsgegenstand des EEG ist mithin elektrischer Strom, welcher als Ware i.S.d. Art. 23 Abs. 2 EG einzuordnen sein müsste, damit Art. 28 EG anwendbar ist.

Vereinzelt wird die Auffassung vertreten, dass nur körperliche Gegenstände als Waren anzusehen sind.[643] Da elektrischer Strom das Merkmal der Körperlichkeit unstreitig nicht erfüllt[644],

---

640 Vgl. hierzu unten, S. 168 ff.

641 Vgl. hierzu bereits oben S. 54 ff.

642 Der EuGH geht zumindest von einer beschränkten Spezialität der beihilfenrechtlichen Vorschriften aus. Verstößt danach die Modalität der Gewährung oder Finanzierung einer Beihilfe gegen Art. 28 EG, ist das Verfahren nach Art. 87 ff. EG vorrangig, soweit die Modalität untrennbar mit dem Beihilfezweck verbunden ist. Ist dagegen die Modalität der Beihilfe von dieser selbst trennbar, kann sich der Einzelne vor den innerstaatlichen Gerichten auf die Verletzung des Art. 28 EG berufen; vgl. hierzu insbesondere die Entscheidungen des EuGH in der Rs. 74/76 - *Ianelli/Meroni* -, Slg. 1977, S. 557, 575, Rn. 9 f.; Rs. 103/84 - *Kommission/Italien* -, Slg. 1986, S. 1759, 1774, Rn. 19; Rs. 249/81 - *Kommission/Irland* -, Slg. 1982, S. 4005, 4021, Rn. 16 ff.

643 Vgl. G/T/E-*Troberg*, Art. 60 EGV, Rn. 1.

644 Vgl. nur Erman-*Michalski*, BGB, § 90, Rn. 2.

wäre nach dieser Auffassung der Anwendungsbereich des Art. 28 EG durch das EEG nicht eröffnet.

Demgegenüber geht die ganz herrschende Ansicht im Schrifttum davon aus, dass auch elektrischer Strom vom Warenbegriff des EG-Vertrages erfasst ist.[645] Dafür spreche, dass Strom ein geldwertes und handelsfähiges sowie standardisiertes und zum Verbrauch bestimmtes Gut darstelle. Eine Begrenzung des Warenbegriffs durch das Merkmal der Körperlichkeit wirke „zufällig".[646] Auch der EuGH[647] geht in seiner Rechtsprechung mittlerweile selbstverständlich davon aus, dass Strom als Ware i.S.d. Art. 23 Abs. 2 EG einzuordnen ist.

Der letzteren Auffassung ist nicht zuletzt vor dem Hintergrund der Binnenmarkt-Richtlinie Elektrizität[648] und der Binnenmarkt-Richtlinie Gas[649] uneingeschränkt zu folgen, welche von dem Grundgedanken ausgehen, dass die Verwirklichung eines wettbewerbsorientierten Elektrizitäts- und Erdgasmarktes einen wichtigen Schritt zur Vollendung des Energiebinnenmarktes darstellt.[650] Zu welch beliebigen Ergebnissen eine Begrenzung des Warenbegriffs durch das Kriterium der Körperlichkeit führt, wird deutlich, wenn man sich vor Augen hält, dass es sich bei Erdgas unstreitig um einen körperlichen Gegenstand handelt[651], während dies bei Elektrizität - wie soeben erwähnt - nicht der Fall ist und damit Art. 28 EG zwar bezüglich Erdgas, nicht hingegen bezüglich Elektrizität anwendbar wäre.

Der Körperlichkeit kann daher als Abgrenzungskriterium für den Warenbegriff keine Bedeutung beigemessen werden, wohingegen die Tatsache, dass Elektrizität wie ein körperlicher Gegenstand gehandelt wird, ihre Einordnung als „Ware" i.S.d. Art. 23 Abs. 2 EG rechtfertigt. Der Anwendungsbereich des Art. 28 EG ist somit eröffnet.

II. Mengenmäßige Beschränkung oder Maßnahme gleicher Wirkung

Art. 28 EG verbietet mengenmäßige Einfuhrbeschränkungen sowie alle Maßnahmen gleicher Wirkung zwischen den Mitgliedstaaten. Dabei sind mengenmäßige Beschränkungen solche Maßnahmen, die sich als gänzliche oder teilweise Untersagung der Einfuhr, Ausfuhr oder

---

645 Vgl. *Millarg*, Schranken des Warenverkehrs, S. 28, mit weiteren Nachweisen.

646 Vgl. G/T/E-*Müller-Graff*, Art. 30 EGV, Rn. 276.

647 Vgl. zuletzt EuGH, Rs. C-379/98 - *PreussenElektra/Schleswag* -, Slg. I 2001, S. 2099, 2183 ff., Rn. 68 ff.; darüber hinaus Rs. C-393/92 - *Almelo/Energiebedrijf IJsselmij* -, Slg. 1994, S. I-1477, 1516, Rn. 28; Rs. C-158/94 - *Kommission/Italien* -, Slg. I 1997, S. 5789, 5798, Rn. 14 ff.

648 Richtlinie 96/92/EG des Europäischen Parlaments und des Rates v. 19.12.1996 betreffend gemeinsame Vorschriften für den Elektrizitätsbinnenmarkt, ABl. Nr. L 27/20 v. 30.1.1997.

649 Richtlinie 98/30/EG des Europäischen Parlaments und des Rates v. 22.6.1998 betreffend gemeinsame Vorschriften für den Erdgasbinnenmarkt, ABl. L 204/1 v. 21.7.1998.

650 Vgl. Ziff. 2 der Erwägungsgründe der Binnenmarkt-Richtlinie Elektrizität und Ziff. 3 der Binnenmarkt-Richtlinie Gas, abgedruckt in *Herrmann/Schweers*, Rechtsgrundlagen, S. 163 ff., 181 ff.

651 Vgl. Palandt-*Heinrichs*, BGB, § 90, Rn. 1; Erman-*Michalski*, BGB, § 90, Rn. 1.

Durchfuhr darstellen.[652] Erfasst sind aber auch sonstige Beschränkungen der Einfuhr, die so einschneidend sind, dass sie aus wirtschaftlichen Gründen die Einfuhr unmöglich machen.[653] Das EEG enthält keine mengenmäßige Beschränkung der Einfuhr, Ausfuhr oder Durchfuhr von Elektrizität aus den Mitgliedstaaten. Der Anwendungsbereich des EEG ist zwar auf Strom aus erneuerbaren Energien beschränkt, der in der Bundesrepublik Deutschland und der ausschließlichen deutschen Wirtschaftszone gewonnen wurde; darüber hinaus werden aber keine Regelungen für den in den übrigen Mitgliedstaaten gewonnenen Strom getroffen. Allenfalls könnte demnach eine Maßnahme gleicher Wirkung wie eine mengenmäßige Beschränkung vorliegen.

Für die Konkretisierung des recht weit gefassten und im EG-Vertrag nicht näher definierten Begriffs „alle Maßnahmen gleicher Wirkung" Art. 28 EG ist die Entscheidung des EuGH in der Rechtssache Dassonville[654] von besonderer und nachhaltiger Bedeutung.[655] In der Entscheidung definierte der EuGH den Begriff als „jede Handelsregelung der Mitgliedstaaten, die geeignet ist, den innergemeinschaftlichen Handel unmittelbar oder mittelbar, tatsächlich oder potenziell zu behindern". Nach dieser sehr weit gefassten, mehrfach konkretisierten und ständiger Rechtsprechung des EuGH entsprechenden Definition[656] ist nahezu jede hoheitliche Maßnahme rechtlicher oder tatsächlicher Natur erfasst, die im Entferntesten einen Einfluss auf den innergemeinschaftlichen Handel haben könnte.

1. Mitgliedstaatliche Regelung

Das Verbot des Art. 28 EG richtet sich primär an die Mitgliedstaaten selbst[657], weshalb grundsätzlich nur ein Akt der öffentlichen Gewalt eine Maßnahme gleicher Wirkung wie eine mengenmäßige Beschränkung darstellen kann. Das EEG als gesetzliche Regelung eines Anschluss-, Abnahme- und Vergütungszwanges stellt einen Akt der öffentlichen Gewalt dar und ist damit ein tauglicher Prüfungsgegenstand.

---

652 Vgl. EuGH, Rs. 2/73 - *Geddo/Ente Nazionale Risi* -, Slg. 1973, S. 865, 879, Rn. 7; Rs. 118/78 - *Meijer/ Department of Trade u.a.* -, Slg. 1979, S. 1387 ff.; Rs. 232/78 - *Kommission/Frankreich* -, Slg. 1979, S. 2729 ff.

653 EuGH, Rs. 124/81 - *Kommission/Vereinigtes Königreich* -, Slg. 1983, S. 203, 234.

654 EuGH, Rs. 8/74 - *Staatsanwaltschaft/Dassonville* -, Slg. 1974, S. 837, 852.

655 Die ersten Konkretisierungsversuche der Kommission definierten Maßnahmen gleicher Wirkung als alle Rechts- und Verwaltungsvorschriften, Verwaltungspraktiken sowie alle Akte, die von einer öffentlichen Behörde ausgehen, einschließlich der Anregungen, die die Einfuhr verhindern oder schwieriger oder kostspieliger als den Absatz inländischer Erzeugnisse gestalten, vgl. die Richtlinie Nr. 70/50 EWG v. 22.12.1969, ABl. L 13/29 v. 19.1.1970, hierzu *von der Heide*, Art. 30 EWG-Vertrag, S. 149.

656 Zur Entwicklung der Rechtsprechung vgl. *Millarg*, Schranken des Warenverkehrs, S. 36 ff.

657 EuGH, Rs. 311/85 - *VZW* -, Slg. 1987, S. 3801, 3830, Rn. 30; Rs. 65/86 - *Bayer/Süllhöfer* -, Slg. 1988, S. 5249, 5282, Rn. 11.

2. Begriff der „Handelsregelung"

Der im Dassonville-Urteil verwendete Terminus „Handelsregelung" stellt nach einhelliger Auffassung in der Literatur keine Einschränkung des Anwendungsbereichs in dem Sinne dar, dass nur spezifische Handelsregelungen von der Dassonville-Formel erfasst sein sollen.[658] Es ist somit nicht erforderlich, dass die betreffende Regelung den finalen Zweck haben muss, den Handel zwischen den Mitgliedstaaten zu regulieren. Ausreichend ist vielmehr, wenn eine Regelung mittelbar Einfluss auf den Handel zwischen den Mitgliedstaaten hat, auch wenn ihre Zielsetzung letztlich eine andere ist.[659] Statt von Handelsregelungen spricht der EuGH in diesem Zusammenhang auch von „einzelstaatlichen Regelungen"[660], „innerstaatlichen Regelungen"[661] oder schlicht von „Maßnahmen"[662]

Somit können auch einzelne Regelungen des EEG - wie z.B. die Beschränkung des Anwendungsbereichs auf den in der Bundesrepublik Deutschland oder in der ausschließlichen deutschen Wirtschaftszone gewonnenen Regenerativstrom - Handelsregelungen i.S.d. Dassonville-Formel darstellen.

3. Behinderung des innergemeinschaftlichen Handels

a. Allgemeine Grundsätze

Nach der Dassonville-Formel ist für eine Maßnahme gleicher Wirkung entscheidend, dass sie geeignet ist, den innergemeinschaftlichen Handel zwischen den Mitgliedstaaten zu behindern. Eine Handelsbehinderung ist jede negative Beeinflussung der Einfuhr, Ausfuhr oder Durchfuhr, unabhängig davon, in welcher Art oder mit welcher Zielsetzung, mit welcher konkreten Wirkungstechnik oder in welchem Ausmaß sie erfolgt.[663] Eine tatsächliche negative Beeinflussung des Handels muss nicht stattfinden[664]; sofern schon die bloße Möglichkeit einer Handelsbehinderung besteht, ist der Anwendungsbereich des Art. 28 EG eröffnet.[665] Insbesondere ist ein Nachweis, dass durch die Maßnahme tatsächlich ein Rückgang der Einfuhren eingetreten ist, nicht erforderlich.[666]

---

658 G/T/E-*Müller-Graff*, Art. 30 EGV, Rn. 47; Grabitz/Hilf-*Leible*, Art. 28, Rn. 14; *von der Heide*, Art. 30 EWG-Vertrag, S. 150 f.

659 Vgl. *Millarg*, Schranken des Warenverkehrs, S. 39.

660 EuGH, Rs. 190/73 - *van Haaster* -, Slg. 1974, S. 1123, 1134; Rs. 3, 4, 6/76 - *Kramer* - Slg. 1976, S. 1279, 1314, Rn. 55.

661 EuGH, Rs. 31/74 - *Galli* -, Slg. 1975, S. 47, 62, Rn. 15.

662 EuGH, Rs. 4/75 - *Rewe/Landwirtschaftskammer* -, Slg. 1975, S. 843, 858; Rs. 88-90/75 - *SADAM u.a./ Interministerieller Preisausschuß u.a.* -, Slg. 1976, S. 323, 340.

663 G/T/E-*Müller-Graff*, Art. 30 EGV, Rn. 49.

664 EuGH, Rs. 12/74 - *Kommission/Bundesrepublik Deutschland* -, Slg. 1975, S. 181, 198, Rn. 14.

665 Ständige Rechtsprechung, vgl. z.B. EuGH, Rs. 249/81 - *Kommission/Irland* -, Slg. 1982, S. 4005, 4023; Rs. C-67/97 - *Bluhme* - Slg. 1998, S. I-8033, 8062, Rn. 18.

666 EuGH, Rs. 12/74 - *Kommission/Bundesrepublik Deutschland* -, Slg. 1975, S. 181, 198.

Vor allem nach Auffassung der Kommission sollten zunächst solche mitgliedstaatlichen Maßnahmen, die unterschiedslos auf inländische und eingeführte Waren angewendet werden, nicht als Maßnahmen gleicher Wirkung i.S.d. Art. 28 EG anzusehen sein.[667] Nicht zuletzt im Zuge der weit gefassten Dassonville-Rechtsprechung setzte sich nach und nach die Ansicht durch, dass auch unterschiedslos anwendbare Regelungen - Vorschriften, welche weder eine offene noch eine versteckte Diskriminierung bezwecken oder bewirken - als mögliche Maßnahmen gleicher Wirkung wie mengenmäßige Beschränkungen in Betracht zu ziehen sind, zumal auch nicht diskriminierende Maßnahmen den Handel zwischen den Mitgliedstaaten erheblich beschränken können.[668] Bemerkenswert war in diesem Zusammenhang das Urteil des EuGH in der Rechtssache *Cassis de Dijon*[669], in welchem dieser eingestand, dass es in die Zuständigkeit der Mitgliedstaaten falle, die für ihre Hoheitsgebiete erforderlichen Handelsregelungen über die Herstellung und Vermarktung von Erzeugnissen zu erlassen, soweit eine diesbezügliche Gemeinschaftsregelung fehlt. Im zugrundeliegenden Sachverhalt hatte die REWE-AG mit Sitz in Köln bei der zuständigen deutschen Behörde die Genehmigung beantragt, aus Frankreich eine Partie des Likörs „Cassis de Dijon" einzuführen, welcher in Frankreich mit einem Alkoholgehalt von 15-20 % im Verkehr ist. Die Behörde lehnte die Genehmigung mit der Begründung ab, dass der Likör wegen seines zu geringen Weingeistgehaltes in Deutschland nicht verkehrsfähig sei, da das Gesetz für Fruchtliköre einen Alkoholgehalt von 25 % vorschreibe.

Der EuGH führte in der Urteilsbegründung aus, dass nationale Maßnahmen, die unterschiedslos für einheimische und ausländische Waren gelten geeignet sind, den Handel negativ zu beeinflussen, grundsätzlich gegen Art. 28 EG verstoßen, soweit sie nicht ausnahmsweise durch zwingende Erfordernisse zu rechtfertigen sind.[670] Danach spielt es aber für das Vorliegen der Handelsbehinderung selbst keine Rolle, ob eine Handelsregelung diskriminierend oder unterschiedslos anwendbar ist.[671]

Schließlich ist für die vorliegende Untersuchung die Frage von Bedeutung, ob die in Rede stehende Maßnahme produktbezogene Merkmale oder sogenannte Verkaufsmodalitäten i.S.d. „Keck"-Rechtsprechung betrifft. In dieser Entscheidung nahm der EuGH[672] eine einschrän-

---

667 So erließ die Kommission fünf auf Art. 33 Abs. 7 EGV (alt) gestützte Richtlinien, in denen Maßnahmen gleicher Wirkung aufgezählt wurden, wobei unterschiedslos anwendbare Maßnahmen ausdrücklich ausgeschlossen wurden, vgl. RL 50/70 v. 22.12.1969, ABl. L 13, 1970, S. 29 ff.

668 Vgl. *Streinz*, Europarecht, 2. Aufl., Rn. 677.

669 EuGH, Rs. 120/78 - *Rewe/Bundesmonopolverwaltung für Branntwein* -, Slg. 1979, S. 649 ff.

670 EuGH, Rs. 120/78 - *Rewe/Bundesmonopolverwaltung für Branntwein* -, Slg. 1979, S. 662.

671 Allerdings erlangt die Frage, ob eine Maßnahme diskriminierend oder unterschiedslos anwendbar ist, auf der Ebene der Rechtfertigung eine Bedeutung, da sich nach der bisherigen Rechtsprechung des EuGH nur solche Handelsbehinderungen durch zwingende Erfordernisse des Allgemeinwohls rechtfertigen lassen, die auf unterschiedslos anwendbare Maßnahmen zurückzuführen sind, vgl. hierzu im Folgenden S. 165 ff.

672 EuGH, Rs. C-267, 268/93 - *Keck und Mithouard* -, Slg. 1993, S. I-6097 ff.

kende Präzisierung der Dassonville-Formel dahingehend vor, dass nationale Bestimmungen, die bestimmte Verkaufsmodalitäten beschränken, dann nicht unter die Dassonville-Formel fallen, wenn sie für alle betroffenen Wirtschaftsteilnehmer gelten, die ihre Tätigkeit im Inland ausüben und sofern sie den Absatz der inländischen Erzeugnisse und der Erzeugnisse aus anderen Mitgliedstaaten rechtlich wie tatsächlich in der gleichen Weise berühren. Diskriminierende Verkaufsmodalitäten lassen sich demnach auch durch die Keck-Rechtsprechung nicht rechtfertigen.

Die soeben erörterten Kriterien bilden somit den Rahmen für die folgende Untersuchung der Frage, ob die im EEG enthaltenen Regelungen Handelsbeschränkungen beinhalten.

b. Behinderung des innergemeinschaftlichen Handels nach der Dassonville-Formel

In Ansehung der Dassonville-Formel kommt es für die rechtliche Bewertung des EEG maßgeblich darauf an, ob die relevanten Regelungen - insbesondere die im Mittelpunkt des Gesetzes stehenden Abnahme- und Vergütungspflichten - geeignet sind, den innergemeinschaftlichen Handel unmittelbar oder mittelbar, tatsächlich oder potenziell zu behindern.

Die Klärung dieser Frage erfordert zunächst eine genaue Betrachtung der relevanten Vorschriften. Das EEG enthält, wie bereits gezeigt, eine Kette von Abnahme- und Vergütungspflichten, welche in den §§ 3 Abs. 1, 3 Abs. 2, 11 Abs. 2 und Abs. 4 EEG niedergelegt ist. Berechtigt bzw. verpflichtet sind dabei regelmäßig EVU mit Sitz im Inland, was sich zum einen bezüglich der Erzeuger von Strom aus regenerativen Energieträgern aus der Festlegung des Anwendungsbereichs in § 2 Abs. 1 Satz 1 EEG ergibt. Im Rahmen des Belastungsausgleichs sind zunächst die jeweils vorgelagerten inländischen Übertragungsnetzbetreiber dazu verpflichtet, die vom Netzbetreiber aufgenommene Energiemenge abzunehmen und zu vergüten, § 3 Abs. 2 EEG. Schließlich haben die inländischen Übertragungsnetzbetreiber den unterschiedlichen Umfang der abzunehmenden Energiemengen und Vergütungszahlen zu erfassen und untereinander auszugleichen, § 11 Abs. 2 EEG. Auf der letzten Stufe besteht gemäß § 11 Abs. 4 EEG für solche EltVU, die Strom an Letztverbraucher liefern, die Pflicht, von dem jeweils regelverantwortlichen Übertragungsnetzbetreiber den nach § 11 Abs. 2 EEG abgenommenen Strom anteilig abzunehmen und zu vergüten. Dabei kann die Vorschrift - wie bereits erörtert - unter engen Voraussetzungen auch für EVU mit Sitz im Ausland gelten, soweit diese EVU Letztverbraucher im Gebiet eines für sie regelverantwortlichen inländischen Übertragungsnetzbetreibers im Wege der Durchleitung versorgen.[673]

Dass gesetzlich bestimmte Abnahme- und Vergütungsverpflichtungen eine solche potenzielle einfuhrbehindernde Wirkung zeitigen können, war bereits unter der Geltung des Stromein-

673 Siehe hierzu oben S. 95 ff.

speisungsgesetzes einhellige Auffassung in der Literatur[674] und wurde vom EuGH in der Stromeinspeisungs-Entscheidung vom 13.3.2001 - allerdings ohne nähere Begründung - ausdrücklich bestätigt. So führt der EuGH[675] in der Urteilsbegründung aus:

„§§ 1 und 2 des geänderten Stromeinspeisungsgesetzes bestimmen ausdrücklich, dass die Abnahmepflicht der Elektrizitätsversorgungsunternehmen nur für Strom aus erneuerbaren Energiequellen gilt, der im Geltungsbereich dieses Gesetzes und im Versorgungsgebiet des betreffenden Unternehmens erzeugt wurde; damit kann sie den innergemeinschaftlichen Handel zumindest potenziell behindern.“

Unter der Geltung des EEG ergibt sich eine in weiten Teilen vergleichbare Situation, wenngleich es sich dabei im Gegensatz zum Stromeinspeisungsgesetz nicht um *eine* Abnahme- und Vergütungspflicht, sondern um eine Kette von vier Abnahme- und Vergütungspflichten mit zum Teil unterschiedlichen Rahmenbedingungen, z.B. flankierenden Preisregelungen, handelt. Auf der ersten Stufe sind Netzbetreiber gemäß § 3 Abs. 1 Satz 1 EEG zur vorrangigen Abnahme und zur Vergütung des regenerativen Stroms verpflichtet, soweit das Netz im Vergleich zu anderen Netzen die jeweils kürzeste Entfernung zum Standort der Anlage aufweist. Besteht ein solcher Abnahmezwang, so ist es jedenfalls ausgeschlossen, dass die verpflichteten Netzbetreiber die aufgrund der Abnahmepflicht aufgenomme Strommenge aus erneuerbaren Energien durch Stromlieferungen aus anderen Mitgliedstaaten decken; ein Nachfragerückgang und eine daraus resultierende Behinderung von Stromimporten erscheint demnach zumindest möglich. Dabei spielt auch die hypothetische Frage keine Rolle, ob und inwieweit der verpflichtete Netzbetreiber seinen Strombedarf tatsächlich durch Strom aus Mitgliedstaaten gedeckt hätte, da es diesbezüglich nur auf die *potenziell* einfuhrbehindernde Wirkung ankommt. Hinzu kommt die Mindestvergütungspflicht, welche den Erzeugern von Strom aus erneuerbaren Energien - stärker noch als unter der Geltung des StrEG - Festpreise garantiert, die unter gewöhnlichen Wettbewerbsverhältnissen nicht zu erreichen wären. Der hieraus entstehende Wettbewerbsvorsprung vermag sich gleichfalls nachteilig auf das Importvolumen auszuwirken.[676]

Unbeachtlich ist hingegen in diesem Zusammenhang die Tatsache, dass die im StrEG vorgesehene Bezugnahme auf das jeweilige Versorgungsgebiet im EEG in dieser Form nicht mehr existiert. So wird die Auffassung vertreten, dass es durch den Wegfall der Beschränkung der Abnahme- und Vergütungspflicht auf den im jeweiligen Versorgungsgebiet des Netzbetreibers

---

674 Vgl. *Iro*, RdE 1998, S. 18; *Salje*, RIW 1998, S. 189; *Gent*, Mindestpreise, S. 112 f.; *Gellermann*, DVBl. 2000, S. 514; ähnlich *Pünder*, NVwZ 1999, S. 1061, welcher allerdings primär auf den Aspekt der Vergütungspflicht und den daraus resultierenden Wettbewerbsvorteil inländischer Erzeuger abstellt

675 EuGH, Rs. C-379/98 - *PreussenElektra/Schleswag* -, Slg. I 2001, S. 2099, 2184, Rn. 71.

676 Vgl. - zur Rechtslage unter der Geltung des StrEG - *Pünder*, NVwZ 1999, S. 1061; *Gellermann*, DVBl. 2000, S. 514; Ludwig/Odenthal-*Britz*, EEG, Rn. 29.

erzeugten Regenerativstrom denkbar sei, dass auch ein ausländischer Ökostromerzeuger einen Netzanschluss nach § 3 Abs. 1 EEG erhält und gemäß § 3 Abs. 1 EEG einen Abnahme- und Vergütungsanspruch gegen den Netzbetreiber haben kann, was allerdings nur bei grenznahen ausländischen Anlagen denkbar sein soll.[677] Dieser Ansicht ist entgegenzuhalten, dass ausländischer Regenerativstrom - gleichgültig ob aus grenznahen oder aus grenzfernen Anlagen - nach dem eindeutigen Wortlaut des § 2 Abs. 1 Satz 1 EEG bereits nicht vom Anwendungsbereich des EEG erfasst ist, so dass ein Anspruch eines ausländischen Betreibers auf Anschluss der Anlage[678] oder ein Anspruch auf Abnahme und Vergütung des erzeugten Stroms nicht in Betracht kommt.

Auch bezüglich der übrigen Abnahme- und Vergütungspflichten lassen sich potenzielle Handelsbeeinträchtigungen wie die oben beschriebene ohne weiteres annehmen, da jedenfalls in dem Maße, in dem die Unternehmen jeweils zur Stromabnahme verpflichtet sind, kein Strom von ausländischen Erzeugern - gleich ob regenerativ oder konventionell erzeugt - bezogen werden kann.

c. Das EEG als Regelung bestimmter Verkaufsmodalitäten im Sinne der Keck-Rechtsprechung

Nach den bisherigen Ausführungen würden die handelsbeeinträchtigenden Regelungen des EEG dann nicht dem Verbot des Art. 28 EG unterfallen, wenn es sich um bestimmte Verkaufsmodalitäten handelt, die für alle betroffenen Wirtschaftsteilnehmer - also auch für Teilnehmer aus den übrigen Mitgliedstaaten - gelten und den Absatz der inländischen Erzeugnisse und der Erzeugnisse aus den anderen Mitgliedstaaten rechtlich wie tatsächlich in der gleichen Weise berühren.

Dies erfordert zunächst eine nähere Konkretisierung des Begriffs „Verkaufsmodalität“. Der EuGH hat bislang von einer einheitlichen Definition abgesehen und jeweils im Einzelfall entschieden, ob eine Regelung eines Mitgliedstaates eine Verkaufsmodalität betrifft oder nicht. In der Literatur werden Verkaufsmodalitäten als Regelungen umschrieben, die die Art und Weise der Vermarktung regeln, nicht hingegen Vorschriften, die sich auf Produkteigenschaften beziehen, die importierten Erzeugnissen bereits beim Grenzübertritt anhaften. Als Faustregel kann gelten, dass solche Maßnahmen, die Verkaufsmodalitäten zum Gegenstand haben, das

677 Vgl. Ludwig/Odenthal-*Britz*, ebenda.
678 Vgl. zu diesem Aspekt bereits oben S. 61 f.

Wann, Wo, Wie und Wer des Warenabsatzes festlegen[679]; auch die Festlegung von Höchst- oder Mindestpreisen wird grundsätzlich als Verkaufsmodalität betrachtet.[680]
Abzugrenzen sind die Verkaufsmodalitäten von den sogenannten produktbezogenen Regelungen, welche Anforderungen an die Aufmachung, Abmessung, Ausstattung, Bezeichnung, Etikettierung, Form, Gewicht, Verpackung, Zusammensetzung usw. einer Ware aufstellen.[681] Diese sind grundsätzlich geeignet, Handelsbeeinträchtigungen herbeizuführen.
Im Rahmen des StrEG bzw. des EEG ist die Frage, ob die in den Gesetzen begründeten Pflichten Verkaufsmodalitäten oder produktbezogene Regelungen darstellen, bislang kaum behandelt worden. Von seiten der Literatur wird mehrheitlich ohne nähere Begründung davon ausgegangen, dass die Abnahme- und Vergütungspflicht für Strom aus erneuerbaren Energien eine produktbezogene Regelung darstellt.[682] Nur vereinzelt wird angenommen, dass es sich bei der Ankaufspflicht des EEG um die Regelung einer Verkaufsmodalität handelt.[683]
Gleichwohl spricht bei Betrachtung des Kernbereichs des EEG - der Abnahme- und Vergütungspflicht - einiges dafür, vom Vorliegen von Verkaufsmodalitäten auszugehen. Das EEG verpflichtet Netzbetreiber dazu, die im Gesetz näher bestimmten Anlagen zur Erzeugung von Strom aus erneuerbaren Energien an ihr Netz anzuschließen, den gesamten angebotenen Strom abzunehmen und entsprechend den gesetzlich geregelten Mindestpreisen zu vergüten. Regelungsgegenstand ist also, bezugnehmend auf die oben genannte Faustformel, das „Wer" des Verkaufs, soweit der Anwendungsbereich des Gesetzes durch die Aufstellung von Mindestanforderungen an die begünstigten Anlagen festgelegt wird, § 2 EEG. Demgegenüber haben die Mindestpreisbestimmungen der §§ 4 ff. EEG insbesondere das „Wie" der Vermarktung von „Ökostrom" zum Gegenstand. Da allerdings die im EEG niedergelegten Pflichten primär den Netzbetreiber treffen, wäre es insoweit treffender, von „Ankaufs-", statt von Verkaufsmodalitäten zu sprechen. Gleichwohl handelt es sich bei den genannten Bestimmungen um Vermarktungsregelungen, und somit um Verkaufsmodalitäten i.S.d. Keck-Rechtsprechung. Dass die Festsetzungen des EEG die *essentialia negotii* des Einspeisevertrags betreffen, spricht mit Blick auf die Rechtsprechung des EuGH hingegen nicht gegen die Einordnung als Verkaufsmodalität. Zumindest Regelungen über das „Wann" und „Wer" des Waren-

679 Vgl. die Ausführungen von Generalanwalt *Tesauro*, im Schlussantrag zur Rs. C-292/92 - *Hünermund/Landesapothekenkammer* -, Slg. I 1993, S. 6787, 6810, Rn. 20; *Heermann*, GRUR Int. 1999, S. 582 ff.; *Millarg*, Schranken des Warenverkehrs, S. 69.

680 *Petschke*, EuZW 1994, S. 111; *Ackermann*, RIW 1994, S. 189 ff.

681 Vgl. z.B. EuGH, Rs. C-51/93 - *Meyhui/Schott Zwiesel Glaswerke* -, Slg. I 1994, S. 3879, 3898, Rn. 10.

682 Vgl. *Salje*, RIW 1998, S. 186, 189 f.; *Pünder*, NVwZ 1999, S. 1059, 1061; *Dederer/Schneller*, RdE 2000, S. 214, 221. *Altrock*, Preisregelungen, S. 91 f., lehnt das Vorliegen einer Verkaufsmodalität mit der Begründung ab, dass die Bestimmungen des EEG die *essentialia negotii*, den Kern des Vertrages betreffen.

683 *Nagel*, ZNER 1/2000, S. 4; *Gellermann*, DVBl. 2000, S. 515; *Ruge*, EuZW 2001, S. 248. Zur Einordnung des EEG als Verkaufsmodalität tendiert wohl auch *Britz* in Ludwig/Odenthal, EEG, Rn. 30.

absatzes sind wesentliche Vertragsbestandteile, ohne dass dies für sich betrachtet die Annahme einer Verkaufsmodalität ausschließen würde.
Aus der Einordnung der in Rede stehenden Bestimmungen als Verkaufsmodalitäten ergibt sich jedoch noch nicht, dass die Regelungen des EEG dem Verbot des Art. 28 EG entzogen wären, da diskriminierende Maßnahmen - wie bereits erörtert - nicht unter die Ausnahme der Keck-Rechtsprechung fallen.[684] Die durch die Abnahme- und Vergütungspflichten bestehenden Handelsbeeinträchtigungen müssten demnach für alle betroffenen Wirtschaftsteilnehmer, die ihre Tätigkeit im Inland ausüben, in gleicher Weise gelten und den Absatz der inländischen Erzeugnisse und der Erzeugnisse aus anderen Mitgliedstaaten rechtlich wie tatsächlich in der gleichen Weise berühren, um von der begünstigenden Wirkung der Keck-Rechtsprechung erfasst zu sein.
Dabei ist eine genaue Unterscheidung zwischen den durch das EEG bedingten Handelsbeeinträchtigungen erforderlich, da diese gleichsam eine Doppelnatur aufweisen.
Im Ausland bzw. außerhalb der deutschen ausschließlichen Wirtschaftszone erzeugter Strom ist generell von einer Förderung durch das EEG ausgenommen, wobei ohne Belang ist, ob es sich um konventionellen oder regenerativ erzeugten Strom handelt. Die durch den Förderungsausschluss von konventionellem ausländischem Strom bestehende Handelsbeeinträchtigung hat dabei allerdings keinen diskriminierenden Charakter, da auch im Inland erzeugter konventioneller Strom einer Förderung nach den Grundsätzen des EEG nicht zugänglich ist. Der Absatz von inländischem konventionellem Strom und der konventionelle Strom aus anderen Mitgliedstaaten wird also durch das EEG rechtlich wie tatsächlich in der gleichen Weise berührt; es handelt sich insoweit also um eine nicht-diskriminierende Verkaufsmodalität, welche nach den Grundsätzen der Keck-Rechtsprechung nicht vom Anwendungsbereich des Art. 28 EG erfasst ist.
Gleiches gilt für § 11 Abs. 4 Satz 1 EEG, welcher wie bereits erörtert sowohl ausländische als auch inländische Versorger von Letztverbrauchern zur Abnahme- und Vergütung des vom regelverantwortlichen Übertragungsnetzbetreiber abgenommenen Stroms verpflichtet.[685] § 11 Abs. 4 EEG ist somit nach der Keck-Rechtsprechung nicht als Maßnahme gleicher Wirkung anzusehen, da er für alle Wirtschaftsteilnehmer unterschiedslos gilt.[686]
Etwas anderes muss jedoch für die Regelungen der §§ 3 Abs. 1 und 2, 11 Abs. 2 EEG bezüglich des regenerativ erzeugten Stroms gelten, da dieser nach der Beschränkung des Anwendungsbereichs des EEG nur dann den Regeln über die Abnahme- und Vergütungspflicht un-

684 Vgl. z.B. EuGH, Rs. C-320/93 - *Ortscheit* -, Slg. 1994, S. I-5243, 5261, Rn. 9.
685 Hierzu oben, S. 95 ff.
686 Ebenso Ludwig/Odenthal-*Britz*, EEG, Rn. 30. Anderer Ansicht wohl *Altrock*, Preisregelungen, S. 92, der sich ohne nähere Differenzierung auf die Feststellung beschränkt, dass das EEG nicht unterschiedslos wirke.

terliegt, wenn er in Deutschland oder in der deutschen ausschließlichen Wirtschaftszone erzeugt wurde. Ausländische Erzeuger regenerativen Stroms haben somit nach der Konzeption des EEG gerade keinen Anspruch gegen den Netzbetreiber auf Abnahme und Vergütung ihres Stroms, womit eine auch im Rahmen der Keck-Rechtsprechung relevante Diskriminierung gegeben ist. Soweit *Faber*[687] - zur Rechtslage beim StrEG - davon ausgeht, dass die Abnahme- und Vergütungspflicht unterschiedslos gelte, da die diskriminierende Wirkung nicht in der Abnahme- und Vergütungspflicht selbst, sondern erst in der potenziell verdrängenden Wirkung von Strom aus anderen Herkunftsländern zu sehen sei, kann dem nicht gefolgt werden. Denn für die Einordnung einer Maßnahme als diskriminierend ist nicht nur relevant, ob diese den Absatz der inländischen Erzeugnisse und der Erzeugnisse aus den anderen Mitgliedstaaten rechtlich, sondern auch tatsächlich in der gleichen Weise berührt.[688] Es kommt also gerade auch auf die von einer Maßnahme ausgehenden Wirkungen an. Dass die Abnahme- und Vergütungspflichten des EEG in ihren Wirkungen diskriminierend sind, kann nach dem bereits Gesagten aber nicht in Abrede gestellt werden. Die Vorschriften der §§ 3 Abs. 1 und 2, 11 Abs. 2 EEG fallen somit bezüglich des im Ausland erzeugten Regenerativstroms trotz ihrer Einordnung als Verkaufsmodalitäten in den Anwendungsbereich des Art. 28 EG.[689]

d. Spürbarkeit der Handelsbeeinträchtigungen

Klärungsbedürftig bleibt zuletzt die bislang nicht eindeutig geklärte Frage, ob die durch die Abnahme- und Vergütungspflichten des EEG begründeten Handelsbeeinträchtigungen unter dem Aspekt der fehlenden Spürbarkeit ausscheiden können. So wird in der Literatur teilweise die Ansicht vertreten, dass Art. 28 EG erst dann eingreifen soll, wenn die Handelsbeeinträchtigung ein gewisses Ausmaß oder eine bestimmte Intensität erreicht.[690] Dem wird zu Recht entgegengehalten, dass ein solches Spürbarkeitserfordernis weder dem EG-Vertrag noch der Dassonville-Formel entnommen werden kann.[691] Zudem ist die Forderung nach einer „bestimmten Intensität" recht unbestimmt, was in der Praxis zu schwer handhabbaren Abgrenzungsschwierigkeiten führen dürfte.

Die Rechtsprechung des EuGH zur Frage des Spürbarkeitserfordernisses ist nicht ganz eindeutig. Während in älteren Entscheidungen eine „de-minimis-Regel" im Rahmen der Prüfung

687 *Faber*, NuR 2002, S. 143.
688 Hierzu bereits oben, S. 153 f.
689 Zu diesem Ergebnis kommt auch *Britz* in Ludwig/Odenthal, EEG, Rn. 30, 31. Zur Rechtslage unter der Geltung des StrEG ähnlich *Iro*, RdE 1998, S. 19; *Salje*, RIW 1998, S. 190; *Gellermann*, DVBl 2000, S. 515.
690 So etwa *Everling*, EuR 1982, S. 304 f.; *Fezer*, JZ 1994, S. 324.
691 *Millarg*, Schranken des Warenverkehrs, S. 39.

des Art. 28 stets abgelehnt wurde[692], hat der EuGH in einigen neueren Entscheidungen eine Formulierung verwendet, die für eine Spürbarkeitsprüfung sprechen könnte. So hat der EuGH[693] ausgeführt, dass die beschränkenden Wirkungen, die eine nationale Regelung auf den freien Warenverkehr hat, so ungewiss und indirekt sein können, dass sie nicht als geeignet angesehen werden kann, den Handel zwischen den Mitgliedstaaten zu behindern. Allerdings könnte diese Formulierung auch in dem Sinne verstanden werden, dass die Eignung der in Rede stehenden Maßnahme zur Behinderung des gemeinschaftsinternen Handels hinreichend substantiierbar sein muss, was nicht ohne weiteres bedeutet, dass der Gerichtshof die Spürbarkeit der Handelsbeeinträchtigung prüft.

Im Rahmen der Stromeinspeisungs-Entscheidung ist der EuGH auf das Kriterium der Spürbarkeit nicht mehr ausdrücklich eingegangen. Aus der Urteilsbegründung lässt sich jedenfalls ableiten, dass die Wirkungen des StrEG nicht als so ungewiss und indirekt eingestuft werden konnten, dass sie für eine Handelsbeeinträchtigung ungeeignet gewesen wären, da sich der EuGH ansonsten nicht auf die Ebene der Rechtfertigung hätte begeben müssen. In seinem Schlussantrag hatte bereits Generalanwalt *Jacobs* ausgeführt, dass eine de-minimis-Regel - sofern sie überhaupt bestehe - im Fall des StrEG jedenfalls nicht einschlägig wäre, da ein grenzüberschreitender Stromhandel, der 1 % des gesamten deutschen Stromverbrauchs ausmacht, offensichtlich weder bei absoluter noch bei relativer Betrachtung (etwa bezüglich möglicher Einfuhren aus Dänemark oder Schweden) eine zu vernachlässigende Größe sei.[694]

Für die Rechtslage unter der Geltung des EEG kann im Ergebnis nichts anderes angenommen werden, zumal die Bundesrepublik Deutschland im Jahr 2000 insgesamt 44.900 GWh Strom von seinen Nachbarländern bezog, womit der Stromimport einen Anteil von 7 % am gesamten deutschen Strombedarf erreichte.[695]

692 EuGH, Rs. 12/74 - *Kommission/Bundesrepublik Deutschland* -, Slg. 1975, S. 181, 198, Rn. 14; Rs. 16/83 - *Prantl* -, Slg. 1984, S. 1299, 1326, Rn. 20; Rs. 178/82 - *van de Haar* -, Slg. 1984, S. 1797, 1812, Rn. 12; Rs. 169/83 - *Kommission/Frankreich* -, Slg. 1985, S. 837, 846, Rn. 10; Rs. 103/84 - *Kommission/Italien* -, Slg. 1986, S. 1759, 1773, Rn. 18.

693 Vgl. EuGH, Rs. C-266/96 - *Corsica Ferries France/Gruppo Antichi Ormeggiatori* -, Slg. 1998, S. I-3949, 3992, Rn. 31; Rs. C-44/98 - *BASF/Präsident des Deutschen Patentamts* -, Slg. 1999, S. I-6269, 6294, Rn. 16.

694 Schlussanträge des Generalanwalts *Jacobs* in der Rs. C-379/98 - *PreussenElektra/Schleswag* - Slg. I 2001, S. 2099, 2150, Rn. 204.

695 Dabei konnten insbesondere Länder wie Polen (+ 90%), die Tschechische Republik (+ 56%) und die Niederlande (+ 36%) einen starken Zuwachs von Stromverkäufen nach Deutschland verzeichnen, ME 3/2001, S. 29

III. Rechtfertigung der durch die Abnahme- und Vergütungspflichten begründeten Handelsbeeinträchtigungen

Die soeben festgestellte Handelsbehinderung durch die Abnahme- und Vergütungspflichten des EEG hat nicht notwendigerweise die Gemeinschaftswidrigkeit der entsprechenden Regelungen zur Folge. Vielmehr kennt das europäische Recht zwei Rechtfertigungsmöglichkeiten, nämlich zum einen die Ausnahmevorschrift des Art. 30 EG und zum anderen die sogenannten „zwingenden Erfordernisse“ nach der vom EuGH entwickelten „Cassis-Rechtsprechung“.

1. Rechtfertigung nach Art. 30 EG

Gemäß Art. 30 EG stehen den Bestimmungen der Art. 28 und 29 EG solche Einfuhr-, Ausfuhr- und Durchfuhrverbote oder Beschränkungen nicht entgegen, die aus Gründen der öffentlichen Sittlichkeit, Ordnung und Sicherheit, zum Schutze der Gesundheit und des Lebens von Menschen, Tieren oder Pflanzen, des nationalen Kulturguts von künstlerischem, geschichtlichem oder archäologischem Wert oder des gewerblichen und kommerziellen Eigentums gerechtfertigt sind. Der Rechtfertigungstatbestand des Art. 30 EG erfasst neben den ausdrücklich genannten Ein-, Aus- und Durchfuhrbeschränkungen nach ständiger Rechtsprechung und der ganz herrschenden Auffassung in der Literatur auch Maßnahmen gleicher Wirkung.[696] Nach einhelliger Ansicht können auch offensichtlich diskriminierende mitgliedstaatliche Regelungen nach Art. 30 EG gerechtfertigt werden; allerdings besteht gleichfalls Einigkeit darüber, dass die Regelung als Ausnahmevorschrift und wegen der hohen Bedeutung des Binnenmarktes für das gesamte Integrationsprojekt eng auszulegen[697] und auf die genannten Rechtfertigungsgründe beschränkt ist.[698]

Bezogen auf das EEG ist demnach zunächst die Frage aufzuwerfen, welchen Zielen es zu dienen bestimmt ist.

Wie bereits ausgeführt, nennt § 1 EEG als Gesetzesziel die Ermöglichung einer nachhaltigen Entwicklung der Energieversorgung im Interesse des Klima- und Umweltschutzes; daneben ist aber auch die Ressourcenschonung als gleichberechtigtes Gesetzesziel des EEG anzusehen.[699] Allerdings sind in Art. 30 EG weder Klimaschutz, Umweltschutz oder Ressourcenschonung aufgeführt. Lediglich beim Rechtfertigungsgrund „Schutz der Gesundheit und des Lebens von Menschen, Tieren und Pflanzen“ könnte dem Klimaschutz, dem Umweltschutz

696 Vgl. z.B. EuGH, Rs. 178/84 - *Kommission/Bundesrepublik Deutschland* -, Slg. 1987, S. 1227, Rn. 40; G/T/E-*Müller-Graff*, Art. 36 EGV, Rn. 10; Calliess/Ruffert-*Epiney*, Art. 30 EG, Rn. 8; *Streinz*, Europarecht, 2. Aufl., Rn. 679.

697 G/T/E-*Müller-Graff*, Art. 36 EGV, Rn. 23; Calliess/Ruffert-*Epiney*, Art. 30 EG, Rn. 2.

698 Vgl. EuGH, Rs. 113/80 - *Kommission/Irland* -, Slg. 1981, S. 1625, 1638; Rs. 95/81 - *Kommission/Italien* -, Slg. 1982, S. 2187, 2202.

699 Siehe oben S. 33.

und der Ressourcenschonung eine mittelbare Rolle zukommen, so dass zu prüfen ist, ob das EEG unter diesem Gesichtspunkt gerechtfertigt werden kann.

Dass die genannten Ziele des EEG mittelbar und auf lange Sicht dazu geeignet sind, dem Schutz der Gesundheit und des Lebens von Menschen, Tieren und Pflanzen zu dienen, lässt sich kaum bestreiten. In den bisherigen Entscheidungen des EuGH wurden aber insbesondere gesundheits- und veterinärpolizeiliche sowie phytosanitäre Maßnahmen - insbesondere also Einfuhrkontrollen - unter diese Fallgruppe subsumiert[700], was darauf hindeutet, dass eine Rechtfertigung nach Art. 30 EG regelmäßig zur Abwehr unmittelbar drohender und gegenwärtiger Gefahren in Betracht kommt. Längerfristige und vor allem diffuse Schädigungswirkungen lassen sich jedoch nur schwer mit dem Individualgüterschutz in Verbindung bringen.[701] Im Hinblick darauf kann nicht davon ausgegangen werden, dass das EEG als reine Gesundheits- oder Lebensschutzmaßnahme angesehen werden kann. Ein solches Verständnis der Ausnahmeregelung des Art. 30 EG wäre mit der gebotenen, engen Auslegung der Vorschrift kaum vereinbar, da die allgemein gehaltenen Gesetzesziele „Klimaschutz" und „Ressourcenschonung" als Ausprägung des Umweltschutzes allenfalls mittelbar und langfristig dem Schutz der Gesundheit und des Lebens von Menschen, Tieren und Pflanzen dienen.

Dementsprechend wurde auch in der Rechtssache C-379/98 von keinem der Beteiligten vorgebracht, dass das StrEG unmittelbar oder mittelbar dem Gesundheitsschutz diene. Auch Generalanwalt *Jacobs* ging in seinem Schlussantrag nicht auf die Möglichkeit einer Rechtfertigung des StrEG unter dem Aspekt des Lebens- oder Gesundheitsschutzes ein, wenngleich er hervorhebt, dass eine Umweltbeeinträchtigung - auch wenn es an einer unmittelbaren Bedrohung der Gesundheit und des Lebens von Menschen, Tieren oder Pflanzen fehlt - auf längere Sicht eine erhebliche Bedrohung für das Ökosystem als Ganzes darstellen kann.[702]

Allerdings hat der EuGH in der Begründung zum Stromeinspeisungs-Urteil vom 13.3.2001[703] auch den Schutz der Gesundheit und des Lebens von Menschen, Tieren und Pflanzen als bedeutenden Teil der Gemeinschaftspolitik erwähnt. Dabei ist allerdings an keiner Stelle erkennbar, dass der EuGH diese Erkenntnis unmittelbar oder auch nur mittelbar dem Rechtfertigungstatbestand des Art. 30 EG zugeordnet hätte.[704] Es kann somit auch im Hinblick auf das „Stromeinspeisungs-Urteil" des EuGH nicht davon ausgegangen werden, dass eine Rechtfertigung der durch das EEG verursachten potenziellen Handelsbeeinträchtigungen gemäß Art. 30 EG in Betracht kommt.

---

700 Vgl. G/T/E-*Müller-Graff*, Art. 36 EGV, Rn. 58 ff.

701 *Gebauer/Wollenleit/Hack*, ZNER 1/2001, S. 14.

702 Schlussanträge des Generalanwalts *Jacobs* in der Rs. C-379/98 - *PreussenElektra/Schleswag* - Slg. I 2001, S. 2099, 2156, Rn. 232.

703 EuGH, Rs. C-379/98 - *PreussenElektra/Schleswag* -, Slg. I 2001, S. 2099, 2185, Rn. 75.

704 Vgl. hierzu sogleich S. 168 ff.

2. Rechtfertigung durch zwingende Erfordernisse i.S.d. „Cassis-Rechtsprechung“ des EuGH?

Durch die sehr restriktive Auslegung des Art. 30 EG, insbesondere der Begriffe der öffentlichen Ordnung und Sicherheit, versperrte sich der EuGH die Möglichkeit einer Ausweitung der enthaltenen Rechtfertigungsgründe, obgleich er auch erkannte, dass Art. 30 EG kein ausreichendes Korrektiv für die weite Begriffsbestimmung der Dassonville-Formel („Maßnahmen gleicher Wirkung“) darstellte.[705]

Eine erhebliche Einschränkung erfuhr die Dassonville-Formel allerdings durch das bereits erwähnte Urteil in der Rs. 120/78 - *Cassis de Dijon* - vom 20.2.1979. Danach müssen Handelshemmnisse, die sich aus der Verschiedenheit der Regelungen in den einzelnen Mitgliedstaaten ergeben, hingenommen werden, solange sie notwendig sind, um *zwingenden Erfordernissen* des Allgemeinwohls gerecht zu werden.[706]

Die juristische Einordnung des Merkmals der „zwingenden Erfordernisse“ ist dabei nach wie vor nicht eindeutig geklärt. Teilweise wird davon ausgegangen, dass es sich dabei um eine immanente Schranke des Art. 28 EG handelt, mit der Folge, dass bei dem Vorliegen eines zwingenden Erfordernisses schon nicht von einer Maßnahme gleicher Wirkung die Rede sein kann.[707] Die Gegenauffassung stuft die zwingenden Erfordernisse als einfache Rechtfertigungsgründe für eine Maßnahme gleicher Wirkung ein.[708] Wenngleich für die letztere Ansicht spricht, dass ein zwingendes Erfordernis nichts an der Wirkung einer handelsbeeinträchtigenden Maßnahme ändert, somit also nach wie vor von einer Maßnahme gleicher Wirkung die Rede sein kann[709], soll an dieser Stelle auf den eher theoretischen Streit nicht eingegangen werden. Da bei Vorliegen eines zwingenden Erfordernisses jedenfalls ein Verstoß gegen die im EG-Vertrag niedergelegte Warenverkehrsfreiheit entfällt, hat der Meinungsstreit keine praktischen Auswirkungen.

a. Umweltschutz als zwingendes Erfordernis i.S.d. Cassis-Rechtsprechung

Als zwingende Erfordernisse hat der EuGH in der *Cassis de Dijon*-Entscheidung „insbesondere“ die Erfordernisse einer wirksamen steuerlichen Kontrolle, den Schutz der öffentlichen Gesundheit sowie die Lauterkeit des Handelsverkehrs und des Verbraucherschutzes aufgeführt.[710] Wie bereits die Verwendung des Wortes „insbesondere“ nahelegt, war diese

705 Vgl. *Streinz*, Europarecht, 2. Aufl., Rn. 687.

706 EuGH, Rs. 120/78 - *Rewe/Bundesmonopolverwaltung für Branntwein* -, Slg. 1979, S. 649, 662, Rn. 8.

707 Grabitz/Hilf-*Leible*, Art. 28 EG, Rn. 20; *Streinz*, Europarecht, Rn. 738; mit ausführlicher Begründung zuletzt *Millarg*, Schranken des Warenverkehrs, S. 96 ff.

708 G/T/E-*Müller-Graff*, Art. 30 EGV, Rn. 28 f.; Calliess/Ruffert-*Epiney*, Art. 28 EGV, Rn. 38.

709 Ebenso z.B. Calliess/Ruffert-*Epiney*, Art. 28 EGV, Rn. 38.

710 EuGH, Rs. 120/78, Slg. 1979 - *Rewe/Bundesmonopolverwaltung für Branntwein* -, S. 649, 662.

Aufzählung nicht abschließend zu verstehen und wurde entsprechend in nachfolgenden Entscheidungen um weitere Erwägungen des Gemeinwohls[711] erweitert. Dabei sind insbesondere die Entscheidungen *Kommission/Dänemark*[712] und *Kommission/Belgien*[713] hervorzuheben, in welchen der EuGH die wesentlichen Bedürfnisse des Umweltschutzes zu den zwingenden Erfordernissen i.S.d. *Cassis*-Rechtsprechung rechnete. Grundsätzlich ließe sich also eine Handelsbeeinträchtigung, die sich aus den Vorschriften des EEG ergibt, unter dem Aspekt des Umweltschutzes als zwingendes Erfordernis i.S.d. *Cassis de Dijon*-Rechtsprechung rechtfertigen.

b. Rechtfertigung von diskriminierenden Maßnahmen?

Nach der älteren Rechtsprechung des EuGH kann das Kriterium der zwingenden Erfordernisse ausschließlich auf nichtdiskriminierende, also auf unterschiedslos anwendbare Maßnahmen Anwendung finden.[714] Danach können etwa rein umweltpolitische Gesichtspunkte diskriminierende Maßnahmen von vornherein nicht rechtfertigen[715]; eine Rechtfertigung solcher Maßnahmen wäre allein nach Maßgabe des Art. 30 EG möglich.

Allerdings verfolgt der EuGH in neueren Entscheidungen eine scheinbar eher pragmatische Linie, ohne strikt zwischen diskriminierenden und unterschiedslos anwendbaren Maßnahmen zu unterscheiden.

So prüft der EuGH beispielsweise in der Entscheidung *Aher-Waggon/Bundesrepublik Deutschland* eine Rechtfertigung nach den zwingenden Erfordernissen, ohne im Vorfeld klarzustellen, dass es sich bei der zu rechtfertigenden Maßnahme um eine unterschiedslos anwendbare handelt.[716] Insbesondere schließt aber auch ein beachtlicher Teil der Literatur aus der Entscheidung *De Agostini*[717] darauf, dass der EuGH auch eine Rechtfertigung diskriminierender Maßnahmen unter dem Aspekt der zwingenden Erfordernisse in Betracht zieht.[718] In den relevanten Passagen des Urteils führt der EuGH[719] aus:

„[...], sofern nicht nachgewiesen wird, dass dieses Verbot den Absatz der inländischen Erzeugnisse und der Erzeugnisse aus anderen Mitgliedstaaten rechtlich wie tatsächlich nicht in

---

711 G/T/E-*Müller-Graff*, Art. 30 EGV, Rn. 223.

712 EuGH, Rs. 302/86 - *Kommission/Dänemark* -, Slg. 1988, S. 4607, 4630, Rn. 8 f.

713 EuGH, Rs. C-2/90 - *Kommission/Belgien* -, Slg. I 1992, S. 4431, 4479, Rn. 32.

714 Vgl. EuGH, Rs. 113/80 - *Kommission/Irland* -, Slg. 1981, S. 1625, Rn. 11; Rs. 59/82 - *Schutzverband/Weinvertriebs-GmbH* -, Slg. 1983, S. 1217, 1227, Rn. 11.

715 Calliess/Ruffert-*Epiney*, Art. 28 EGV, Rn. 23.

716 EuGH, Rs. C-389/96 - *Aher-Waggon/Bundesrepublik Deutschland* -, Slg. I 1998, S. 4473, 4488, Rn. 17 ff.

717 EuGH, Rs. C-34, 35, 36/95 - *De Agostini* -, Slg. 1997, S. I-3843 ff.

718 Vgl. *Novak*, DB 1997, S. 2589 ff.; *Oliver*, CMLR 1999, S. 805; *Sack*, WRP 1998, S. 110; *ders.*, GRUR 1998, S. 876.

719 EuGH, Rs. C-34, 35, 36/95 - *Konsumentombudsmannen/De Agostini* -, Slg. I 1997, S. 3843, 3891, Rn. 44 f.

gleicher Weise berührt. Sollte dies der Fall sein, müsste das vorlegende Gericht prüfen, ob das Verbot aus zwingenden Gründen des Allgemeininteresses oder zur Erreichung eines der in Art. 36 des Vertrages genannten Ziele erforderlich ist, [...]."

Inwieweit die genannten Urteile als grundlegende Änderung der bis dahin eindeutigen Rechtsprechung aufzufassen sind, ist jedoch insbesondere mit Blick auf die nahezu zeitgleich gefällte Entscheidung in der Rechtssache *Pistre*[720] zweifelhaft, in der der EuGH an seiner alten Rechtsprechung festgehalten hat.[721]

Gleichwohl lässt sich die Tendenz feststellen, dass der EuGH bei Sachverhalten, welche Bereiche des Umweltschutzes betreffen, zur Anwendung der zwingenden Erfordernisse auch bei diskriminierenden Regelungen neigt und damit den Mitgliedstaaten letztlich einen weiteren Handlungsspielraum einräumt. Grundlegend für diese Einschätzung ist das Urteil zum wallonischen Verbot der Abfalleinfuhr, aber auch das Urteil in der Rechtssache *PreussenElektra AG/Schleswag AG*. Diese Entscheidungen sollen im Folgenden näher betrachtet werden.

aa. Das Urteil zum wallonischen Verbot der Abfalleinfuhr

Gegenstand der Entscheidung zum wallonischen Verbot der Abfalleinfuhr war die Frage, ob ein gesetzliches Verbot, Abfälle aus anderen Mitgliedstaaten oder aus einer anderen belgischen Region als der Region Wallonien in Wallonien abzulagern, mit dem Grundsatz der Warenverkehrsfreiheit zu vereinbaren ist. Belgien berief sich diesbezüglich auf das zwingende Erfordernis des Umweltschutzes und vertrat die Auffassung, dass der Zustrom von Abfällen aus anderen Mitgliedstaaten eine echte Gefahr für die Umwelt darstelle. Die Kommission wandte dagegen ein, dass zwingende Erfordernisse nicht dazu geeignet seien, diskriminierende Maßnahmen zu rechtfertigen. Der EuGH folgte in seiner Entscheidung letztlich der belgischen Sichtweise und erkannte eine Rechtfertigung des gegenüber gebietsfremden Abfällen diskriminierenden wallonischen Abfallablagerungsverbots unter dem Aspekt des Umweltschutzes an. Hierbei änderte er allerdings nicht seine bisherige Rechtsprechung, sondern entwickelte vielmehr für Maßnahmen, die den Umweltschutz betreffen, einen eigenständigen Diskriminierungsbegriff, wobei er auf den in Art. 174 Abs. 2 EG (Art. 130r Abs. 2 EGV) aufgestellten Grundsatz, dass Umweltbeeinträchtigungen nach Möglichkeit an ihrem Ursprung zu bekämpfen sind, abhob. Danach könne das belgische Verbot unter Berücksichtigung der zwischen den Abfällen je nach dem Ort ihrer Erzeugung bestehenden Unterschiede und ihres Zusammenhangs mit dem Ort ihrer Erzeugung nicht als diskriminierend angesehen werden.[722]

720 EuGH, Rs. C-321-324/94 - *Pistre* -, Slg. I 1997, S. 2343 ff.
721 Vgl. hierzu auch *Heermann*, GRUR Int. 1999, S. 589; *Soria*, DVBl. 2001, S. 884.
722 EuGH, Rs. C-2/90 - *Kommission/Belgien* -, Slg I 1992, S. 4431, 4480, Rn. 34, 36.

Die Entscheidung zum wallonischen Verbot der Abfalleinfuhr blieb nicht ohne Widerspruch in der Literatur. Die Kritik setzte bereits daran an, dass der EuGH jeglichen Abfall als Ware i.S.d. Art. 30, 9 Abs. 2 EG angesehen hatte, ohne zwischen Reststoffen, für deren Verkauf auf dem Markt ein Gewinn erzielt werden konnte und solchen Abfällen, für deren Behandlung und Entsorgung eine Bezahlung verlangt wird, zu unterscheiden.[723] Ungeachtet dieser zweifellos bedeutsamen, im Rahmen dieser Untersuchung aber zu vernachlässigenden Rechtsfrage, ist darüber hinaus insbesondere die Kritik hervorzuheben, dass dem Umweltschutz im Rahmen der Rechtfertigung nach Art. 30 EG eine geringere Bedeutung eingeräumt werde als anderen Rechtsgütern, wie beispielsweise dem Gesundheitsschutz. In Anbetracht der Tatsache, dass die Bedeutung des Umweltschutzes in anderen Vorschriften des EG-Vertrages besonders betont werde, sei dies nicht nachzuvollziehen.[724]
Eine ähnliche Tendenz haben die Ausführungen von Generalanwalt *Jacobs* im Schlussantrag zur Rechtssache *PreussenElektra AG/Schleswag AG*. So sei das Urteil zum wallonischen Abfallverbot zwar mit Fehlern behaftet und sollte deshalb nicht zur Rechtfertigung des StrEG herangezogen werden.[725] Das Urteil zeige aber, dass es in bestimmten Fällen durchaus wünschenswert sei, auch diskriminierende Maßnahmen aus Gründen des Umweltschutzes zu rechtfertigen. Insbesondere im Hinblick auf Art. 6 EG lasse es sich nur schwer begründen, der Umwelt einen geringeren Schutzstandard einzuräumen als Interessen, die vor Jahrzehnten in Handelsverträgen anerkannt und in Art. 30 EG (ex Art. 36 EGV), der seit seiner Annahme im Jahre 1957 unverändert geblieben ist, lediglich übernommen worden sind.[726] Die Möglichkeit der Rechtfertigung auch diskriminierender Regelungen zugunsten des Umweltschutzes sei zudem auch deshalb bedeutsam, weil Umweltschutzmaßnahmen in der Regel mit diskriminierenden Wirkungen verbunden seien. Dies ergebe sich aus dem in Art. 174 Abs. 2 EG (ex Art. 130r Abs. 2 EGV) niedergelegten Grundsatz, Umweltbeeinträchtigungen mit Vorrang an ihrem Ursprung zu bekämpfen.[727] Letztlich forderte *Jacobs* den EuGH auf, seine Rechtsauf-

723 Eine Differenzierung hätte zwangsläufig zu dem Ergebnis geführt, dass bezüglich eines beachtlichen Teils der Abfälle nicht die Warenverkehrsfreiheit, sondern die Dienstleistungsfreiheit gemäß Art. 49 ff. EG (ex Art. 59 ff. EGV) einschlägig gewesen wäre, vgl. die Kritik in G/T/E-*Müller-Graff*, Art. 30 EGV, Rn. 281; *von Wilmowsky*, Abfallwirtschaft, S. 90; *Fischer*, JuS 1999, S. 321.

724 Vgl. *Weiher*, Nationaler Umweltschutz, S. 63; *von Wilmowsky*, EuR 1992, S. 415; *Kahl*, Umweltprinzip und Gemeinschaftsrecht, S. 182.

725 Schlussanträge des Generalanwalts *Jacobs* in der Rs. C-379/98 - *PreussenElektra/Schleswag* -, Slg. I 2001, S. 2099, 2155, Rn. 225.

726 Schlussanträge des Generalanwalts *Jacobs* in der Rs. C-379/98, - *PreussenElektra/Schleswag* -, Slg. I 2001, S. 2099, 2155, Rn. 226, 232.

727 Schlussanträge des Generalanwalts *Jacobs* in der Rs. C-379/98, - *PreussenElektra/Schleswag* -, Slg. I 2001, S. 2099, 2156 f., Rn. 233.

fassung zu der Frage, ob diskriminierende Maßnahmen durch zwingende Erfordernisse gerechtfertigt werden können, zu überdenken und klarzustellen.[728]

bb. Das Urteil in der Rechtssache PreussenElektra

Das Stromeinspeisungs-Urteil des EuGH vom 13.3.2001 wird dieser Forderung des Generalanwalts *Jacobs* nur teilweise gerecht, bereichert aber die Rechtsprechung des Gerichtshofs zur Rechtfertigung von Handelsbeeinträchtigungen um eine interessante Facette.

Im Ergebnis wurde festgestellt, dass die durch das StrEG gegebene Handelsbeeinträchtigung nicht gegen Art. 30 EGV (Art. 28 EG) verstößt, wobei sich der Gerichtshof im Wesentlichen auf zwei Argumente stützt. So seien bei der Beurteilung der Frage, ob eine Abnahmepflicht mit Art. 30 EGV vereinbar ist, das Ziel der streitigen Regelung und die Besonderheiten des Strommarktes zu beachten.[729]

Der EuGH hob zunächst darauf ab, dass das StrEG der Förderung der Nutzung erneuerbarer Energiequellen und damit dem Umweltschutz diene, was den Verpflichtungen der Gemeinschaft und ihrer Mitgliedstaaten zur Verringerung von Treibhausgasen im Rahmen internationaler Abkommen - insbesondere des Kyoto-Protokolls - entspreche.[730] Diese Politik bezwecke zugleich den Schutz der Gesundheit und des Lebens von Menschen, Tieren und Pflanzen.[731] Außerdem müssten die Erfordernisse des Umweltschutzes gemäß Art. 130r Abs. 2 Unterabs. 1 EGV (Art. 174 Abs. 2 Unterabs. 1 EG und Art. 6 EG) bei der Festlegung und Durchführung anderer Gemeinschaftspolitiken einbezogen werden.[732] Schließlich hob der Gerichtshof hervor, dass die Mitgliedstaaten gemäß der 28. Begründungserwägung der Elektrizitätsbinnenmarktrichtlinie ausdrücklich ermächtigt werden, der Elektrizitätserzeugung auf der Grundlage erneuerbarer Energien Vorrang einzuräumen.[733]

Darüber hinaus maß der EuGH den Besonderheiten des Strommarktes für das zu beurteilende StrEG eine erhebliche Bedeutung zu. So stelle die Elektrizitätsbinnenmarktrichtlinie lediglich eine weitere Stufe bei der Liberalisierung des Elektrizitätsmarktes dar, welche Hemmnisse für den zwischenstaatlichen Elektrizitätshandel fortbestehen lasse.[734] Im Übrigen liege es in der Natur der Elektrizität, dass sich ihre Herkunft und insbesondere die Energiequelle, aus der sie

728 Schlussanträge des Generalanwalts *Jacobs* in der Rs. C-379/98, - *PreussenElektra/Schleswag* -, Slg. I 2001, S. 2099, 2156, Rn. 230.
729 EuGH, Rs. C-379/98 - *PreussenElektra/Schleswag* -, Slg. I 2001, S. 2099, 2184, Rn. 72.
730 EuGH, Rs. C-379/98 - *PreussenElektra/Schleswag* -, Slg. I 2001, S. 2099, 2185, Rn. 73 f.
731 EuGH, Rs. C-379/98 - *PreussenElektra/Schleswag* -, Slg. I 2001, S. 2099, 2185, Rn. 75.
732 EuGH, Rs. C-379/98 - *PreussenElektra/Schleswag* -, Slg. I 2001, S. 2099, 2185 f., Rn. 76.
733 EuGH, Rs. C-379/98 - *PreussenElektra/Schleswag* -, Slg. I 2001, S. 2099, 2186, Rn. 77.
734 EuGH, Rs. C-379/98 - *PreussenElektra/Schleswag* -, Slg. I 2001, S. 2099, 2186, Rn. 78.

gewonnen wurde, nach der Einspeisung in ein Übertragungs- oder Verteilernetz kaum noch bestimmen lasse.[735]

Diese Urteilsbegründung trägt - soweit man sie einer kritischen Betrachtung unterzieht - kaum zur Klarstellung der ohnehin nicht immer eindeutigen Rechtsprechung des EuGH zur Rechtfertigung von Handelsbeeinträchtigungen bei.

Mehrdeutig bleibt zunächst die Feststellung des EuGH, dass das StrEG der Gemeinschaftspolitik im Hinblick auf den Schutz der Gesundheit und des Lebens von Menschen, Tieren und Pflanzen entspreche. Unzweifelhaft wird damit der Wortlaut des Art. 30 EG in Bezug genommen, nach welchem die Bestimmungen der Art. 28 und 29 EG solchen Einfuhr-, Ausfuhr- und Durchfuhrverboten oder Beschränkungen nicht entgegenstehen, die unter anderem „zum Schutze der Gesundheit und des Lebens von Menschen, Tieren oder Pflanzen" gerechtfertigt sind. Dieses Vorgehen könnte dahingehend ausgelegt werden, dass der EuGH nunmehr allgemeine Umweltschutzziele unter den genannten Tatbestand „Schutz der Gesundheit und des Lebens von Menschen, Tieren oder Pflanzen" subsumiert.[736] Allerdings sprechen verschiedene Umstände gegen eine solche Betrachtungsweise. So nimmt der EuGH an keiner Stelle der Urteilsbegründung die Ausnahmebestimmung des Art. 30 EG ausdrücklich in Bezug. Es entsteht vielmehr der Eindruck, als handele es sich bei den Ausführungen des EuGH um allgemeine Rechtfertigungserwägungen. Zudem können nach allgemeiner Auffassung sowohl diskriminierende als auch unterschiedslos anwendbare Maßnahmen nach Art. 30 EG gerechtfertigt werden. Wie bereits erörtert, weisen die vom StrEG bzw. EEG bewirkten Handelsbeeinträchtigungen eine Doppelnatur auf, sie enthalten also sowohl diskriminierende als auch nichtdiskriminierende Elemente. Wenn aber somit eine Rechtfertigung des StrEG unter Umweltschutzgesichtspunkten im Rahmen des Art. 30 EG grundsätzlich möglich und ausreichend gewesen wäre, lässt sich nicht hinreichend erklären, warum es der EuGH für notwendig erachtet hat, neben den genannten Umweltschutzerwägungen auch auf die Besonderheiten des Strommarktes abzustellen. Wenn also der EuGH darauf hinweist, dass das StrEG der Gemeinschaftspolitik im Hinblick auf den Schutz der Gesundheit und des Lebens von Menschen, Tieren und Pflanzen entspreche, ist dies nicht notwendig in dem Sinne zu verstehen, dass das StrEG unter diesem Gesichtspunkt auch „gerechtfertigt" i.S.d. Art. 30 EG ist. Denn die bloße Anwendbarkeit einer der genannten Rechtfertigungsgründe hat noch nicht die Rechtfertigung der betreffenden Maßnahme zur Folge. Vielmehr gilt im Rahmen der Rechtfertigung nach Art. 30 EG nach einhelliger Auffassung der Verhältnismäßigkeitsgrundsatz[737], worauf der

735 EuGH, Rs. C-379/98 - *PreussenElektra/Schleswag* -, Slg. I 2001, S. 2099, 2186, Rn. 79.
736 Hiervon geht *Faber*, NuR 2002, S. 142, aus.
737 Vgl. Calliess/Ruffert-*Epiney*, Art. 30 EGV, Rn. 41 f.

EuGH allerdings in der Urteilsbegründung nicht erkennbar eingeht[738]. Ob also der Gerichtshof bei der Rechtfertigung des StrEG tatsächlich maßgeblich auf den Ausnahmetatbestand des Art. 30 EG zurückgegriffen hat, lässt sich bezweifeln, kann aber auch nicht gänzlich ausgeschlossen werden.

Eine differenzierte Interpretationsmöglichkeit des Urteils ergibt sich, wenn man der besonderen „Doppelnatur" der Handelsbeeinträchtigungen des StrEG ausreichend Rechnung trägt. So wurde bereits festgestellt, dass das StrEG sowohl ein diskriminierendes als auch ein nicht-diskriminierendes Element enthält, soweit nämlich zwischen den Verhältnissen inländischer/ausländischer Regenerativstrom einerseits und Regenerativstrom/konventioneller Strom andererseits differenziert wird.[739] Bei Zugrundelegung dieser Betrachtungsweise ließen sich die Ausführungen des EuGH auch so verstehen, dass sich die Rechtfertigungsprüfung unter dem Aspekt des Umweltschutzes nur auf den nicht-diskriminierenden Teil der §§ 1 und 2 StrEG, also auf die unterschiedliche Behandlung von regenerativem und konventionellem Strom, bezieht. Hierfür könnte sprechen, dass sich der EuGH nicht auf das Argument des Umweltschutzes beschränkt, sondern auch die Besonderheiten des Strommarktes in seine Erwägungen einbezieht. Die Hervorhebung der Besonderheiten des Strommarktes bezieht sich nämlich unzweifelhaft auf das Verhältnis zwischen nationalem und eingeführten Strom aus regenerativen Energiequellen, also auf die diskriminierende Komponente der §§ 1 und 2 StrEG.

Wahrscheinlicher ist allerdings die Schlussfolgerung, dass der EuGH das StrEG unter zwingenden Erfordernissen des Umweltschutzes für gerechtfertigt hält, wobei freilich davon auszugehen wäre, dass das zwingende Erfordernis des Umweltschutzes ausnahmsweise - wie etwa im Urteil zum wallonischen Abfalleinfuhrverbot - auch diskriminierende Handelsregelungen rechtfertigen kann. Dass der EuGH die von ihm aufgestellte Grundregel, nach der diskriminierende Maßnahmen nicht durch zwingende Erfordernisse i.S.d. Cassis-Rechtsprechung gerechtfertigt werden können, offen und mit Wirkung für zukünftige Entscheidungen brechen wollte, kann nicht ohne weiteres angenommen werden, was sich aus dem Bemühen des Gerichtshofes ergibt, den Einzelfallcharakter der Entscheidung hervorzuheben.[740] So rekurriert der EuGH weder auf die Entscheidung *wallonisches Abfalleinfuhrverbot* noch auf die Entscheidung *Aher-Waggon*, was dafür gesprochen hätte, das der Gerichtshof diese - bislang als

---

738 Auch in Rn. 73 der Urteilsbegründung, Slg. I 2001, S. 2099, 2185, stellt der EuGH lediglich fest, dass das StrEG dem Umweltschutz zu dienen bestimmt ist; hierin kann aber noch keine Abwägung zur Geeignetheit des StrEG gesehen werden, wie dies von *Soria*, DVBl. 2001, S. 885, angenommen wird. Allerdings ist nicht von der Hand zu weisen, dass die Zurückhaltung in den Ausführungen des EuGH bezüglich der Verhältnismäßigkeit des StrEG auch als Aufwertung der mitgliedstaatlichen Kompetenz zur freien Mittelwahl gedeutet werden kann, vgl. *Soria*, a.a.O.

739 Hierzu bereits oben S. 159 f.

740 Ebenso *Gebauer/Wollenleit/Hack*, ZNER 1/2001, S. 15.

Ausnahmen gehandelten Urteile - als nunmehr gefestigte Rechtsprechung etablieren wollte. Vielmehr zeigt bereits die Formulierung des Leitsatzes den Ausnahmecharakter der Stromeinspeisungs-Entscheidung, wenn es dort heißt: „Beim *gegenwärtigen* Stand des Gemeinschaftsrechts *auf dem Gebiet des Elektrizitätsmarkts* verstößt eine solche Regelung nicht gegen Art. 30 EGV."[741]

cc. Stellungnahme

Bei allen mit dem Stromeinspeisungs-Urteil verbundenen dogmatischen Schwierigkeiten kann eine in der Literatur oft ausdrücklich vertretene und von der Rechtsprechung zumindest indirekt anerkannte Kernaussage nicht in Abrede gestellt werden: Auch über den Anwendungsbereich des Art. 30 EG hinaus sind Sachverhalte denkbar, die eine Rechtfertigung auch von diskriminierenden Maßnahmen angezeigt erscheinen lassen. Zweifellos kann es sich dabei - aufgrund der unter Umständen erheblichen Auswirkungen auf den Binnenmarkt - nur um überragend wichtige Bereiche handeln, wie bereits die in Art. 30 EG aufgeführten Ausnahmetatbestände verdeutlichen. Hierzu sind in Anbetracht ihres hohen Stellenwertes - belegt insbesondere durch eine Vielzahl von sekundärrechtlichen Regelungen, aber auch durch die Art. 2, 3 Abs. 1 Ziff. l), Art. 6, 174 EG - jedenfalls der Umweltschutz und die Klima- und Ressourcenschonung zu rechnen.[742]

In rechtsdogmatischer Hinsicht ließe sich dies über mehrere Wege begründen: Zum einen über eine extensive Auslegung des Anwendungsbereichs des Art. 30 EG auf Belange des Klima- und Umweltschutzes[743], zum anderen über die Aufgabe der Unterscheidung zwischen diskriminierenden und unterschiedslos anwendbaren Maßnahmen im Rahmen der „zwingenden Gründe" i.S.d. „Cassis"-Rechtsprechung.

Die erste Möglichkeit sieht sich jedoch - wie bereits angedeutet - erheblichen Bedenken ausgesetzt. So wäre es zwar durchaus wünschenswert, den Bereich des Umweltschutzes dem Anwendungsbereich des Art. 30 EG zuzuführen; es erscheint allerdings fraglich, ob dieses Ergebnis im Wege der Auslegung erreicht werden kann. Wie bereits erwähnt, ist für die Auslegung des gemeinschaftsrechtlichen Primärrechts die teleologische, an den Vertragszielen orientierte Auslegung von tragender Relevanz.[744] Gerade die Grundfreiheiten des EG-Vertrages sind jedoch von überragender Bedeutung für die Verwirklichung der Gemeinschaftsziele, so dass für Ausnahmeregelungen wie Art. 30 EG eine enge Auslegung ange-

---

741 So auch *Gebauer/Wollenleit/Hack*, ebenda.

742 Auf primärrechtlicher Ebene ist eine Hervorhebung der Bedeutung des Umweltschutzes zu verzeichnen, vgl. *Tettinger*, Zur Stärkung der ökologischen Dimension der Elektrizitätswirtschaft, S. 954.

743 So beispielsweise *Gent*, Mindestpreise, S. 161 ff.

744 Vgl. EuGH, Rs. 6/64 - *Costa/E.N.E.L.* -, Slg. 1964, S. 1251, 1270 f.; *Everling*, Rechtsanwendungsgrundsätze, S. 59 f.

bracht ist. Eine Ausdehnung des Anwendungsbereiches auf in Art. 30 EG ausdrücklich nicht erwähnte Schutzgüter kommt somit nicht in Betracht, zumal der Wortlaut der Vorschrift an keiner Stelle einen Anhaltspunkt dafür enthält, dass die Aufzählung der genannten Schutzgüter nicht abschließend gemeint sein soll.[745]

Gute Gründe sprechen demgegenüber dafür, die Unterscheidung zwischen diskriminierenden und unterschiedslos anwendbaren Maßnahmen im Rahmen der „zwingenden Gründe" i.S.d. „Cassis"-Rechtsprechung aufzugeben, mit der Konsequenz, dass auch diskriminierende Maßnahmen durch zwingende Erfordernisse gerechtfertigt werden können.

Die Unzulänglichkeit der Unterscheidung ergibt sich bereits daraus, dass formell unterschiedlich geltende Maßnahmen den freien Warenverkehr nicht notwendig stärker belasten als unterschiedslos anwendbare.[746] Aber auch die ambivalente Rechtsprechung des EuGH, geprägt von Widersprüchen und „Kunstgriffen", wie etwa in der Entscheidung zum wallonischen Abfalleinfuhrverbot, lässt es angezeigt erscheinen, das Anknüpfen an formale Kriterien zu überdenken, zumal auch nach der Cassis-Formel letztlich objektive Gründe darüber entscheiden sollen, ob eine Regelung zulässig ist oder nicht.[747] Deutlich wird in Anbetracht der pragmatischen Rechtsprechung des EuGH die Tatsache, dass die Begrenzung der Einschlägigkeit der zwingenden Erfordernisse auf nicht diskriminierende Maßnahmen einen ausreichenden Schutz der betroffenen Rechtsgüter oftmals nicht gewährleisten kann.

Jedenfalls kann nicht ohne weiteres angenommen werden, dass ein Verzicht auf die Unterscheidung zwischen diskriminierenden und unterschiedslos anwendbaren Maßnahmen zu einer Ausweitung der Zulässigkeit handelsbehindernder Maßnahmen führen würde, da die Zulässigkeit diskriminierender Maßnahmen - wie erst die Rechtsprechung des EuGH in der Stromeinspeisungs-Entscheidung verdeutlicht - eher eine Ausnahme darstellen dürfte.[748] Einer Ausweitung handelsbehindernder Maßnahmen kann durch die Anwendung des Verhältnismäßigkeitsgrundsatzes entgegengewirkt werden[749], neben welchem dem Diskriminierungsverbot keine besondere eigenständige Bedeutung zukommt. So ist eine sachlich nicht begründete Ungleichbehandlung in aller Regel auch unverhältnismäßig, da sie nicht erforderlich ist.[750]

Die Einschränkung der Cassis-Formel auf unterschiedslos anwendbare Maßnahmen ist somit letztlich nicht geboten und sollte vom EuGH im Interesse von Transparenz, Rechtssicherheit

---

745 Vgl. *Millarg*, Schranken des Warenverkehrs, S. 77.

746 *Millarg*, Schranken des Warenverkehrs, S. 279.

747 Vgl. *Millarg*, Schranken des Warenverkehrs, S. 281.

748 In diesem Sinne auch Dauses-*Dauses*, Hdb. EU-WirtschaftsR, C. I., Rn. 190; *von Wilmowsky*, EuR 1992, S. 416; zustimmend *Millarg*, Schranken des Warenverkehrs, S. 281.

749 So etwa Calliess/Ruffert-*Epiney*, EGV, Art. 28, Rn. 38.

750 Vgl. *Millarg*, Schranken des Warenverkehrs, S. 281 f.; *Geiger*, EGV, Art. 36, Rn. 16.

und zur Vermeidung von Widersprüchen nicht nur wie bisher in Ausnahmefällen aufgegeben werden.[751]

Klärungsbedürftig bleibt das grundsätzliche Verhältnis zwischen den „zwingenden Gründen" und dem Rechtfertigungstatbestand des Art. 30 EG, da die „zwingenden Gründe" grundsätzlich alle öffentlichen Interessen erfassen, mit der Folge, dass der im Grunde eng auszulegende Katalog des Art. 30 EG letztlich doch nicht abschließend ist.[752] Immerhin kann verzeichnet werden, dass der EuGH in neueren Entscheidungen solche Rechtsgüter, die von Art. 30 EG erfasst sind, nicht mehr im Zusammenhang mit „zwingenden Erfordernissen" erörtert[753], wie dies insbesondere in der Cassis-Entscheidung noch der Fall war.[754] Hieraus lässt sich der Schluss ziehen, dass auf „zwingende Erfordernisse" jedenfalls nur dann zurückzugreifen ist, wenn die Rechtfertigungsgründe des Art. 30 EG nicht einschlägig sind.[755] Trotzdem ist die in dogmatischer Hinsicht zunehmende Konvergenz der geschriebenen und ungeschriebenen Rechtfertigungsgründe[756] kaum zu übersehen.

c. Zwischenergebnis

Zwingende Gründe des Umweltschutzes können eine garantierte Einspeisevergütung für Regenerativstrom rechtfertigen. In diesem Sinne ist wohl auch das PreussenElektra-Urteil des EuGH zu verstehen, wenngleich der Gerichtshof diese Sichtweise nicht ausdrücklich einnimmt und den Ausnahmecharakter der Entscheidung deutlich betont. Beziehen sich die Ausführungen des EuGH zwar auf das StrEG, können diese jedoch auf die Rechtslage unter der Geltung des EEG übertragen werden, da eine in diesem Zusammenhang beachtliche Weiterentwicklung des Gemeinschaftsrechts auf dem Gebiet des Elektrizitätsmarkts nicht ersichtlich ist. Dies gilt vor allem nicht mit Blick auf die im Folgenden noch näher zu erörternde Richtlinie zur Förderung der Stromerzeugung aus erneuerbaren Energiequellen im Elektrizitätsbinnenmarkt.[757] Diese sieht zwar die Pflicht zur Einführung von Herkunftsnachweisen für Rege-

---

751 So folgert *Baur*, Ökologische Energieversorgung, S. 21 f., dass der EuGH mit der Stromeinspeisungs-Entscheidung seine bisherige Systematik der Rechtfertigung von Handelsbeeinträchtigungen zugunsten eines offenen, zielgerichteten, nur der Politik und der Natur der Sache verpflichteten Verständnisses des Art. 28 EG verlassen habe. Abzuwarten bleibt, ob und inwieweit der EuGH diesen neuen Weg auch künftig weiterverfolgen wird.

752 Vgl. hierzu G/T/E-*Müller-Graff*, EGV, Art. 36, Rn. 28 ff.; Calliess/Ruffert-*Epiney*, EGV, Art. 28, Rn. 36 ff., Art. 30, Rn. 5; zuletzt *Millarg*, Schranken des Warenverkehrs, S. 93 ff.

753 So etwa EuGH, Rs. 178/84 - *Kommission/Bundesrepublik Deutschland* -, Slg. 1987, S. 1227, Rn. 28; Rs. C-1/90, C-176/90 - *Aragonesa de Publicidad Exterior/Departamento de Sanidad* -, Slg. I 1991, S. 4151, 4184, Rn. 13.

754 Vgl. EuGH, Rs. 120/78 - *Rewe/Bundesmonopolverwaltung für Branntwein* -, Slg. 1979, 649, Rn. 8.

755 Zu diesem Ansatz Calliess/Ruffert-*Epiney*, EGV, Art. 30, Rn. 5.

756 *Koenig/Kühling*, NVwZ 2001, S. 770.

757 Hierzu ausführlich unten S 184 ff.

nerativstrom vor, lässt aber im Übrigen die einzelnen mitgliedstaatlichen Förderungssysteme vorbehaltlich der Entscheidung über einen Gemeinschaftsrahmen unangetastet.

d. Verhältnismäßigkeit

Die durch das EEG bedingte Handelsbehinderung ist nur dann durch zwingende Gründe des Umweltschutzes gerechtfertigt, wenn die Handelsbehinderung auch verhältnismäßig ist. Die Anwendbarkeit des Verhältnismäßigkeitsgrundsatzes ergibt sich dabei bereits aus seiner Natur als allgemeiner Rechtsgrundsatz, was auch im Rahmen der Cassis-Entscheidung deutlich wird, wenn der EuGH dort ausführt, dass Handelshemmnisse hingenommen werden müssen, „solange sie notwendig sind, um zwingenden Erfordernissen gerecht zu werden.“[758]

Im Rahmen der zwingenden Erfordernisse fungiert der Verhältnismäßigkeitsgrundsatz als Instrument zur Herstellung des erforderlichen Ausgleichs zwischen den anerkannten Regelungsinteressen der Mitgliedstaaten auf der einen und den Erfordernissen des freien Warenverkehrs auf der anderen Seite.[759] Dabei sind die Geeignetheit und vor allem die Erforderlichkeit der Maßnahme zur Abwehr der Gefährdung zu erörtern. Schließlich muss die Maßnahme in einem angemessenen Verhältnis zum verfolgten Zweck stehen.[760]

aa. Geeignetheit

Die den freien Warenverkehr beschränkende Maßnahme müsste zunächst geeignet sein, den zwingenden Erfordernissen des Umwelt- und Klimaschutzes sowie der Ressourcenschonung zu entsprechen. Ohne dass es an dieser Stelle einer detaillierten Prüfung bedarf, kann bezogen auf das in Rede stehende EEG jedenfalls festgehalten werden, dass die dort normierten Abnahme- und Vergütungspflichten grundsätzlich geeignet sind, den Anteil regenerativer Energien an der Stromerzeugung deutlich zu erhöhen. Dabei kann auf die seit dem Jahr 1990 durch das StrEG gewonnenen Erfahrungen mit dem System einer garantierten Einspeisevergütung zurückgegriffen werden, welches sich als erfolgreiches Mittel herausgestellt hat, um den Anteil der erneuerbaren Energiequellen an der Stromerzeugung zu erhöhen.[761]

bb. Erforderlichkeit

Hemmnisse für den Binnenhandel der Gemeinschaft sind nur insoweit hinzunehmen, als diese notwendig sind, um den zwingenden Erfordernissen gerecht zu werden. Erörterungsbedürftig ist demnach die Frage, ob die garantierte Einspeisevergütung des EEG in ihrer konkreten

758 EuGH, Rs. 120/78 - *Rewe/Bundesmonopolverwaltung für Branntwein* -, Slg. 1979, S. 662, Rn. 8
759 *Millarg*, Schranken des Warenverkehrs, S. 248.
760 G/T/E-*Müller-Graff*, Art. 30 EGV, Rn. 231; Calliess/Ruffert-*Epiney*, Art. 28 EGV, Rn. 25.
761 Vgl. hierzu den Erfahrungsbericht des Bundeswirtschaftsministeriums zum StrEG, BT-Drs. 13/2681.

Ausgestaltung unter mehreren gleich geeigneten Mitteln dasjenige ist, welches den freien Warenverkehr am wenigsten beeinträchtigt. Maßgeblich für die Untersuchung ist also nicht primär die Frage, ob ein anderes Förderungsmodell - etwa ein Quoten- oder Bonusmodell[762] beziehungsweise die Förderung der regenerativen Stromerzeugung durch die Einführung einer Steuer oder Sonderabgabe - den Binnenhandel weniger beeinträchtigen würde.[763] Entscheidend ist vielmehr, ob die Einschränkung des Anwendungsbereichs des EEG auf den im Geltungsbereich des EEG oder in der deutschen ausschließlichen Wirtschaftszone gewonnenen Regenerativstrom zur Erreichung des verfolgten Umweltschutzzieles erforderlich ist.

Unzweifelhaft ist in diesem Zusammenhang, dass eine garantierte Einspeisevergütung, welche auch im Ausland erzeugten Regenerativstrom einbezieht, den Binnenhandel potenziell weniger beeinträchtigen würde, da bei einem solchen System keine Kapazitäten ausschließlich für inländischen Regenerativstrom „belegt" wären. Eine Behinderung von Stromimporten wäre in diesem Fall nur noch bezüglich des Imports von *konventionellem* Strom aus anderen Mitgliedstaaten gegeben. Diese Handelsbeeinträchtigung wäre jedoch als eine für alle - sowohl für inländische als auch für ausländische - Wirtschaftsteilnehmer geltende Verkaufsmodalität nach der Keck-Rechtsprechung gerechtfertigt.

Fraglich ist jedoch, ob ein Förderungssystem für erneuerbare Energien in Form einer garantierten Einspeisevergütung unter Einbeziehung ausländischer Erzeuger von Regenerativstrom in gleicher Weise dazu geeignet wäre, den zwingenden Erfordernissen des Umweltschutzes gerecht zu werden. Ohne die räumliche Begrenzung des Anwendungsbereichs könnten Betreiber von Anlagen zur Erzeugung von Regenerativstrom aus anderen Mitgliedstaaten den Anschluss ihrer Anlage an das nächstgelegene, technisch zur Aufnahme geeignete inländische Netz verlangen. Der betroffene Netzbetreiber müsste den gesamten angebotenen Strom gemäß § 3 Abs. 1 Satz 1 EEG i.V.m. §§ 4 - 9 EEG abnehmen und vergüten. Angesichts der attraktiven Mindestvergütungssätze für den Regenerativstrom kann weiter davon ausgegangen werden, dass von dieser Möglichkeit vermehrt Gebrauch gemacht werden würde, wenngleich diese Annahme wohl hauptsächlich für die grenznahen Gebiete gelten kann, da die Anschlusskosten, die gemäß § 10 Abs. 1 Satz 1 EEG vom Anlagenbetreiber zu tragen sind, ansonsten rasch die Schwelle zur Unwirtschaftlichkeit übersteigen dürften.

Folge der (Mit)Förderung ausländischen Regenerativstroms wäre jedenfalls ein stärkerer Anstieg des Anteils regenerativen Stroms in den bundesdeutschen Stromnetzen, als dies unter Geltung der räumlichen Begrenzung des Anwendungsbereiches der Fall ist. Dies hätte zwangsläufig eine stärkere Verdrängung konventionellen Stroms aus den Netzen zur Folge, so

762 Zu diesen Förderungsmodellen siehe unten S. 227 ff.

763 Diese Frage wird allerdings im Rahmen der Erörterung der Verfassungsmäßigkeit des EEG relevant, siehe unten 224 ff.

dass theoretisch zunächst davon ausgegangen werden könnte, dass das EEG ohne die Einschränkung des räumlichen Anwendungsbereiches sogar geeigneter wäre, den zwingenden Erfordernissen des Umweltschutzes gerecht zu werden.

Fraglich ist jedoch, inwieweit die vom EuGH in der Stromeinspeisungs-Entscheidung vorgebrachten Bedenken zu einem anderen Ergebnis führen müssen. So führt der Gerichtshof aus, dass es in der Natur der Elektrizität liege, dass sich ihre Herkunft und insbesondere die Energiequelle, aus der sie gewonnen wurde, nach der Einspeisung ins Netz kaum noch bestimmen lasse.[764] Diese Aussage kann durchaus in dem Sinne verstanden werden, dass der EuGH von der Annahme ausgeht, dass eine (Mit)Förderung von ausländischem Regenerativstrom schon deshalb ausgeschlossen werden darf, da der Nachweis über die Art der Erzeugung in der Praxis kaum durchzuführen ist.

Dieses Argument vermag jedoch - zumindest bei isolierter Betrachtung und unter Beachtung der Funktionsweise des EEG - nicht ohne weiteres zu überzeugen, da sowohl das StrEG als auch das Nachfolgegesetz EEG eine Anschluss- und Abnahmepflicht für den *nächstgelegenen* Netzbetreiber vorsehen. Dieser zahlt also nicht eine Vergütung für „irgendwelchen", nicht mehr näher bestimmbaren Strom, der im Wege der Durchleitung den Weg in sein Netz gefunden hat. Vielmehr gründet das EEG - wie auch bereits das StrEG - auf der Konzeption, dass die förderungswürdigen Anlagen unmittelbar an das Netz des aufnehmenden Netzbetreibers angeschlossen werden, so dass sich die Herkunft des zu vergütenden Stroms auf der ersten Stufe der Abnahme- und Vergütungspflicht genau bestimmen lässt. Zwingend wäre die Argumentation allenfalls dann gewesen, wenn die Förderung erneuerbarer Energiequellen in der Bundesrepublik Deutschland durch ein Quotenmodell mit handelbaren Zertifikaten erfolgen würde.[765] So aber geht die Argumentation des EuGH in diesem Punkt an den tatsächlichen Gegebenheiten in der Bundesrepublik Deutschland vorbei.

Entscheidend ist demgegenüber die Überlegung, dass eine für ausländische Erzeuger „offene" Ausgestaltung des EEG nicht praktikabel wäre, ohne dass in den übrigen Mitgliedstaaten vergleichbare Förderungssysteme gleichfalls unter Einbeziehung ausländischen Regenerativstroms eingerichtet würden. So hätte die einseitige Einbeziehung von ausländischem Regenerativstrom eine erhebliche einseitige Wettbewerbsverzerrung zu Lasten der deutschen Netzbetreiber zur Folge, da Netzbetreiber aus anderen Mitgliedstaaten nicht mit einer entsprechenden Pflicht zur Aufnahme von deutschem Regenerativstrom belastet wären. Die im EEG vorgesehene Weiterwälzung der Belastungen nach den §§ 3 Abs. 2, 11 Abs. 2 EEG würde letztlich dazu führen, dass sich eine erheblich größere Finanzierungslast auf die deutschen EVU

764 EuGH, Rs. C-379/98 - *PreussenElektra/Schleswag* -, Slg. I 2001, S. 2099, 2186, Rn. 79.
765 Vgl. zur Funktionsweise eines solchen Quotenmodells unten S. 228 f.

und die Stromkunden verteilen würde. Eine Entlastung durch die gleichzeitige Einspeisung von deutschen Regenerativstromanlagen in grenznahe ausländische Netze würde jedoch nicht eintreten, solange in den benachbarten Mitgliedstaaten nicht auch Abnahme- und Vergütungssysteme mit mindestens vergleichbaren Vergütungssätzen bestehen. Insoweit sind die durch das EEG begründeten Handelsbeeinträchtigungen erforderlich, um das ungestörte Funktionieren des EEG sicherzustellen und damit den zwingenden Erfordernissen des Umweltschutzes gerecht zu werden.

Eine ähnliche Haltung klingt auch im Stromeinspeisungs-Urteil des EuGH an, wenn dieser auf den Richtlinienvorschlag der Kommission[766] verweist, nach welchem ein System von gegenseitig anzuerkennenden Handelszertifikaten für Strom aus erneuerbaren Energiequellen eingeführt werden soll, welches den Handel mit Regenerativstrom erst zuverlässig und praktisch möglich mache. Hieraus lässt sich entnehmen, dass - jedenfalls solange es an diesem System von Herkunftszertifikaten fehlt - potenzielle Handelsbeeinträchtigungen durch Förderungsmaßnahmen für erneuerbare Energien in den einzelnen Mitgliedstaaten hinzunehmen sind. In die gleiche Richtung tendiert auch die im Folgenden noch ausführlicher zu erörternde Richtlinie zur Förderung der Stromerzeugung aus erneuerbaren Energiequellen im Elektrizitätsbinnenmarkt[767], worin ausweislich Ziff. 10 der Erwägungsgründe von den Mitgliedstaaten nicht der Ankauf von Herkunftsnachweisen von anderen Mitgliedstaaten oder die entsprechende Abnahme von Strom als Beitrag zur Verwirklichung einer einzelstaatlichen Quotenverpflichtung verlangt wird. Deutlicher ist insoweit noch der unter Ziff. 14 aufgeführte Erwägungsgrund, in dem es heißt:

„Die Mitgliedstaaten praktizieren auf nationaler Ebene unterschiedliche Systeme zur Unterstützung erneuerbarer Energiequellen; hierzu zählen grüne Zertifikate, Investitionsbeihilfen, Steuerbefreiungen oder -erleichterungen, Steuererstattungen und direkte Preisstützungssysteme. Ein wichtiges Element zur Verwirklichung des Ziels dieser Richtlinie besteht darin, das ungestörte Funktionieren dieser Systeme zu gewährleisten, damit das Vertrauen der Investoren erhalten bleibt, bis ein Gemeinschaftsrahmen zur Anwendung gelangt ist.“

Aus diesen Erwägungen lässt sich die Annahme rechtfertigen, dass der Ausschluss ausländischen Regenerativstroms von einer Förderung durch das EEG jedenfalls noch solange erforderlich ist, um den zwingenden Erfordernissen des Umweltschutzes gerecht zu werden, bis ein System von Herkunftsnachweisen für Strom aus erneuerbaren Energien eingeführt wurde und darüber hinaus ein Gemeinschaftsrahmen für Förderregelungen zur Vereinheitlichung der einzelstaatlichen Systeme führt.

---

766 ABl. C 311 E 2000, S. 320.

767 Richtlinie 2001/77/EG zur Förderung der Stromerzeugung aus erneuerbaren Energiequellen im Elektrizitätsbinnenmarkt, ABl. L 283 v. 27.10.2001, S. 33.

cc. Angemessenheit

Als Schranke für die Zulässigkeit des EEG verbleibt somit das Kriterium der Angemessenheit, nach welchem die mitgliedstaatliche Maßnahme in einem angemessenen Verhältnis zum angestrebten Zweck stehen muss.[768] Demnach ist eine Abwägung zwischen dem Interesse des Mitgliedstaates an der Verfolgung des zwingenden Erfordernisses und der Beeinträchtigung des freien Warenverkehrs vorzunehmen.[769]

Für die Abwägung der Vor- und Nachteile ist zunächst der Rang des Rechtsguts bedeutsam, dessen Schutz die fragliche Maßnahme dient.[770] Das EEG verfolgt das Ziel der Ermöglichung einer nachhaltigen Entwicklung der Energieversorgung durch die Erhöhung des Beitrags erneuerbarer Energien an der Stromversorgung im Interesse des Klima- und Umweltschutzes. Auch wenn zwingenden Erfordernissen des Umweltschutzes nach der Rechtsprechung des EuGH im Rahmen der Angemessenheitsprüfung kein selbstverständlicher Vorrang gegenüber dem freien Warenverkehr zukommt, wie dies etwa bei Maßnahmen zum Schutz des menschlichen Lebens und der Gesundheit der Fall ist[771], so lässt sich dennoch festhalten, dass die Entwicklung der Nutzung erneuerbarer Energien eines der vorrangigen Ziele der Gemeinschaft im Hinblick auf bestehende Klimaschutzverpflichtungen ist.[772] Dies wird vom EuGH in der Stromeinspeisungs-Entscheidung ausdrücklich betont, was die Auffassung stützt, dass der Umweltschutz auf europäischer Ebene als hochrangiges Rechtsgut einzuordnen ist.

Demgegenüber sind die durch das EEG tatsächlich verursachten Beeinträchtigungen des freien Warenverkehrs als recht gering einzuschätzen. Zwar kann nach wohl zutreffender Auffassung von Generalanwalt *Jacobs* ein grenzüberschreitender Stromhandel, der 1 % des gesamten deutschen Stromverbrauchs ausmacht, weder bei absoluter noch bei relativer Betrachtung als zu vernachlässigende Größe betrachtet werden.[773]

Festgehalten werden können jedoch folgende Überlegungen: Wettbewerbsverzerrungen zu Lasten des im Ausland erzeugten Regenerativstroms werden jedenfalls - zumindest teilweise - dadurch kompensiert, dass in der Mehrzahl der übrigen, insbesondere der an die Bundesrepublik angrenzenden Mitgliedstaaten, gleichfalls Fördermodelle für Regenerativstrom bestehen. Keineswegs verfehlt ist es, in diesem Zusammenhang von der Entwicklung eines „euro-

---

768 G/T/E-*Müller-Graff*, EGV, Art. 30, Rn. 232.
769 Calliess/Ruffert-*Calliess*, Art. 5 EGV, Rn. 46; Calliess/Ruffert-*Epiney*, Art. 28 EGV, Rn. 25; Art. 30 EGV, Rn. 49.
770 *Millarg*, Schranken des Warenverkehrs, S. 259.
771 Vgl. etwa EuGH, Rs. 215/87 - *Schumacher/Hauptzollamt Frankfurt a.M.-Ost* -, Slg. 1989, S. 617, 639, Rn. 17.
772 EuGH, Rs. C-379/98 - *PreussenElektra/Schleswag* -, Slg. I 2001, S. 2099, 2185, Rn. 74.
773 Vgl. die Schlussanträge des Generalanwalts *Jacobs* in der Rs. C-379/98 - *Preussen-Elektra/Schleswag* -, Slg. I 2001, S. 2099, 2150, Rn. 204.

päischen Stromeinspeisungsrechts" zu sprechen.[774] So existieren in Dänemark, Frankreich, den Niederlanden und Schweden Einspeisevergütungen; zudem sind in Dänemark, Großbritannien und den Niederlanden Quotenmodelle in Kraft bzw. in der Planung.[775]

Darüber hinaus muss beachtet werden, dass auch in den übrigen Mitgliedstaaten die Erzeugung regenerativer Energien vornehmlich durch kleine, dezentrale Anlagen erfolgt, deren Strom unmittelbar in das nächstgelegene Verteilernetz eingespeist wird.[776] Die Strommenge, die theoretisch zur Einspeisung in grenznahe deutsche Netze geeignet wäre, ist somit verhältnismäßig gering. Daher kann nicht davon ausgegangen werden, dass die Behinderung des Imports von ausländischen Regenerativstrom außer Verhältnis zum angestrebten Umweltschutzzweck steht.[777]

Was bleibt, ist die potenzielle Beeinträchtigung von Stromimporten von *konventionellem* Strom aus anderen Mitgliedstaaten. Diese Handelsbeeinträchtigung ist jedoch als eine für alle - sowohl für inländische als auch für ausländische - Wirtschaftsteilnehmer geltende Verkaufsmodalität nach der Keck-Rechtsprechung gerechtfertigt.

Die potenzielle Handelsbeeinträchtigung steht somit in einem angemessenen Verhältnis zum angestrebten Zweck des Umweltschutzes, weshalb der Eingriff der in Rede stehenden Abnahme- und Vergütungspflichten des EEG in den Schutzbereich der Warenverkehrsfreiheit letztlich gerechtfertigt sind.

IV. Ausnahmeregelung des § 11 Abs. 4 Satz 2 EEG

Einen besonderen und im Vergleich zum StrEG neuen Aspekt in der europarechtlichen Diskussion begründet die Regelung des § 11 Abs. 4 Satz 2 EEG, nach welcher für die Versorger von Letztverbrauchern die Pflicht zur Abnahme und Vergütung gegenüber ihrem regelverantwortlichen Übertragungsnetzbetreiber nach § 11 Abs. 1 Satz 1 EEG nicht gilt, soweit diese - bezogen auf die gesamte von ihnen gelieferte Strommenge - zu mindestens 50 % Strom aus erneuerbaren Energien i.S.d. § 2 Abs. 1 i.V.m. Abs. 2 EEG liefern. Nach der Gesetzesbegründung ist diese Privilegierung dadurch gerechtfertigt, dass diese Energieversorger - entsprechend dem Verursacherprinzip - dem Klima- und Umweltschutz bereits ausreichend genüge getan haben.[778]

---

774 *Nill-Theobald/Theobald*, Energiewirtschaftsrecht, S. 332.

775 Vgl. hierzu den - mittlerweile zum Teil veralteten - Überblick bei *Cerveny/Gerstmayr*, Einspeiseregelungen, sowie die aktuelle Darstellung bei *Espey*, Energiepolitische Instrumente, S. 99 ff.

776 Vgl. *Espey*, Energiepolitische Instrumente, S. 16. Für die Erzeugung von Strom aus regenerativen Energien ist es geradezu charakteristisch, dass die hierfür erforderlichen Technologien dezentral und durch Privatpersonen eingesetzt werden.

777 Ähnlich *Altrock*, Preisregelungen, S. 100, welcher diesen Aspekt allerdings im Rahmen der Erforderlichkeit der Handelsbeeinträchtigung berücksichtigen will.

778 BT-Drs. 14/2776, S. 24.

Diese Privilegierung könnte aufgrund des Verweises auf § 2 Abs. 1 EEG so zu verstehen sein, dass sie nur dann eingreift, wenn es sich bei der gelieferten Elektrizität um Strom handelt, der im Geltungsbereich des EEG oder in der deutschen ausschließlichen Wirtschaftszone gewonnen wird; die Vorteile für die „Grünstromhändler" wären damit an den Bezug von inländischem Regenerativstrom geknüpft.[779] Nach der Dassonville-Formel wäre dann die Regelung des § 11 Abs. 4 Satz 2 EEG geeignet, den innergemeinschaftlichen Handel unmittelbar oder mittelbar, tatsächlich oder potenziell zu behindern. Eine Ausnahme nach den bereits erörterten Grundsätzen der Keck-Rechtsprechung läge nicht vor, da die Vorschrift keine Regeln bezüglich der Vermarktung von Strom aus regenerativen Energiequellen aufstellt, sondern vielmehr einen Ausnahmebereich zu einer Vermarktungsregel begründet. Der Anwendungsbereich des Art. 28 EG wäre damit eröffnet.

Will man die Ausnahmeregelung des § 11 Abs. 4 Satz 2 EEG in der beschriebenen Weise verstehen, wäre zu fragen, ob die dann von ihr ausgehende Handelsbeeinträchtigung gerechtfertigt sein könnte.

Hierzu kann zunächst festgehalten werden, dass eine Rechtfertigung nach Art. 30 EG jedenfalls nicht in Betracht käme. Denn dann müsste die Ausnahmeregelung des § 11 Abs. 4 Satz 2 EEG zum Schutze der Gesundheit und des Lebens von Menschen, Tieren oder Pflanzen gerechtfertigt sein. Die Vorschrift dient aber vielmehr der Gleichbehandlung der grundsätzlich zur Abnahme und Vergütung nach § 11 Abs. 4 Satz 1 EEG verpflichteten EltVU, indem solche EltVU von der Verpflichtung ausgenommen werden, die bereits einen erheblichen Umweltbeitrag dadurch leisten, dass sie zu mindestens 50 % Strom aus erneuerbaren Energien liefern. Der eigentliche Umweltnutzen des EEG wird durch diese Ausnahmevorschrift nicht gesteigert.

Eine Rechtfertigung der Handelsbeeinträchtigung käme somit allenfalls durch zwingende Gründe des Umweltschutzes in Betracht. Wenngleich aber zwar nach hier vertretener Auffassung zwingende Gründe des Umweltschutzes diskriminierende Maßnahmen grundsätzlich rechtfertigen können, so erscheint eine auf diesen Erwägungen gegründete Rechtfertigung der soeben beschriebenen Handelsbeeinträchtigung zweifelhaft. Denn wie bereits dargelegt, verfolgt die Vorschrift keine eigenständigen Umweltschutzziele, sondern dient lediglich der Gleichbehandlung der durch das EEG verpflichteten Stromlieferanten. Darüber hinaus lässt sich nicht überzeugend darlegen, dass ausschließlich die Lieferung von inländischem Regenerativstrom einen im Rahmen des EEG beachtlichen Umweltnutzen zu entfalten vermag, denn auch durch den Import von Regenerativstrom aus den übrigen Mitgliedstaaten wird ein entsprechender Anteil konventionell erzeugten Stroms aus den Netzen verdrängt. Dagegen lässt

779 Hiervon gehen *Raabe/Meyer*, NJW 2000, S. 1300, aus.

sich auch nicht - angelehnt an die Rechtsprechung des EuGH zum StrEG - einwenden, dass es derzeit noch an einem System von Herkunftsnachweisen für Strom aus erneuerbaren Energien fehlt, denn dieser Einwand träfe auf die Bundesrepublik Deutschland in gleicher Weise wie auf die übrigen Mitgliedstaaten zu. Die Lieferung von Strom aus erneuerbaren Energien i.S.v. § 2 Abs. 1 i.V.m. Abs. 2 EEG müsste und könnte in jedem Fall durch Vorlage der entsprechenden Vertragsunterlagen nachgewiesen werden.

Käme eine Rechtfertigung der in Rede stehenden Handelsbeeinträchtigung nach dem bisher Gesagten nicht in Betracht, so bedeutete dies noch nicht, dass § 11 Abs. 4 Satz 2 EEG nichtig wäre. Denn Gemeinschaftsrecht bricht nicht, wie dies der bundesstaatlichen Regel des Art. 31 GG entsprechen würde, das mitgliedstaatliche Recht.[780] Entsprechend dem sogenannten „Anwendungsvorrang" sind Gerichte und Behörden allerdings dazu verpflichtet, den Vorschriften des Gemeinschaftsrechts den Vorrang in jedem konkret zu entscheidenden Fall einzuräumen und gemeinschaftsrechtswidriges nationales Recht außer Anwendung zu lassen.[781] Um diese Unanwendbarkeit des nationalen Rechts zu vermeiden, muss es - soweit möglich - EG-rechtskonform ausgelegt werden.[782]

Eine solche EG-rechtskonforme Auslegung des § 11 Abs. 4 Satz 2 EEG schlagen *Raabe/ Meyer*[783] dahingehend vor, dass die 50 %-Quote auch mit regenerativ erzeugtem Strom aus anderen Mitgliedstaaten erfüllt werden kann.

Allerdings muss beachtet werden, dass für die richtlinien- und EG-rechtskonforme Auslegung gilt, dass sie einer nach Wortlaut und Sinn eindeutigen nationalen Regelung keinen entgegengesetzten Sinn verleihen darf, dass sie den normativen Gehalt der Regelung nicht grundlegend neu bestimmen und das Ziel der nationalen Regelung nicht in einem wesentlichen Punkt verfehlen darf.[784] Generell muss also die mit Blick auf die Richtlinie gewonnene Auslegung nationalen Rechts auch dann eine nach den nationalen Auslegungsregeln vertretbare Auslegung sein, wenn man die Richtlinien außer acht lässt.[785] Dementsprechend ist danach zu fragen, ob eine Auslegung, nach der die 50 %-Quote auch mit regenerativ erzeugtem Strom aus anderen Mitgliedstaaten erfüllt werden kann, auch nach nationalen Auslegungsregeln vertretbar wäre.

Ausgehend vom Wortlaut der Vorschrift sprechen zunächst gute Gründe gegen die Annahme, dass die in Rede stehende Quote mit Regenerativstrom aus anderen Mitgliedstaaten erfüllt werden kann. Denn § 11 Abs. 4 Satz 2 EEG verweist auf „Strom i.S.d. § 2 Absatz 1 in Verbindung mit Absatz 2". Strom i.S.v. § 2 Abs. 1 EEG ist aber nur solcher Strom aus den dort

---

780 Calliess/Ruffert-*Wegener*, Art. 220 EGV, Rn. 19.
781 Calliess/Ruffert-*Wegener*, Art. 220 EGV, Rn. 19.
782 *Jarass*, EuR 1991, S. 215.
783 *Raabe/Meyer*, NJW 2000, S. 1301.
784 *Jarass*, EuR 1991, S. 218.
785 *Jarass*, EuR 1991, S. 218 unter Verweis auf GA *Mischo* in EuGH, Slg. 1987, S. 3969, 3979.

bezeichneten erneuerbaren Energieträgern, der im Geltungsbereich des EEG oder in der deutschen ausschließlichen Wirtschaftszone gewonnen wurde. Bei der so gewonnenen Ermittlung der scheinbar eindeutigen Bedeutung des Normtextes kann jedoch nicht stehengeblieben werden, da eine Untersuchung der systematischen und teleologischen Zusammenhänge durchaus zu dem Ergebnis führen kann, dass es sich bei dem (Mit-)Verweis auf die geographische Herkunft des Regenerativstroms lediglich um eine sprachliche Ungenauigkeit des Gesetzgebers handelt.

So ist in systematischer Hinsicht der enge Zusammenhang mit § 11 Abs. 4 Satz 1 EEG zu beachten, welcher nicht ausschließlich für Versorger von Letztverbrauchern mit Sitz im Inland gilt, sondern - innerhalb der tatbestandlichen Grenzen des EEG - auch für EVU mit Sitz im Ausland gelten kann, die Letztverbraucher im Geltungsbereich des EEG versorgen.[786] Kann aber die Vorschrift des § 11 Abs. 4 Satz 1 EEG ebenso für ausländische Letztversorger gelten, so muss aus Gründen der Gleichbehandlung und des Diskriminierungsverbots im Gegenzug auch die begünstigende Ausnahmevorschrift des § 11 Abs. 4 Satz 2 EEG für ausländische Letztversorger gelten. Mit anderen Worten: Auch Letztversorger mit Sitz im Ausland, die vom Geltungsbereich des EEG erfasst sind, sind von der Abnahme- und Vergütungspflicht des § 11 Abs. 4 Satz 1 EEG befreit, wenn sie bezogen auf die gesamte von ihnen gelieferte Strommenge zu mindestens 50 % Strom i.S.d. § 2 Abs. 1 i.V.m. § 2 Abs. 2 EEG liefern. Schwerlich vertretbar ist es aber, hieraus den Schluss zu ziehen, dass sich Letztversorger mit Sitz im Ausland nur dann auf § 11 Abs. 4 Satz 2 EEG berufen dürfen, wenn der von Ihnen zur Feststellung der 50 %-Quote in Ansatz zu bringende, gelieferte Regenerativstrom - buchstäblich „im Sinne des § 2 Abs. 1 EEG" - im Geltungsbereich des EEG oder in der deutschen ausschließlichen Wirtschaftszone gewonnen wurde. Eine solche Auslegung würde Letztversorgern mit Sitz im Ausland die Begünstigung des § 11 Abs. 4 Satz 2 EEG ausschließlich dann zuteil werden lassen, wenn sie in der Bundesrepublik Deutschland erzeugten Regenerativstrom an Letztverbraucher liefern würden. Folge wäre eine Diskriminierung solcher Letztversorger mit Sitz im Ausland, die zu mehr als 50 % Strom aus regenerativen Energien liefern, der nicht in der Bundesrepublik Deutschland erzeugt wurde, denn solche Letztversorger tragen in gleichem Maße zur Förderung regenerativer Energien und damit zu Umwelt- und Klimaschutz sowie Ressourcenschonung bei. Es ist also davon auszugehen, dass sich auch „Grünstromhändler" mit Sitz im Ausland, die den von ihnen gelieferten Regenerativstrom entweder im Ausland selbst erzeugen oder diesen Strom anderweitig aus dem Ausland zur Versorgung von Letztverbrauchern beziehen, auf die Ausnahmebestimmung des § 11 Abs. 4 Satz 1 EEG berufen können, soweit sie vom Anwendungsbereich des EEG erfasst sind.

786 Siehe hierzu oben S. 95 ff.

Fraglich bleibt zuletzt, ob die vorstehenden Erwägungen auch bezüglich der inländischen Letztversorger dergestalt durchgreifen, dass diese die 50 %-Quote auch mit aus dem Ausland bezogenen Regenerativstrom erfüllen können und damit folglich von der Abnahme- und Vergütungspflicht des § 11 Abs. 1 Satz 1 EEG ausgenommen wären. Mit Blick auf den Normzweck wird dies zu bejahen sein. So führt die Gesetzesbegründung zu § 11 Abs. 4 Satz 2 EEG aus: „Die Aufnahme- und Vergütungspflicht nach § 11 Abs. 4 besteht nicht für Elektrizitätsunternehmen, die zu mehr als der Hälfte Strom aus erneuerbaren Energien abgeben, da diese - wiederum dem Verursacherprinzip entsprechend - bereits dem Umwelt- und Klimaschutz ausreichend genüge tun."[787]

Hieraus ergibt sich, dass die gesetzgeberische Absicht auf die Entlastung solcher Unternehmen zielt, die bereits einen erheblichen Beitrag zu Umwelt- und Klimaschutz leisten, um Ungleichbehandlungen zu vermeiden. Denn auch die Gleichbehandlung von wesentlich Ungleichem kann zu einem Verstoß gegen des Gleichheitssatz aus Art. 3 Abs. 1 GG führen, soweit kein sachlicher Grund für die Gleichbehandlung besteht.[788] Eine unzulässige Gleichbehandlung in diesem Sinne läge vor, wenn inländische Letztversorger aus dem Ausland bezogenen Regenerativstrom bei der Errechnung der 50 %-Quote nicht in Ansatz bringen dürften, denn auch durch den Import von Regenerativstrom aus anderen Mitgliedstaaten wird ein entsprechender Anteil konventionell erzeugten Stroms aus den Netzen verdrängt was zu einer - von § 1 EEG geforderten - Erhöhung des Anteils erneuerbarer Energien an der Stromversorgung beiträgt.

Der soeben ermittelte Normzweck, gestützt durch den systematischen Zusammenhang zu § 11 Abs. 4 Satz 1 EEG, legt damit das Ergebnis nahe, dass § 11 Abs. 4 Satz 2 EEG einer sprachlichen Ungenauigkeit unterlegen ist, und sich der Verweis auf § 2 Abs. 1 i.V.m. Abs. 2 EEG lediglich auf die zur Stromgewinnung verwendeten Energieträger (und insbesondere auch auf die Konkretisierung des Biomassebegriffs durch die BiomasseVO) bezieht, nicht aber auf die geographische Herkunft des Regenerativstroms.

Damit kann festgehalten werden, dass eine Auslegung des § 11 Abs. 4 Satz 2 EEG, nach welcher die 50 %-Quote auch mit regenerativ erzeugtem Strom aus anderen Mitgliedstaaten erfüllt werden kann, nach nationalen Auslegungsregeln angezeigt ist. Einer entsprechenden europarechtskonformen Auslegung der Norm stehen somit keine Bedenken entgegen.

Damit ist § 11 Abs. 4 Satz 2 EEG europarechtskonform dahingehend auszulegen, dass sich ein Letztversorger gegenüber seinem regelverantwortlichen Übertragungsnetzbetreiber selbst

787 BT-Drs. 14/2776, S. 24.

788 Vgl. nur Sachs-*Osterloh*, GG, Art. 3, Rn. 83; Jarass/Pieroth-*Jarass*, GG, Art. 3, Rn. 7.

dann darauf berufen kann, dass er zu 50 % oder mehr Strom aus erneuerbaren Energien liefert, wenn dieser Strom ganz oder zum Teil aus anderen Mitgliedstaaten importiert wurde.

C. Die Richtlinie 2001/77/EG zur Förderung der Stromerzeugung aus erneuerbaren Energiequellen im Elektrizitätsbinnenmarkt und ihre Auswirkungen auf das EEG

Weitreichende Auswirkungen auf die Förderung der Stromerzeugung aus erneuerbaren Energien in Europa und damit auch auf das EEG hat die am 27.10.2001 in Kraft getretene Richtlinie des Europäischen Parlaments und des Rates zur Förderung der Stromerzeugung aus erneuerbaren Energiequellen im Elektrizitätsbinnenmarkt (im Folgenden: EE-RL).[789] Während es bislang ausschließlich Sache der einzelnen Mitgliedstaaten war, über das „ob" und das „wie" der Förderung zu entscheiden, enthält die EE-RL bindende Vorgaben zur Steigerung des Anteils erneuerbarer Energiequellen an der Stromerzeugung im Elektrizitätsbinnenmarkt.

I. Regelungsgehalt der EE-RL

Zweck der Richtlinie ist es gemäß Art. 1 EE-RL, eine Steigerung des Anteils erneuerbarer Energiequellen an der Stromerzeugung im Elektrizitätsbinnenmarkt und eine Grundlage für einen entsprechenden künftigen Gemeinschaftsrahmen zu fördern. Vor diesem Hintergrund stellt die Richtlinie für die EU einen indikativen Zielwert auf, nach welchem sich der Anteil von Strom auf regenerativer Basis am gesamten Stromverbrauch im Jahr 2010 auf 22,1 % belaufen soll. Zur Erreichung dieses „Gesamtzieles" sieht die EE-RL in ihrem Anhang Referenzwerte für die Festlegung nationaler Richtziele in den einzelnen Mitgliedstaaten vor; für die Bundesrepublik Deutschland beläuft sich der Referenzwert auf einen Anteil von 12,5 % Regenerativstrom am Bruttostromverbrauch im Jahr 2010.

Gemäß Art. 3 Abs. 1 EE-RL ergreifen die Mitgliedstaaten geeignete Maßnahmen, um die Steigerung des Verbrauchs von Strom aus erneuerbaren Energiequellen entsprechend den jeweiligen nationalen Richtzielen zu fördern. Dabei sieht die Richtlinie keine bestimmten Präferenzen für ein bestimmtes Fördermodell vor, so dass auch künftig ein Nebeneinander von verschiedenen Förderungsmodellen (z.B. Quotenmodell in Dänemark, garantierte Einspeisevergütung in der Bundesrepublik Deutschland) in Europa existieren wird. Allerdings wird dabei vorausgesetzt, dass die nationalen Richtziele mit dem globalen Richtziel von 12 % des Bruttoinlandsenergieverbrauchs bis zum Jahre 2010 und dem Richtziel von 22,1 % für den Anteil von Strom aus erneuerbaren Energiequellen am gesamten Stromverbrauch der Gemeinschaft bis zum Jahr 2010 vereinbar sind, was gemäß Art. 3 Abs. 4 EE-RL von der Kommission zu

789 ABl. L 283 v. 27.10.2001, S. 33. Zur Problematik der Wahl der richtigen Rechtsgrundlage für die Richtlinie vgl. *Oschmann*, ZNER 2/2001, S. 84 ff.; *ders.*, Strom aus erneuerbaren Energien, S. 113 ff.

bewerten ist. Grundlage für die Bewertung der Kommission sind von den Mitgliedstaaten gemäß Art. 3 Abs. 2, 3 EE-RL zu erstellende Berichte und Statusreporte über die jeweiligen nationalen Richtziele und die Erreichung dieser Ziele.

Wesentlich ist die Pflicht zur Einführung von Herkunftsnachweisen für den aus regenerativen Energiequellen erzeugten Strom bis spätestens zum 27.10.2003 und die Pflicht der Mitgliedstaaten, diese Herkunftsnachweise gegenseitig anzuerkennen. Gemäß Art. 5 Abs. 3 EE-RL müssen die Herkunftsnachweise Angaben zur Energiequelle, aus der Strom erzeugt wurde, zu Zeitpunkt und Ort der Erzeugung sowie bei Wasserkraftanlagen die Angabe der Leistung enthalten. Darüber hinaus müssen sie den Erzeugern von Strom aus erneuerbaren Energiequellen den Nachweis ermöglichen, dass der von ihnen verkaufte Strom aus erneuerbaren Energiequellen im Sinne dieser Richtlinie stammt.

Das mit diesen Regelungen verfolgte Ziel steht dabei außer Frage: Die mit den derzeit geltenden Fördermodellen verbundenen Handelsbeeinträchtigungen (wie etwa beim EEG durch die Beschränkung des Anwendungsbereiches nur auf deutschen oder innerhalb der deutschen ausschließlichen Wirtschaftszone erzeugten Regenerativstrom) sollen auf lange Sicht beseitigt werden. Die Pflicht zur Einführung von Herkunftsnachweisen begründet allerdings noch nicht ein Recht auf Inanspruchnahme der in den einzelnen Mitgliedstaaten geschaffenen nationalen Fördermechanismen, was in den Erwägungsgründen ausdrücklich hervorgehoben wird.[790]

In Art. 7 Satz 1 EE-RL ist die Pflicht der Mitgliedstaaten verankert, die notwendigen Maßnahmen zu ergreifen, um sicherzustellen, dass die Betreiber von Übertragungs- und Verteilungsnetzen in ihrem Hoheitsgebiet die Übertragung und Verteilung von Strom aus erneuerbaren Energien gewährleisten. Darüber hinaus kann gemäß Art. 7 Satz 2 EE-RL auch ein vorrangiger Netzzugang für Strom aus erneuerbaren Energiequellen vorgesehen werden. Der eigentliche Anschluss von Erzeugungsanlagen an die Netze soll durch objektive, transparente und nichtdiskriminierende Kriterien, insbesondere durch einen Rechtsrahmen oder die Pflicht der Netzbetreiber zur Aufstellung und Veröffentlichung einheitlicher Grundregeln über die Netzanschluss- und Netzverstärkungskosten vereinfacht werden.

Schließlich sieht die EE-RL umfassende Berichtspflichten der Mitgliedstaaten und der Kommission vor, anhand derer die Entwicklung erneuerbarer Energieträger in den einzelnen Mitgliedstaaten und der Gemeinschaft insgesamt beobachtet und analysiert werden sollen.[791]

Von besonderer Bedeutung ist dabei Art. 4 Abs. 1 EE-RL, nach welcher die Kommission die Anwendung der in den Mitgliedstaaten genutzten Mechanismen unbeschadet der Art. 87 und

---

790 Vgl. Ziff. 10 der Erwägungsgründe der EE-RL: „Diese Richtlinie verlangt [...] von den Mitgliedstaaten nicht, den Ankauf eines Herkunftsnachweises von anderen Mitgliedstaaten oder die entsprechende Abnahme von Strom als Beitrag zur Verwirklichung einer einzelstaatlichen Quotenverpflichtung anzuerkennen."

791 *Oschmann*, ZNER 2/2001, S. 84.

88 des Vertrags bewertet. Der Auftrag an die Kommission zur Bewertung bezieht sich dabei ausdrücklich auf solche Mechanismen, durch die ein Stromerzeuger aufgrund von Regelungen, die von öffentlichen Stellen erlassen worden sind, direkt oder indirekt unterstützt wird und die eine Beschränkung des Handels zur Folge haben könnten.
Die Regelung verdeutlicht, dass die Mitgliedstaaten bei ihren Anstrengungen, die Klimaschutzziele der Gemeinschaft zu erreichen, nach wie vor insbesondere die beihilfenrechtlichen Vorschriften zu beachten haben. Das EEG dürfte jedoch - wie bereits dargestellt - nach hier vertretener Auffassung insbesondere auch mit Blick auf die Stromeinspeisungs-Entscheidung des EuGH nicht in Konflikt mit dem Beihilfenrecht treten, so dass zunächst von einer ungestörten Fortführung dieses Förderungssystems ausgegangen werden kann.
Allerdings kann sich aus der Regelung des Art. 4 Abs. 2 EE-RL mittelbar eine Beschränkung der Geltungsdauer des EEG bzw. eine Beschränkung der Dauer der Pflicht zur Vergütung des eingespeisten Stroms nach den Grundsätzen des EEG ergeben. Denn die Kommission ist gemäß Art. 4 Abs. 2 Satz 1 EE-RL bis spätestens zum 27.10.2005 dazu verpflichtet, einen ausführlich dokumentierten Bericht über die Erfahrungen mit der Anwendung und dem parallelen Bestehen der verschiedenen Förderungsmechanismen vorzulegen. Gegebenenfalls wird gemäß Art. 4 Abs. 2 Satz 3 EE-RL zusammen mit diesem Bericht ein Vorschlag zur Schaffung eines gemeinschaftlichen Rahmens für Regelungen zur Förderung von Strom aus erneuerbaren Energiequellen vorgelegt werden. Ein solcher Gemeinschaftsrahmen wird jedoch beinahe zwangsläufig zur Folge haben, dass die nationalen Förderregelungen einander angepasst werden; nicht zuletzt auch bezüglich der Vergütungshöhe und -dauer, soweit es auf lange Sicht überhaupt beim System einer garantierten Einspeisevergütung in der Bundesrepublik Deutschland bleiben wird. Um das Vertrauen der Investoren zu wahren bestimmt Art. 4 Abs. 2 Satz 4 Ziff. e) EE-RL, dass der Vorschlag für einen Rahmen angemessene Übergangszeiträume von mindestens sieben Jahren für die nationalen Förderregelungen vorsehen sollte.
Demnach kann davon ausgegangen werden, dass das EEG - soweit der Gesetzgeber keine einschneidenden Änderungen bzw. Nachbesserungen vornimmt - in der derzeit geltenden Form mindestens bis 2012 Bestand haben *kann.* Die in § 9 Abs. 1 EEG enthaltene Regelung, nach welcher die Mindestvergütungen nach den §§ 4 - 8 EEG für neu in Betrieb genommene Anlagen jeweils für die Dauer von 20 Jahren ohne Berücksichtigung des Inbetriebnahmejahres zu zahlen sind[792], steht demnach unter dem Vorbehalt eines früher oder später zu erwartenden Gemeinschaftsrahmens.

792 Zur grundsätzlichen Frage, ob und inwieweit Betreiber von Regenerativstromanlagen auf einen Bestand der rechtlichen Rahmenbedingungen vertrauen können, vgl. *Kersting/Hagmann*, UPR 2001, S. 215 ff.

II. Bewertung der Richtlinie und Handlungsbedarf des nationalen Gesetzgebers im Hinblick auf das EEG

Der Überblick über den Regelungsgehalt der EE-RL hat gezeigt, dass es dem Europäischen Parlament und dem Rat nicht um eine radikale Anpassung der verschiedenen Fördersysteme für erneuerbare Energieträger innerhalb der Europäischen Gemeinschaft, sondern vielmehr um die behutsame Schaffung einer Grundlage für einen späteren Gemeinschaftsrahmen über die Förderung erneuerbarer Energieträger geht. Ausdrücklich hervorzuheben ist dabei das Bestreben, die Funktionsfähigkeit der unterschiedlichen Systeme zur Unterstützung erneuerbarer Energiequellen auf nationaler Ebene zu gewährleisten, damit das Vertrauen potenzieller Investoren erhalten bleibt, bis ein Gemeinschaftsrahmen zur Anwendung gelangt. Allerdings wird eine Entscheidung über den Gemeinschaftsrahmen derzeit noch für verfrüht gehalten, da die Erfahrungen mit den einzelstaatlichen Systemen begrenzt sind und der Anteil subventionierten Stroms aus erneuerbaren Energiequellen relativ gering ist.[793]

Grundlegend ist die Pflicht zur Einführung von Herkunftsnachweisen, durch welche dem - insbesondere vom EuGH im Stromeinspeisungs-Urteil hervorgehobenen - Problem begegnet werden soll, dass sich die Herkunft von Elektrizität und insbesondere die Energiequelle, aus der sie gewonnen wurde, nach der Einspeisung in das Übertragungs- oder Verteilernetz nicht mehr bestimmen lässt. Die derzeit bestehenden Handelshemmnisse werden allerdings kaum durch die alleinige Einführung von Herkunftszertifikaten zu überwinden sein, da auch dann immer noch die mit einer Vielzahl unterschiedlicher Fördermodelle in den Mitgliedstaaten verbundenen Schwierigkeiten bestehen, welche nur durch eine Anpassung der Fördermodelle selbst beseitigt werden können. Zustimmung verdient daher die indirekte Billigung von Reziprozitätsklauseln oder des gänzlichen Ausschlusses ausländischen Regenerativstroms aus den nationalen Förderungssystemen, wie dies etwa durch entsprechende Regelungen des EEG indiziert wird. Eine vorbehaltlose Einbeziehung ausländischer erneuerbarer Energie ist aufgrund der damit verbundenen, unverhältnismäßig hohen Belastungen praktisch nicht durchführbar, bis ein Gemeinschaftsrahmen die nationalen Förderregelungen angepasst hat.

In Bezug auf das EEG lässt sich festhalten, dass dieses mit Ausnahme der Einführung von Herkunftsnachweisen wesentliche Grundsätze der EE-RL bereits erfüllt und teilweise sogar darüber hinausgeht, während es nur in eher unbedeutenden Bereichen teilweise hinter den Anforderungen zurückbleibt.

So definiert Art. 2 lit. a) EE-RL den Begriff der erneuerbaren Energiequellen als erneuerbare nichtfossile Energiequellen und konkretisiert diese als Wind, Sonne, Erdwärme, Wellen- und Gezeitenenergie, Windkraft, Biomasse, Deponiegas, Klärgas und Biogas. Diese Aufzählung

793 Vgl. Ziff. 15 der Erwägungsgründe.

stimmt zwar nicht wörtlich, wohl aber inhaltlich weitgehend mit dem Anwendungsbereich des EEG überein. So wird die Förderung von Wellen- und Gezeitenenergie zwar weder im EEG noch in der Gesetzesbegründung ausdrücklich erwähnt. Doch werden beide Arten der Energiegewinnung in der energiewirtschaftlichen Literatur dem Bereich der Wasserkraft zugerechnet.[794] Dies macht eine ausdrückliche Erwähnung im EEG entbehrlich, zumal derzeit keine Wellen- und Gezeitenkraftwerke in Deutschland existieren.[795] Im Zuge der Umsetzung der EE-RL und als Investitionsanreiz wäre eine ausdrückliche Erweiterung des Anwendungsbereichs des EEG allerdings angezeigt.

Bezüglich der Förderung der Stromerzeugung aus Grubengas geht der Anwendungsbereich des EEG über die Begriffsbestimmung erneuerbarer Energiequellen in der EE-RL hinaus; Grubengas findet in der EE-RL keine Erwähnung. Dies dürfte sich aus dem Umstand erklären, dass es sich dabei - wie bereits erwähnt[796] - nicht um eine erneuerbare nichtfossile Energiequelle handelt, da sich Grubengas als Nebenprodukt bei der Entstehung von Kohle bildet und sich dementsprechend nicht in einem überschaubaren Zeitraum regeneriert. Jedenfalls bis auf europäischer Ebene in einem Gemeinschaftsrahmen der Kreis der förderungswürdigen Energieträger abschließend und verbindlich festgelegt wird, ist die Förderung von Grubengas in der Bundesrepublik mit Blick auf die EE-RL nicht zu beanstanden, da dem Gesetzgeber ein weiter Gestaltungsspielraum zukommt. Ein Anpassungsbedarf an die Vorgaben der EE-RL besteht nicht.

Bezüglich der Regelung des Netzanschlusses, welcher für Strom aus erneuerbaren Energiequellen nach der EE-RL gewährleistet sein muss, kann festgehalten werden, dass das EEG dieser Vorgabe in vollem Umfang nachkommt. Auch die in Art. 7 Abs. 1 EE-RL vorgesehene Möglichkeit der Einräumung eines vorrangigen Netzzugangs wurde in § 3 Abs. 1 Satz 1 EEG bereits wahrgenommen.

Umsetzungsbedarf für den Gesetzgeber besteht also vor allem im Hinblick auf die Pflicht zur Einführung von Herkunftsnachweisen für Strom aus erneuerbaren Energiequellen. Allerdings dürfte die Umsetzung in der Praxis keinen allzugroßen Schwierigkeiten begegnen. So wird in Art. 5 Abs. 2 EE-RL die Möglichkeit eröffnet, dass eine oder mehrere in Bezug auf die Stromerzeugung- und Verteilung unabhängige und fachlich befähigte Stellen benannt werden können, die die Ausstellung der Herkunftsnachweise überwachen. Denkar wäre es, hierfür auf bereits bestehende Strukturen und Know-how im Bereich der Zertifizierung von Ökostrom zurückzugreifen. Zertifikate für Ökostrom werden in der Bundesrepublik Deutschland zur Zeit

794 Vgl. *Dittmann/Zscherning*, Energiewirtschaft, S. 339.

795 Wellen- und Gezeitenkraftwerke befinden sich in Europa - vor allem in Großbritannien, Skandinavien und Portugal - derzeit noch im Stadium der Erprobung; vgl. hierzu und zur Funktionsweise solcher Kraftwerke P.M. 6/2001, S. 96 ff.

796 Hierzu oben, S. 42 f.

vom TÜV und vom Grüner Strom Label e.V. erteilt; ein drittes Label - ok Power - wird durch den EnergieVision e.V. zertifiziert.[797] Diese sowie potenzielle andere, noch zu errichtende Stellen, erscheinen durchaus für die Ausstellung der Herkunftsnachweise geeignet. Zu beachten ist dabei allerdings die Vorgabe der EE-RL, nach welcher klar zwischen Herkunftsnachweisen und handelbaren grünen Zertifikaten unterschieden werden muss.[798] Dabei geht *Oschmann*[799] freilich zu Recht davon aus, dass die derzeit bestehenden Strukturen im Bereich der Öko-Strom-Zertifizierung nicht als Umsetzung der Richtlinie ausreichen. Erforderlich wäre also eine Benennung der Stellen, die die Ausstellung der Herkunftsnachweise überwachen sollen, durch oder aufgrund Gesetzes. Dabei dürfte die Umsetzung der Richtlinie durch eine Rechtsverordnung ausreichend sein.[800] Denkbar wäre es allerdings auch, ein System von Herkunftsnachweisen sowie eine Verordnungsermächtigung oder Beleihung der überwachenden Stelle in das EEG zu integrieren.

D. Zusammenfassung

Die Untersuchung der europarechtlichen Zusammenhänge hat ergeben, dass das EEG als Maßnahme staatlicher Wirtschaftslenkung nicht am europäischen Beihilfenrecht zu messen ist, womit im Wesentlichen die Rechtsprechung des EuGH zum StrEG bestätigt wird. Die im EEG implementierten Abnahme- und Vergütungspflichten begründen weder eine unmittelbare noch eine mittelbare oder vorübergehende Belastung staatlicher Mittel, womit sie vom Beihilfenbegriff des Art. 87 Abs. 1 EG nicht erfasst sind.

Zu keinem anderen Ergebnis führt der Umstand, dass es sich bei einem nicht unerheblichen Teil der deutschen EVU um staatliche bzw. kommunale oder um gemischtwirtschaftliche Unternehmen handelt. Denn eine solche Betrachtungsweise würde den Gesetzgeber dazu verpflichten, im Rahmen wirtschaftslenkender Gesetze die Finanzierung der jeweils verfolgten Sachaufgabe ausschließlich privaten Unternehmen aufzuerlegen, was zu einer Verzerrung des Wettbewerbs zwischen den Unternehmen führen würde und darüber hinaus kaum praktikabel wäre.

Auch ein Verstoß der Abnahme- und Vergütungspflichten des EEG gegen das Verbot mengenmäßiger Beschränkungen oder Maßnahmen gleicher Wirkung aus Art. 28 EG kann zumindest derzeit nicht festgestellt werden. Zwar stellen die Abnahme- und Vergütungspflichten aus §§ 3 Abs. 1 und 2, 11 Abs. 2 EEG eine potenzielle Behinderung des Handels zwischen den Mitgliedstaaten dar, da ausländische Erzeuger regenerativen Stroms nach der Konzeption des

797 Vgl. *Staiß*, Jahrbuch Erneuerbare Energien, S. I-146 ff.
798 Vgl. Ziff. 11 der Erwägungsgründe.
799 *Oschmann*, Strom aus erneuerbaren Energien, S. 250 ff.
800 Vgl. *Oschmann*, Strom aus erneuerbaren Energien, S. 252.

EEG keinen Anspruch gegen den Netzbetreiber auf Abnahme und Vergütung ihres Stroms haben, womit auch eine im Rahmen der Keck-Rechtsprechung relevante Diskriminierung gegeben ist. Diese potenzielle Handelsbeeinträchtigung ist aber durch zwingende Gründe des Umweltschutzes gerechtfertigt. Dabei ist - entgegen der wenig konsequenten Rechtsprechung des EuGH - davon auszugehen, dass grundsätzlich - und nicht nur ausnahmsweise - auch diskriminierende Maßnahmen durch zwingende Gründe i.S.d. „Cassis“-Rechtsprechung gerechtfertigt sein können. Einer Ausweitung der Zulässigkeit handelsbehindernder Maßnahmen ist durch die strikte Anwendung des Verhältnismäßigkeitsgrundsatzes entgegenzuwirken. Die Abnahme- und Vergütungspflichten des EEG werden diesen Anforderungen gerecht.

Schließlich verstößt auch die Ausnahmevorschrift des § 11 Abs. 1 Satz 2 EEG nicht gegen Art. 28 EG. Denn die Vorschrift ist europarechtskonform dahingehend auszulegen, dass sich ein Letztversorger gegenüber seinem regelverantwortlichen Übertragungsnetzbetreiber selbst dann darauf berufen kann, dass er zu 50 % oder mehr Strom aus erneuerbaren Energien liefert, wenn dieser Strom ganz oder teilweise aus anderen Mitgliedstaaten importiert wurde.

Insbesondere die Ergebnisse zu Art. 28 EG stehen nach der Rechtsprechung des EuGH in der Stromeinspeisungs-Entscheidung unter dem Vorbehalt der Einführung eines Systems von Herkunftsnachweisen für Strom aus erneuerbaren Energiequellen, die einer gegenseitigen Anerkennung zugänglich sind. Einen wichtigen Schritt zur Verwirklichung eines solchen Systems stellt die EE-RL dar, welche die Mitgliedstaaten zur Einführung von Herkunftsnachweisen verpflichtet. Wenngleich diese Einführung die nationalen Unterschiede der Förderung erneuerbarer Energien noch nicht zu überwinden vermag, ist sie dennoch eine wichtige Grundvoraussetzung für einen Gemeinschaftsrahmen, der eine Vereinheitlichung der verschiedenen Förderungsmechanismen und damit eine Beseitigung der dadurch bedingten Handelsbeeinträchtigungen herbeiführen kann.

5. TEIL: VERFASSUNGSRECHTLICHE ASPEKTE DES EEG

Im Rahmen der Diskussion um die Zulässigkeit des EEG spielen verfassungsrechtliche Überlegungen - wie auch bereits unter Geltung des StrEG - eine tragende Rolle. Dies gilt umso mehr, als es zumindest bislang noch an einer abschließenden Entscheidung des BVerfG, welche sich dezidiert mit den strittigen Regelungen des EEG bzw. StrEG auseinandersetzt, fehlt.[801] Selbst die Frage nach der grundsätzlichen Einordnung der garantierten Einspeisevergütung des EEG bzw. des StrEG - Sonderabgabe, öffentliche Abgabe eigener Art, Finanzierungsform *sui generis* oder bloße Preisregelung - ist dementsprechend heftig umstritten und kann noch nicht als abschließend geklärt angesehen werden.[802]
Im Vordergrund stehen also insbesondere finanzverfassungs- und sonderabgabenrechtliche Schwierigkeiten, wenngleich auch der Vereinbarkeit des EEG mit den Grundrechten der in die Pflicht genommenen EVU - insbesondere mit Art. 12 Abs. 1, 14 Abs. 1 und 3 Abs. 1 GG - eine besondere Bedeutung zukommt.

A. Das EEG - Gegenstand oder Umgehung des Finanzverfassungsrechts?

Das EEG enthält - wie bereits erörtert - eine Kette von Abnahme- und Vergütungspflichten für Strom aus erneuerbaren Energien. Dabei werden die geleisteten Vergütungszahlungen zunächst von den aufnehmenden Netzbetreibern an die vorgelagerten Übertragungsnetzbetreiber „weitergegeben". Diese erfassen die abgenommenen Energiemengen und Vergütungszahlen und gleichen diese untereinander aus. Schließlich haben solche EltVU, die Strom an Letztverbraucher liefern, den vom jeweils zuständigen Übertragungsnetzbetreiber abgenommenen Strom anteilig abzunehmen und zu vergüten. Auf der letzten - gesetzlich nur teilweise geregelten - Stufe steht die Vermarktung des Stroms, welcher freilich nur noch fiktiv mit dem ursprünglich aufgenommenen Strom aus erneuerbaren Energien identisch ist. Regelmäßig werden die betroffenen Energieversorger die durch das EEG entstandenen Mehrkosten auf die Letztverbraucher abwälzen; soll der vom Energieversorger abgenommene und vergütete

---

801 Zum Stand der Verfahren bereits oben, S. 30.

802 Vgl. zur Rechtslage beim StrEG etwa *Arndt*, RdE 1995, S. 41 ff.; *Hucko*, RdE 1995, S. 141 f.; *Blanke/Peilert*, RdE 1999, S. 96 ff.; *Ossenbühl*, RdE 1997, S. 52; *Zinow*, Elektrizitätswirtschaft 1995, S. 1088; *Koch/Schütte*, ZNER 1/1998, S. 8; *Studenroth*, DVBl. 1995, S. 1220 ff.; *Scholz*, ET 1995, S. 601; *Studenroth*, DVBl. 1995, S. 1220; *Hoffmann-Riem*, GewArch 1996, S. 3; *Kremser*, AöR 121, S. 420; *Berendes*, ZUR 1997, S. 261; *Vinnen*, Rechtsprobleme der Nutzung regenerativer Energie, S. 274; *Richter*, Stromeinspeisungen, S. 165 ff.; BVerfG, Beschl. v. 9.1.1996 - 2 BvL 12/95 -, NJW 1997, S. 573 f.; BGH, Urt. v. 22.10.1996 - KZR 19/95 -, NJW 1995, S. 574, 580; LG Karlsruhe, Urt. v. 10.5.1996 - 2 O 176/95 -, RdE 1996, S. 200 f.; OLG Stuttgart, Beschl. v. 18.3.1996 - 2 Kart 2/95 - RdE 1996, S. 197 f.; zur Rechtslage beim EEG *Salje*, EEG, Einführung, Rn. 70 ff.; *Brand/Reshöft/Steiner*, EEG, Einleitung, Rn. 38 ff; *Altrock*, Preisregelungen, S. 111 ff.

Strom als Strom aus erneuerbaren Energien - „Ökostrom“ - vermarktet werden, ist zusätzlich die Mindestpreisvorschrift des § 11 Abs. 4 Satz 6 EEG zu beachten.

Diese kurze Skizzierung der Funktionsweise des EEG verdeutlicht bereits, dass anhand der eigenwilligen gesetzlichen Konstruktion eine eindeutige Zuordnung zu einer der finanzverfassungs- oder abgabenrechtlichen Finanzierungsformen nicht ohne weiteres vorgenommen werden kann.

Bereits an anderer Stelle wurde dargestellt, dass die durch das EEG begründeten Vergütungspflichten weder als Steuern noch als Sonderabgaben bzw. öffentlich-rechtliche Abgaben eigener Art eingeordnet werden können.[803] Offen gelassen wurde die Frage, ob und mit welcher Konsequenz das EEG als Preisregelung zu qualifizieren ist und ob die sonderabgabenrechtlichen Prüfungsmaßstäbe auf das EEG entsprechend angewandt werden können.

I. Die Vergütungspflichten des EEG als Preisregelung / Begriff der Preisregelung

Nach dem bisher Gesagten kann festgehalten werden, dass die im EEG begründeten Vergütungspflichten weder eine Steuer noch eine Sonderabgabe oder eine sonstige öffentlich-rechtliche Abgabe eigener Art darstellen. Ist damit der „öffentlich-rechtliche Weg“ nicht zum Ziel gelangt, gilt es zu klären, ob die Vergütungspflichten als Preisregelungen eingeordnet werden können.

Dies erfordert zunächst eine eingehende Untersuchung des Begriffs der Preisregelung. Dabei kann nicht auf eine einheitliche und allgemeingültige Definition zurückgegriffen werden[804]; auch und vor allem in der Rechtsprechung wird das Vorliegen von Preisregelungen oftmals als selbstverständlich und ohne nähere Begründung angenommen[805]. Gleichwohl lohnt eine nähere Betrachtung der einschlägigen Literatur und Rechtsprechung, da sich hieraus zumindest einige konstitutive Merkmale von Preisregelungen ableiten lassen.

Nach *Bettermann*[806] ist Preisrecht Bestandteil des Privatrechts, und zwar des Schuldrechts. Preisrecht betrifft schuldrechtliche Austauschverträge und enthält Vorgaben der Rechtsordnung betreffend die Preisregelung in der Vereinbarung. Somit wird die Inhaltsfreiheit, korre-

---

803 Siehe oben S. 110 ff.

804 Zu den Schwierigkeiten bei der definitorischen Abgrenzung vgl. *Breitenstein*, Staatliche administrierte Preise, S. 27 f.

805 So ging das LG Karlsruhe in seinem Vorlagebeschluss (Beschl. v. 7.7.1995 - 2 O 176/95 -, RdE 1996, S. 75 f.) zum BVerfG auf die Möglichkeit, es könne sich bei der Vergütungsregelung des StrEG um eine Preisregelung handeln, gar nicht erst ein. Nach der Zurückweisung des Beschlusses durch das BVerfG (Beschl. v. 9.1.1996 - 2 BvL 12/95 -, NJW 1997, S. 573 f.) führte es hingegen - unter neuer Besetzung der Kammer - seine gesamte Argumentation auf preisrechtlicher Basis, mit dem Ergebnis, die Vergütungsregelung des StrEG sei verfassungsgemäß, Urt. v. 10.5.1996 - 2 O 176/95 -, RdE 1996, S. 200 f. Das OLG Stuttgart, Beschl. v. 18.3.1996 - 2 Kart 2/95 -, RdE 1996, S. 197 f., beurteilt es immerhin als „naheliegend“, die Entgeltregelung des StrEG als „Preisfestsetzung ohne abgabenrechtlichen Charakter“ aufzufassen.

806 Vgl. hierzu und im Folgenden: *Bettermann*, Preisrecht, S. 2.

spondierend aber auch die Abschluss- und gegebenenfalls die Beendigungsfreiheit der Vertragspartner eingeschränkt.

Als eines der zentralen preisrechtlichen Prinzipien und gleichzeitig als Abgrenzungskriterium zum Abgabenrecht wird in der Literatur der Grundsatz der adäquaten Gegenleistung gewertet: Preisbindung sei durch Gegenleistung, Abgabenrecht durch Gegenleistungslosigkeit gekennzeichnet.[807]

Diese Aussage ist zumindest in ihrem Kern zutreffend, da Preisrecht - wie eingangs dargestellt - auf den Preisbestandteil schuldrechtlicher Austauschverträge einwirkt. Immer steht daher der schuldrechtlichen Geldleistungspflicht eine Gegenleistung gegenüber. Aus diesem Grundsatz wurde insbesondere unter der Geltung des StrEG jedoch teilweise der Schluss gezogen, dass die garantierten Einspeisevergütungen des StrEG - soweit sie die vermiedenen Kosten übersteigen - gegenleistungslos zu gewähren seien, womit der Gesetzgeber nicht länger den preisrechtlichen, sondern den abgabenrechtlichen Weg beschritten habe - öffentlich-rechtliches Abgabenrecht trete im Mantel staatlicher Preisbindung auf.[808]

Dieser Schlussfolgerung liegt eine Fehleinschätzung zugrunde, welche deutlich wird, wenn man sich den Sinn und Zweck einer Preisregelung vor Augen führt: Anerkanntermaßen kommt dem Preisrecht eine Steuerungsfunktion insbesondere hinsichtlich wirtschafts- und finanzpolitischer Ziele zu[809]; Preisregelungen sollen ihrer Natur nach in einer Marktwirtschaft dazu beitragen, Defizite im Marktmechanismus auszugleichen[810], sie wirken subventionierend, um einen Interessenausgleich zu erreichen, den die Marktbedingungen nicht leisten können.[811] Dies bedeutet jedoch immer, dass der subventionierende Teil einer Vergütung, welche aufgrund einer Preisregelung gewährt wird, gleichsam gegenleistungslos erbracht wird. Preisrecht ist also stets sowohl durch Gegenleistung als auch durch Gegenleistungslosigkeit gekennzeichnet, wohingegen dem Abgabenrecht - soweit es sich um Steuern, Sonderabgaben oder Zölle handelt - eine unmittelbare Gegenleistung grundsätzlich fremd ist. Allerdings trifft die Aussage, dass Abgabenrecht grundsätzlich durch Gegenleistungslosigkeit gekennzeichnet sei, in ihrer Allgemeinheit nicht zu. Dies belegt ein Blick auf die Gebühren und Beiträge, welche zwar zu den öffentlich-rechtlichen Abgaben gehören,[812] jedoch gerade im Hinblick auf bestimmte Gegenleistungen, denen sie entsprechen sollen (Äquivalenzprinzip), entrichtet

---

807 *Arndt*, RdE 1995, S. 42.

808 *Arndt*, RdE 1995, S. 42.

809 *Bunte/Stober*, LdRW, Preisrecht, S. 2; *Breitenstein*, Staatliche administrierte Preise, S. 37.

810 *Blanke/Peilert*, RdE 1999, S. 98 unter Verweis auf *Ossenbühl*, RdE 1997, S. 52.

811 Vgl. *Garbe*, Festschrift Münch, S. 112; *Breitenstein*, Staatliche administrierte Preise, S. 37 f.; BVerfG, Beschl. v. 9.1.1996 - 2 BvL 12/95 -, NJW 1997, S. 573, 574; LG Karlsruhe, Urt. v. 10.5.1996 - 2 O 176/ 95 -, NJW 1997, S. 590.

812 Vgl. Dreier-*Heun*, GG, Art. 105, Rn. 19; Jarass/Pieroth-*Pieroth*, GG, Art. 105, Rn. 12 ff.

werden[813]. In Anbetracht dessen kann die Tauglichkeit des Abgrenzungskriteriums der Gegenleistung bzw. Gegenleistungslosigkeit für das Verhältnis von Preis- und Abgabenrecht durchaus in Frage gestellt werden. Dass ein Teil der durch das EEG festgelegten Preise gegenleistungslos erbracht wird, spricht demnach nicht gegen, sondern geradezu für die Einordnung der Vorschriften als Preisregelungen.

Klärungsbedürftig bleibt, welche Rolle der Adäquanz der Gegenleistung zukommt. So vertritt *Arndt*[814] in Bezug auf das StrEG die Auffassung, der Gesetzgeber weiche bewusst vom preisrechtlichen Prinzip der adäquaten Gegenleistung ab. In die gleiche Richtung geht die Argumentation von *Blanke/Peilert*[815], wonach das StrEG nicht als Preisregelung zu qualifizieren sei, weil die Vergütungsregelung nach Zweck und Höhe über den reinen Ausgleich des strukturellen Verhandlungsungleichgewichts hinausgehe, das zwischen den Einspeisern und den in § 2 Satz 1 StrEG genannten Netzbetreibern bestehe.

Aus der Zielsetzung und den Preisfindungsmechanismen von Preisregelungen ergibt sich eine solche zwingende Beschränkung auf den bloßen Ausgleich struktureller Verhandlungsungleichgewichte indes nicht. Denn Preisregelungen sollen bestimmte wirtschaftliche Ergebnisse erzielen, wobei es keine Rolle spielt, ob diese Ergebnisse mit marktwirtschaftlichen Mitteln überhaupt erreicht werden können oder schlicht nicht erreicht werden, weil das über den Marktpreis erzielte „Gleichgewicht" aus politischer Sicht nicht den wirtschaftspolitischen oder gesamtwirtschaftlichen Vorstellungen in dem zu fördernden Wirtschafts- oder Sozialbereich entspricht.[816]

Die Vergütungsregelungen des EEG sind von dem Grundsatz geleitet, dass den Betreibern von Anlagen zur Erzeugung von Strom aus erneuerbaren Energien bei rationeller Betriebsführung ein wirtschaftlicher Betrieb dieser Anlagen grundsätzlich ermöglicht werden soll.[817] Dies lässt den Schluss zu, dass bei der Ermittlung der Vergütungshöhe die Preisbestimmung aufgrund von Kostenberechnungen, genauer unter Zugrundelegung der Vollkostenmethode und dem Konzept der Gewinnbegrenzung[818], erfolgte. Diese Methode führt zu einer Preisfestsetzung, bei der das Unternehmen sowohl die durchschnittlichen variablen und fixen Kosten decken, als auch einen angemessenen Gewinn erwirtschaften kann.[819] Mag es sich dabei - bezogen auf die nach dem EEG begünstigten Unternehmen - auch um ein Ziel handeln, dass zumindest derzeit nicht mit marktwirtschaftlichen Mitteln zu erreichen ist, so ändert dies dennoch nichts

813 Ebenda.
814 *Arndt*, RdE 1995, S. 42.
815 *Blanke/Peilert*, RdE 1999, S. 98.
816 Vgl. *Garbe*, Festschrift Münch, S. 112.
817 BT-Drs. 14/2776, S. 22.
818 Zu diesen Preisfestsetzungsmethoden allgemein *Mutzbauer*, Hoheitliche Gestaltung privatrechtlich vereinbarter Preise, S. 65 ff., 67 ff.
819 *Mutzbauer*, Hoheitliche Gestaltung privatrechtlich vereinbarter Preise, S. 67.

an der grundsätzlichen Einordnung der Vergütungsregelungen des EEG als Preisregelungen; ob die Vergütungsregelung nach Zweck und Höhe über den reinen Ausgleich des strukturellen Verhandlungsungleichgewichts hinausgeht, ist dabei letztlich unbeachtlich.
Damit ist festzuhalten, dass es sich bei den Vergütungsregelungen des EEG um Preisregelungen handelt. Diese werden durch die vorrangige Abnahmepflicht der Netzbetreiber unterstützt, so dass die Abnahme- und Vergütungspflichten des EEG als durch eine vorrangige Abnahmepflicht flankierte staatliche Preisregelungen bezeichnet werden können.[820]

II. Entsprechende Anwendung der sonderabgabenrechtlichen Prüfungsmaßstäbe auf eine Preisregelung?

Damit kommt der insbesondere unter Geltung des StrEG kontrovers diskutierten Frage, ob die sonderabgabenrechtlichen Prüfungsmaßstäbe aufgrund einer materiellen Betrachtungsweise auf Preisregelungen anzuwenden sind, entscheidende Bedeutung zu. Die Diskussion hat ihren eigentlichen Ursprung im so genannten „Kohlepfennig"-Beschluss des BVerfG vom 11.10.1994[821], in welchem das Gericht die „wirtschaftsverwaltungs-rechtliche Ausgleichsabgabe"[822] nach § 8 Drittes Verstromungsgesetz als nicht gerechtfertigte Sonderabgabe für verfassungswidrig erklärte. Es erscheint angezeigt, diesen für den Bereich der Elektrizitätsversorgung bedeutsamen Beschluss vorab näher zu betrachten.

1. Gegenstand des Kohlepfennig-Beschlusses

Gegenstand des Kohlepfennig-Beschlusses war die wirtschaftsverwaltungs-rechtliche Ausgleichsabgabe nach § 8 Drittes Verstromungsgesetz. Das Gesetz verfolgte das Ziel, den Einsatz von Kohle aus der EG im Interesse der Sicherheit der Elektrizitätsversorgung vorzuschreiben und dabei die Abnahme deutscher Steinkohle durch die Elektrizitätswirtschaft zu gewährleisten. Mittel zum Zweck war der eigens hierfür gebildete „Ausgleichsfonds zur Sicherung des Steinkohleneinsatzes" als unselbständiges Sondervermögen des Bundes unter der Verwaltung des ehemaligen Bundesamtes für (gewerbliche) Wirtschaft; aus diesem Fonds wurden die Zuschüsse gewährt. Die finanziellen Mittel des Fonds stammten aus der bereits erwähnten Ausgleichsabgabe (dem „Kohlepfennig"), die von den EVU erhoben wurde. Diese waren jedoch gemäß § 10 Drittes Verstromungsgesetz dazu befugt, die Belastung aus der

820 Dies entspricht der wohl ganz herrschenden Meinung zur Rechtslage unter der Geltung des StrEG, vgl. BGH, Urt. v. 22.10.1996 - KZR 19/95 -, NJW 1995, S. 574, 580; OLG Stuttgart, RdE 1996, S. 198 f.; LG Karlsruhe, Urt. v. 10.5.1996 - 2 O 176/95 -, NJW 1997, S. 590; *Scholz*, ET 1995, S. 601; *Studenroth*, DVBl. 1995, S. 1220; *Hoffmann-Riem*, GewArch 1996, S. 3; *Kremser*, AöR 121, S. 420; *Berendes*, ZUR 1997, S. 261 f.; *Koch/Schütte*, ZNER 1/1998, S. 5; *Richter*, Stromeinspeisungen, S. 166.

821 BVerfG, Beschl. v. 11.10.1994 - 2 BvR 633/86 -, BVerfGE 91, S. 186 ff.

822 Vgl. zum Begriff BT-Drs. 7/1991, S. 11 f.

Ausgleichsabgabe auf den Endverbraucher überzuwälzen, der die Abgabe damit - wirtschaftlich betrachtet - alleine zu tragen hatte.
Mit Beschluss vom 11.10.1994 hat das BVerfG den Kohlepfennig als nicht gerechtfertigte Sonderabgabe für verfassungswidrig erklärt. Im Rahmen dieses Beschlusses hat das BVerfG nicht nur seine bisherige Rechtsprechung zu den Zulässigkeitsanforderungen an Sonderabgaben gefestigt, sondern diese auch erstmals konkret auf den Bereich der Elektrizitätsversorgung übertragen.

2. Die Zulässigkeitskriterien für Sonderabgaben unter besonderer Berücksichtigung des Energiebereichs

Aus dem Prinzip des Steuerstaates ergibt sich, dass die Erledigung öffentlicher Aufgaben grundsätzlich nur durch Steuern finanziert wird. So sehen auch die Art. 105 ff. GG mit Ausnahme des Art. 115 GG keine Regelungen für andere Einnahmequellen vor.[823] Sonderabgaben sind dementsprechend nach der Rechtsprechung des BVerfG nur unter engen Voraussetzungen möglich; zusammenfassend lassen sich im Wesentlichen vier Grundsätze für die Zulässigkeit von Sonderabgaben ableiten.

a. Finanzierung besonderer Aufgaben

Sonderabgaben dienen nach der Rechtsprechung des BVerfG der Finanzierung besonderer Aufgaben, wohingegen allgemeine Staatsaufgaben durch Steuern zu finanzieren sind. Dem Gesetzgeber ist es durch die Finanzverfassung versagt, selbst unter Inanspruchnahme von Sachkompetenzen, Sonderabgaben zur Erzielung von Einnahmen für den allgemeinen Finanzbedarf eines öffentlichen Gemeinwesens zu erheben und das Aufkommen aus derartigen Abgaben zur Finanzierung allgemeiner Staatsaufgaben zu verwenden.[824]
Diese allgemein gehaltene Aussage hat das BVerfG[825] im Kohlepfennig-Beschluss wie folgt konkretisiert: „Das Interesse an einer Stromversorgung ist heute so allgemein wie das Interesse am täglichen Brot. Die Befriedigung eines solchen Interesses ist eine Gemeinwohlaufgabe des Parlaments, das Finanzierungsinstrument ist die Gemeinlast der Steuern.“

b. Verpflichtung einer homogenen Gruppe

Das zweite vom BVerfG aufgestellte Kriterium für die Zulässigkeit von Sonderabgaben ist in der Literatur unter dem Stichwort „Gruppenhomogenität“ aufgegriffen worden. Danach darf

823 Vgl. zu diesem Aspekt BVerfG, Beschl. v. 11.10.1994 - 2 BvR 633/86 -, BVerfGE 91, S. 186, 201; Jarass/Pieroth-*Pieroth*, GG, Art. 105, Rn. 2.
824 BVerfG, Beschl. v. 11.10.1994 - 2 BvR 633/86 -, BVerfGE 91, S. 186, 201.
825 BVerfG, Beschl. v. 11.10.1994 - 2 BvR 633/86 -, BVerfGE 91, S. 186, 206.

eine Sonderabgabe nur eine vorgefundene homogene Gruppe in die Finanzverantwortung nehmen; diese Gruppe muss durch eine vorgegebene Interessenlage oder durch besondere gemeinsame Gegebenheiten von der Allgemeinheit und anderen Gruppen abgrenzbar sein.[826]
Bezogen auf den Bereich der Elektrizitätsversorgung hat das BVerfG im Kohlepfennig-Beschluss ausgeführt: „Der Kreis der Stromverbraucher ist [...] nahezu konturenlos und geht in der Allgemeinheit der Steuerzahler auf."[827]

c. Spezifische Sachnähe der Abgabenpflichtigen

Die soeben erwähnte Homogenität einer Gruppe rechtfertigt nach Auffassung des BVerfG eine Sonderabgabe nur dann, wenn sie sich aus einer spezifischen Sachnähe der Abgabepflichtigen zu der zu finanzierenden Aufgabe ergibt. Die mit der Abgabe belastete Gruppe muss dem mit der Erhebung verfolgten Zweck evident näher stehen als jede andere Gruppe oder die Allgemeinheit der Steuerzahler.[828]
Mit Blick auf den Bereich der Stromversorgung argumentiert das BVerfG im Kohlepfennig-Beschluss wie folgt: „Die mit der Abgabe belasteten Stromverbraucher bilden eine den Trägern von Verbrauchsteuern ähnliche Allgemeinheit von Betroffenen, die als solche keine besondere Finanzierungsverantwortlichkeit für die Kohleverstromung trifft."[829]

d. Gruppennützige Verwendung des Abgabenaufkommens

Letztes Kriterium für die Zulässigkeit von Sonderabgaben ist die so genannte „Gruppennützigkeit". Danach setzt die nicht-steuerliche Belastung von Angehörigen einer Gruppe voraus, dass zwischen den von der Sonderabgabe bewirkten Belastungen und den mit ihr finanzierten Begünstigungen eine sachgerechte Verknüpfung besteht. Diese Verknüpfung wird dann hergestellt, wenn das Abgabenaufkommen im Interesse der Gruppe der Abgabenpflichtigen, also gruppennützig, verwendet wird. „Fremdnützige" Sonderabgaben sind unzulässig, es sei denn, dass die Natur der Sache eine finanzielle Inanspruchnahme der Abgabepflichtigen zugunsten fremder Begünstigter aus triftigen Gründen eindeutig rechtfertigt.[830]
Dies war nach Ansicht des BVerfG beim Kohlepfennig gerade nicht der Fall: „Die Art der Stromproduktion ist für die Stromverbraucher unerheblich; ihr paralleles Interesse zielt eher auf die Sicherheit der jeweils individuellen Versorgung als Reflex der allgemeinen Versorgungssicherheit."[831]

826 Vgl. BVerfG, Beschl. v. 31.5.1990 - 2 BvL 12, 13/88, 2 BvR 143/87 -, BVerfGE 82, S. 159, 180.
827 BVerfG, Beschl. v. 11.10.1994 - 2 BvR 633/86 -, BVerfGE 91, S. 186, 205.
828 BVerfG, Beschl. v. 31.5.1990 - 2 BvL 12, 13/88, 2 BvR 143/87 -, BVerfGE 82, S. 159, 180.
829 BVerfG, Beschl. v. 11.10.1994 - 2 BvR 633/86 -, BVerfGE 91, S. 186, 205.
830 BVerfG, Beschl. v. 31.5.1990 - 2 BvL 12, 13/88, 2 BvR 143/87 -, BVerfGE 82, S. 159, 180.
831 BVerfG, Beschl. v. 11.10.1994 - 2 BvR 633/86 -, BVerfGE 91, S. 186, 206.

3. Übertragung der Zulässigkeitskriterien auf das EEG

Eine entsprechende Anwendung der soeben dargestellten sonderabgabenrechtlichen Prüfungsmaßstäbe ist im Rahmen dieser Untersuchung nur dann relevant, wenn das EEG unter Zugrundelegung dieser Maßstäbe nicht gerechtfertigt werden könnte. Dementsprechend soll zunächst überprüft werden, ob und inwieweit die Regelungen des EEG zu den genannten Kriterien im Widerspruch stehen.

a. Erfüllung einer besonderen Sachaufgabe

Das EEG müsste danach zunächst der Erfüllung einer besonderen Sachaufgabe und nicht der Erfüllung einer allgemeinen Staatsaufgabe dienen. Problematisch ist allerdings bereits die Frage, welche Merkmale eine besondere Sachaufgabe bzw. eine allgemeine Staatsaufgabe überhaupt kennzeichnen.

In diesem Zusammenhang ist anerkannt, dass Staatsaufgaben nicht aus dem Wesen und dem Zweck des Staates abgeleitet werden können, sondern erst durch Verfassung und Verfassungsgesetzgebung konkretisiert werden können.[832] Staatsaufgaben lassen sich demnach auf die Grundaussagen einer Verfassungsordnung zurückführen und bezeichnen deren inhaltliche Ziele. Dementsprechend können für die inhaltliche Bestimmung von Staatsaufgaben Präambeln, Grundrechte, Kompetenzbestimmungen, Handlungsaufträge, die Prinzipien des Art. 20 GG sowie Regelungen zur Staatsorganisation und Staatsstrukturen herangezogen werden.[833]

Wie bereits dargestellt, ist es erklärtes Ziel des EEG, im Interesse des Klima- und Umweltschutzes eine nachhaltige Entwicklung der Energieversorgung zu ermöglichen und den Beitrag der erneuerbaren Energien an der Stromversorgung deutlich zu erhöhen. Dass das EEG der Erfüllung einer allgemeinen Staatsaufgabe dient, kann sich damit insbesondere aus Art. 20a GG ergeben, nach welchem der Staat zum Schutz der natürlichen Lebensgrundlagen ausdrücklich verpflichtet ist, wovon insbesondere auch der Klimaschutz und der Schutz der nichterneuerbaren Ressourcen erfasst ist.[834] Es handelt sich bei dieser Norm nicht etwa um einen bloßen verfassungspolitischen Programmsatz, sondern um eine unmittelbar geltende, alle Ausformungen der Staatsgewalt bindende Leitlinie.[835] So wird in systematischer Hinsicht insbesondere die redaktionelle Nähe zu Art. 20 GG hervorgehoben. Dies trägt nach allgemeiner Auffassung dem Umstand Rechnung, dass der Umweltschutz zu den heute existenziellen Grundaufgaben und Grundverantwortungen von Staat und Gesellschaft gehört.[836] Dementsprechend wurde bereits unter der Geltung des StrEG betont, dass der Umweltschutz - und

---

832 Vgl. hierzu *Peters*, Festschrift Nipperdey, S. 878 ff.; *Hölzer*, Energiesektor, S. 69.
833 *Bull*, Staatsaufgaben, S. 152 ff.; *Hölzer*, Energiesektor, S. 69.
834 Maunz/Dürig-*Scholz*, GG, Art. 20a, Rn. 36.
835 Maunz/Dürig-*Scholz*, GG, Art. 20a, Rn. 35.
836 Maunz/Dürig-*Scholz*, GG, Art. 20a, Rn. 28.

damit auch Klimaschutz und Ressourcenschonung - geradezu das Paradebeispiel einer allgemeinen Staatsaufgabe darstellt.[837]

Demgegenüber wird von einem Teil der Literatur - bezogen auf das StrEG - der Einwand geäußert, dass zwischen dem Ziel des StrEG und der Aufgabe, die mit Blick auf dieses Ziel bewältigt werden muss, zu unterscheiden sei.[838] Zwar diene das Ziel des StrEG der Förderung des Allgemeinwohls. Die (besondere Sach-)Aufgabe liege aber in der sukzessiven ökologischen Umgestaltung der Stromerzeugung und sei Aufgabe derjenigen, die auf dem Markt der Stromerzeugung tätig sind oder werden.

Dieser Ansatz erscheint jedoch mit Blick auf den Kohlepfennig-Beschluss des BVerfG wenig überzeugend, da sich das Ziel eines Gesetzes von der Aufgabe, die das Gesetz erfüllen soll, kaum sinnvoll trennen lässt. Denn jede allgemeine Staatsaufgabe lässt sich letztlich in der Theorie durch die Erfüllung beliebig vieler besonderer Sachaufgaben bewältigen. Eine trennscharfe Abgrenzung zwischen allgemeiner Staatsaufgabe und besonderer Sachaufgabe würde damit aber - soweit überhaupt möglich - völlig aufgegeben. Auch zur Kohlepfennig-Problematik ließe sich die Sichtweise einnehmen, dass der Kohlepfennig eine besondere Sachaufgabe verfolgte, nämlich die Gewährleistung der Abnahme deutscher Steinkohle durch die Elektrizitätswirtschaft im Hinblick auf das übergeordnete Ziel der Versorgungssicherheit. Dass das BVerfG aber unter Verweis auf das übergeordnete Gesetzesziel - Sicherstellung der Elektrizitätsversorgung - vom Vorliegen einer allgemeinen Staatsaufgabe ausgegangen ist, muss berücksichtigt werden; eine Gleichsetzung von Zielen und Mitteln führt zu beliebigen Ergebnissen.

Dementsprechend kann festgestellt werden, dass das EEG im Hinblick auf die Kohlepfennig-Entscheidung der Erfüllung allgemeiner Staatsaufgaben, nämlich dem Umwelt- und Klimaschutz sowie der Ressourcenschonung dient. In der Ausgestaltung als Sonderabgabe wäre eine Rechtfertigung des EEG nach den Zulässigkeitskriterien des BVerfG somit zumindest zweifelhaft.[839]

---

837 *Arndt*, RdE 1995, S. 45; ähnlich *Ossenbühl*, RdE 1997, S. 50; *Zinow*, Elektrizitätswirtschaft 1995, S. 1088; vgl. allgemein *Hebeisen*, Staatszweck, S. 56 f.

838 *Koch/Schütte*, ZNER 1/1998, S. 8; ähnlich *Vinnen*, Rechtsprobleme der Nutzung regenerativer Energie, S. 274.

839 Hiervon zu trennen ist die grundsätzliche Frage nach dem dogmatischen Wert des Gegensatzpaares „allgemeine Staatsaufgabe“ - „besondere Sachaufgabe“, welches letztlich aufgrund seiner erheblichen Unbestimmtheit für die Erörterung der Zulässigkeit einer Sonderabgabe von eher bescheidener Dimension sein dürfte. Wenig hilfreich ist auch die Rechtsprechung des BVerfG, nach welcher die Sonderabgabe eine „hochspezifische“ Zweckbindung aufweise, während steuerliche Zweckbindungen erfahrungsgemäß einen „allgemeineren“ Charakter hätten, BVerfG, Urt. v. 10.12.1980 - 2 BvF 3/77 -, BVerfGE 55, S. 274, 311. Denn bereits der Umstand, dass auch Steuern zweckgebunden erhoben werden dürfen, muss die Unterscheidung von allgemeinem und besonderem Finanzbedarf fragwürdig erscheinen lassen, vgl. hierzu *Köck*, Die Sonderabgabe, S. 28.

b. Gruppenhomogenität

Zweites Kriterium für die Zulässigkeit von Sonderabgaben ist nach der Rechtsprechung des BVerfG das der Gruppenhomogenität, wonach eine Sonderabgabe nur eine vorgefundene homogene Gruppe in die Finanzverantwortung nehmen darf; die Gruppe muss durch eine vorgegebene Interessenlage oder durch besondere gemeinsame Gegebenheiten von der Allgemeinheit und anderen Gruppen abgrenzbar sein.

Bezogen auf das EEG sind hier zwei Faktoren von Bedeutung. Zum einen verpflichtet das EEG ausdrücklich nur EVU, nämlich auf der ersten Stufe den jeweils zuständigen Netzbetreiber, darüber hinaus die Übertragungsnetzbetreiber und schließlich die Versorger von Letztverbrauchern. Diese Unternehmen sind zunächst von der Vergütungspflicht betroffen und finanziell belastet. Im Gegensatz zu § 10 Drittes Verstromungsgesetz findet sich im EEG auch keine ausdrückliche Regelung, welche es den EVU gestattet, die Kosten auf die Letztverbraucher überzuwälzen. Insoweit ließe sich also gut vertreten, dass das EEG eine zumindest von der Allgemeinheit der Steuerzahler zu unterscheidende Gruppe, nämlich die Gruppe der rund 900 Energieversorgungsunternehmen in Deutschland[840] mit Ausnahme der Erzeuger von Strom aus erneuerbaren Energien, in die Finanzverantwortung nimmt.[841]

Fraglich ist jedoch, ob dem die Einschätzung des Gesetzgebers entgegensteht, dass eine Weitergabe der Mehrbelastungen auf die Letztverbraucher zu erwarten ist. Diese Einschätzung ergibt sich aus der Gesetzesbegründung, wenn es dort heißt: „Auswirkungen auf das Preisniveau, insbesondere auf das Verbraucherpreisniveau, sind trotz voraussichtlich geringer Erhöhung der Netznutzungsentgelte nicht in nennenswertem Umfang zu erwarten. [...] Es ist lediglich mit geringfügigen Steigerungen der Strombezugspreise zu rechnen, die durch die im liberalisierten Markt sinkenden Strompreise deutlich überkompensiert werden."[842]

Um einiges deutlicher ist in diesem Zusammenhang die Begründung zur bereits erörterten BiomasseVO, in der es heißt: „Entsprechend den EEG zu zahlende Einspeisevergütungen werden die Folge sein. Diese Kosten der Energiewirtschaft dürften an die Stromverbraucher weitergegeben werden, wobei nur eine geringfügige Belastung der Strompreise zu erwarten ist."[843]

Letztlich wird also der Letztverbraucher zumindest zu einem großen Teil auch ohne die ausdrückliche Normierung einer Weiterwälzungsregelung die finanzielle Belastung tragen, was

840 Quelle: VDEW, http://www.strom.de.

841 So etwa die Argumentation zum StrEG bei *Arndt*, RdE 1995, S. 45; *Kremser*, AöR 121, S. 416; *Pohlmann*, NJW 1997, S. 548; *Studenroth*, DVBl. 1995, S. 1219; *Koch/Schütte*, ZNER 1/1998, S. 8; *Vinnen*, Rechtsprobleme der Nutzung regenerativer Energien, S. 274 und *Theobald*, NJW 1997, S. 553; a.A. *Blanke/Peilert*, RdE 1999, S. 100.

842 BT-Drs. 14/2776, S. 2.

843 BT-Drs. 14/6059, S. 2.

die Auffassung rechtfertigen könnte, dass nicht die Gruppe der konventionellen Energieversorger, sondern die Gruppe der Letztverbraucher eine homogene Gruppe i.S.d. Rechtsprechung des BVerfG bilden müssten.[844] Dies ist jedoch mit Blick auf den Kohlepfennig-Beschluss gerade nicht der Fall, da die Gruppe der Letztverbraucher weitgehend mit der Allgemeinheit der Steuerzahler identisch ist. Insofern ließe sich das Vorliegen des Merkmals der Gruppenhomogenität durchaus anzweifeln[845], wenngleich zu bedenken ist, dass von der Implementierung einer ausdrücklichen Weiterwälzungsmöglichkeit der Mehrbelastungen an die Letztverbraucher gerade abgesehen wurde.

c. Spezifische Sachnähe der „Abgabepflichtigen"

Eine ähnliche Problematik stellt sich bei der Beurteilung der Frage, ob sich im Fall des EEG die Homogenität der Gruppe aus einer spezifischen Sachnähe der Abgabepflichtigen zu der zu finanzierenden Aufgabe ergibt. Denn wie bereits dargestellt, lassen sich mit Blick auf Funktionsweise und Auswirkungen des EEG mehrere Gruppen von belasteten Rechtssubjekten ausmachen.

In Bezug auf die durch das EEG in Pflicht genommenen EVU kann das Vorliegen der Sachnähe zumindest im Grundsatz nicht angezweifelt werden, da der Ausbau erneuerbarer Energien zwingend den Zugang zu den Netzen voraussetzt und diesbezüglich auch nach Wegfall der Gebietsmonopole in der Bundesrepublik Deutschland immer noch eine besondere Marktmacht der Verteilnetzbetreiber zu konstatieren ist.[846] Auch hinsichtlich der am Ende des Ausgleichsmechanismus stehenden Versorger von Letztverbrauchern kann eine Sachnähe zu der zu finanzierenden Aufgabe nicht ohne weiteres bestritten werden. Denn der als Konsequenz aus der Liberalisierung des Strommarktes in Deutschland geführte Preiswettbewerb um die Kunden stellt unzweifelhaft ein Hindernis für die Vermarktung des - regelmäßig teureren - Stroms aus erneuerbaren Energien dar. Insbesondere aber der unter Geltung des StrEG vorgebrachte Einwand, dass die Statuierung einer *ausschließlichen* Pflichtigkeit der Netzbetreiber den Gemeinwohlbezug von Ressourcenschonung und Klimaschutz verkenne[847], dürfte unter der neuen Rechtslage in Anbetracht der bundesweiten Ausgleichsregelung nicht mehr durchgreifen.

Schließlich wird zur Begründung der spezifischen Sachnähe der Energiewirtschaft zu der zu finanzierenden Aufgabe mit Recht darauf hingewiesen, dass gemäß § 1 Abs. 1 BTOElt die öffentlichen EVU gehalten sind, die Stromversorgung zu Tarifen sicherzustellen, die den Er-

844 Dieser Ansatz wurde im Vorlagebeschluss des LG Karlsruhe v. 7.7.1995 - 2 O 176/95 -, RdE 1996, S. 76, verfolgt.
845 Ebenda.
846 Vgl. nur *Hoffmann-Riem*, GewArch 1996, S. 3; *Hölzer*, Energiesektor, S. 291.
847 *Blanke/Peilert*, RdE 1999, S. 100.

fordernissen einer möglichst sicheren und preisgünstigen Elektrizitätsversorgung, einer rationellen und sparsamen Verwendung von Elektrizität und den Erfordernissen der Ressourcenschonung und möglichst geringen Umweltbelastung genügen. Auch wenn die Bedeutung der BTOElt nach der Liberalisierung des Strommarktes in der Bundesrepublik Deutschland einen erheblichen Teil ihrer ursprünglichen Bedeutung eingebüßt hat[848], lässt sich doch sagen, dass der Zweck des EEG an Pflichten anknüpft, welche für die EVU nach wie vor bestehen. Das Vorliegen einer spezifischen Sachnähe zu der zu finanzierenden Aufgabe ist demnach gut vertretbar.[849]
Andererseits ließe sich auch darauf abstellen, dass das EEG nach seiner Funktionsweise auch die elektrizitätsverbrauchende Allgemeinheit belastet, womit eine Rechtfertigung nach den sonderabgabenrechtlichen Kriterien nur bei einer spezifischen Sachnähe der belasteten Endverbraucher zu der zu finanzierenden Sachaufgabe in Betracht käme.[850] Dies ließe sich aber nur schwer begründen. Zwar bestimmt der Endverbraucher mit seinem Abnahmeverhalten mittelbar das Angebot auf dem Strommarkt; so bestehen mittlerweile vielfältige Möglichkeiten des Bezugs von Strom aus erneuerbaren Energien in Form von „Ökostrom"-Produkten. Allerdings ist nach der Rechtsprechung des BVerfG erforderlich, dass die belastete Gruppe dem mit der Erhebung verfolgten Zweck evident näher steht als jede andere Gruppe oder die Allgemeinheit der Steuerzahler. Hiervon kann jedoch insbesondere mit Blick auf die festgestellte Sachnähe der EVU nicht ausgegangen werden. Immerhin kann aber davon ausgegangen werden, dass die Letztverbraucher dem verfolgten Zweck - Klimaschutz und Ressourcenschonung - jedenfalls näher stehen, als - wie beim Kohlepfennig - der Sicherung der Abnahme deutscher Steinkohle durch die Elektrizitätswirtschaft.

d. Gruppennützige Verwendung des „Abgabenaufkommens"

Ein deutlicherer Befund ergibt sich schließlich beim Kriterium der gruppennützigen Verwendung des „Abgabenaufkommens" aus dem EEG. Denn aus Sicht der Gruppe der vergütungspflichtigen EVU lässt sich kaum bestreiten, dass die garantierte Einspeisevergütung allein den Erzeugern der privilegierten regenerativen Elektrizität zugute kommt und damit nicht grup-

848 So stellten die Verpflichtungen der BTOElt im Prinzip ein Äquivalent für die Vorteile dar, die die öffentlichen EVU aus der Monopolstellung in ihrem Versorgungsgebiet ziehen konnten, vgl. *Kremser*, AöR 121, S. 417.

849 Ebenso zur Rechtslage unter der Geltung des StrEG: *Studenroth*, DVBl. 1995, S. 1219; *Kremser*, AöR 121, S. 416 f.; *Pohlmann*, NJW 1997, S. 549; *Theobald*, NJW 1997, S. 553; *Vinnen*, Rechtsprobleme der Nutzung regenerativer Energie, S. 275; *Koch/Schütte*, ZNER 1/1998, S. 8; a.A. insbesondere *Ossenbühl*, RdE 1997, S. 51 f.; *Blanke/Peilert*, RdE 1999, S. 100; *Richter*, Stromeinspeisungen, S. 228 ff.

850 Bemerkenswert und wenig konsequent ist der Umstand, dass das LG Karlsruhe in seinem Vorlagebeschluss v. 7.7.1995 - 2 O 176/95 -, RdE 1996, S. 76, diesen zum Kriterium der Gruppenhomogenität aufgeworfenen Ansatz nicht weitergeführt hat, sondern im Rahmen des Kriteriums der Gruppenverantwortung wiederum auf die Belastung der verpflichteten Unternehmen abstellt.

pennützig, sondern fremdnützig ist.[851] Hiergegen wurde unter der Geltung des StrEG teilweise vorgetragen, dass eine Gruppennützigkeit angenommen werden könnte, wenn als Interesse der EVU nicht die Realisierung maximaler betriebswirtschaftlicher Gewinne, sondern die besondere Verantwortung der EVU für die ökologische Umstrukturierung der Stromerzeugung in einem monopol- bzw. oligopolartig ausgestalteten Erzeuger- und Verteilermarkt ins Auge gefasst würde.[852] Denn die in Form der Einspeisevergütungen verwendeten Mittel würden gerade zur Bewältigung der in der Verantwortung der EVU liegenden Aufgabe einer ökologischen Umstrukturierung der Stromerzeugung dienen.[853]

Hierin einen Nutzen für die verpflichteten Unternehmen zu erkennen, dürfte allerdings über das vertretbare Maß der Auslegung des Kriteriums „Gruppennützigkeit" weit hinausgehen. Wenn auch eine spezifische Sachnähe der verpflichteten Unternehmen vorliegt, so stellen die Vergütungspflichten eine erhebliche Belastung dar, die für die Unternehmen nur dann einen Nutzen aufweisen würden, wenn eine allgemeine, über das EEG hinausgehende Pflicht zur finanziellen Förderung der Stromerzeugung aus erneuerbaren Energiequellen bestünde. Aus der bloßen Verpflichtung zu einem bestimmten Verhalten gegenüber einem anderen Marktteilnehmer ergibt sich aber nicht notwendigerweise, dass die Erfüllung dieser Pflicht auch für den Verpflichteten nützlich ist.

Will man auf die Belastung der elektrizitätsverbrauchenden Allgemeinheit abstellen, könnte eine gruppennützige Verwendung des „Abgabenaufkommens" aus dem EEG allenfalls dann angenommen werden, wenn man von der recht vagen Überlegung ausgeht, dass das von den Endverbrauchen gezahlte, erhöhte Entgelt zu einer tatsächlichen Steigerung des Anteils erneuerbarer Energien, einem Rückgang des konventionell erzeugten Stroms und damit einer Verminderung der CO_2-Belastung führt, woraus den Endverbrauchern letztlich ein Umweltnutzen entsteht. Allerdings ist nach Auffassung des BVerfG die Art der Stromerzeugung für den Endverbraucher unerheblich, so dass auch das Vorliegen der Gruppennützigkeit angezweifelt werden kann. Ob die Argumentation des BVerfG mehr als sechs Jahre nach dem Kohlepfennig-Beschluss in dieser Allgemeinheit noch haltbar ist, kann freilich angezweifelt werden, da aufgrund der erst in den letzten Jahren verstärkt geführten Klimaschutzdiskussion ein Gesinnungswandel zumindest in Teilen der Gesellschaft stattgefunden haben dürfte. Gleichwohl wird die Aussage des BVerfG derzeit noch auf die absolute Mehrheit der Endverbraucher zu-

---

851 Ebenso *Arndt*, RdE 1995, S. 46 f.; *Zinow*, Elektrizitätswirtschaft 1995, S. 1088; *Ossenbühl*, RdE 1997, S. 52; *Pohlmann*, RdE 1997, S. 549; *Vinnen*, Rechtsprobleme der Nutzung regenerativer Energie, S. 275; *Blanke/Peilert*, RdE 1999, S. 100; *Richter*, Stromeinspeisungen, S. 234 ff.

852 *Studenroth*, DVBl. 1995, S. 1220; *Theobald*, NJW 1997, S. 553; *Koch/Schütte*, ZNER 1/1998, S. 8.

853 *Koch/Schütte*, ZNER 1/1998, S. 8. Ähnlich zur Rechtslage unter Geltung des EEG *Altrock*, Preisregelungen, S. 164 ff.

treffen.[854] Unmittelbar sind durch das EEG jedenfalls zunächst die Erzeuger regenerativen Stroms und nicht die Endverbraucher selbst begünstigt.

4. Zwischenergebnis

Die Ausführungen haben ergeben, dass die Vergütungspflichten des EEG unter Zugrundelegung der vom BVerfG aufgestellten Kriterien für die Zulässigkeit von Sonderabgaben nicht gerechtfertigt wären. Da es sich bei den im EEG enthaltenen Vergütungspflichten aber - wie bereits erörtert - gerade nicht um Sonderabgaben handelt, bleibt zu prüfen, ob die Zulässigkeitskriterien unter Zugrundelegung einer materiell-inhaltlichen Betrachtung eine entsprechende Anwendung finden können.

5. Die materiell-wirtschaftliche Betrachtungsweise

Eine zumindest entsprechende Anwendung[855] der sonderabgabenrechtlichen Zulässigkeitskriterien wurde teilweise bereits im Rahmen der Diskussion um die Verfassungsmäßigkeit des StrEG bzw. des EEG gefordert, da die Wirkungen einer garantierten Einspeisevergütung mit denen einer Sonderabgabe vergleichbar seien. Bei einer materiellen (wirtschaftlichen) Betrachtungsweise mache es keinen Unterschied, ob der Staat die den EVU auferlegten Mehrkosten in Form einer Abgabe erhebe oder er die EVU zur Zahlung einer über den vermiedenen Kosten liegenden Einspeisevergütung verpflichte.[856]

Zweifelhaft ist allerdings, ob die von der Literaturmeinung eingenommene materiell-wirtschaftliche Sichtweise für die Beurteilung eines Gesetzes maßgeblich sein kann. So tendiert das BVerfG zu einer eher formalen Betrachtungsweise und zieht materielle Gesichtspunkte lediglich ergänzend für die Betrachtung heran[857], was sich nicht zuletzt auch dem Kohlepfennig-Beschluss entnehmen lässt, wenn das BVerfG[858] ausführt:

„Die Abgabe nach § 8 Drittes Verstromungsgesetz ist als wirtschafts-verwaltungsrechtliche Ausgleichsabgabe konzipiert [...] und dementsprechend näher geregelt. Sie soll die Sicherung des Steinkohleneinsatzes bei der Verstromung finanzieren; ihr Aufkommen wird deshalb ei-

854 Schätzungen des TÜV zufolge bewegt sich der Anteil der Ökostrom-Kundengruppen bei knapp unter 10% der Haushaltskunden; Quelle: TÜV Management Service GmbH.

855 Nach Auffassung von *Arndt*, RdE 1995, S. 43, spielt es unter praktischen Gesichtspunkten keine Rolle, ob man das Finanzierungsmodell des StrEG unmittelbar als öffentlich-rechtliche Abgabenregelung ansieht oder ob man es wegen der gleichen Auswirkungen nur mittelbar dem Maßstab des Finanzverfassungsrechts unterstellen will.

856 *Arndt*, RdE 1995, S. 43 f.; *Zinow*, Elektrizitätswirtschaft 1995, S. 1087 f.; *Friauf*, ET 1995, S. 597 ff.; LG Karlsruhe, Beschl. v. 7.7.1996 - 2 O 176/95 -, RdE 1996, S. 75 f.

857 Vgl. hierzu die umfassende Analyse von *Richter*, Stromeinspeisungen, S. 169 ff.; vgl. auch *Heller*, GewArch 2001, S. 192.

858 BVerfG, Beschl. v. 11.10.1994 - 2 BvR 633/86 -, BVerfGE 91, S. 186, 201.

nem Sonderfonds, nicht dem Staatshaushalt zugeführt. *In dieser Ausgestaltung* kann die Abgabe verfassungsrechtlich nur als Sonderabgabe gerechtfertigt werden."[859]

Freilich stand im Rahmen des Kohlepfennig-Beschlusses der abgabenrechtliche Charakter des Kohlepfennigs von vornherein fest. Aussagekräftiger ist insoweit die Argumentation des BVerfG[860] zum Vorlagebeschluss des LG Karlsruhe bezüglich des StrEG:

„Denn die Ausführungen des Gerichts verkennen insoweit, dass die rechtliche Beurteilung staatlichen Handelns zunächst die Unterscheidung zwischen dem Mittel und dem Ziel des Handelns voraussetzt. So mögen das Ziel und auch die Belastungswirkung der beiden Handlungsformen identisch sein, ohne dass aber *allein deshalb*, die für das Abgabenrecht geltenden Maßstäbe *unbesehen* auf eine Preisregelung anzuwenden wären."[861]

Hieraus ergibt sich zweierlei: Die Argumentation des BVerfG lässt einerseits erkennen, dass eine Übertragung der sonderabgabenrechtlichen Zulässigkeitskriterien auf das StrEG bzw. das EEG nicht kategorisch ausgeschlossen werden kann. Andererseits reicht für eine solche Übertragung die bloße Übereinstimmung von Ziel und Belastungswirkung der Handlungsformen nicht aus. Dies verwundert indes nicht, da es im Kern um eine entsprechende Anwendung der sonderabgabenrechtlichen Prüfungsmaßstäbe geht, denn das StrEG ist - wie auch das EEG - gerade nicht als Sonderabgabe einzustufen. Eine solche entsprechende Anwendung setzt jedoch das Vorliegen einer „Regelungslücke" voraus; in Bezug auf das EEG müsste es demnach an einem tauglichen und ausreichenden verfassungsrechtlichen Prüfungsmaßstab fehlen. Einen solchen Prüfungsmaßstab stellen jedoch die Freiheitsgrundrechte und der Gleichheitssatz dar, wovon auch der Grundsatz der Lastengleichheit umfasst ist. Eine „Regelungslücke" liegt demnach nicht vor.

Darüber hinaus muss beachtet werden, dass eine entsprechende Anwendung des sonderabgabenrechtlichen Prüfungsmaßstabes eine Vergleichbarkeit der Interessenlagen voraussetzt, damit eine Gleichbehandlung von lediglich Ähnlichem überhaupt gerechtfertigt wäre.[862] Mit Blick auf den Nichtannahmebeschluss des BVerfG lässt sich hierzu zumindest festhalten, dass die bloße Vergleichbarkeit von Ziel und Belastungswirkung der Handlungsformen dazu nicht ausreicht. Die verfassungsrechtlichen Schutzgüter, aufgrund derer an die Zulässigkeit von Sonderabgaben besondere Rechtmäßigkeitsvoraussetzungen geknüpft werden, sind durch das EEG aber nicht betroffen. So wird in den Grundsatz der Vollständigkeit des Haushaltsplanes nur dann eingegriffen, wenn der Gesetzgeber Einnahme- und Ausgabekreisläufe außerhalb des

859 Hervorhebungen vom Verfasser.
860 BVerfG, Beschl. v. 9.1.1996 - 2 BvL 12/95 -, NJW 1997, S. 573.
861 Hervorhebungen vom Verfasser.
862 Vgl. zu den Erfordernissen des Analogieschlusses *Rüthers*, Rechtstheorie, Rn. 889.

Budgets organisiert[863] und damit wesentliche Entscheidungs-, Kontroll- und Verteilungsprinzipien umgeht.[864] Ein solcher Einnahme- und Ausgabekreislauf wird durch das EEG jedoch nicht begründet, da es wie bereits festgestellt an einer Aufkommenswirkung zugunsten der öffentlichen Hand gänzlich fehlt. Damit kommt aber auch ein Verstoß gegen die finanzverfassungsrechtlichen Bestimmungen über die Ertragsverteilungsordnung (Art. 104a ff. GG) nicht in Betracht.

Ein Rückgriff auf die vom BVerfG entwickelten Kriterien zur Zulässigkeit von Sonderabgaben ist demnach nicht erforderlich und hat bei der Untersuchung der Rechtmäßigkeit des EEG außer Betracht zu bleiben.[865]

III. Das EEG als gesetzgeberischer Formenmissbrauch?

Mit den Überlegungen zur entsprechenden Anwendung der Zulässigkeitskriterien für Sonderabgaben eng verbunden ist die Frage, ob die im EEG normierten Abnahme- und Vergütungspflichten einen gesetzgeberischen Formenmissbrauch zur Umgehung eben dieser Zulässigkeitskriterien darstellen.

Diese Auffassung - mit der Konsequenz, dass das EEG verfassungswidrig sei - vertreten insbesondere *Dederer/Schneller*[866], was mit der Erwägung begründet wird, dass der durch das EEG bezweckte Klima- und Umweltschutz ein Interesse der Allgemeinheit bilde und deshalb als Gemeinlast, also durch Steuer, finanziert werden müsse. Der Gesetzgeber entziehe sich mit der Finanzierungsform einer garantierten Einspeisevergütung dem Prinzip der Gemeinlastfinanzierung und den engen verfassungsrechtlichen Grenzen für die nur ausnahmsweise zulässigen Sonderabgaben. Auch *Büdenbender*[867] gibt zu bedenken, dass die Schutzmechanismen für die Zulässigkeit von Sonderabgaben faktisch leerliefen, wenn der Gesetzgeber in der Entscheidung darüber frei wäre, an Stelle einer staatlichen Subventionierung private Unternehmen zur Förderung erneuerbarer Energien heranzuziehen.

Es erscheint jedoch fraglich, ob diese Erwägungen - ungeachtet der Frage, ob sie in der Sache zutreffen - im Ergebnis die Annahme eines Formenmissbrauchs zu rechtfertigen vermögen. Dies gründet sich in der dogmatischen Unsicherheit, die mit dem Begriff des Formenmiss-

---

863 Vgl. BVerfG, Beschl. v. 31.5.1990 - 2 BvL 12, 13/88, 2 BvR 143/87 -, BVerfGE 82, S. 159, 179; Beschl. v. 11.10.1994 - 2 BvR 633/86 -, BVerfGE 91, S. 186, 202.

864 *Kirchhof*, Festschrift Friauf, S. 673.

865 So auch im Ergebnis - mit zum Teil differierenden Begründungen - die herrschende Meinung zur Rechtslage beim StrEG, vgl. BGH, Urt. v. 22.10.1996 - KZR 19/95 -, NJW 1997, S. 574, 580; *Blanke/Peilert*, RdE 1999, S. 98 f.; *Richter*, Stromeinspeisungen, S. 181; *Scholz*, ET 1995, S. 601; *Koch/Schütte*, ZNER 1/1998, S. 5 ff; *Vinnen*, Rechtsprobleme der Nutzung regenerativer Energie, S. 276 f.; *Studenroth*, DVBl. 1995, S. 1218 ff.; *Hoffmann-Riem*, GewArch 1996, S. 3; *Berendes*, ZUR 1997, S. 263, *Hucko*, RdE 1995, S. 142; zum EEG vgl. *Brandt/Reshöft/Steiner*, EEG, Einleitung, Rn. 48.

866 *Dederer/Schneller*, RdE 2000, S. 215 f.

867 *Büdenbender*, ET 2001, S. 309, welcher die Frage des Formenmissbrauchs letztlich aber offen lässt.

brauchs seit jeher verbunden ist. *Pestalozza*[868] hat hierzu ausgeführt, dass die Vokabel „Formenmissbrauch“ mit einer gewissen Selbstverständlichkeit und der Unlust dialogisch über sie zu diskutieren, verwendet werde. Auch die einschlägigen Urteile, die sich mit der Problematik des Formenmissbrauchs beschäftigen, belegen allenfalls die Existenz des Phänomens, lassen jedoch dogmatische Einordnung und Reichweite im Unklaren. Lediglich das BVerwG hat in einer unveröffentlichten Entscheidung aus dem Jahr 1969[869] den Formenmissbrauch dem Prinzip der Rechtsstaatlichkeit zugeordnet, welches im Wesentlichen in Art. 20 GG enthalten, wenngleich auch nicht ausdrücklich erwähnt ist. Für die Gesetzgebung ergibt sich aus Art. 20 Abs. 3 GG die Bindung an die verfassungsmäßige Ordnung, was die „bare Selbstverständlichkeit“[870] ausdrückt, dass sich der Gesetzgeber bei seinen Entscheidungen an den von der Verfassung gezogenen materiellen und formellen Rahmen zu halten hat. Stellt aber ein gesetzgeberischer Formenmissbrauch „lediglich“ einen Verstoß gegen die Bindung an die verfassungsmäßige Ordnung und damit gegen das Rechtsstaatsprinzip dar, bleibt fraglich, wofür es des Instituts des gesetzgeberischen Formenmissbrauchs überhaupt bedarf. Als gesichert wird man immerhin ansehen können, dass es beim Formenmissbrauch insbesondere um die Reaktion der Rechtsordnung auf Umgehungssachverhalte hinsichtlich rechtlich anerkannter Gestaltungsmöglichkeiten geht.[871]

Dementsprechend ließe sich der Grundgehalt des gesetzgeberischen Formenmissbrauchs unter Berücksichtigung seiner Herleitung aus dem Rechtsstaatsprinzip etwa wie folgt konkretisieren:

Ein (gesetzgeberischer) Formenmissbrauch liegt dann vor, wenn der Gesetzgeber entsprechend der verfassungsmäßigen Ordnung einen Sachverhalt zwingend in einer bestimmten Form hätte regeln müssen, dies jedoch zumindest bewusst unterlassen, und statt dessen eine andere Form gewählt hat; der zu regelnde Sachverhalt wird vom Gesetzgeber unter einen anderen Tatbestand subsumiert als von der verfassungsmäßigen Ordnung gefordert.

Das Erfordernis eines „bewussten“, gleichsam vorsätzlichen Unterlassens, ergibt sich dabei aus dem Begriff der „Missbräuchlichkeit“ selbst, da ein „fahrlässiger Missbrauch“ schwerlich vorstellbar ist. Der Unterschied zwischen Gebrauch und Missbrauch eines Rechts und das damit verbundene Unwerturteil liegt nämlich insbesondere auch im Grad des „Rechtsbewusstseins“, des Rechtsausübungswillens.[872] Ob dieser Versuch einer Definition aber im Ergebnis auch praktikable Kriterien zur Feststellung eines Formenmissbrauchs an die Hand liefert, lässt sich wohl trefflich bestreiten. Im Gegenteil zeigt ein Blick ins Strafrecht, dass im

868 Vgl. *Pestalozza*, Formenmißbrauch, S. 59 f.
869 BVerwG, Beschl. v. 5.3.1969 - VII B 28/67 -, zitiert bei *Pestalozza*, Formenmißbrauch, S. 52 f.
870 Maunz/Dürig-*Herzog*, GG, Art. 20, VI, Rn. 3.
871 Vgl. *Baur*, Der Mißbrauch im deutschen Kartellrecht, S. 101 f.
872 *Pestalozza*, Formenmißbrauch, S. 63 f.

ganz überwiegenden Teil derjenigen Straftatbestände, die einen wie auch immer gearteten „Missbrauch" pönalisieren, eine Konkretisierung des „Missbrauchs" enthalten ist, was mit Blick auf den Bestimmtheitsgrundsatz in Art. 103 Abs. 2 GG, § 1 StGB auch dringend erforderlich erscheint.[873] Der Begriff des Missbrauchs, und damit auch der Begriff des Formenmissbrauchs weist eine erhebliche Unbestimmtheit auf, was eine restriktive Handhabung angezeigt erscheinen lässt[874]; insoweit wird man für das Vorliegen eines gesetzgeberischen Formenmissbrauchs eine deutliche Offenkundigkeit verlangen müssen[875].

Für die zu beurteilenden Vergütungsregelungen des EEG wirft dies zunächst die Frage auf, ob der Gesetzgeber die Förderung der Stromerzeugung aus erneuerbaren Energien durch eine Steuer oder eine Sonderabgabe hätte finanzieren müssen. Dies lässt sich nicht pauschal beantworten, vor allem aber nicht durch den bloßen Verweis auf den Kohlepfennig-Beschluss des BVerfG und die vielzitierte Passage der Urteilsbegründung, in der es heißt:

„Die Finanzverfassung [...] versagt es dem Gesetzgeber, selbst unter Inanspruchnahme von Sachkompetenzen, Sonderabgaben zur Erzielung von Einnahmen für den allgemeinen Finanzbedarf eines öffentlichen Gemeinwesens zu erheben und das Aufkommen aus derartigen Abgaben zur Finanzierung allgemeiner Staatsaufgaben zu verwenden."[876]

Denn der Kohlepfennig war unstreitig als Sonderabgabe einzuordnen, weshalb die Ausführungen des BVerfG eher im Sinne einer gegenseitigen Abgrenzung der Anwendungsbereiche von Sonderabgaben und Steuern zu verstehen sind. Das EEG begründet jedoch wie bereits dargestellt keine Sonderabgabe; die enthaltenen Vergütungspflichten dienen auch nicht der Erzielung von Einnahmen für den allgemeinen Finanzbedarf eines öffentlichen Gemeinwesens. Insoweit führt auch das Prinzip des Steuerstaates[877], nach welchem Staatsaufgaben grundsätzlich durch Steuern zu finanzieren sind[878], nicht zu einem anderen Ergebnis. Zu Recht wird zwar darauf hingewiesen, dass die sorgfältig ausgewogene Regelung des Finanzausgleichs im Grundgesetz - und damit ein Kernstück der bundesstaatlichen Ordnung der Verfassung[879] - unterlaufen würde, wenn der Staatsbedarf nicht mehr überwiegend durch Steuern, sondern statt dessen durch andere Einnahmen finanziert würde.[880] Einerseits sagt aber dieses Prinzip für sich betrachtet nichts darüber aus, ob andere Einnahmen ausgeschlossen sein sol-

873 Vgl. beispielsweise die §§ 132a, 145, 281, 309 StGB.

874 Ähnlich *Arndt*, RdE 1995, S. 42, welcher empfiehlt, zur Argumentationsbasis des Missbrauchs nur dann Zuflucht zu nehmen, wenn Alternativen fehlen.

875 Anderer Ansicht wohl *Pestalozza*, Formenmißbrauch, S. 67, welcher eine „Evidenz" des Missbrauchs für unerheblich hält.

876 BVerfG, Beschl. v. 11.10.1994 - 2 BvR 633/86 -, BVerfGE 91, S. 186, 201.

877 Zum Begriff ausführlich BK-*Vogel/Waldhoff*, GG, Vorbem. z. Art. 104a-115, Rn. 327 ff.

878 Vgl. BVerfG, Beschl. v. 8.6.1988 - 2 BvL 9/85 und 3/86 -, BVerfGE 78, S. 249, 267; Beschl. v. 7.11.1995 - 2 BvR 413/88 und 1300/93 -, BVerfGE 93, S. 319, 342 ff.

879 BK-*Vogel/Waldhoff*, GG, Vorbem. z. Art. 104a-115, Rn. 57, 62.

880 BK-*Vogel/Waldhoff*, GG, Vorbem. z. Art. 104a-115, Rn. 333.

len. Andererseits steht dem Gesetzgeber eine weitgehende wirtschaftspolitische Gestaltungsfreiheit zu.[881] Er entscheidet bei der Durchsetzung seiner Ziele grundsätzlich frei über die zu wählende Handlungsform und kann auch ungewöhnliche Wege einschlagen.[882] Hinzu kommt, dass es keinen verfassungsrechtlichen Grundsatz gibt, welcher besagt, dass alle nicht allein über den Markt erreichbaren Aufgaben, die im öffentlichen Interesse liegen, auch stets aus einem öffentlichen Haushalt finanziert werden müssen.[883] Im Gegenteil kennt die soziale Marktwirtschaft in der Bundesrepublik Deutschland eine gemeinwohlorientierte Intervention in Marktprozesse.[884] Insbesondere ist aber der Gesetzgeber aufgrund seines Gestaltungsspielraums nicht gehalten, von einer finanziellen Belastung einer bestimmten Gruppe immer schon dann abzusehen, wenn die Belastung über den öffentlichen Haushalt auch der Allgemeinheit auferlegt werden könnte.[885] Eine solche Betrachtungsweise kann den vielfältigen Ausgestaltungsmöglichkeiten zur Erfüllung öffentlicher Aufgaben nicht gerecht werden.[886] Eine Pflicht des Gesetzgebers, die Förderung der Stromerzeugung aus erneuerbaren Energien mittels einer Steuer oder einer Sonderabgabe zu finanzieren und durchzuführen, lässt sich demnach nicht ausmachen.

Darüber hinaus fehlt es aber auch an der offenkundigen Missbräuchlichkeit des Verhaltens des Gesetzgebers, da diesem ein mangelndes Rechtsbewusstsein nicht vorzuwerfen ist. Wie in der Literatur bereits verschiedentlich ausgeführt, hat der Gesetzgeber mit dem StrEG bzw. dem EEG einen direkten und damit rationellen Weg zur Förderung der Stromerzeugung aus erneuerbaren Energien eingeschlagen, welcher den Umweg über einen Sonderfonds - wie beispielsweise beim Kohlepfennig der Fall - vermeidet.[887] Die gefundene Lösung setzt vielmehr unmittelbar an den Austauschverhältnissen der beteiligten Unternehmen an und stellt damit eine aus verwaltungsökonomischen und betriebswirtschaftlichen Gründen nahe liegende Förderungskonzeption dar.[888] Mag man auch den vom Gesetzgeber eingeschlagenen Weg als form- oder stillos bezeichnen[889] - dies allein kann die Annahme eines Formenmissbrauchs nicht rechtfertigen.

---

881 Vgl. hierzu allgemein BVerfG, Urt. v. 11.6.1958 - 1 BvR 596/56 -, BVerfGE 7, S. 377, 400; Beschl. v. 16.3.1971 - 1 BvR 52, 665, 667, 754/66 -, BVerfGE 30, S. 292, 317; Urt. v. 1.3.1979 - 1 BvR 532, 533/77, 419/78 und 1 BvL 21/78 -, BVerfGE 50, S. 290, 338.

882 *Arndt*, RdE 1995, S. 42

883 BGH, Urt. v. 22.10.1996 - KZR 19/95 -, NJW 1997, S. 574, 580 unter Verweis auf *Hoffmann-Riem*, GewArch 1996, S. 3 und *Mussgnug*, Festschrift Forsthoff, S. 283 ff.; *Hölzer*, Energiesektor, S. 290.

884 *Hoffmann-Riem*, ebenda.

885 BVerfG, Beschl. v. 16.3.1971 - 1 BvR 52, 665, 667, 754/66 -, BVerfGE 30, S. 292, 319; Beschl. v. 6.10.1987 - 1 BvR 1086, 1468, 1623/82 -, BVerfGE 77, S. 84, 110 f.; Urt. v. 23.1.1990 - 1 BvL 44/86 und 48/87 -, BVerfGE 81, S. 156, 193 f.

886 Vgl. *Hölzer*, Energiesektor, S. 292.

887 Vgl. *Arndt*, RdE 1995, S. 42; *Richter*, Stromeinspeisungen, S. 177 f.

888 Vgl. *Richter*, Stromeinspeisungen, S. 178.

889 Vgl. *Kirchhof*, FAZ v. 8.5.2001, S. 11 a.E.

IV. Ergebnis

Das im EEG begründete System einer garantierten Einspeisevergütung ist weder als Steuer noch als Sonderabgabe einzuordnen, wenngleich bei Zugrundelegung einer materiellen Betrachtungsweise Ähnlichkeiten mit öffentlich-rechtlichen Abgaben festzustellen sind. Gleichwohl kommt eine entsprechende Anwendung der sonderabgabenrechtlichen Prüfungsmaßstäbe nicht in Betracht. Auch kann ein gesetzgeberischer Formenmissbrauch zur Umgehung der sonderabgabenrechtlichen Prüfungsmaßstäbe nicht angenommen werden. Vielmehr sind die Vergütungspflichten des EEG als durch Abnahmepflichten flankierte Preisregelungen einzuordnen, was der weitgehenden wirtschaftspolitischen Gestaltungsfreiheit des Gesetzgebers Rechnung trägt. Das EEG ist damit - um die Eingangs aufgeworfene Frage zu beantworten - nicht Gegenstand des Finanzverfassungsrechts. Auch kann es zumindest unter dem Aspekt des Formenmissbrauchs nicht als Umgehung des Finanzverfassungsrechts angesehen werden.
Die Vergütungsregelungen des EEG als durch Abnahmepflichten flankierte Preisregelungen sind damit weder unmittelbar noch entsprechend an den sonderabgabenrechtlichen Prüfungsmaßstäben zu messen. Die entscheidenden Maßstäbe für die Zulässigkeit einer Preisregelung ergeben sich damit aus den Freiheitsgrundrechten und dem Gleichheitssatz[890], wovon auch für das Sonderabgabenrecht bedeutsame Grundsätze, wie beispielsweise der Grundsatz der Belastungsgleichheit der Bürger, umfasst sind.

Darüber hinaus stellen wirtschaftslenkende Preisfindungsmechanismen immer auch einen Verstoß gegen die marktwirtschaftliche Ordnung dar, was bei der Konzeption des EEG besonders deutlich hervortritt und durch zusätzliche Faktoren verstärkt wird. Denn aufgrund des Vorrangprinzips ist der aufnehmende Netzbetreiber nicht nur zur Vergütung des zwangsweise aufgenommenen Stroms verpflichtet, sondern auch dazu, gegebenenfalls entsprechende Kapazitäten konventionellen Stroms zurückzufahren. Dementsprechend wurde in der Literatur bereits im Zusammenhang mit dem StrEG die Forderung aufgestellt, dass derartige Eingriffe einer besonderen Rechtfertigung bedürfen, welche nur dann gegeben sei, wenn ohne staatliche Korrektur „ein nicht hinnehmbares Ungleichgewicht zu Lasten überragender öffentlicher Güter und zugunsten der handelnden Wirtschaftsobjekte entstünde".[891] Dies dürfte in der Weise zu verstehen sein, dass im Rahmen der Verhältnismäßigkeitsabwägung bei der Prüfung betroffener Grundrechte vergleichsweise strenge Anforderungen zu stellen sind.

890 Vgl. *Mutzbauer*, Hoheitliche Gestaltung privatrechtlich vereinbarter Preise, S. 93 ff.
891 Vgl. *Klinger*, Festschrift Börner, S. 548.

B. Die Vereinbarkeit der Abnahme- und Vergütungspflichten des EEG mit Art. 12 Abs. 1 GG

Die durch das EEG begründete Kette von Abnahme- und Vergütungspflichten stellt für die verpflichteten Unternehmen eine Belastung in Form von Handlungs- und Geldleistungspflichten dar, welche sich an den Grundrechten der Betroffenen messen lassen muss. Besondere Bedeutung kommt dabei dem Grundrecht auf Berufsfreiheit aus Art. 12 Abs. 1 GG zu, da das EEG ersichtlich in besonderem Maße die unternehmerische Tätigkeit der verpflichteten EVU beeinflusst.

I. Die Grundrechtsfähigkeit der verpflichteten EVU

Die Überprüfung einer möglichen Grundrechtsverletzung der verpflichteten EVU durch die Vorschriften des EEG setzt zunächst voraus, dass sich die EVU auch auf den Schutz der Grundrechte berufen können, dass sie also grundrechtsfähig sind.

EVU sind als juristische Personen des Privatrechts, in der Regel als AG oder GmbH oder als juristische Personen des öffentlichen Rechts organisiert.[892] Dabei belief sich der Anteil rein privatwirtschaftlich organisierter EVU im Jahr 1998 auf rund 9,7 %, der Anteil gemischtwirtschaftlicher EVU auf rund 62,9 % und der Anteil staatlicher bzw. kommunaler Unternehmen auf rund 27,4 %.[893]

Grundrechtsfähigkeit kann juristischen Personen über Art. 19 Abs. 3 GG zukommen. Danach gelten die Grundrechte für inländische juristische Personen, soweit sie ihrem Wesen nach auf diese anwendbar sind. Zumindest bezogen auf rein privatwirtschaftlich organisierte EVU wird deren Grundrechtsfähigkeit in der Literatur dementsprechend ohne weiteres angenommen.[894] Das BVerfG hat allgemein bezogen auf die ökonomisch relevanten Grundrechte aus Art. 12 Abs. 1[895], 14 Abs. 1[896], 2 Abs. 1[897] und 3 Abs. 1[898] GG die Grundrechtsfähigkeit für die Unternehmenstypen der AG und der GmbH bejaht.

892 Dabei dürften EVU nur in den seltensten Fällen als juristische Personen des öffentlichen Rechts organisiert sein, vgl. *Vinnen*, Rechtsprobleme der Nutzung regenerativer Energien, S. 278. Vgl. zur Struktur der Anteilseignerschaft ausführlich *Altrock*, Preisregelungen, S. 172 ff.

893 Die Angaben beziehen sich auf den Anteil an der Stromabgabe an den Kunden im Jahr 1998, VDEW Strommarkt Deutschland 1998, S. 75, Tabelle 12.

894 Vgl. z.B. *Ossenbühl*, ET 1996, S. 97; *Berendes*, ZUR 1997, S. 236 f.

895 Vgl. BVerfG, Beschl. v. 29.11.1967 - 1 BvR 175/66 -, BVerfGE 22, S. 380, 383; Beschl. v. 11.3.1968 - 2 BvL 18/63, 2 BvR 58 und 533/65 -, BVerfGE 23, S. 208, 223.

896 Vgl. Beschl. v. 11.3.1968 - 2 BvL 18/63, 2 BvR 58 und 533/65 -, BVerfGE 23, S. 208, 223; Beschl. v. 3.7.1973 - 1 BvR 153/69 -, BVerfGE 35, S. 348, 357.

897 Vgl. BVerfG, Urt. v. 29.7.1959 - 1 BvR 394/58 -, BVerfGE 10, S. 89, 99; Beschl. v. 25.10.1966 - 2 BvR 506/63 -, BVerfGE 20, S. 323, 335.

898 Vgl. BVerfG, Beschl. v. 11.3.1968 - 2 BvL 18/63, 2 BvR 58 und 533/65 -, BVerfGE 23, S. 208, 223; Beschl. v. 3.7.1973 - 1 BvR 153/69 -, BVerfGE 35, S. 348, 357.

Die Grundrechtsfähigkeit gemischtwirtschaftlicher Unternehmen ist in der Literatur umstritten[899]; auch die Rechtsprechung des BVerfG vertritt keine einheitliche Linie. So hat das BVerfG hinsichtlich so genannter Eigengesellschaften (Unternehmen, die als juristische Personen des Privatrechts organisiert sind, deren Anteile jedoch zu 100 % in öffentlicher Hand liegen[900]) in zwei Entscheidungen deren Grundrechtsfähigkeit verneint.[901] Auch bei gemischtwirtschaftlichen Unternehmen ist eine ablehnende Haltung des BVerfG festzustellen. So hat es der Hamburger Electricitäts-Werke AG (HEW), die sich zu 72 % in öffentlicher Hand befand, im Rahmen ihrer Verfassungsbeschwerde in einer vieldiskutierten Entscheidung die Berufung auf die Grundrechte versagt.[902]

In der Literatur und der übrigen Rechtsprechung wird überwiegend von der Grundrechtsfähigkeit der gemischtwirtschaftlichen Unternehmen mit zum Teil stark differierenden Begründungen ausgegangen.[903] Maßgebliche Bedeutung wird dabei dem Argument beigemessen, dass der Grundrechtsschutz der privaten Anteilseigner eines gemischtwirtschaftlichen EVU verkürzt wäre, da Rechtsakte gegen die Gesellschaft sie in ihren grundrechtlich geschützten Positionen nur mittelbar betreffen.[904] Uneinheitlich wird auch die Frage beantwortet, ob der Grundrechtsschutz gemischtwirtschaftlicher Unternehmen - sofern man einen solchen grundsätzlich bejaht - dann entfallen muss, wenn der Staat die Mehrheit der Anteile an einem solchen Unternehmen hält.[905]

Der vorstehend beschriebene Meinungsstreit kann indes für die vorliegende Untersuchung außer Betracht bleiben, da es primäres Ziel der Arbeit ist, die Vereinbarkeit der zentralen Regelungen des EEG mit den Grundrechten zu erörtern. Hierfür ist es ausreichend, dass zumindest rein privatrechtlichen EVU die Grundrechtsfähigkeit zukommen kann, womit die grundrechtliche Relevanz des EEG außer Frage stünde.

---

899 Vgl. *Zimmermann*, JuS 1991, S. 294 ff.; *Badura*, ZHR 146 (1982), S. 448 ff.; *Emmerich*, Wirtschaftsrecht, S. 91 ff.; *Koppensteiner*, NJW 1990, S. 3105 ff.; *Kühne*, JZ 1990, S. 335 f.; *Püttner*, Die öffentlichen Unternehmen, S. 120 f.; *Ehmer*, Tarifwesen, S. 55 ff.; *Kremser*, AöR 121, S. 421 ff.; *Berendes*, ZUR 1997, 263 f.; *Richter*, Stromeinspeisungen, S. 182 ff.; *Altrock*, Preisregelungen, S. 183 ff.

900 Zum Begriff der Eigengesellschaft und des gemischtwirtschaftlichen Unternehmens *Schmidt-Aßmann*, BB 1990, Beil. 34, S. 2 f.

901 BVerfG, Beschl. v. 7.6.1977 - 1 BvR 108, 424/73 und 226/74 -, BVerfGE 45, S. 63, 78 ff. (Stadtwerke Hameln AG); BVerfG, Beschl. v. 20.12.1979 - 1 BvR 834/79 -, NJW 1980, S. 1093 (Technische Werke Stuttgart).

902 BVerfG, Beschl. v. 1.5.1989 - 1 BvR 705/88 -, NJW 1990, S. 1783.

903 Hierzu allgemein Jarass/Pieroth-*Jarass*, GG, Art. 19, Rn. 13; Sachs-*Krüger*, GG, Art. 19, Rn. 63.

904 So AG Plön, Beschl. v. 13.6.1996 - 2 C 350/96 -, NJW 1997, S. 591, 592; *Kühne*, JZ 1990, S. 336; *Treffer*, UPR 1996, S. 130; zustimmend *Berendes*, ZUR 1997, S. 263; *Vinnen*, Rechtsprobleme der Nutzung regenerativer Energie, S. 279; *Hölzer*, Energiesektor, S. 236.

905 So etwa *Emmerich*, Wirtschaftsrecht, S. 92 f.; *Badura*, DÖV 1990, S. 353 f. Gegen eine solche Grenzziehung *Hölzer*, Energiesektor, S. 237, welcher auf die praktischen Probleme einer solchen Grenzziehung verweist und zu Recht hervorhebt, dass eine Beteiligungsquote der öffentlichen Hand keine Aussage über den Einfluss auf das Unternehmen trifft; hierzu auch *Zimmermann*, JuS 1991, S. 300; *Zinow*, Rechtsprobleme der grenzüberschreitenden Durchleitung von Strom, S. 98.

Allerdings stellt sich mit Blick auf den bereits erwähnten HEW-Beschluss des BVerfG die Frage, ob auch rein privatrechtlich organisierten EVU die Grundrechtsfähigkeit zu versagen sein könnte. Eine solche Sichtweise könnte sich aus der Begründung des Beschlusses ergeben, in welcher das BVerfG einerseits die Funktion der HEW hervorhebt, die „in der Wahrnehmung gesetzlich zugewiesener und geregelter öffentlicher Aufgaben der Daseinsvorsorge" liege. Zum anderen sei auch bei einem Beteiligungsverhältnis der öffentlichen Hand von nur etwa 72 % davon auszugehen, dass diese die Möglichkeit zu einer entscheidenden Einflussnahme auf die Geschäftsführung habe.[906]

Die Ausführungen des BVerfG könnten also in dem Sinne zu verstehen sein, dass solchen Unternehmen, die sich im Bereich der Daseinsvorsorge betätigen, ein Schutz durch die Grundrechte grundsätzlich zu versagen wäre, gleich ob es sich nun um gemischtwirtschaftliche oder um rein privatrechtliche Unternehmen handelt. Aus der Beschlussbegründung ergibt sich nämlich nicht zweifelsfrei, in welchem Verhältnis die vom BVerfG herangezogenen Argumente zueinander stehen, ob also das BVerfG primär auf die Beteiligungsverhältnisse abstellt und nur hilfsweise auf die Funktion der Daseinsvorsorge zurückgreift oder umgekehrt.[907] Sollte der Beschluss in der Weise zu verstehen sein, dass bei der Beurteilung der Grundrechtsfähigkeit von EVU deren „daseinsvorsorgende" Funktion entscheidend sein soll, bedeutete dies, dass der Grundrechtsschutz auch rein privatrechtlichen EVU zu versagen sein könnte.

Allerdings ist es mehr als bedenklich, der Frage, ob ein Unternehmen daseinsvorsorgende Aufgaben wahrnimmt, für die Beurteilung seiner Grundrechtsfähigkeit Bedeutung beizumessen. Denn abgesehen von der Tatsache, dass der Begriff der Daseinsvorsorge[908] nicht dogmatischer, sondern lediglich beschreibend-analytischer Natur ist[909], lässt sich ihm nichts darüber entnehmen, dass eine Aufgabe der Daseinsvorsorge eine Verwaltungsaufgabe wäre und von einem Dritten nur in einem geminderten Rechtsstatus ausgeübt werden könne.[910] Zutreffend merkt *Tettinger*[911] an, dass allein das Mandat zur Daseinsvorsorge noch keinen Ausschluss der Privatwirtschaft von einem seit langem wahrgenommenen Aktionsfeld bedeute. Hieran vermögen auch die vielfältigen Bindungen, denen sich EVU durch das EnWG und die Allgemeinen Versorgungsbedingungen für die Elektrizitätsversorgung von Tarifkunden - etwa im

906 BVerfG, Beschl. v. 1.5.1989 - 1 BvR 705/88 -, NJW 1990, S. 1783; vgl. zu diesem Aspekt *Kühne*, JZ 1990, S. 336.

907 Vgl. hierzu die Untersuchung von *Richter*, Stromeinspeisungen, S. 187 ff.

908 Der Begriff geht auf *Forsthoff*, Verwaltungsrecht, S. 368 ff., zurück.

909 Hierzu ausführlich *Hermes*, Infrastrukturverantwortung, S. 116 ff.

910 So zutreffend *Schmidt-Aßmann*, BB 1990, Beil. 34, S. 14; *Hölzer*, Energiesektor, S. 74; *Altrock*, Preisregelungen, S. 186 ff. Gleiches muss auch dann gelten, wenn juristische Personen des Privatrechts „öffentliche Aufgaben" erfüllen, ohne dass eine echte Beleihung vorliegt, da das Kriterium „öffentliche Aufgabe" viel zu unbestimmt ist, vgl. Sachs-*Krüger*, GG, Art. 19, Rn. 64; Jarass/Pieroth-*Jarass*, GG, Art. 19, Rn. 15.

911 *Tettinger*, Recht der Energiewirtschaft, S. 698.

Hinblick auf die allgemeine Anschluss- und Versorgungspflicht - ausgesetzt sehen, nichts zu ändern. Der Schlussfolgerung des BVerfG, dass aufgrund dieser Bindungen „von einer privatrechtlichen Selbständigkeit nahezu nichts übrigbleibt“[912] lässt sich mindestens entgegnen, dass privatrechtlich organisierte EVU eben denselben Bindungen unterworfen sind.[913] Für die Ablehnung der Grundrechtsfähigkeit gemischtwirtschaftlicher Unternehmen können solche Erwägungen jedoch nicht als Argument herangezogen werden.

Entscheidend ist somit im Hinblick auf Art. 19 Abs. 3 GG ausschließlich, ob das betreffende Grundrecht seinem Wesen nach auf die juristische Person des Privatrechts anwendbar ist, was wiederum davon abhängig ist, ob die vom Grundrecht geschützte Tätigkeit auch von juristischen Personen selbst ausgeübt werden kann bzw. ob die Gefährdungslage vergleichbar ist.[914] Dies ist im Hinblick auf die ökonomisch bedeutsamen Grundrechte der Art. 12 Abs. 1, 14 Abs. 1 und 3 Abs. 1 GG der Fall, da EVU, wie auch andere juristische Personen des Privatrechts, durch staatliche Reglementierungen in ihrer Entscheidungs-, Dispositions- und Eigentumsfreiheit beeinträchtigt werden können und dem Staat somit ebenso wie natürliche Personen als Gewaltunterworfene gegenüberstehen.[915]

Eine Auseinandersetzung mit der Frage, ob dies auch für gemischtwirtschaftliche EVU gilt, ist daher an dieser Stelle nicht erforderlich.

II. Der Schutzbereich des Art. 12 Abs. 1 GG

Art. 12 Abs. 1 GG schützt sowohl die Wahl als auch die Ausübung des Berufs und stellt damit ein einheitliches Grundrecht dar.[916] Dabei wird „Beruf“ i.S.d. Art. 12 Abs. 1 GG herkömmlich als jede erlaubte, auf Dauer angelegte, der Schaffung und Erhaltung der Lebensgrundlage dienende Tätigkeit definiert, wobei erlaubt mit nicht sozial- oder gemeinschädlich gleichzusetzen ist.[917] Bezogen auf die hier in Rede stehenden EVU, deren Tätigkeit sich in Anlehnung an § 2 Abs. 3 EnWG als die Versorgung anderer mit Energie oder dem Betrieb eines Netzes für die allgemeine Versorgung beschreiben lässt, ist dies - ohne dass es hierzu näherer Ausführungen bedarf - der Fall. Es handelt sich bei den beschriebenen Tätigkeiten - der Erzeugung, der

---

912 BVerfG, Beschl. v. 1.5.1989 - 1 BvR 705/88 -, NJW 1990, S. 1783.

913 Hierzu *Zimmermann*, JuS 1991, S. 299, welcher vor allem auch zu bedenken gibt, dass nicht unter Bezugnahme auf einfachgesetzliche Normen über die Fähigkeit, Träger von verfassungsrechtlich gesicherten Grundrechten zu sein, entschieden werden kann.

914 BVerfG, Beschl. v. 7.6.1977 - 1 BvR 108, 424/73 und 226/74 -, BVerfGE 45, S. 63, 79; Beschl. v. 8.7.1982 - 2 BvR 1187/80 -, BVerfGE 61, S. 82, 105; Jarass/Pieroth-*Jarass*, GG, Art. 19, Rn. 13.

915 Vgl. *Berendes*, ZUR 1997, S. 263 f.; *Kremser*, AöR 121, S. 422 ff.

916 Vgl. BVerfG, Urt. v. 11.6.1958 - 1 BvR 59/56 -, BVerfGE 7, S. 377, 400 ff.; kritisch hierzu AK-*Rittstieg*, GG, 2. Aufl., Art. 12, Rn. 59.

917 Vgl. BVerfG, Urt. v. 1.3.1979 - 1 BvR 532, 533/77, 419/78 und 1 BvL 21/78 -, BVerfGE 50, S. 290, 362; Beschl. v. 18.6.1980 - 1 BvR 697/77 -, BVerfGE 54, S. 301, 313. Das Erfordernis der „Erlaubtheit“ des Berufs wird in neuerer Zeit zunehmend bestritten, vgl. hierzu beispielsweise Sachs-*Tettinger*, GG, Art. 12, Rn. 36. Im Rahmen dieser Untersuchung kommt dem Meinungsstreit jedoch keine Bedeutung zu.

Übertragung, Verteilung oder dem schlichten Verkauf von Elektrizität - um eine auf Dauer angelegte Erwerbstätigkeit, die der Schaffung und Erhaltung der Lebensgrundlage der Anteilseigner der EVU dient.

Steht somit fest, dass die Tätigkeit der EVU grundsätzlich vom Schutzbereich des Art. 12 Abs. 1 GG umfasst ist, bedarf es einer näheren Eingrenzung des sachlichen Schutzbereiches selbst. Die Freiheit, Erwerbszwecken dienende Tätigkeiten auszuüben, umfasst nach der Rechtsprechung des BVerfG insbesondere die Unternehmerfreiheit, wovon im Kern das Recht zur freien Gründung und Führung von Unternehmen und zur freien Wahl der Rechtsform des Unternehmens enthalten ist.[918] Darüber hinaus wird auch die freie Vertrags- und Preisgestaltung[919], die unternehmerische Freiheit des Marktzutritts und der marktmäßigen Betätigung[920] und die unternehmerische Dispositions-[921], Investitions- und Produktionsfreiheit[922] dem Bereich der Unternehmensfreiheit zugeordnet.

Der Schutzbereich des Art. 12 Abs. 1 GG umfasst schließlich nach der ganz herrschenden Auffassung auch die Wettbewerbsfreiheit[923] als Ausdruck der Wettbewerbsgleichheit (bzw. der gleichen Wettbewerbsfreiheiten) mit der Folge des Schutzes vor willkürlicher Veränderung oder Beeinflussung des Wettbewerbs.[924]

---

918 BVerfG, Urt. v. 1.3.1979 - 1 BvR 532, 533/77, 419/78 und 1 BvL 21/78 -, BVerfGE 50, S. 290, 363; Isensee/Kirchhof-*Breuer*, HdbStaatsR VI, § 147, Rn. 61 ff.; Schmidt-Bleibtreu-*Klein*, GG, Art. 12, Rn. 6. Anzumerken bleibt allerdings, dass der Begriff der „Unternehmerfreiheit" keinen eigenen materiellen Gehalt hat; es handelt sich vielmehr um eine deskriptive Konkretisierung des Schutzbereichs der Berufsausübungsfreiheit, v. Mangoldt/Klein/Starck-*Manssen*, GG, Art. 12, Rn. 65.

919 Sachs-*Tettinger*, GG, Art. 12, Rn. 57; Isensee/Kirchhof-*Breuer*, HdbStaatsR VI, § 147, Rn. 63; Maunz/Dürig-*Scholz*, GG, Art. 12, Rn. 124; a.A. v. Mangoldt/Klein/ Starck-*Manssen*, GG, Art. 12, Rn. 66, welcher die freie Vertrags- und Preisgestaltung dem Schutzbereich des Art. 2 Abs. 1 GG zuordnen möchte.

920 Maunz/Dürig-*Scholz*, GG, Art. 12, Rn. 124.

921 BVerfG, Urt. v. 1.3.1979 - 1 BvR 532, 533/77, 419/78 und 1 BvL 21/78 -, BVerfGE 50, S. 290, 363.

922 BVerfG, Beschl. v. 23.1.1968 - 1 BvR 709/66 - BVerfGE 23, S. 50, 56; Beschl. v. 25.2.1976 - 1 BvL 26/73, 1 BvR 326/73 -, BVerfGE 41, S. 360, 370 ff.

923 Vgl. BVerfG, Beschl. v. 8.2.1972 - 1 BvR 170/71 -, BVerfGE 32, S. 311, 317; Beschl. v. 12.10.1977 - 1 BvR 217, 216/75 -, BVerfGE 46, S. 120, 137; v.Mangoldt/ Klein/Starck-*Mannsen*, GG, Art. 12, Rn. 67, 95; Pieroth/Schlink, Staatsrecht II, Rn. 814 f.; Maunz/Dürig-*Scholz*, GG, Art. 12, Rn. 136 f.; Isensee/Kirchhof-*Breuer*, HdbStaatsR VI, § 147, Rn. 63; AK-*Rittstieg*, GG, 2. Aufl., Art. 12, Rn. 85; Dreier-*Dreier*, GG, Art. 2, Rn. 24; Dreier-*Wieland*, GG, Art. 12, Rn. 61; Sachs-*Murswiek*, GG, Art. 2, Rn. 54, welcher für die wirtschaftliche Wettbewerbsfreiheit Art. 12 als *lex specialis* zu Art. 2 GG ansieht. Teilweise wird die Wettbewerbsfreiheit jedoch auch - ohne nähere Begründung - dem Schutzbereich des Art. 2 Abs. 1 GG zugeordnet, vgl. etwa BVerwG, Urt. v. 22.5.1980 - 3 C 2.80 -, BVerwGE 60, S. 154, 159; Urt. v. 23.3.1982 - 1 C 157.79 -, BVerwGE 65, S. 167, 174; *Leisner*, BB 1970, S. 410. Diese Auffassung ist jedoch zweifelhaft, da die Wettbewerbsfreiheit für die Ausübung und Nutzung der Grundrechte aus Art. 12 und Art. 14 GG eine funktionstypische Bedeutung hat; insoweit wird auch von einer funktionstypischen Annexfreiheit zu den Art. 12 und 14 GG gesprochen, Maunz/Dürig-*Scholz*, GG, Art. 12, Rn. 136.

924 Isensee-Kirchhof-*Breuer*, HdbStaatsR VI, § 147, Rn. 63; Maunz/Dürig-*Scholz*, GG, Art. 12, Rn. 137; *Leisner*, BB 1970, S. 410; *Ossenbühl*, ET 1996, S. 100.

III. Eingriff in den Schutzbereich und Belastung

Ein Eingriff in den Schutzbereich des Art. 12 Abs. 1 GG liegt dann vor, wenn Regelungen mit Berufsbezug die berufliche Betätigung ganz oder teilweise unterbinden oder sonst dafür sorgen, dass sie „nicht mehr in der gewünschten Weise ausgeübt werden kann“ [925].

Unter Zugrundelegung dieser Formel ergibt sich, dass die durch das EEG begründeten Anschluss-, Abnahme- und Vergütungspflichten aus §§ 3 Abs. 1 Satz 1, 3 Abs. 2, 11 Abs. 2 und Abs. 4 EEG in den Schutzbereich der Berufsfreiheit der jeweils verpflichteten Unternehmen eingreifen.

Grundlage der beschriebenen Normen ist ein Kontrahierungszwang, welcher regelmäßig die Netzbetreiber, im Rahmen des § 11 Abs. 4 EEG aber auch die Versorger von Letztverbrauchern, zum Ankauf von Strom aus erneuerbaren Energiequellen bzw. zum Ausgleich von Strommengen auf den nachgelagerten Ebenen verpflichtet. Diese Ankaufspflicht greift in zweifacher Weise in die Vertragsfreiheit ein, indem sie zum einen den verpflichteten Unternehmen vorschreibt, das Angebot zum Abschluss eines Einspeisungsvertrags anzunehmen, was die Abschlussfreiheit der Unternehmen beeinträchtigt.[926] Zum anderen wird aber gleichzeitig auch die Inhaltsfreiheit dadurch beeinträchtigt, dass das EEG zur Vergütung des Stroms zu den in den §§ 4 - 8 bestimmten Mindestpreisen verpflichtet. Bezogen auf den Schutzbereich des Art. 12 Abs. 1 GG liegt somit ein Eingriff in die Vertrags- und Preisfreiheit vor.

Neben diesen Eingriffen in die Vertrags- und Preisfreiheit bedeutet die Umsetzung der im EEG enthaltenen Vorschriften für die verpflichteten Unternehmen einen erheblichen Verwaltungsaufwand, dem durch den Einsatz von Personal und Betriebsmitteln nachgekommen werden muss.[927] Insoweit ist auch die vom Schutzbereich des Art. 12 Abs. 1 GG erfasste unternehmerische Dispositionsfreiheit betroffen, welche dem Unternehmer die freie wirtschaftliche Planung, die freie Entscheidung über die Personalpolitik und die freie Verfügung über die Betriebsmittel gewährleistet. Dabei kommt insbesondere auch dem Aspekt der „Indienstnahme Privater für öffentliche Aufgaben“ erhebliche Bedeutung zu. Hierunter sind Vorgänge zu verstehen, in denen der Staat in Ermangelung oder zur Schonung verwaltungseigener Mittel die persönlichen oder sachlichen Kräfte Privater kraft Gesetzes in Anspruch nimmt, um

---

925 Vgl. z.B. BVerfG, Beschl. v. 12.6.1990 - 1 BvR 355/86 -, BVerfGE 82, S. 209, 223; Jarass/Pieroth-*Jarass*, GG, Art. 12, Rn. 10.

926 Ebenso zur Rechtslage beim StrEG AG Plön, Beschl. v. 13.6.1996 - 2 C 350/96 -, NJW 1997, S. 591, 592; LG Karlsruhe, Urt. v. 10.5.1996 - 2 O 176/95 -, NJW 1997, S. 590; *Blanke/Peilert*, RdE 1999, S. 99; *Kremser*, AöR 121, S. 427; *Ossenbühl*, ET 1996, S. 97; *Ennuschat*, RdE 1996, S. 185; *Berendes*, ZUR 1997, S. 264; *Richter*, Stromeinspeisungen, S. 192 f.; *Hölzer*, Energiesektor, S. 288 f.; vgl. dagegen *Scholz*, ET 1995, S. 602, der es - ohne dies näher zu begründen - bezweifelt, dass die Schutzbereiche der Art. 12 und 14 GG überhaupt betroffen seien.

927 Vgl. zu diesem Aspekt auch *Richter*, Stromeinspeisungen, S. 193 f.

durch sie öffentliche Aufgaben erledigen zu lassen.[928] Die Zulässigkeit solcher Indienstnahmen wird allgemein anhand der Grundrechte aus Art. 12 und 14 GG gemessen[929], wobei zum Teil besondere Anforderungen an die Rechtfertigung dieser Eingriffe gestellt werden.[930]

Wie bereits dargestellt, verfolgt das EEG das Ziel, eine nachhaltige Entwicklung der Energieversorgung im Interesse des Klima- und Umweltschutzes zu ermöglichen. Dabei handelt es sich um eine öffentliche Aufgabe[931], zu deren Bewältigung sich der Staat im Rahmen des EEG auch privater Unternehmen bedient. Dieser Aspekt wird bei der Rechtfertigung des Eingriffs in den Schutzbereich des Art. 12 Abs. 1 GG besonders berücksichtigt werden müssen.

Neben den Eingriffen in die Vertrags- und Preisfreiheit sowie die unternehmerische Dispositionsfreiheit liegt zudem ein Eingriff in die von Art. 12 Abs. 1 GG geschützte Wettbewerbsfreiheit vor, da das EEG durch die Abnahme- und Vergütungspflichten die Wettbewerbsverhältnisse auf dem Strommarkt einseitig zu Lasten konventioneller Stromerzeuger verzerrt.[932] Diese werden durch die Regelungen des EEG - insbesondere durch die vorrangige Abnahmeverpflichtung der Netzbetreiber - in dem Umfang vom Markt ausgeschlossen, in welchem dem Regenerativstrom im Netz Vorrang zu gewähren ist. Soweit dabei - insbesondere im Rahmen von Subventionen - eine „einigermaßen erhebliche Beeinträchtigung des Mitbewerbers“ durch die Subvention gefordert wird[933], so kann diese bereits in dem Umstand gesehen werden, dass regelmäßig gerade konkurrierende EVU, welche durchaus auch auf dem Erzeugermarkt tätig sein können, zur Zahlung der Einspeisevergütung verpflichtet sind.

In Ansehung dieser Eingriffe in den Schutzbereich des Art. 12 Abs. 1 GG kann zudem festgestellt werden, dass sich die Intensität der mit den Abnahme- und Vergütungspflichten verbundenen Grundrechtseingriffe im Vergleich zum StrEG noch verschärft hat. So beansprucht nach der neuen Rechtslage das Vorrangprinzip Geltung, nach welchem der verpflichtete Netzbetreiber gemäß § 3 Abs. 1 Satz 1 EEG den gesamten angebotenen Strom vorrangig abzunehmen hat, was im StrEG noch nicht vorgesehen war. Folge ist, dass Netzbetreiber - wie bereits erörtert - das Begehren nach Abnahme und Vergütung von Regenerativstrom nicht mehr mit dem Argument zurückweisen können, dass ihre Netze bereits mit konventionell er-

---

928 *Ipsen*, Festschrift Kaufmann, S. 141; v. Mangoldt/Klein/Starck-*Manssen*, GG, Art. 12, Rn. 196.

929 Vgl. BVerfG, Beschl. v. 29.11.1967 - 1 BvR 175/66 -, BVerfGE 22, S. 380, 383 ff.; aus der neueren Rechtsprechung BVerfG, Beschl. v. 28.8.2000 - 1 BvR 1821/97 -, NJW 2000, S. 3635 f.

930 Vgl. hierzu v. Mangoldt/Klein/Starck-*Manssen*, GG, Art. 12, Rn. 196.

931 Siehe hierzu bereits oben S. 198 f.

932 Fraglich kann in diesem Zusammenhang allenfalls sein, ob es sich dabei lediglich um einen mittelbaren oder faktischen Eingriff handelt, welcher im Rahmen des Art. 12 Abs. 1 GG nur relevant ist, wenn er eine „objektiv berufsregelnde Tendenz“ aufweist, vgl. BVerfG, Beschl. v. 30.10.1961 - 1 BvR 833/59 -, BVerfGE 13, S. 181, 186; Urt. v. 28.1.1997 - 1 BvR 48/94 -, BVerfGE 95, S. 267, 302; Sachs-*Tettinger*, GG, Art. 12, Rn. 73; Dreier-*Wieland*, GG, Art. 12, Rn. 79. Die Voraussetzung der objektiv berufsregelnden Tendenz ist hier aber in jedem Fall gegeben, da die Beeinträchtigung der Wettbewerbsfreiheit durch eine direkt berufsbezogene Regelung hervorgerufen wird.

933 v. Mangoldt/Klein/Starck-*Manssen*, GG, Art. 12, Rn. 95.

zeugtem Strom ausgelastet seien. Vielmehr muss vorrangig der gesamte Strom aus erneuerbaren Energien eingespeist, und auf entsprechende Mengen konventionell erzeugten Stroms verzichtet werden. Hinzu kommt, dass es sich bei den Vergütungssätzen, welche sich im Rahmen des StrEG noch aus den Durchschnittserlösen aus der Stromabgabe an Letztverbraucher orientierten, nunmehr um Festpreise handelt, welche die alten Vergütungssätze zum Teil um ein Mehrfaches übersteigen. Insofern liegt auch die im Rahmen des Eingriffs in den Schutzbereich des Art. 12 Abs. 1 GG erforderliche Belastungswirkung der betreffenden Maßnahme[934] - hier der Abnahme- und Vergütungspflichten - vor.

IV. Verfassungsrechtliche Rechtfertigung des Eingriffs

Für die Rechtfertigung von Eingriffen in den Schutzbereich des Art. 12 Abs. 1 GG ist erforderlich, dass diese durch Gesetz oder aufgrund eines Gesetzes erfolgen und darüber hinaus kein Verstoß gegen den Verhältnismäßigkeitsgrundsatz vorliegt. Dabei bedarf der Gesetzesvorbehalt des Art. 12 Abs. 1 Satz 2 GG[935] keiner ausführlichen Erörterung. Das EEG wurde vom Bund unter Inanspruchnahme der Kompetenz aus Art. 74 Abs. 1 Nr. 11 GG erlassen, wobei im Übrigen an der formellen Rechtmäßigkeit des EEG hinsichtlich Verfahren und Form keine Zweifel bestehen.

Bedeutung kommt hingegen der Prüfung der materiellen Rechtmäßigkeit des EEG und in diesem Zusammenhang der Beachtung des Verhältnismäßigkeitsgrundsatzes im Hinblick auf die sogleich zu erörternde Rechtsprechung des BVerfG zu.

1. Die „Stufenlehre"

Zur Konkretisierung der Verhältnismäßigkeitsprüfung im Rahmen des Art. 12 Abs. 1 GG wurde vom BVerfG im „Apothekenurteil"[936] die so genannte „Stufenlehre" entwickelt, welche zwischen möglichen Beeinträchtigungen der Berufsfreiheit differenziert und dabei - abgestuft nach der jeweiligen Intensität des Eingriffs - unterschiedlich hohe Anforderungen an die Rechtfertigung stellt. Unterschieden werden dabei Berufsausübungsregelungen auf der ersten,

---

934 Vgl. zu diesem Aspekt in Bezug auf das StrEG *Ossenbühl*, RdE 1997, S. 48 f.

935 Es sei an dieser Stelle lediglich erwähnt, dass sich der Gesetzesvorbehalt des Art. 12 Abs. 1 Satz 2 GG seinem Wortlaut nach zwar nur auf Berufsausübungsregelungen bezieht, nach allgemeiner Auffassung aber auch für Berufswahlregelungen Geltung beansprucht. Grundlegend hierfür war das „Apothekenurteil" des BVerfG, in welchem die Freiheit der Berufswahl und die Freiheit der Berufsausübung zu einem einheitlichen Grundrecht „zusammengezogen" und dieses Grundrecht insgesamt dem Gesetzesvorbehalt des Art. 12 Abs. 1 Satz 2 GG unterstellt wurde, vgl. BVerfG, Urt. v. 11.6.1958 - 1 BvR 59/56 -, BVerfGE 7, S. 377 ff.

936 BVerfG, Urt. v. 11.6.1958 - 1 BvR 59/56 -, BVerfGE 7, S. 377 ff.

subjektive Zulassungsvoraussetzungen auf der zweiten und objektive Zulassungsvoraussetzungen auf der dritten Stufe.[937]

Nach dieser Rechtsprechung ist die Berufs*ausübung* beschränkbar, „soweit vernünftige Erwägungen des Allgemeinwohls es zweckmäßig erscheinen lassen." Bezüglich der Freiheit der Berufs*wahl* ist zwischen subjektiven und objektiven Zulassungsbedingungen zu unterscheiden. Soweit es sich um subjektive Zulassungsbedingungen - also um Bedingungen, die an persönliche Eigenschaften, Kenntnisse und Fähigkeiten des Berufsbewerbers anknüpfen - handelt, sind diese „zum Schutz besonders wichtiger Gemeinwohlgüter" rechtfertigbar. Dagegen sind Einschränkungen der Berufswahl durch objektive Zulassungsbedingungen nur möglich, wenn „nachweisbare oder höchstwahrscheinliche schwere Gefahren für ein überragend wichtiges Gemeinschaftsgut diesen Eingriff legitimieren können."[938]

Die Dreistufenlehre ist allerdings lediglich als eine Art grobkörnige „Vorsortierung" mit prinzipiellen Aussagen zu verstehen[939], da das BVerfG in einem zweiten Schritt auf jeder Stufe strikt den Verhältnismäßigkeitsgrundsatz anwendet.[940]

2. Die Einordnung der Abnahme- und Vergütungspflichten in die Systematik der Stufenlehre

Für die vorliegende Untersuchung ist es nach dem bisher Gesagten zunächst erforderlich, die im EEG niedergelegten Abnahme- und Vergütungspflichten in die Systematik der Stufenlehre einzuordnen.

Dabei kann stellen die Abnahme- und Vergütungspflichten keine Berufswahlregelungen darstellen, da sie den rechtlich freien Zugang zum Beruf nicht beeinträchtigen oder beschränken. Die Abnahme- und Vergütungspflichten stellen lediglich Bedingungen oder Modalitäten dar, unter bzw. in denen sich die berufliche Tätigkeit vollzieht; es handelt sich also um Regelungen, die das „Wie" der Berufsausübung zum Gegenstand haben und damit grundsätzlich als Berufsausübungsregelungen einzuordnen sind.[941]

---

937 Vgl. hierzu den Überblick bei Sachs-*Tettinger*, GG, Art. 12, Rn. 100 ff.; Jarass/Pieroth-*Jarass*, GG, Art. 12, Rn. 23 ff.

938 BVerfG, Urt. v. 11.6.1958 - 1 BvR 59/56 -, BVerfGE 7, S. 377, 405 ff.

939 *Schwerdtfeger*, Öffentliches Recht, Rn. 535.

940 Vgl. etwa BVerfG, Beschl. v. 16.3.1971 - 1 BvR 52, 665, 667, 754/66 -, BVerfGE 30, S. 292, 316; 80, S. 1, 29; 87, S. 287, 321; hierzu Sachs-*Tettinger*, GG, Art. 12, Rn. 114; Jarass/Pieroth-*Jarass*, GG, Art. 12, Rn. 27 ff.

941 Vgl. ebenso zur Rechtslage beim StrEG: BGH, Urt. v. 22.10.1996 - KZR 19/95 -, NJW 1997, S. 574, 577; AG Plön, Beschl. v. 13.6.1996 - 2 C 350/96 -, NJW 1997, S. 591, 592; *Ossenbühl*, RdE 1997, S. 49; *Friauf*, ET 1995, S. 599; *Blanke/Peilert*, RdE 1999, S. 99; *Koch/Schütte*, ZNER 1/1998, S. 9; *Pohlmann*, Rechtsprobleme, S. 125 f.; *Kremser*, AöR 121, S. 427; *Richter*, Stromeinspeisungen, S. 197 ff.; *Ennuschat*, RdE 1996, S. 185; *Studenroth*, DVBl. 1995, S. 1221; *Berendes*, ZUR 1997, S. 264; *Mengers*, ZNER 4/1998, S. 31; zum EEG *Brandt/Reshöft/Steiner*, EEG, Einleitung, Rn. 53.

Allerdings ist anerkannt, dass Berufsausübungsregelungen durch ihre wirtschaftlichen Auswirkungen einer Zulassungsbeschränkung nahe kommen und damit zugleich die Berufswahlfreiheit beeinträchtigen können.[942] Jedoch ist die Schwelle zu einer Berufswahlregelung erst dann erreicht, wenn die Berufsausübungsregelung existenzbedrohende Ausmaße erreicht.[943] Dies ist in Bezug auf das EEG indes nicht der Fall.[944] Zwar ist - wie bereits erwähnt - ein teilweise erheblicher Anstieg der Vergütungssätze für den Regenerativstrom zu verzeichnen. Insbesondere aber die Einführung des bundesweiten Belastungsausgleichs dürfte die vormals wirtschaftlich besonders stark betroffenen EVU in der norddeutschen Küstenregion spürbar entlasten.

Die im EEG geregelten Abnahme- und Vergütungspflichten sind demnach „lediglich" als Berufsausübungsregelungen einzuordnen, welche gerechtfertigt sind, wenn vernünftige Erwägungen des Allgemeinwohls dies zweckmäßig erscheinen lassen und darüber hinaus der Grundsatz der Verhältnismäßigkeit gewahrt ist.

3. Legitimer Zweck und vernünftige Erwägungen des Allgemeinwohls

Die Rechtfertigung einer Berufsausübungsregelung erfordert zunächst, dass mit der Regelung ein legitimer, gemeinwohlorientierter Zweck verfolgt wird.[945] Zu beachten ist dabei, dass der Gesetzgeber bei der Auswahl der von ihm verfolgten Ziele - insbesondere auf den Gebieten der Arbeits-, Sozial- und Wirtschaftspolitik[946] - über einen weitreichenden Gestaltungsspielraum verfügt.[947]

§ 1 EEG bestimmt als Ziel des Gesetzes die Ermöglichung einer nachhaltigen Entwicklung der Energieversorgung im Interesse des Klima- und Umweltschutzes. Das Konzept der nachhaltigen Energieversorgung beinhaltet auch eine schonende Bewirtschaftung der endlichen Ressourcen.[948] Im Hinblick auf die eingangs erörterten Auswirkungen konventioneller Stromerzeugung auf die Klimaentwicklung durch den Eintrag insbesondere von CO_2 in die Atmo-

---

942 Vgl. BVerfG, Beschl. v. 30.10.1961 - 1 BvR 833/59 -, BVerfGE 13, S. 181, 187; Urt. v. 22.5.1963 - 1 BvR 78/56 -, BVerfGE 16, S. 147, 163 ff.; Beschl. v. 16.3.1971 - 1 BvR 52, 665, 667, 754/66 -, BVerfGE 30, S. 292, 313 f.; zu diesem Aspekt *Mutzbauer*, Hoheitliche Gestaltung privatrechtlich vereinbarter Preise, S. 104 ff.; *Pohlmann*, Rechtsprobleme, S. 126; *Richter*, Stromeinspeisungen, S. 198 f.

943 *Ossenbühl*, RdE 1997, S. 49.

944 Vgl. zur Frage der Existenzbedrohung durch die im EEG geregelten Pflichten auch die Ausführungen zu Art. 14 Abs. 1 GG, unten S. 263 ff.

945 Vgl. BVerfG, Urt. v. 11.6.1958 - 1 BvR 596/56 -, BVerfGE 7, S. 377, 400 ff.; Beschl. v. 17.7.1961 - 1 BvL 44/55 -, BVerfGE 13, S. 97, 107; Beschl. v. 16.3.1971 - 1 BvR 52, 665, 667, 754/66 -, BVerfGE 30, S. 292, 316; *Ipsen*, JuS 1990, S. 636; *Pieroth/Schlink*, Staatsrecht II, Rn. 847.

946 Vgl. BVerfG, Beschl. v. 25.10.1977 - 1 BvR 173/75 -, BVerfGE 46, S. 246, 257; Beschl. v. 22.5.1979 - 1 BvL 9/75 -, BVerfGE 51, S. 193, 208; Urt. v. 23.1.1990 - 1 BvL 44/86 und 48/87 -, BVerfGE 81, S. 156, 189.

947 Vgl. *Tettinger*, AöR 108, S. 119; Dreier-*Wieland*, GG, Art. 12, Rn. 113; Isensee/Kirchhof-*Breuer*, HdbStaatsR VI, § 148, Rn. 14 ff.; AK-*Rittstieg*, GG, 2.Aufl., Art. 12, Rn. 80.

948 Hierzu oben, S. 33.

sphäre sind diese Ziele des Gesetzgebers im Hinblick auf ihre Legitimität nicht zu beanstanden, zumal Art. 20a GG den Schutz der natürlichen Lebensgrundlagen als Staatsziel normiert. Hiervon ist auch eine nachhaltige Ressourcenbewirtschaftung der vorhandenen Bodenschätze umfasst, damit künftige Generationen diese noch nutzen können.[949] Insbesondere ist das im Rahmen des Art. 20a GG geltende Sparsamkeitsprinzip von Bedeutung, wonach mit Bodenschätzen (hiervon sind insbesondere auch die fossilen Energieträger umfasst) sparsam umzugehen ist, was besonders dann gelten muss, wenn diese Rohstoffe absehbar zu Ende gehen.[950] Hieraus ergibt sich gleichzeitig, dass die Förderung erneuerbarer Energiequellen im Interesse von Klima- und Umweltschutz nicht allein Interessen einzelner Personen oder Gruppen, sondern dem Interesse der Allgemeinheit dient.[951] Die Verpflichtung zur Abnahme- und Vergütung des Regenerativstroms erscheint im Hinblick auf diese Zielsetzung auch zweckmäßig, da sie den Betreibern von Anlagen zur Erzeugung von Strom aus erneuerbaren Energiequellen Investitionssicherheit gewährt[952] und damit einen Anreiz zur Errichtung neuer Regenerativstromanlagen bietet. Demgegenüber muss sich der Gesetzgeber mit Blick auf seinen weitreichenden Gestaltungsspielraum nicht darauf verlassen, dass dieses Ziel auch von den EVU oder durch einen wachsenden Nachfragemarkt für Strom aus erneuerbaren Energiequellen seitens der Stromverbraucher selbständig erreicht werden kann.[953]

Festzuhalten bleibt, dass die im EEG normierten Abnahme- und Vergütungspflichten ein legitimes und am Allgemeinwohl orientiertes Interesse des Gesetzgebers verfolgen und im Hinblick auf dieses Ziel auch zweckmäßig erscheinen.

4. Verhältnismäßigkeit

Die im EEG geregelten Abnahme- und Vergütungspflichten müssten dem Grundsatz der Verhältnismäßigkeit entsprechen, also zur Erreichung des angestrebten Ziels geeignet, erforderlich und angemessen sein.[954]

Dabei ist im Rahmen der Untersuchung zu beachten, dass das EEG im Gegensatz zum StrEG nicht nur eine Abnahme- und Vergütungspflicht, sondern eine Kette mehrerer Abnahme- und

949 Sachs-*Murswiek*, GG, Art. 20a, Rn. 38; Jarass/Pieroth-*Jarass*, GG, Art. 20a, Rn. 7; zum Umfang der staatlichen Schutzpflichten gegenüber künftigen Generationen insbesondere unter Berücksichtigung des Art. 20a GG *von Bubnoff*, Schutz der künftigen Generationen, S. 52 ff.

950 Dreier-*Schulze-Fielitz*, GG, Art. 20a, Rn. 36; kritisch *Wolf*, KritV 1997, S. 287, der eine Erweiterung des Schutzes der Naturgüter auf einen allgemeinen Ressourcenschutz ablehnt, da dies die Trennungslinie von Ressourcenökologie und Ressourcenökonomie verflüssigen würde.

951 Vgl. zum StrEG *Richter*, Stromeinspeisungen, S. 200 f.

952 Zum Aspekt der Investitionssicherheit *Bönning*, ZNER 4/2000, S. 268 ff.

953 *Richter*, Stromeinspeisungen, S. 202.

954 Vgl. Jarass/Pieroth-*Jarass*, GG, Art. 20, Rn. 84 ff.; Sachs-*Sachs*, GG, Art. 20, Rn. 149 ff.; Dreier-*Schultze-Fielitz*, GG, Art. 20, Rn. 170 ff.; zur Verhältnismäßigkeit im Rahmen der Berufsfreiheit allgemein BVerfG, Beschl. v. 14.3.1989 - 1 BvR 1033/82 und 174/84 -, BVerfGE 80, S. 1, 24; Beschl. v. 22.5.1996 - 1 BvR 744/88, 60/89, 1519/9 -, BVerfGE 94, S. 372, 389 f.

Vergütungspflichten beinhaltet. Die verschiedenen Pflichten - geregelt in den §§ 3 Abs. 1 Satz 1, 3 Abs. 2, 11 Abs. 2 EEG jeweils i.V.m. den §§ 4 - 8 EEG und § 11 Abs. 4 EEG - dienen zwar alle dem gemeinsamen, in § 1 EEG festgeschriebenen Gesetzesziel des Klima- und Umweltschutzes, erfüllen innerhalb der Systematik des EEG jedoch durchaus verschiedene Zwecke und sind mit Belastungen unterschiedlicher Intensität verbunden. So wurde bereits festgestellt, dass die Abnahme- und Vergütungspflicht aus § 3 Abs. 1 Satz 1 EEG i.V.m. §§ 4 - 8 EEG, also das erste Glied in der Kette, den eigentlichen Kernbereich des EEG darstellt, da nur auf dieser Stufe ein Anreiz zur Investition in Anlagen zur Erzeugung von Regenerativstrom geschaffen wird. Die durch die Zahlung der Vergütung entstandenen Kosten können dabei im Rahmen des Belastungsausgleichs auf die nachgelagerten Stufen weitergewälzt werden. Dies dient primär der gerechten Verteilung der auf der ersten Stufe entstandenen Belastungen. Es erscheint infolge dessen angezeigt, bei der weiteren Prüfung zwischen der Abnahme- und Vergütungspflicht aus § 3 Abs. 1 Satz 1 i.V.m. §§ 4 - 8 EEG und den nachgelagerten Abnahmepflichten aus §§ 3 Abs. 2, 11 Abs. 2 EEG jeweils i.V.m. §§ 4 - 8 EEG und § 11 Abs. 4 EEG zu differenzieren.

a. Verhältnismäßigkeit der Abnahme- und Vergütungspflicht aus § 3 Abs. 1 Satz 1 i.V.m. §§ 4 - 8 EEG

aa. Geeignetheit

Der mit der Abnahme- und Vergütungspflicht aus § 3 Abs. 1 Satz 1 EEG i.V.m. §§ 4 - 8 EEG verbundene Eingriff in die Berufsfreiheit müsste zur Erreichung des angestrebten Zieles geeignet sein. Ein Mittel ist dann geeignet, wenn mit seiner Hilfe der angestrebte Zweck zumindest gefördert werden kann.[955]

Der bereits mehrfach erörterte Zweck des EEG - Ermöglichung einer nachhaltigen Entwicklung der Energieversorgung im Interesse des Klima- und Umweltschutzes - ist dabei nur einer der zu beachtenden Aspekte. Von Bedeutung ist darüber hinaus, dass § 1 EEG sich nicht nur auf diese allgemein gehaltene Zielvorgabe beschränkt, sondern auch einen mengenmäßigen Rahmen vorgibt. So soll entsprechend den Zielen der Europäischen Union und der Bundesrepublik Deutschland der Anteil erneuerbarer Energien am gesamten Energieverbrauch bis zum Jahr 2010 mindestens verdoppelt werden.

Es ist im Rahmen der Geeignetheitsprüfung also festzustellen, ob die in Rede stehende Abnahme- und Vergütungspflicht diesen angestrebten Zweck zumindest fördert. Dabei kann zumindest von der grundsätzlichen Zwecktauglichkeit des Systems der garantierten Einspeise-

955 Vgl. BVerfG, Beschl. v. 16.3.1971 - 1 BvR 52, 665, 667, 754/66 -, BVerfGE 30, S. 292, 316; Beschl. v. 10.5.1972 - 1 BvR 286, 293, 295/65 -, BVerfGE 33, S. 171, 187; Dreier-*Schultze-Fielitz*, GG, Art. 20, Rn. 170; Jarass/Pieroth-*Jarass*, GG, Art. 20, Rn. 84; *Grabitz*, AöR 98, S. 571 ff.

vergütung zur Förderung der Stromerzeugung aus erneuerbaren Energiequellen ausgegangen werden, welches sich bereits im Rahmen des StrEG bewährt und zu einem deutlichen Anstieg des Anteils erneuerbarer Energien an der Stromerzeugung geführt hat. So ist die Stromerzeugung aus Wasserkraft, Müll, Biomasse, Wind und Sonne im Jahr 1999 auf 29 Milliarden kWh angestiegen, was im Vergleich zum Vorjahr eine Steigerung um etwa 15 % bedeutet.[956] Die Zahl der Regenerativkraftwerke der Stromversorger hat sich im Zeitraum von 1998 bis 1999 um etwa 20 % gesteigert.[957] Zur Entwicklung der Stromerzeugung aus erneuerbaren Energiequellen unter der Geltung des EEG sind derzeit noch keine Zahlen verfügbar; es kann jedoch aufgrund der ähnlichen Wirkungsweise und der im Vergleich zum StrEG regelmäßig höheren Einspeisevergütung mindestens von einer vergleichbaren Entwicklung ausgegangen werden.[958]

Die Geeignetheit der Abnahme- und Vergütungspflicht kann auch nicht in Bezug auf das mengenmäßige Ziel - Verdopplung des Anteils erneuerbarer Energien am gesamten Energieverbrauch bis zum Jahr 2010 - in Frage gestellt werden. Denn zumindest ist das System der garantierten Einspeisevergütung dazu geeignet diesen Zweck zu fördern; der Frage, ob es dagegen tatsächlich den erwünschten Anteil erneuerbarer Energien bis zum Jahr 2010 herbeiführt, kommt im Rahmen der Geeignetheitsprüfung keine Bedeutung zu. Anerkanntermaßen hat der Gesetzgeber im Rahmen der Einschätzung, ob ein Mittel zur Erreichung eines bestimmten Zieles geeignet ist, einen erheblichen Gestaltungsspielraum.[959] Dementsprechend prüft das BVerfG lediglich, ob die Erwägungen des Gesetzgebers so offensichtlich fehlsam sind, dass sie vernünftigerweise keine Grundlage für gesetzgeberische Maßnahmen abgeben können.[960] Maßgeblich ist die Frage, „ob der Gesetzgeber aus seiner Sicht davon ausgehen durfte, dass die Maßnahmen zur Erreichung des gesetzten Zieles geeignet waren, ob also seine Prognose bei der Beurteilung wirtschaftspolitischer Zusammenhänge sachgerecht und vertretbar war."[961]

Eine offensichtliche Fehleinschätzung bezüglich der Geeignetheit der Abnahme- und Vergütungspflicht lässt sich jedoch insbesondere mit Blick auf die positive Entwicklung erneuerbarer Energien unter der Geltung des StrEG nicht nachweisen. Die in § 3 Abs. 1 Satz 1 EEG

---

956 Quellen: Statistisches Bundesamt, VDEW, Kommunalwirtschaft 2000, S. 682.

957 Ebenda.

958 Dieser Entwicklung sind freilich - wie *Breuer*, Anlagensicherheit und Umweltschutz, S. 938 ff. zutreffend hervorhebt - auch Grenzen gesetzt, was sich insbesondere im steigenden Flächenverbrauch der Windkraftnutzung zeigt. Dass das EEG aber die angestrebte Verdopplung des regenerativ erzeugten Stromanteils am Energieverbrauch zumindest fördert, wird sich kaum bestreiten lassen.

959 Vgl. BVerfG, Beschl. v. 16.3.1971 - 1 BvR 52, 665, 667, 754/66 -, BVerfGE 77, S. 84, 106; Dreier-*Schultze-Fielitz*, GG, Art. 20, Rn. 170; Sachs-*Sachs*, GG, Art. 20, Rn. 151; Jarass/Pieroth-*Jarass*, GG, Art. 20, Rn. 87.

960 BVerfG, Beschl. v. 16.3.1971 - 1 BvR 52, 665, 667, 754/66 -, BVerfGE 77, S. 84, 106.

961 BVerfG, Beschl. v. 9.3.1971 - 2 BvR 326, 327, 341, 342, 343, 344, 345/69 -, BVerfGE 30, S. 250, 263.

i.V.m. §§ 4 - 8 EEG enthaltene Abnahme- und Vergütungspflicht ist somit hinsichtlich des angestrebten Zieles geeignet.

bb. Erforderlichkeit

Die in § 3 Abs. 1 Satz 1 EEG enthaltene Abnahme- und Vergütungspflicht müsste darüber hinaus auch erforderlich sein. Eine Maßnahme ist dann erforderlich, wenn der Gesetzgeber nicht ein anderes, gleich wirksames, aber das Grundrecht nicht oder durch weniger fühlbar einschränkendes Mittel hätte wählen können[962]; insofern wird auch vom Prinzip der Wahl des mildesten Mittels gesprochen.[963]

Als Alternativen zur garantierten Einspeisevergütung kommen insbesondere die Einführung einer Steuer oder einer Sonderabgabe, die Abgabe von Selbstverpflichtungen oder die Einführung anderer Fördermodelle, so beispielsweise eines Quoten- oder Bonusmodells für erneuerbare Energien in Betracht.

(a) Einführung einer Steuer oder einer Sonderabgabe

In der Literatur zum EEG wurde von *Dederer/Schneller*[964] vorgebracht, dass eine steuerfinanzierte Förderung der Stromerzeugung aus erneuerbaren Energiequellen durch die öffentliche Hand ein mildereres, aber ebenso taugliches Mittel wie eine garantierte Einspeisevergütung darstellen würde. Durch eine steuerfinanzierte Lösung werde die finanzielle Sonderbelastung der Gruppe der abnahme- und vergütungspflichtigen Letztkunden-Lieferanten vermieden; sie lasse darüber hinaus bei gleicher Förderungshöhe die gleiche Effektivität, d.h. einen entsprechenden Ausbauerfolg erwarten.[965] Dass ein Einspeisemodell gegenüber einer Steuerregelung den staatlichen Verwaltungsaufwand vermeidet, vermag nach Auffassung von *Dederer/ Schneller*[966] hingegen nicht die Erforderlichkeit des Grundrechtseingriffs zu begründen, da die Vermeidung von Verwaltungskosten allein kein ausreichender Grund für Eingriffe in grundrechtlich geschützte Freiheiten sei.

Diese Ansicht verkennt jedoch den Zweck der vorrangigen Abnahme- und Vergütungspflicht des EEG, welcher - auf lange Sicht - gerade darin besteht, konventionellen Strom weitgehend aus den Stromnetzen zu verdrängen und durch Strom aus erneuerbaren Energien zu substituieren. Dies könnte aber allein durch eine steuerfinanzierte Subvention erneuerbarer Energien

962 BVerfG, Beschl. v. 16.1.1980 - 1 BvR 249/79 -, BVerfGE 53, S. 135, 145 f.; Beschl. v. 26.4.1995 - 1 BvL 19/94 und 1 BvR 1454/94 -, BVerfGE 92, S. 262, 273; vgl. auch Dreier-*Wieland*, GG, Art. 12, Rn. 103; Sachs-*Sachs*, GG, Art. 20, Rn. 152.

963 Maunz/Dürig-*Herzog*, GG, Art. 20, II. Abschn., VII, Rn. 75.

964 *Dederer/Schneller*, RdE 2000, S. 217.

965 *Dederer/Schneller*, RdE 2000, S. 217 f.

966 *Dederer/Schneller*, RdE 2000, S. 218, Fn. 46 unter Berufung auf BVerfG, Beschl. v. 25.3.1992 - 1 BvR 298/86 -, BVerfGE 86, S. 28, 44.

ohne die Pflicht zur vorrangigen Abnahme des Regenerativstroms nicht erreicht werden. Steuerfinanzierte Subventionen vermögen zwar unter Umständen auch einen Zubau von Regenerativstromanlagen hervorzurufen. Ohne eine garantierte und vorrangige Abnahme- und Vergütungspflicht wäre dieses Mittel aber nicht in gleicher Weise zur Erreichung des Ziels geeignet. Die pauschale Behauptung, dass eine steuerfinanzierte Lösung bei gleicher Effektivität einen geringeren Grundrechtseingriff darstelle, ist demnach unzutreffend.

Als gleich geeignet wäre allenfalls die Möglichkeit in Betracht zu ziehen, eine gesetzliche Pflicht zur vorrangigen Abnahme des Stroms aus erneuerbaren Energien *ohne* die Pflicht zur Zahlung einer Einspeisevergütung, welche die vermiedenen Kosten übersteigt, zu begründen und statt dessen den Betreibern von Regenerativstromerzeugungsanlagen einen steuerfinanzierten Zuschuss zu gewähren. Allerdings muss die Schlussfolgerung, dass sich aus einer solchen Lösung die Konsequenz ergibt, dass das Modell der garantierten Einspeisevergütung nicht erforderlich und damit unverhältnismäßig sei, dogmatisch zweifelhaft erscheinen. Denn eine solche Sichtweise verkennt den weiten Gestaltungsspielraum des Gesetzgebers, der diesem auch bei der Beurteilung der Frage zusteht, ob eine Maßnahme erforderlich ist oder nicht.[967] Die dargestellte Alternative einer steuerfinanzierten Förderung der Stromerzeugung aus erneuerbaren Energien würde nämlich zwar nicht notwendigerweise die Gruppe der EVU, aber jedenfalls den Steuerschuldner verpflichten und wiederum in dessen Grundrechte eingreifen. Den Gesetzgeber trifft jedoch nicht die Pflicht, von der Belastung einer bestimmten Gruppe abzusehen, wenn die Belastung auf dem Weg über den öffentlichen Haushalt auch der Allgemeinheit oder einer zu bestimmenden Gruppe von Steuerschuldnern auferlegt werden kann.[968] Denn der Grundsatz der Erforderlichkeit gebietet auch, dass das mildere Mittel Dritte und die Allgemeinheit nicht stärker belastet und nicht zu einer unangemessen höheren finanziellen Belastung des Staates führt.[969] Die Möglichkeit der Belastung anderer ist demnach nicht als milderes Mittel anzusehen.[970]

967 BVerfG, Beschl. v. 16.3.1971 - 1 BvR 52, 665, 667, 754/66 -, BVerfGE 77, S. 84, 106.

968 Vgl. BGH, Urt. v. 22.10.1996 - KZR 19/95 -, NJW 1997, S. 574, 578.

969 Vgl. BVerfG, Beschl. v. 14.11.1989 - 1 BvL 14/85, 1 BvR 1276/84 -, BVerfGE 81, S. 70, 91 f.; Beschl. v. 16.3.1971 - 1 BvR 52, 665, 667, 754/66 -, BVerfGE 77, S. 84, 110 f.; Jarass/Pieroth-*Jarass*, GG, Art. 20, Rn. 85.

970 Vgl. BVerfG, Beschl. v. 16.3.1971 - 1 BvR 52, 665, 667, 754/66 -, BVerfGE 30, S. 292, 319; Beschl. v. 16.3.1971 - 1 BvR 52, 665, 667, 754/66 -, BVerfGE 77, S. 84, 110 f.; Beschl. v. 14.11.1989 - 1 BvL 14/85, 1 BvR 1276/84 -, BVerfGE 81, S. 70, 91; BGH, Urt. v. 22.10.1996 - KZR 19/95 -, NJW 1997, S. 574, 578; *Pohlmann*, Rechtsprobleme, S. 129 f.; *Studenroth*, DVBl. 1995, S. 1221; ähnlich *Koch/Schütte*, ZNER 1/1998, S. 9; *Hölzer*, Energiesektor, S. 290 f.; *Richter*, Stromeinspeisungen, S. 206, welche zu Recht einwenden, dass die Forderung nach einer alternativen Finanzierung einer individuellen Belastung über ein staatliches Subventions- oder Finanzierungsprogramm nahezu bei allen finanziell belastenden Berufsausübungsregelungen pauschal erhoben werden könnte.

In ähnlicher Weise wäre auch die Möglichkeit zu bewerten, die Förderung Stromerzeugung aus erneuerbaren Energiequellen durch die Einführung einer Sonderabgabe zu finanzieren. Denn unter Zugrundelegung der vom BVerfG aufgestellten Rechtmäßigkeitsvoraussetzungen für Sonderabgaben wäre es erforderlich, dass diese von einer vorgefundenen homogenen Gruppe erhoben werden würde, welche durch eine vorgegebene Interessenlage oder durch besondere gemeinsame Gegebenheiten von der Allgemeinheit und anderen Gruppen abgrenzbar ist. Soweit hierdurch - wie im Rahmen des EEG - zunächst die Gruppe der Netzbetreiber in die Pflicht genommen würden, könnte kaum von einem milderen Mittel gesprochen werden. Bei der Belastung einer anderen Gruppe würde aber auch wieder allenfalls eine Verschiebung der Belastungswirkung eintreten, was für sich betrachtet nicht als milderes Mittel angesehen werden kann.[971]

(b) Freiwillige Selbstverpflichtungen

Freiwillige Selbstverpflichtungen sind in neuerer Zeit ein beliebtes Mittel zur Erreichung energiepolitischer Ziele geworden.[972] Aktuelles Beispiel hierfür ist die „Vereinbarung zwischen der Regierung der Bundesrepublik Deutschland und der deutschen Wirtschaft zur Minderung der CO_2-Emissionen und der Förderung der Kraft-Wärme-Kopplung in Ergänzung zur Klimavereinbarung vom 9.11.2000“[973], welche neben der gesetzlichen Regelung des KWKG zweites Standbein der künftigen Förderung der Stromerzeugung in KWK in Deutschland sein soll.

In der Literatur werden die Vorteile freiwilliger Selbstverpflichtungen gegenüber staatlichen Regelungen immer wieder besonders hervorgehoben. So lasse sich eine dauerhafte Verhaltensänderung von Wirtschaftssubjekten erst dann erzielen, wenn diese konstant und aus eigenem Antrieb heraus ihre Verhaltensweisen modifizieren, also aus Überzeugung handeln, und sei es auch nur, weil ein Abweichen mit sozialer Missachtung bestraft wird.[974] Insbesondere auf Gemeinschaftsebene wird ein aktives Mitwirken der Wirtschaft als bevorzugtes Mittel angesehen, um auf ordnungsrechtliche Eingriffe verzichten zu können[975], was nach Auffas-

971 Im Ergebnis ebenso *Richter*, Stromeinspeisungen, S. 206 f.

972 Vgl. nur den Überblick bei *Baur*, Festschrift v. Gamm, S. 526 ff.; *Rupp*, Umweltvereinbarungen, S. 51 ff.

973 Beteiligt waren die Verbände BDI, VDEW, DVG, VKU, BGW und VIK. Vgl. auch BT-Drs. 14/7024, S. 9.

974 *Dickertmann/Gelbhaar*, ZfU 1995, S. 355 f.; vgl. auch *Frenz*, DVBl. 2001, S. 678. Diese etwas romantische Vorstellung verkennt allerdings, dass „freiwillige“ Selbstverpflichtungen regelmäßig entweder durch politischen Druck oder - insofern aus eigener Überzeugung - zur präventiven Abwendung ordnungsrechtlicher Maßnahmen vorgenommen werden. Zu Recht hebt *Baur*, Festschrift v. Gamm, S. 527, hervor, dass die kooperative Wirtschaftslenkung erheblich durch die Dominanz des Staates geprägt ist. Zu den Schwächen von Selbstverpflichtungen vgl. insbesondere auch *Hoffmann-Riem*, Die Verwaltung 1995, S. 411 f.; *Rupp*, Umweltvereinbarungen, S. 55.

975 Vgl. hierzu *Richter*, Stromeinspeisungen, S. 208 f. und die Nachweise unter Fn. 843; *Frenz*, DVBl. 2001, S. 677 ff.

sung von *Frenz*[976] - bezogen auf die Förderung der Kraft-Wärme-Kopplung - die Erforderlichkeit einer Quotenregelung zweifelhaft erscheinen lasse.
Die Übertragbarkeit einer solchen Sichtweise auf die Erforderlichkeit im Rahmen der Verfassungsmäßigkeit einer garantierten Einspeisevergütung zur Förderung erneuerbarer Energien erscheint indes zweifelhaft. Dies ergibt sich bereits aus der grundsätzlichen Überlegung, dass es sich bei freiwilligen Selbstverpflichtungen gerade nicht um staatliche Maßnahmen, sondern um Maßnahmen von Privatrechtssubjekten handelt. Hat sich der Gesetzgeber aber dazu entschlossen, ein bestimmtes Ziel durch den Erlass eines Gesetzes zu fördern, kann dem nicht entgegengehalten werden, dass eine freiwillige Selbstverpflichtungsmaßnahme - abgesehen von der überaus fraglichen gleichen Eignung - ein milderes Mittel darstellen würde. Denn damit wäre der Gestaltungsspielraum, welcher dem Gesetzgeber freilich auch die Entscheidung darüber zubilligt, ob er überhaupt gesetzgeberisch tätig werden will, gänzlich ausgehebelt.
Darüber hinaus ist zweifelhaft, ob freiwillige Selbstverpflichtungsmaßnahmen eine annähernd gleiche Eignung zur Förderung erneuerbarer Energien aufweisen würden, wie die im EEG niedergelegte garantierte Einspeisevergütung. Einerseits haben verbandseigene Kompetenzen nicht die Reichweite, die einzelnen Verbands*mitglieder* rechtlich zu verpflichten, was die Durchsetzbarkeit solcher Maßnahmen erheblich schwächen kann.[977] Andererseits ist es schwer vorstellbar, dass die beteiligten Wirtschaftskreise im Rahmen von Selbstverpflichtungserklärungen mehr versprechen würden, als mit den eigenen Nutzenkalkülen vereinbar ist.[978]
Freiwillige Selbstverpflichtungsmaßnahmen kommen somit im Vergleich zur garantierten Einspeisevergütung als gleich geeignetes und milderes Mittel nicht in Betracht.

(c) Einführung eines Quotenmodells

In Deutschland hat das Fördermittel „Quote“ in jüngster Zeit verstärkt Anhänger gefunden.[979] Dies galt insbesondere für den Bereich der KWK, in dem das KWKG nach dem Bekunden der Bundestagsfraktionen SPD und BÜNDNIS 90/DIE GRÜNEN durch ein KWK-Ausbaugesetz mit einer Quotenregelung und freiem Zertifikatshandel abgelöst werden sollte.[980]

---

976 *Frenz*, DVBl. 2001, S. 679.

977 Zur Problematik der fehlenden rechtlichen Bindungswirkung vgl. *Frenz*, NuR 2001, S. 306; *Hölzer*, Energiesektor, S. 290.

978 Vgl. *Hoffmann-Riem*, Die Verwaltung, 1995, S. 444.

979 Vgl. *Traube/Riedel*, ZNER 2/1998, S. 25 ff.; *Menges*, ET 1998, S. 687 ff.; *Mengers*, ZNER 4/1998, S. 32 ff.; *Haberzettel*, ET 2000, S. 639 ff.; *Dederer/Schneller*, RdE 2000, S. 222.

980 Die Schaffung einer Quotenregelung zur Förderung der KWK war sogar als Mittel zur CO_2-Minderung Bestandteil des nationalen Klimaschutzprogramms, vgl. Umwelt, Sonderteil Nr. 11/2000, S. V.

Wenngleich das Quotenmodell im KWK-Ausbaugesetz zugunsten einer im Detail modifizierten Fortschreibung der bislang geltenden garantierten Einspeisevergütung[981] letztlich nicht verwirklicht wurde, stellt sich die Frage, ob eine Quote für erneuerbare Energien - wie etwa in Dänemark oder den Niederlanden praktiziert[982] - als gleich geeignete und weniger belastende Alternative zur garantierten Einspeisevergütung in Betracht käme. Die Beurteilung dieser Frage erfordert zunächst einen kurzen Überblick über die Funktionsweise eines Quotenmodells.

(aa) Funktionsweise eines Quotenmodells

Bei Quotenmodellen können zwei Ausgangskonstellationen unterschieden werden, die in der Literatur als „gekoppeltes“ und „entkoppeltes“ Modell bezeichnet werden.

Bei einer gekoppelten Quotenregelung wird eine Gruppe von Adressaten - hierbei kann es sich beispielsweise um die Gruppe der Letztverbraucher[983] oder die der Verteilerunternehmen und Eigenerzeuger handeln[984] - verpflichtet, eine bestimmte Mindestmenge von Strom aus erneuerbaren Energien innerhalb einer festgelegten Periode zu kaufen, zu verkaufen, aufzunehmen oder zu erzeugen. Der Nachweis für die Erfüllung der Mengenverpflichtung kann etwa durch den Besitz von Zertifikaten an einem bestimmten Stichtag erbracht werden.[985] Zertifikate verbriefen den besonderen Umweltbeitrag, der mit der erneuerbaren Erzeugung verbunden ist. Mit der Vorlage zur Quotenerfüllung werden die Zertifikate eingezogen und verlieren ihre Gültigkeit. Der Erwerb von Zertifikaten ist beim gekoppelten Modell also untrennbar mit dem physischen Bezug oder der Erzeugung von Strom verbunden.

Bei einem entkoppelten Quotenmodell bezieht sich die Quotenverpflichtung nicht auf den Erwerb von Regenerativstrom selbst, sondern auf den Erwerb von Zertifikaten, welche unabhängig vom physischen Strombezug frei handelbar sind. Hierbei werden zunächst durch Gesetz bestimmte Gütekriterien für den Regenerativstrom festgelegt. Soweit eine Erzeugungsanlage diesen Gütekriterien entspricht, ist der von ihr produzierte Strom zu zertifizieren. Mit diesen Zertifikaten kann der Anlagenbetreiber nun frei handeln.

981 Hierzu unten S. 231 ff.

982 Zum dänischen und niederländischen Quotenmodell vgl. den Überblick bei *Mengers*, ZNER 4/1998, S. 33 f.; insbesondere zum niederländischen Modell *Menges*, ET 1998, S. 690 ff.; *ders.*, ZNER 4/1998, S. 21.

983 Zur Verpflichtung der Letztverbraucher tendieren etwa *Drillisch*, ZfE 1999, S. 272 und *Menges*, ZNER 4/1998, S. 25. Denkbar ist auch die Verpflichtung der Letztverbraucher unter Einräumung der Möglichkeit, die Quotenpflicht auf den Lieferanten bzw. Stromhändler zu delegieren, vgl. *Praetorius/Ziesing*, ZfE 2001, S. 120.

984 So vorgesehen beispielsweise im Entwurf von *Traube/Riedel*, ZNER 2/1998, S. 29, § 3 Abs. 1 („Jeder, der Elektrizität an Letztverbraucher verkauft oder als Letztverbraucher für den eigenen Bedarf erzeugt [...]“) und in den Anträgen 1, 2, 3 des Landes Hessen zum „Entwurf eines Gesetzes zur Änderung des Gesetzes über die Elektrizitäts- und Gasversorgung“, BR-Drs. 478/99.

985 Vgl. zur Funktionsweise von Quotenmodellen ausführlich *Drillisch*, Quotenregelung, S. 8.

Die Quotenregelung bei einem entkoppelten Modell bestimmt, dass der Adressat des Gesetzes den Besitz einer festzulegenden Anzahl von Zertifikaten (Quote) an einem bestimmten Stichtag nachweisen muss.

Die freie Handelbarkeit der Zertifikate eröffnet den Verpflichteten die Möglichkeit, den Strom aus erneuerbaren Energiequellen wahlweise selbst zu erzeugen oder eine entsprechende Anzahl an Zertifikaten zu erwerben. Wird die mit der Quotenregelung verbundene Nachweispflicht verletzt, ist eine gesetzliche Sanktion - beispielsweise ein Bußgeld - vorzusehen.[986]

Als wesentlicher Vorteil des getrennten Handels von Strom und Zertifikaten wird die ökonomische Effizienz hervorgehoben, da die mit der physischen Lieferung von Strom verbundenen Transaktionskosten reduziert werden.[987]

(bb) Rückschlüsse auf die Erforderlichkeit der garantierten Einspeisevergütung

Bezogen auf die Erforderlichkeit der garantierten Einspeisevergütung stellt sich nunmehr die Frage, ob eine Quotenregelung als gleich geeignetes und gleichzeitig milderes Mittel zur Erreichung der genannten Ziele eingestuft werden kann. Die grundsätzliche Eignung eines Quotenmodells zur Vermeidung von CO_2-Emissionen wird - insbesondere von wirtschaftswissenschaftlicher Seite - nicht in Zweifel gezogen[988], so dass für die vorliegende Untersuchung unterstellt werden kann, dass eine Quotenregelung in gleicher Weise wie das System der garantierten Einspeisevergütung dazu geeignet ist, den Anteil erneuerbarer Energien entsprechend den Zielen des EEG zu erhöhen.

Klärungsbedürftig bleibt demnach die Frage, ob ein Quotenmodell ein milderes Mittel als das System der garantierten Einspeisevergütung darstellen würde. Auszugehen ist dabei von der Variante des Quotenmodells, bei dem - insofern mit der Situation beim EEG vergleichbar - die Versorger von Letztverbrauchern unmittelbar von der Quotenpflicht betroffen sind.

Für die Quotenregelung als milderes Mittel spricht zunächst, dass sie keinen der Funktionsweise des EEG entsprechenden Kontrahierungszwang enthält, welcher zur vorrangigen Abnahme und Vergütung des Regenerativstroms verpflichtet. Vielmehr steht es dem Quotenverpflichteten frei, den zur Erfüllung der Quote erforderlichen Anteil an Regenerativstrom - gegebenenfalls durch einen Zubau eigener Kapazitäten - selbst zu erzeugen. Soweit er den zertifizierten Regenerativstrom bzw. die Regenerativstrom-Zertifikate ankaufen möchte, hat er zumindest die freie Auswahl zwischen den verschiedenen Anbietern, weshalb es durchaus

986 Zur möglichen Ausgestaltung einer Bußgeldpflicht *Baur/Henk-Merten/Matthey/Weck*, Förderung von KWK-Anlagen, S. 135 ff.

987 Vgl. *Praetorius/Ziesing*, ZfE 2001, S. 117.

988 *Praetorius/Ziesing*, ZfE 2001, S. 112 ff.; *Madlener/Stagl*, ZfE 2001, S. 55 f.

gerechtfertigt erscheint, das Quotenmodell zumindest grundsätzlich als marktfreundlichere Alternative zu einer garantierten Einspeisevergütung einzustufen.[989] Allerdings sind dieser Marktfreundlichkeit auch Grenzen gesetzt, da im Zusammenhang mit Quotenregelungen Mindest- und Höchstpreise für den zertifizierten Strom bzw. die Zertifikate für erforderlich gehalten werden.[990] Fraglich ist auch, ob die Intensität des mit einer Quotenregelung notwendigerweise verbundenen Eingriffs in die Vertrags- bzw. in die unternehmerische Investitionsfreiheit der Quotenverpflichteten deutlich niedriger wäre als im Rahmen des EEG. Denn der Verpflichtete wird zu einem „Zwangsnachfrager"[991] auf einem künstlich geschaffenen Markt, auf dem er zwar die freie Wahl zwischen verschiedenen Anbietern hat, er letztlich seiner Verpflichtung aber in ähnlicher Weise nachkommen muss wie im Rahmen des EEG, nämlich durch einen Ankaufszwang. Hiergegen kann nicht vorgebracht werden, dass der Verpflichtete eines Quotenmodells - im Gegensatz zur Rechtslage unter Geltung des EEG - auch die Möglichkeit habe, seiner Verpflichtung durch eigene Kapazitäten und gegebenenfalls durch deren Ausbau nachzukommen. Denn auch das EEG eröffnet grundsätzlich eine solche Möglichkeit, was insbesondere durch die indirekte Erweiterung des Anwendungsbereichs auf öffentliche EVU (§ 2 Abs. 2 Nr. 2 EEG im Vergleich zu § 1 Satz 2 Nr. 2 StrEG)[992] möglich wurde.
Schließlich muss auch der Gestaltungsspielraum des Gesetzgebers berücksichtigt werden, wobei insbesondere zu beachten ist, dass bei Erlass des EEG bereits auf eine knapp zehnjährige Erfahrung mit dem Förderungssystem der garantierten Einspeisevergütung zurückgegriffen werden konnte. Die Einführung eines Quotenmodells hätte hingegen in Bezug auf seine Effektivität und seine Auswirkungen auf die Verpflichteten ein Risiko dargestellt.
In Anbetracht dessen kann nicht festgestellt werden, dass die Fortschreibung der garantierten Einspeisevergütung im EEG durch den Gesetzgeber offensichtlich unsachgemäß und damit nicht mehr von seinem Gestaltungsspielraum umfasst wäre. Dementsprechend ist die Abnahme- und Vergütungspflicht aus § 3 Abs. 1 Satz 1 EEG i.V.m. §§ 4 - 8 EEG im Hinblick auf die alternative Einführung eines Quotenmodells auch erforderlich.

989 *Dederer/Schneller*, RdE 2000, S. 218, heben in diesem Zusammenhang die systemimmanente Wettbewerbsdynamik und die Kosteneffizienz der Quotenregelung hervor.
990 Vgl. hierzu *Baur/Henk-Merten/Matthey/Weck*, Förderung von KWK-Anlagen, S. 134 f.; *Praetorius/Ziesing*, ZfE 2001, S. 118, favorisieren einen stabilisierenden Mindestpreis für die Einführungsphase und einen Höchstpreis in Form eines Bußgeldes, das bei Nichterfüllung der Nachweispflicht zu erbringen ist. *Scheer*, ZNER 2/1998, S. 7, stellt fest, dass auch ein Quotenmodell eine unbeschränkte, diskriminierungsfreie gesetzliche Einspeisegarantie für alle Initiativen erneuerbarer Energien jenseits der aktuellen Quote brauche.
991 *Drillisch*, ZfE 1999, S. 259.
992 Hierzu oben S. 53 ff.

(d) Einführung eines „Bonus- oder Zuschlagsmodells"

Neben den Quotenmodellen spielten so genannte „Bonus- oder Zuschlagsmodelle" in der Diskussion um die Fortführung der Förderung der Stromerzeugung aus KWK eine große Rolle[993]; im neuen, am 1.4.2002 in Kraft getretenen KWKG wurde ein solches „Zuschlagsmodell" - verbunden mit einem Abnahme- und Vergütungszwang für KWK-Strom - eingeführt.

Grundgedanke des Zuschlagsmodells ist es, den Betreibern von KWK-Anlagen einen finanziellen Zuschlag für den in Netze für die allgemeine Versorgung eingespeisten Strom zu gewähren. Die Mittel hierfür könnten dabei theoretisch zunächst von den Versorgern von Letztverbrauchern eingezogen werden, welche kraft Gesetzes beispielsweise dazu berechtigt sein könnten, vom Letztverbraucher ein zusätzliches „KWK-Entgelt" zu verlangen.[994] Im Rahmen des KWKG wurde indes ein anderer Weg beschritten.

Danach haben Betreiber bestimmter KWK-Anlagen gemäß § 4 KWKG einen Anspruch auf Anschluss ans Netz und einen Anspruch auf Abnahme und Vergütung des angebotenen Stroms. Die zu zahlende Vergütung besteht nicht wie beim EEG aus einem gesetzlich bestimmten Festpreis, sondern aus einer Kombination von variablem Preis und fixem Zuschlag. So hat der Netzbetreiber gemäß § 4 Abs. 3 Satz 1 KWKG für den aufgenommenen KWK-Strom den Preis, der von ihm mit dem KWK-Anlagenbetreiber vereinbart wurde, und einen Zuschlag zu zahlen. Kommt eine Vereinbarung nicht zustande, gilt der „übliche Preis" als vereinbart, zuzüglich dem nach den anerkannten Regeln der Technik berechneten Teil der Netznutzungsentgelte, der durch die dezentrale Einspeisung durch die KWK-Anlage vermieden wird, § 4 Abs. 3 Satz 2 KWKG. Die Höhe des Zuschlags ist hingegen gesetzlich festgelegt und ergibt sich - je nach Kategorie der berechtigten KWK-Anlage - aus § 7 i.V.m. § 5 KWKG.

Das Konzept des Zuschlagsmodells ließe sich durchaus auch im Rahmen der Förderung der Stromerzeugung aus erneuerbaren Energien umsetzen. Insoweit gilt es allerdings zu klären, ob dieses Konzept auch ein gleichermaßen geeignetes und milderes Mittel als die in § 3 Abs. 3 Satz 1 EEG begründete Abnahme- und Vergütungspflicht darstellen kann.

993 Vgl. zur politischen Entwicklung der Diskussion ZfK 12/1999, S. 1 f.; ZfK 8/2000, S. 1 („Mehr KWK für den Klimaschutz"); Wirtschaftswoche 52/2000, S. 46 („SPD gegen Umwelt"); FAZ v. 29.1.2001, S. 9 („Regierung überdenkt Kraft-Wärme-Quote"; „IG BCE fordert Beschäftigungsoffensive"; „Keine Regulierung"); FOCUS 50/2000 S. 84 f. („Gas kontra Kohle"); Financial Times Deutschland v. 8.3.2001, S. 6 („Umlage soll Öko-Kraftwerke fördern"); ZfK 3/2001, S. 4 („KWK: Es geht auch um Marktmacht"), S. 31 („Quote nicht vorschnell beerdigen"); FAZ v. 14.12.2001, S. 17 („Konsensvorschlag zu KWK"); ZfK 2/2002, S. 2 („KWK-Gesetz kommt zum 1. April").

994 So etwa der Diskussionsentwurf des AGFW-Fachausschusses „Recht der Fernwärmeversorgung" zu einem „Umlagefinanzierten Zuschlags-Modell" v. 8.5.2001; vgl. zu diesem Modell ausführlich *Baur/Henk-Merten/Matthey/Weck*, Förderung von KWK-Anlagen, S. 145 ff.

Hinsichtlich der gleichen Eignung eines solchen Zuschlagsmodells lässt sich im Vergleich zur Festpreisregelung des EEG festhalten, dass die Aufspaltung der Vergütung in ein variables und ein fixes Element nicht unproblematisch erscheint.[995] Schwierigkeiten sind absehbar, wenn eine Einigung zwischen Anlagenbetreiber und Netzbetreiber über den Preis für den Strom nicht zustande kommt und sich die Vergütung nach dem „üblichen Preis" richtet, dessen Bestimmung sich als schwierig erweisen könnte.[996] Auch der in der Gesetzesbegründung zum KWKG enthaltene Hinweis auf die Börsenpreise dürfte nur eine geringe Hilfestellung bieten, da die Börsenpreise nur für standardisierte Strompreise gälten, nicht aber für individuelle, am Wärmemarkt orientierte Fahrweisen einer KWK-Anlage.[997]
Hieraus ergibt sich eine im Vergleich zu einer Festpreisregelung verminderte Investitionssicherheit, weshalb ein Zuschlagsmodell für die Förderung der Stromerzeugung aus erneuerbaren Energien nicht in gleicher Weise geeignet wäre. Dies erklärt sich letztlich auch aus dem Umstand, dass das KWKG im Gegensatz zum EEG nach wie vor primär auf die Bestandssicherung bzw. Modernisierung bereits bestehender KWK-Anlagen ausgelegt ist[998]; dem Aspekt der Investitionssicherheit kommt nicht die gleiche Bedeutung zu wie beim EEG, welches eine Verdopplung des Anteils der Stromerzeugung aus erneuerbaren Energien anstrebt, ein Ziel, welches nur durch einen erheblichen Zubau von Neuanlagen erreicht werden kann.
Hinsichtlich der Erforderlichkeit ist zu beachten, dass das im KWKG implementierte Zuschlagsmodell gleichfalls Abnahme- und Vergütungspflichten der Netzbetreiber, sowie auf den nachgelagerten Stufen des Belastungsausgleichs (§ 9 KWKG) entsprechende Pflichten zwischen den Übertragungsnetzbetreibern und den ihnen nachgelagerten Netzbetreibern aller Spannungsebenen beinhaltet. Auch dabei handelt es sich um Kontrahierungszwänge, womit auch Eingriffe in die Vertrags-, Preis- und Wettbewerbsfreiheit verbunden sind, weshalb die

995 Bereits der Bundesrat hat in seiner Stellungnahme darauf hingewiesen, dass die Aufspaltung der Einspeisevergütung zu rechtlichen und ordnungspolitischen Problemen führen kann, vgl. BR-Drs. 644/1/01, Ziff. 22.; zur Bestimmung des „üblichen" Preises etwa *Büdenbender/Rosin*, KWK-AusbauG, § 4, Rn. 65 ff.; *Weißenborn*, Zuschlagsmodell, S. 8-12 ff.

996 Die Bezugnahme auf den üblichen Preis ähnelt den dienst- und werkvertragsrechtlichen Vorschriften der §§ 612 Abs. 2, 632 Abs. 2 BGB, nach welchen in Zweifelsfällen auf die „übliche Vergütung" abgestellt wird. Dabei wird allgemein davon ausgegangen, dass es sich bei der üblichen Vergütung um die Vergütung handelt, die für die gleiche oder ähnliche (Dienst)Leistung an dem betreffenden Ort mit Rücksicht auf die persönlichen Verhältnisse gewöhnlich gewährte Vergütung handelt (vgl. Palandt-*Putzo*, BGB, § 612, Rn. 8) bzw. die Vergütung, die zur Zeit des Vertragsschlusses für nach Art, Güte und Umfang gleiche (Werk)Leistungen nach Auffassung der beteiligten Kreise am Ort der Leistung gewährt zu werden pflegt (Palandt-*Sprau*, BGB, § 632, Rn. 8). Demnach spricht einiges dafür, dass bei der Bestimmung der Üblichkeit im Rahmen des KWKG auch regionale, temporäre und saisonale Unterschiede zu berücksichtigen sind, was zu einer stark ausdifferenzierten Vergütung führen dürfte.

997 Vgl. BR-Drs. 644/1/01, Ziff. 27.

998 So heißt es in der Gesetzesbegründung zum KWKG: „Neben der vorübergehenden Bestandssicherung zielt die Neuregelung in erster Linie auf die Modernisierung und den Ausbau der Kraft-Wärme-Kopplung und ist damit stärker auf den Ressourcen- und Klimaschutz ausgerichtet", vgl. BT-Drs. 14/7024, S. 9.

Intensität der Belastungen des KWKG denen des EEG sehr nahe kommen dürfte. Dementsprechend kann nicht ohne weiteres von einem weniger spürbaren Grundrechtseingriff ausgegangen werden. Würde aber bei der Verwirklichung eines Zuschlagsmodells zur Förderung von Regenerativstrom auf eine Abnahme- und Vergütungspflicht hinsichtlich des Regenerativstroms verzichtet, ließe sich die gleiche Eignung dieses Modells im Vergleich zum EEG anzweifeln. Schließlich ist auch hier auf den erheblichen Gestaltungsspielraum des Gesetzgebers zu verweisen, welcher im Hinblick auf die Alternative „Zuschlagsmodell" nicht als überschritten angesehen werden kann.

(e) Ausschreibungsmodelle

Ausschreibungsmodelle arbeiten - wie die bereits erwähnten Quotenmodelle - auf der Basis staatlicher Mengenvorgaben.[999] Dabei schließen Stromversorger unter dem Druck einer staatlich angeordneten Ankaufspflicht mit (potenziellen) Betreibern von Regenerativstromanlagen Verträge über die Abnahme bestimmter Mengen von Regenerativstrom zu einem bestimmten Preis.[1000] Dadurch sollen innerhalb einer bestimmten Zeit bestimmte Kapazitäten an regenerativen Stromerzeugungsanlagen aufgebaut werden.

Ein solches Modell hätte den Vorteil, dass innerhalb der Gruppe der Regenerativstromerzeuger wettbewerbliche Effekte entfaltet werden könnten, womit Mitnahmeeffekte - wie sie sich bei einer garantierten Einspeisevergütung kaum vermeiden lassen - auf ein Mindestmaß reduziert wären.

Zu bezweifeln ist aber wiederum die gleiche Eignung gegenüber dem Modell der garantierten Einspeisevergütung. Denn ein staatlicher Druck besteht nur solange, bis die vorgegebene Zielmenge erreicht wurde[1001]; die Förderwirkung ist dementsprechend eng begrenzt. Eine garantierte Einspeisevergütung bewirkt hingegen eine stärkere Durchdringung des Marktes mit regenerativem Strom. Zudem kann nicht davon ausgegangen werden, dass Ausschreibungsmodelle ein erheblich milderes Mittel darstellen würden, da sie ebenfalls auf Basis von Kontrahierungszwängen, verbunden mit Mengenregelungen, arbeiten.

Es kann somit festgehalten werden, dass die Erforderlichkeit der Abnahme- und Vergütungspflicht des § 3 Abs. 1 Satz 1 EEG i.V.m. §§ 4 - 8 EEG auch im Hinblick auf Ausschreibungsmodelle nicht angezweifelt werden kann.

---

999 Vgl. hierzu den Überblick bei *Brandt/Reshöft/Steiner*, EEG, Einleitung, Rn. 74 und die ausführliche Darstellung der Umsetzung eines solchen Modells in Großbritannien bei *Richter*, Stromeinspeisungen, S. 284 ff.

1000 Vgl. *Brandt/Reshöft/Steiner*, EEG, Einleitung, Rn. 74.

1001 Ebenda.

(f) Zwischenergebnis

Die vorangegangene Untersuchung hat ergeben, dass dem Gesetzgeber kein gleich wirksames, aber die Berufsfreiheit nicht oder doch weniger fühlbar einschränkendes Mittel als die vorrangige Abnahme- und Vergütungspflicht aus § 3 Abs. 1 Satz 1 EEG i.V.m. §§ 4 - 8 EEG zur Förderung der Stromerzeugung aus erneuerbaren Energien zur Verfügung stand. Die Abnahme- und Vergütungspflicht aus § 3 Abs. 1 Satz 1 EEG i.V.m. §§ 4 - 8 EEG ist somit i.S.d. Verhältnismäßigkeitsgrundsatzes auch erforderlich.

cc. Angemessenheit

Schließlich müsste die Abnahme- und Vergütungspflicht aus § 3 Abs. 1 Satz 1 i.V.m. §§ 4 - 8 EEG auch angemessen bzw. verhältnismäßig im engeren Sinne oder proportional sein. Angemessen ist eine Maßnahme dann, wenn die durch die Regelung eintretenden Beeinträchtigungen nicht außer Verhältnis zum angestrebten Zweck stehen und deshalb für den Betroffenen zumutbar sind.[1002] Dabei kommt es auf einen Vergleich zwischen dem Zweck und dem Mittel an, die in ihrer Bedeutung gegeneinander abzuwägen sind[1003]; die geförderten Belange und das Ausmaß des angestrebten Nutzens sind den beeinträchtigten Rechtspositionen und dem Gewicht ihrer Verkürzung unter Berücksichtigung aller Konsequenzen gegenüberzustellen.[1004] Das BVerfG[1005] hat den Grundsatz der Angemessenheit wie folgt konkretisiert: „Je empfindlicher die Berufsausübenden in ihrer Berufsfreiheit beeinträchtigt werden, desto stärker müssen die Interessen des Allgemeinwohls sein, denen diese Regelung zu dienen bestimmt ist."

(a) Zweck und Mittel des § 3 Abs. 1 Satz 1 EEG i.V.m. §§ 4 - 8 EEG

Dass die Ermöglichung einer nachhaltigen Entwicklung der Energieversorgung durch eine deutliche Erhöhung des Beitrages erneuerbarer Energien an der Stromversorgung höchsten Gemeinschaftsinteressen zu dienen bestimmt ist, kann vor allem im Hinblick auf die Staatszielbestimmung des Art. 20a GG nicht bezweifelt werden.

Dieser Zielsetzung steht die mit § 3 Abs. 1 Satz 1 EEG i.V.m. §§ 4 - 8 EEG verbundene Beeinträchtigung der verpflichteten Netzbetreiber gegenüber, welche den in den Anwendungsbereich des EEG fallenden Regenerativstrom vorrangig abzunehmen und zu den in den §§ 4 - 8 EEG näher festgelegten Mindestpreisen zu vergüten haben. Dabei ist zu beachten, dass der Schwerpunkt der Belastung aus § 3 Abs. 1 Satz 1 EEG nicht etwa in der eigentlichen Zahlung der Mindestvergütung zu sehen ist. Denn die hieraus resultierenden Kosten können zunächst

1002 Sachs-*Sachs*, GG, Art. 20, Rn. 154.
1003 *Grabitz*, AöR 98, S. 575.
1004 Sachs-*Sachs*, GG, Art. 20, Rn. 154.
1005 BVerfG, Beschl. v. 16.3.1971 - 1 BvR 52, 665, 667, 754/66 -, BVerfGE 30, S. 292, 316 ff.

gemäß § 3 Abs. 2 EEG in vollem Umfang an die vorgelagerten Übertragungsnetzbetreiber weitergegeben werden, welche die vom Netzbetreiber aufgenommene Energiemenge abzunehmen und gemäß §§ 4 - 8 EEG zu vergüten haben. Insoweit war die Rechtslage unter der Geltung des StrEG eine andere, da eine gesetzlich vorgesehene Überwälzungsmöglichkeit für die Kosten erst bei Eingreifen der Härteklausel des § 4 StrEG vorgesehen war. Auf der „ersten Stufe" der Kette von Abnahme- und Vergütungspflichten des EEG steht demgegenüber der administrative, organisatorische Aufwand der aufnehmenden Netzbetreiber im Vordergrund, während die eigentlichen finanziellen Auswirkungen des EEG erst auf den nachgelagerten Stufen der bundesweiten Ausgleichsregelung in vollem Umfang zum Tragen kommen.

Gleichwohl ist der mit § 3 Abs. 1 Satz 1 EEG verbundene organisatorische und finanzielle Aufwand der verpflichteten Unternehmen und damit die Schwere des Grundrechtseingriffs nicht unerheblich. So fällt insbesondere ins Gewicht, dass die Abnahme- und Vergütungspflicht die Privatautonomie der Netzbetreiber deutlich einschränkt, indem sie diese nicht nur dazu verpflichtet, mit den einspeisewilligen Regenerativstromerzeugern einen Vertrag über die Einspeisung des gesamten angebotenen Stroms abzuschließen, sondern auch die Zahlung bestimmter Mindestpreise für den abgenommenen Strom vorsieht. Es werden also beide Aspekte der Vertragsfreiheit, Abschluss- und Inhaltsfreiheit, erheblich beeinträchtigt. Hinzu kommt die Pflicht zur *vorrangigen* Abnahme und Vergütung, was den verpflichteten Netzbetreibern nicht die Möglichkeit lässt, die Einspeisung des Regenerativstroms wegen anderweitiger Auslastung des Netzes zu verweigern. Das Vorrangprinzip trifft insbesondere vertikal integrierte Unternehmen[1006], die aufgrund der vorrangigen Abnahme- und Vergütungspflicht unter Umständen eigene Kapazitäten zurückfahren müssen, um die Einspeisung von Regenerativstrom zu ermöglichen. Problematisch ist aber auch der Umstand, dass das Netz durch in der Vergangenheit abgeschlossene Stromlieferungsverträge hinreichend ausgelastet ist, wodurch die verpflichteten Unternehmen gegebenenfalls dazu gezwungen sind, diese - bei wirtschaftlicher Betrachtung regelmäßig günstigeren - Verträge zu kündigen.[1007] Die besondere Intensität der mit der Abnahme- und Vergütungspflicht verbundenen Beeinträchtigungen hat *Kirchhof*[1008] treffend beschrieben: „Verpflichtet ein Gesetz ein Unternehmen, die Leistungen eines Konkurrenten zu Mindestpreisen abzunehmen, so verändert dies die Wettbewerbslage stärker als eine staatliche Leistungssubvention [...]. Während die staatliche Subvention lediglich den Subventionsempfänger finanziell stärkt, schwächt die Abnahmepflicht zugleich den Konkurrenten, weil sie einen Teil von dessen Produktionskosten auf den Mitbewerber wälzt."

1006 Vertikal integrierte Unternehmen sind - in Anlehnung an die Begriffsbestimmungen der EltRL (Art. 2 Nr. 17 - 19) - solche Unternehmen, die auf den Gebieten Erzeugung, Übertragung und Verteilung mindestens zwei Funktionen wahrnehmen.

1007 Hierzu bereits oben S. 65 ff.

1008 *Kirchhof*, FAZ v. 8.5.2001, S. 11; ähnlich auch *Blanke/Peilert*, RdE 1999, S. 100.

Schließlich beeinträchtigt die Vorschrift des § 3 Abs. 1 Satz 1 EEG - wie wohl die meisten Berufsausübungsregelungen - die Verfügungsbefugnis der Netzbetreiber über den Einsatz des zur Umsetzung der Verpflichtungen erforderlichen Personals und der Betriebsmittel.

(b) Abwägung der relevanten Aspekte

Das Kriterium der Angemessenheit im Rahmen der Verhältnismäßigkeitsprüfung verlangt, dass der Eingriff bzw. die Beeinträchtigung, die der Eingriff für den Einzelnen bedeutet, und der mit dem Eingriff verfolgte Zweck in recht gewichtetem und wohl abgewogenen Verhältnis zueinander stehen.[1009] Dabei muss neben den soeben vorgetragenen Zielen und Wirkungen auch der Umstand in die Wertung einfließen, dass die Abnahme- und Vergütungspflicht aus § 3 Abs. 1 Satz 1 EEG der Verwirklichung einer öffentlichen Aufgabe, nämlich dem Klima- und Umweltschutz sowie der Ressourcenschonung dient. Da der Staat hierfür die persönlichen und sächlichen Kräfte Privater in Anspruch nimmt, handelt es sich bei der in Rede stehenden Abnahme- und Vergütungspflicht um einen Fall der gesetzlichen Indienstnahme Privater für öffentliche Aufgaben.[1010] Die grundsätzliche Zulässigkeit solcher Indienstnahmen Privater steht außer Frage[1011], wenngleich in neuerer Zeit vermehrt über die verfassungsrechtlichen Parameter diskutiert wurde, an denen sich diese Indienstnahmen messen lassen müssen. Über einen beachtlichen Zeitraum hinweg hatte das BVerfG an deren Zulässigkeit keine besonders hohen Anforderungen gestellt; das Gericht nahm eine einfache Verhältnismäßigkeitsprüfung im Rahmen der einschlägigen Freiheitsgrundrechte vor, welche regelmäßig nicht zur Verfassungswidrigkeit der zu prüfenden Maßnahmen führte.[1012] Wohl unter dem Eindruck einer stetigen Zunahme von Indienstnahmen in den letzten Jahrzehnten[1013] setzte sich in der höchstrichterlichen Rechtsprechung die Auffassung durch, dass Indienstnahmen einer besonderen Rechtfertigung bzw. eines besonderen Zurechnungsgrundes bedürfen. Das BVerfG hat dementsprechend im Rahmen der Rechtfertigung von Indienstnahmen Privater das Vorliegen einer „Verantwortungsbeziehung" zwischen dem Belasteten und der zu erfüllenden Aufgabe ver-

1009 *Pieroth/Schlink*, Staatsrecht II, Rn. 289.

1010 Ebenso - zur Rechtslage beim StrEG - BGH, Urt. v. 22.10.1996 - KZR 19/95 -, NJW 1997, S. 574, 578; *Berendes*, ZUR 1997, S. 264 f.; *Blanke/Peilert*, RdE 1999, S. 100; *Richter*, Stromeinspeisungen, S. 195 f.

1011 Vgl. etwa v. Mangoldt/Klein/Starck-*Manssen*, GG, Art. 12, Rn. 196,welcher die Zulässigkeit von Indienstnahmen allerdings unter den Vorbehalt stellt, dass sich der Staat solcher Unternehmer bedient, die auch in diesem Bereich tätig sind.

1012 Vgl. etwa BVerfG, Beschl. v. 29.11.1967 - 1 BvR 175/66 -, BVerfGE 22, S. 380 ff. und BVerfG, Beschl. v. 16.3.1971 - 1 BvR 52, 665, 667, 754/66 -, BVerfGE 30, S. 292 ff.

1013 Vgl. zur staatlichen Bürokratieüberwälzung auf Unternehmen den Überblick bei *Depenheuer*, BB 1996, S. 1218 ff.

langt.[1014] Den vom BVerfG entschiedenen Fällen lagen dabei Sachverhalte zugrunde, deren Gegenstand Lebensbeziehungen waren, welche „aus auf Dauer eingerichteten, integrierten Arbeitszusammenhängen oder aus einem kulturgeschichtlich gewachsenen besonderen Verhältnis gleichsam symbiotischer Art entstehen“[1015]; die Beziehungen waren demnach von einer besonderen sozialen Verantwortlichkeit geprägt.

Auch das hier in Rede stehende Verhältnis zwischen Netzbetreiber und einspeisewilligem EVU hält dem Erfordernis einer Verantwortungsbeziehung stand, da dieses zwar nicht von einer sozialen, wohl aber von einer besonderen wirtschaftlichen Verantwortlichkeit geprägt ist, welche in der natürlichen und faktisch auch nach der Öffnung des deutschen Elektrizitätsmarktes weiterbestehenden Monopolstellung der Netzbetreiber begründet ist. Insbesondere die Betreiber kleiner dezentraler Anlagen zur Erzeugung von Strom aus erneuerbaren Energien, welche nach dem Willen des Gesetzgebers gerade zu einem Standbein der Energieversorgung in Deutschland werden sollen[1016], verfügen nicht über ein eigenes Verteilungsnetz und sind daher zwingend darauf angewiesen, den erzeugten Strom in andere Verteilungsnetze einspeisen zu dürfen. Insoweit bestand bereits vor In-Kraft-Treten des StrEG ein kartellrechtlicher Anspruch gegen den Netzbetreiber auf Abnahme und Vergütung des regenerativ erzeugten Stroms.[1017] Auch nach der Liberalisierung des Elektrizitätsmarktes der Bundesrepublik Deutschland im Jahr 1998 stellt das Eigentum oder - etwa im Fall einer Pacht - die Verfügungsmacht am Netz einen bedeutenden Wettbewerbsfaktor dar. Netzbetreiber verfügen über ein „natürliches“ Monopol[1018], was eine „Verantwortungsbeziehung“ der Netzbetreiber für die Ermöglichung der Einspeisung von Regenerativstrom und dessen Nutzung begründet.

Über das Vorliegen dieser Verantwortungsbeziehung hinaus kann auch nicht davon ausgegangen werden, dass die aus § 3 Abs. 1 Satz 1 EEG resultierende Abnahme- und Vergütungspflicht außer Verhältnis zu dem angestrebten Zweck des Klima- und Umweltschutzes sowie der Ressourcenschonung steht. Denn zumindest die Abnahme von Strom gehört zum originä-

---

1014 Vgl. BVerfG, Beschl. v. 8.4.1987 - 2 BvR 909, 934, 935, 936, 938, 941, 942, 947/82, 64/83 und 142/84 -, BVerfGE 75, S. 108, 159; Beschl. v. 16.3.1971 - 1 BvR 52, 665, 667, 754/66 -, BVerfGE 77, S. 308, 337; Urt. v. 23.1.1990 - 1 BvL 44/86 und 48/87 -, BVerfGE 81, S. 156, 197 f.; Beschl. v. 11.2.1992 - 1 BvR 890/84 und 74/87 -, BVerfGE 85, S. 226, 237. Das Kriterium der Verantwortungsbeziehung wird auch vom BGH im Rahmen der Prüfung der Verfassungsmäßigkeit des StrEG aufgegriffen, vgl. BGH, Urt. v. 22.10.1996 - KZR 19/95 -, NJW 1997, S. 574, 578.

1015 BVerfG, Beschl. v. 8.4.1987 - 2 BvR 909, 934, 935, 936, 938, 941, 942, 947/82, 64/83 und 142/84 -, BVerfGE 75, S. 108, 158 f.

1016 Vgl. BT-Drs. 14/2776, S. 21.

1017 Vgl. hierzu oben S. 25 ff.

1018 So insbesondere *Hermes*, Infrastrukturverantwortung, S. 316 ff.; vgl. auch *Börner*, Das KWK-Gesetz im rechtlichen Rahmen, S. 53. Der Begriff des natürlichen Monopols der Netzbetreiber wird auch in der Begründung zum EEG aufgegriffen, vgl. BT-Drs. 14/2776, S. 22. *Hölzer*, Energiesektor, S. 293, hebt zutreffend auch für den Fall einer wettbewerblichen Ausgestaltung des Ordnungsrahmens der Energieversorgung hervor, dass der Netzbetreiber eine besondere Pflichtenlage „in seinem Gebiet“ innehat.

ren Tätigkeitsbereich eines Netzbetreibers; dieser kann zur Erfüllung seiner gesetzlichen Pflichten auf die vorhandene interne Verwaltungs- und Organisationsstruktur zurückgreifen[1019], gleich ob es sich um ein vertikal integriertes EVU oder um einen reinen Netzbetreiber handelt. Insoweit kann nicht davon ausgegangen werden, dass die aus § 3 Abs. 1 Satz 1 EEG resultierenden Pflichten einen unzumutbaren Verwaltungs- und Personalaufwand darstellen würden.[1020] Auch die Auszahlung der Vergütungen für den eingespeisten Strom vermag keinen derartige administrative Belastung für die Netzbetreiber darzustellen, dass von der Unverhältnismäßigkeit der Regelung ausgegangen werden könnte. Bezüglich des finanziellen Aufwandes ist auf § 3 Abs. 2 EEG zu verweisen, welcher die vorgelagerten Netzbetreiber zur entsprechenden Abnahme und Vergütung verpflichtet. Für den ursprünglich aufnehmenden Netzbetreiber besteht somit zunächst die Möglichkeit der kompletten Weiterwälzung der entstandenen Vergütungslast. Abgesehen von einem unter Umständen entstehenden Zwischenfinanzierungsbedarf und den finanziellen Auswirkungen des Verwaltungs(mehr)aufwands kann die Belastung der Netzbetreiber durch § 3 Abs. 1 Satz 1 EEG als relativ gering und im Hinblick auf die mit der Regelung verfolgten, überragend wichtigen Gemeinschaftsziele, als zumutbar angesehen werden.

dd. Zwischenergebnis

Die Abnahme- und Vergütungspflicht aus § 3 Abs. 1 Satz 1 i.V.m. den §§ 4 - 8 EEG ist verhältnismäßig.

b. Verhältnismäßigkeit der Abnahme- und Vergütungspflichten aus §§ 3 Abs. 2, 11 Abs. 2 und Abs. 4 EEG

Wie bereits erwähnt, bedürfen die in den §§ 3 Abs. 2, 11 Abs. 2 und Abs. 4 EEG begründeten Abnahme- und Vergütungspflichten einer differenzierten Betrachtung, da sie - zwar unter dem allgemeingültigen Ziel von Klima- und Umweltschutz - innerhalb der Systematik des EEG eine eigenständige Funktion einnehmen. Die Anreizwirkung zum Ausbau der Erzeugung von Strom aus erneuerbaren Energieträgern entsteht nämlich primär durch die in § 3 Abs. 1 Satz 1 EEG festgeschriebene Abnahme- und Vergütungspflicht, während die in Rede stehenden nachgelagerten Abnahme- und Vergütungspflichten ein anderes Ziel, nämlich den Ausgleich der entstehenden Belastungen verfolgen. Gleichwohl müssen die übergeordneten Gesetzesziele - Klima- und Umweltschutz sowie Ressourcenschonung - in die Verhältnismäßigkeits-

1019 *Richter*, Stromeinspeisungen, S. 216.
1020 Ebenso zur Rechtslage beim StrEG *Richter*, Stromeinspeisungen, S. 216.

prüfung einfließen, da diese für das EEG insgesamt, und nicht nur für die Vorschrift des § 3 Abs. 1 Satz 1 EEG Geltung beanspruchen.

aa. Geeignetheit

Die §§ 3 Abs. 2, 11 Abs. 2 und Abs. 4 EEG müssten zunächst geeignet sein, um das vom Gesetzgeber intendierte Ziel - Ausgleich der aufgenommenen Strommengen und der geleisteten Vergütungszahlungen - erreichen zu können. Die zentrale Rolle kommt dabei der Gruppe der Übertragungsnetzbetreiber zu, welche dem Gesetzgeber ausweislich der Gesetzesbegründung aufgrund der kleinen und damit überschaubaren Anzahl von Akteuren[1021] geeignet erschien, die mit dem Ausgleich verbundenen Transaktionen abzuwickeln und sich gegenseitig zu kontrollieren.[1022] Die Abnahme- und Vergütungspflichten führen zu einer Weiterwälzung der gesamten Vergütungslast und einer Weitergabe der aufgenommenen Strommenge, was einen echten Ausgleich regionaler Disparitäten ermöglicht. Dies vermochte die Härteklausel des § 4 StrEG nicht zu leisten, da sie auf einen lediglich finanziellen Ausgleich gerichtet war, indem sie den vorgelagerten Netzbetreiber dazu verpflichtete, dem aufnehmenden Netzbetreiber die Mehrkosten zu erstatten, soweit der Anteil der nach dem StrEG zu vergütenden Kilowattstunden 5 % der vom EVU im Kalenderjahr insgesamt über sein Versorgungsnetz abgesetzten Kilowattstunden überstieg.

An der grundsätzlichen Eignung des Systems zur Schaffung eines Ausgleichs bestehen demnach keine Zweifel, wenngleich das Ausgleichssystem mit einem zum Teil erheblichen, letztlich aber unvermeidlichen zeitlichen Nachlauf verbunden ist.[1023]

bb. Erforderlichkeit

Die Abnahme- und Vergütungspflichten stellen - wie bereits oben zu § 3 Abs. 1 Satz 1 EEG festgestellt - eine erhebliche Beeinträchtigung der Berufsausübung im Hinblick auf die Vertrags- und Preisfreiheit sowie die unternehmerische Dispositionsfreiheit dar, so dass sich die Frage stellt, ob sich der Gesetzgeber zur Schaffung eines bundesweiten Ausgleichs nicht eines milderen, die Regelungsadressaten weniger belastenden und doch gleichermaßen geeigneten Mittels hätte bedienen können. Dabei kann ein gänzlicher Verzicht auf die Einführung einer Ausgleichsregelung ebenso wenig in Betracht gezogen werden wie eine bloße Beibehaltung einer dem § 4 StrEG entsprechenden Härteklausel. Denn die erstere Überlegung würde den dem Gesetzgeber zustehenden Gestaltungsspielraum missachten, welcher es ihm gestattet, frei

---

1021 Derzeit gibt es bundesweit sechs Übertragungsnetzbetreiber: Bewag AG, EnBW Transportnetze AG, E.ON Netz GmbH, HEW AG, RWE Net AG und Vereinigte Energiewerke AG (VEAG), vgl. *Brandt/Reshöft/Steiner*, EEG, § 3, Rn. 36.

1022 BT-Drs. 14/2776, S. 24.

1023 Vgl. hierzu bereits oben S. 105 f.

darüber zu entscheiden, ob und inwieweit er einen Belastungsausgleich - auch und gerade mit Blick auf den Gleichbehandlungsgrundsatz des Art. 3 Abs. 1 GG - für erforderlich erachtet. Die Beibehaltung einer einfachen, § 4 StrEG entsprechenden Härteklausel ohne eine Weiterwälzung und Verteilung der gesamten Vergütungslast wäre demgegenüber nicht geeignet, die gesetzgeberische Absicht einer relativ gleichmäßigen Belastung aller stromliefernden EltVU[1024] zu verwirklichen.

(a) Ausgleichsregelung ohne Weitergabe der aufgenommenen Strommenge als milderes Mittel?

Fraglich ist allerdings, ob ein bloßer Ausgleich der Mehrbelastung ohne einen tatsächlichen Ausgleich von Strommengen ein milderes und dennoch gleich geeignetes Mittel zur Kostenverteilung im Rahmen des EEG darstellen würde. Ein solches Verfahren würde für die betroffenen EVU einen wesentlich geringeren Verwaltungsaufwand darstellen, da die Pflicht auch zum physischen Ausgleich von Strommengen mit den mit ihr verbundenen Schwierigkeiten - zeitlicher Nachlauf, Kapazitätsengpässe - entfallen würde. Zudem ist ein Mengenausgleich unter ökologischen Gesichtspunkten nicht zwingend erforderlich, da der Ausgleich - wie bereits gezeigt - ohnehin mit „gewöhnlichem", konventionell erzeugtem Netzstrom durchgeführt werden kann und regelmäßig auch durchgeführt werden wird.

Allerdings muss beachtet werden, dass beim „Kostenerstattungsmodell"[1025] des StrEG teilweise erhebliche Schwierigkeiten bestanden, die Mehrkosten zu ermitteln, zumal weder im Gesetz noch in seiner Begründung Hinweise auf die Mehrkostenberechnung enthalten waren.[1026] Mehrkosten entstehen nach dem üblichen Sprachgebrauch als Differenz der Gesamtkosten und der Normalkosten, die angefallen wären, wenn bestimmte besondere Ereignisse nicht eingetreten wären oder besondere Pflichten nicht hätten übernommen werden müssen.[1027] Dabei war unter der Geltung des StrEG nicht nur die Mindestvergütung nach §§ 2, 3 StrEG zu berücksichtigen. Vielmehr erforderte die korrekte Ermittlung der Mehrkosten darüber hinaus die Berücksichtigung der Kosten des Eigenbezuges, der Kosten des Fremdbezuges, die Kosten aus der Zahlung von Durchleitungsentgelten, die Kosten aus der Mehrkostenerstattung gemäß § 4 Abs. 1 Satz 2 StrEG sowie sonstige leistungsbezogene Kosten.[1028] Indem es aber im Rahmen des StrEG den Erstattungsgläubigern und -schuldnern überlassen war, sich

1024 BT-Drs. 14/2776, S. 24.

1025 Begriff nach *Kühne*, Rechtsgutachten, zitiert bei Ludwig/Odenthal-*Britz*, EEG, Rn. 77.

1026 Die Höhe der durch die Abnahme- und Vergütungspflicht entstehenden Mehrkosten und die Höhe eines eventuellen Erstattungsanspruchs sollte vielmehr auf der Basis der Rechtsprechung zwischen den jeweils betroffenen EVU geklärt werden, vgl. Wirtschaftsausschuss des Deutschen Bundestages, Beschlußempfehlung und Bericht des Abgeordneten *Uldall*, BT-Drs. 13/9211 v. 25.11.1997, S. 26.

1027 *Salje*, StrEG, § 4, Rn. 72.

1028 *Salje*, ebenda.

über die exakte Höhe der Mehrkosten zu einigen, barg das Kostenerstattungsmodell ein erhebliches Unsicherheits- und Konfliktpotenzial.[1029]
Andererseits wäre eine bloße Verpflichtung des Übertragungsnetzbetreibers zur vollständigen Übernahme der Vergütungszahlungen nicht ausreichend gewesen, da ansonsten das aufnehmende EVU einen unberechtigten Vorteil in Höhe der Aufwendungen gehabt hätte, die es ohnehin hätte machen müssen, um die nach § 3 Abs. 1 EEG aufgenommene Strommenge aus einer konventionellen Energiequelle zu beziehen. Im Hinblick darauf wäre also allein die Erstattung der Mehrkosten durch die Übertragungsnetzbetreiber zu rechtfertigen gewesen. Der im EEG vorgesehene Belastungsausgleich mit einer Weitergabe der eingespeisten Strommenge schafft somit eine erhebliche Erleichterung, da die Ermittlung der Mehrkosten nun nicht mehr erforderlich ist.
Auch das im ursprünglichen Entwurf des EEG vorgesehene Konzept eines Belastungsausgleichs[1030], eine Weiterentwicklung der Mehrkostenerstattung des StrEG[1031], wäre nicht als milderes und gleichermaßen geeignetes Mittel anzusehen. Der Entwurf sah neben einer Absenkung der Belastungsschwelle von 5 % auf 1 % insbesondere vor, dass der aufnehmende Netzbetreiber statt der Mehrkosten einen Pauschalbetrag vom vorgelagerten Netzbetreiber ersetzt verlangen konnte. Dieser Pauschalbetrag sollte für Zahlungen für Strom aus Windkraft 80 % und für sonstigen Strom 65 % der im jeweiligen Kalenderjahr durchschnittlich pro kWh vom ausgleichsberechtigten Netzbetreiber geleisteten Zahlungen betragen. Damit wäre zwar die Ermittlung der Mehrkosten umgangen worden, weshalb dieses Modell durchaus als geringer belastend im Vergleich zur nunmehr im EEG vorgesehenen tatsächlichen Weitergabe der aufgenommenen Strommenge einzustufen ist. Allerdings führt die Festsetzung von Pauschalbeträgen zwangsweise zu Ungenauigkeiten bei der Erstattung der Kosten des aufnehmenden Netzbetreibers; eine gleiche Eignung im Hinblick auf die Einführung eines möglichst gerechten Belastungsausgleichs kann diesem Modell mithin nicht zugesprochen werden.
Darüber hinaus muss ein weiterer Aspekt in die Betrachtung einfließen: Unter der Geltung des StrEG waren die aufnehmenden Netzbetreiber nur unter bestimmten Umständen zur teilweisen Weitergabe ihrer Mehrkosten an die Übertragungsnetzbetreiber berechtigt; diese Weitergabe war nicht der Regelfall, sondern sollte nur bestimmte Härtefälle abmildern. Auch wenn es sich bei den verpflichteten Unternehmen regelmäßig um vertikal integrierte EVU handelte, war diese Situation insbesondere im Hinblick auf Gleichbehandlungserwägungen zweifelhaft und wurde daher in der Literatur entsprechend kritisiert.[1032] Demgegenüber trägt das im Rah-

1029 Vgl. *Salje*, StrEG, § 4, Rn. 75; *Richter*, Stromeinspeisungen, S. 266.
1030 BT-Drs. 14/2341, S. 5, § 10.
1031 *Salje*, RdE 2000, S. 129.
1032 Vgl. *Richter*, Stromeinspeisungen, S. 271 ff.

men des EEG verfolgte Konzept einer anteiligen Verpflichtung aller EVU dem Gleichbehandlungsgebot in größerem Maße Rechnung, da alle stromliefernden EVU zu prozentual gleichen Anteilen zur Stromabnahme und -vergütung verpflichtet werden. Der bundesweite Belastungsausgleich stellt somit im Vergleich zu einem bloßen Mehrkostenausgleich ein milderes Mittel dar, da er die bislang im Rahmen der Kostentragung bestehenden Ungleichgewichtungen abschwächt. Diesbezüglich muss auch der erhebliche Gestaltungsspielraum des Gesetzgebers bei der Ausarbeitung und Einführung eines Belastungsausgleichs berücksichtigt werden.

(b) Zwischenergebnis

Das System der Weiterwälzung der aufgenommenen Strommenge ist somit auch erforderlich, um das vom Gesetzgeber verfolgte Ziel - relativ gleichmäßige Verteilung der durch das EEG entstehenden Belastungen - zu erreichen.

cc. Angemessenheit

Fraglich bleibt, ob die Abnahme- und Vergütungspflichten aus den §§ 3 Abs. 2, 11 Abs. 2 und Abs. 4 EEG angemessen sind, ob also die durch die Regelungen eintretenden Beeinträchtigungen außer Verhältnis zum angestrebten Zweck stehen oder nicht. Dabei ist neben den Belastungen durch die Indienstnahme zur Abnahme bzw. Weiterwälzung der ursprünglich aufgenommenen Strommenge insbesondere erörterungsbedürftig, ob die finanziellen Belastungen, die durch die in Rede stehenden Vorschriften entstehen können, für die betroffenen Unternehmen noch zumutbar sind.

(a) Angemessenheit in Bezug auf den organisatorischen Aufwand der EVU

Bezogen auf den mit den Abnahme- und Vergütungspflichten verbundenen organisatorischen Aufwand kann weitgehend auf die bereits getätigten Ausführungen zu § 3 Abs. 1 Satz 1 EEG i.V.m. §§ 4 - 8 EEG verwiesen werden. Auch die in den §§ 3 Abs. 2, 11 Abs. 2 und Abs. 4 EEG enthaltenen Abnahmepflichten sehen zum Zwecke des Ausgleichs der mit dem EEG verbundenen Belastungen durch die Begründung einer Kette von Kontrahierungszwängen erhebliche Eingriffe in die Privatautonomie vor. Darüber hinaus beeinträchtigen die genannten Vorschriften die Verfügungsbefugnis der verpflichteten EVU über den Einsatz des zur Umsetzung der Verpflichtungen erforderlichen Personals und der Betriebsmittel.

Allerdings kann nicht davon ausgegangen werden, dass der den EVU obliegende organisatorische Aufwand außer Verhältnis zum angestrebten Zweck steht. Die bundesweite Ausgleichsregelung verfolgt die gesetzgeberische Absicht, die durch das EEG verursachten finanziellen

Aufwendungen zu relativ gleichen Anteilen auf die Adressaten des EEG zu verteilen, um gleichheitswidrige Belastungen einzelner EVU zu vermeiden. So soll durch die Regelungen des § 11 Abs. 1 - 3 EEG „ein Mangel des bisherigen Stromeinspeisungsgesetzes beseitigt werden, der dazu geführt hat, dass einzelne Regionen einen weit überdurchschnittlichen Anteil aufzunehmen hatten".[1033] § 11 Abs. 4 EEG dient - wie bereits erwähnt - der Weiterverteilung der von den Übertragungsnetzbetreibern aufgenommenen und ausgeglichenen Strommengen, so dass letztlich alle EVU, die Strom liefern, zu prozentual gleichen Anteilen zur Stromabnahme und -vergütung verpflichtet sind. Haben die Abnahme- und Vergütungspflichten aus den §§ 3 Abs. 2, 11 Abs. 2 und Abs. 4 EEG somit zwar keine eigenständige ökologische Bedeutung, so sichern sie doch nach dem Willen des Gesetzgebers die reibungslose Funktionsweise des Gesetzes, da sie die relativ gleiche Belastung der beteiligten Wirtschaftssubjekte ermöglichen. So war die ökologische Effizienz des StrEG nicht zuletzt dadurch gefährdet, dass EVU in steigendem Maße dazu berechtigt waren, die Einspeisung von Strom aus regenerativen Energien zu verweigern, weil sowohl auf der Ebene der lokalen EVU als auch auf der Ebene der vorgelagerten Netzbetreiber die 5 %-Härtegrenze erreicht war. Dies betraf vor allem die windgünstige norddeutsche Küstenregion, in der nach dem Erfahrungsbericht des Bundesministeriums für Wirtschaft eine Entwicklung zu erwarten war, bei der die Belastung dieser Regionen ein nicht mehr vertretbares Ausmaß erreicht hätte.[1034] Solchen Entwicklungen entgegenzuwirken ist jedoch gerade das Ziel der Ausgleichsregelungen des EEG, weshalb eine völlig von den übergeordneten Gesetzeszielen Klima- und Umweltschutz sowie Ressourcenschonung losgelöste Betrachtung des Ausgleichsmechanismus dementsprechend verfehlt wäre. Auch die §§ 3 Abs. 2, 11 Abs. 2 und 11 Abs. 4 EEG dienen diesen Zielen zumindest mittelbar.

Somit lässt sich festhalten, dass der bloße administrative Aufwand, der mit den Abnahme- und Vergütungspflichten verbunden ist, in Ansehung der hochrangigen Ziele der §§ 3 Abs. 2, 11 Abs. 2 und Abs. 4 EEG nicht unangemessen ist. Dafür spricht jedenfalls, dass mit der Verpflichtung der Übertragungsnetzbetreiber eine kleine und überschaubare Gruppe von Verpflichteten ausgewählt wurde, die über eine geeignete Organisationsstruktur verfügt, um die notwendigen Transaktionen abzuwickeln.[1035] Dies gilt ebenso für die auf der letzten Stufe verpflichteten EVU, die Strom an Letztverbraucher liefern. Der administrative Aufwand dürfte sich wiederum in Grenzen halten, da es sich beim An- und Verkauf von elektrischem Strom um das originäre Tätigkeitsfeld dieser EVU handelt. Auch hier können bereits bestehende Organisationsstrukturen genutzt werden.

1033 BT-Drs. 14/2776, S. 24.
1034 Hierzu bereits oben S. 29 ff.
1035 BT-Drs. 14/2776, S. 24.

Entscheidend dürfte vielmehr die Frage sein, ob die mit den in Rede stehenden Normen verbundenen materiellen Belastungen in einem angemessenen Verhältnis zum angestrebten Zweck stehen.

(b) Angemessenheit in Bezug auf die mit den Vergütungspflichten verbundene Kostentragungspflicht der EVU

Die sich aus den §§ 3 Abs. 2, 11 Abs. 2 und Abs. 4 EEG ergebenden Vergütungspflichten sind für die jeweils verpflichteten EVU mit finanziellen Belastungen verbunden. Dabei sind zunächst die Übertragungsnetzbetreiber betroffen, welche die ursprünglich aufgenommene Strommenge gemäß § 3 Abs. 2 EEG vom jeweils vorgelagerten Netzbetreiber ihrerseits aufzunehmen haben. § 11 Abs. 2 EEG regelt den Ausgleich der aufgenommenen Strommengen zwischen den Netzbetreibern. Schließlich haben die EVU, die Strom an Letztverbraucher liefern, gemäß § 11 Abs. 4 EEG den von den regelverantwortlichen Übertragungsnetzbetreibern abgenommenen Strom anteilig anzunehmen und zu vergüten. Damit ist der gesetzlich geregelte Teil des Ausgleichsmechanismus abgeschlossen. Inwieweit die Letztversorger ihre Mehrbelastungen an die Letztverbraucher weitergeben können, ist im EEG nicht geregelt. Wie bereits erörtert, handelt es sich dabei weniger um ein juristisches, als vielmehr um ein faktisches Problem, denn letztlich wird dafür entscheidend sein, ob das jeweilige EVU eine Weitergabe der Belastungen über die Strompreise oder die Netznutzungsentgelte im Wettbewerb durchsetzen kann.

Nach dieser gesetzgeberischen Konzeption wird die finanzielle Last den Versorgern von Letztverbrauchern aufgebürdet, da die Übertragungsnetzbetreiber die durch die Vergütungspflichten entstandenen finanziellen Belastungen weiterreichen können. Dieses Ergebnis ist beabsichtigt, was sich aus der Gesetzesbegründung ergibt. Dort heißt es: „Diese vierte Stufe führt zu einer dem Prinzip der Entflechtung von Elektrizitätsversorgungsunternehmen ideal entsprechenden Verpflichtung der Stromlieferanten als Verursacher einer klima- und umweltgefährdenden Energieerzeugung.“[1036]

Dementsprechend steht im Mittelpunkt der folgenden Ausführungen die Frage, ob diese Indienstnahme der Stromlieferanten zur Kostentragung angemessen ist, ob also eine Gesamtabwägung zwischen der Schwere des Eingriffs und dem Gewicht und der Dringlichkeit der ihn rechtfertigenden Gründe ergibt, dass die Grenze der Zumutbarkeit noch gewahrt wurde.

1036 BT-Drs. 14/2776, S. 24.

(aa) Möglichkeit der Weitergabe finanzieller Mehrbelastungen an die letztverbrauchenden Kunden ?

Hierfür ist nicht zuletzt die Frage bedeutsam, inwieweit die Letztversorger die Möglichkeit haben, die finanziellen Mehrbelastungen an die Letztverbraucher weiterzugeben. Damit wäre den betroffenen EVU ein erheblicher Teil der finanziellen Belastungen genommen, was bei der Abwägung der relevanten Aspekte in besonderem Maße zu berücksichtigen wäre.

Wie bereits erörtert, sieht das EEG die Möglichkeit einer Weitergabe der Mehrkosten über die allgemeinen Strompreise an die letztverbrauchenden Kunden nicht ausdrücklich vor. Gleichwohl enthält § 11 Abs. 4 Satz 6 EEG die bereits erörterte Vermarktungsregelung, nach welcher der von den Letztverbraucherversorgern aufgenommene Strom von diesen nicht unter der nach Satz 5 gezahlten Vergütung verkauft werden darf, soweit er als Strom i.S.d. § 2 oder als diesem vergleichbarer Strom vermarktet wird. Aus der Existenz dieser Regelung wird teilweise der Schluss gezogen, dass es sich bei der Vermarktung des Stroms an die Letztverbraucher um die letzte, abschließende und gesetzlich nicht ausdrücklich geregelte Stufe des bundesweiten Belastungsausgleichs handele.[1037] Bereits an anderer Stelle wurde erörtert, dass eine Möglichkeit der Weitergabe der Mehrbelastungen an die Tarifkunden über die allgemeinen Strompreise rechtlich zulässig und möglich ist. Im Bereich der Sonderkundenverträge kann die Weitergabe der Belastungen aufgrund individueller vertraglicher Regelung oder - bei Altverträgen - aufgrund von Steuer- und Abgabenklauseln erfolgen, soweit diese Klauseln ergänzend ausgelegt werden.[1038]

Hiervon zu unterscheiden ist allerdings die Frage, inwieweit die EVU die Umlage ihrer finanziellen Mehraufwendungen auf die Letztverbraucher im Wettbewerb durchsetzen können. Dabei kann davon ausgegangen werden, dass Fälle, in denen eine Weitergabe der Mehrkosten über die allgemeinen Strompreise erfolgte, nicht lediglich Ausnahmen, sondern vielmehr die Regel darstellten. So berichtet der *VIK*[1039], dass sich im Sonderkundenbereich derzeit zahlreiche EVU auf Steuer- und Abgabenklauseln stützen, um Strompreiserhöhungen anzukündigen; die Aufschläge sollen sich in einem Bereich von 0,53 bis 2,2 Pf./kWh bewegen[1040]. Auch die Preisentwicklung bei Haushaltskunden ist nach Angaben des *VDEW* [1041] erheblich durch die Mehrbelastungen aus EEG und KWKG geprägt. So wird ausgeführt, dass sich die Haushalte - wie auch die Industrie - ab Mitte 2000 wieder auf anziehende Preise für elektrische Energie

1037 So etwa *Britz* in Ludwig/Odenthal, EEG, Rn. 14.
1038 Hierzu oben, S. 106 ff.
1039 *VIK*, Kurzgutachten, S. 2.
1040 *Gent*, RdE 2001, S. 50; vgl. auch - bezüglich der Industriestrompreise - *VDEW*, Strommarkt 2000, S. 12.
1041 *VDEW*, Strommarkt 2000, S. 13. Vgl. zu den künftigen Auswirkungen der Weitergabe der Mehrbelastungen an Letztverbraucher auch die Prognose von *Palic*, ew 3/2002, S. 70 ff.

einstellen mussten. Ursache dafür seien die politischen Belastungen durch Öko-Steuer, EEG und KWKG; die Belastungen seien „von der Branche“ an die Kunden weitergereicht worden. Dies rechtfertigt die Annahme, dass von der grundsätzlich bestehenden Möglichkeit einer Weitergabe der Mehrbelastungen aus dem EEG an Letztverbraucher von den letztversorgenden EVU in branchenüblicher Weise Gebrauch gemacht wird, was die von den Unternehmen zu tragenden Belastungen erheblich abmildern wird.

Über dieses tatsächliche Element hinaus ist zudem zu beachten, dass das Fehlen einer ausdrücklichen Weiterwälzungsregelung für die Beurteilung der Zumutbarkeit einer Indienstnahme nur eine sehr eingeschränkte Bedeutung hat. So wurde vom BVerfG im „Erdölbevorratungsbeschluss“ bezüglich der durch die Erdölbevorratungspflicht entstehenden Mehrkosten ausgeführt, dass es einem indienstgenommenen Unternehmen prinzipiell zumutbar sei, die aus der Belastung resultierenden Rentabilitätsminderungen selbst durch geeignete betriebswirtschaftliche Maßnahmen abzufedern.[1042] Ausreichend sei es, wenn der Gesetzgeber etwaige unternehmerische Gegenmaßnahmen nicht bereits durch die Ausgestaltung des Gesetzes selbst verhindere.[1043]

Die Rechtsprechung des BVerfG im „Erdölbevorratungsbeschluss“ wird in der Tendenz durch einen neueren Beschluss des BVerfG[1044] gestützt, in welchem dieses die Rechtsprechung des BGH bestätigt, wonach Kreditinstitute für die Bearbeitung steuerrechtlicher Freistellungsaufträge von Kunden keine Vergütung verlangen dürfen. So wird bezüglich der Zumutbarkeit dieser Rechtsprechung darauf hingewiesen, dass die Kreditinstitute nicht daran gehindert seien, die genannten Kosten - soweit dies die Marktlage zulasse - in die Berechnung der Entgelte einzubeziehen, die von den Kunden insgesamt verlangt werden.[1045]

In Bezug auf das EEG kann nicht davon ausgegangen werden, dass der Gesetzgeber etwaige unternehmerische Gegenmaßnahmen bereits durch die Ausgestaltung des Gesetzes selbst verhindert hat. Im Gegenteil bewirkt der Weiterwälzungs- und Ausgleichsmechanismus eine Verteilung der Lasten dergestalt, dass diese anteilig auf die Letztversorger verteilt werden, welche diese Lasten sodann in die Strompreise einrechnen können. Bezüglich der Belastungen reiner Netzbetreiber kann hingegen davon ausgegangen werden, dass diese ihre Mehrbelastungen regelmäßig bei der Ermittlung der Netznutzungsentgelte in Ansatz bringen werden.

1042 Vgl. BVerfG, Beschl. v. 16.3.1971 - 1 BvR 52, 665, 667, 754/66 -, BVerfGE 30, S. 292, 325 f.; hierzu *Richter*, Stromeinspeisungen, S. 224 f.

1043 Vgl. BVerfG, Beschl. v. 16.3.1971 - 1 BvR 52, 665, 667, 754/66 -, BVerfGE 30, S. 292, 325 f.

1044 BVerfG, Beschl. v. 28.8.2000 - 1 BvR 1821/97 -, NJW 2000, S. 3635 ff.

1045 BVerfG, ebenda S. 3637.

(bb) Der Grundsatz der Lastengleichheit

Der Grundsatz der Lastengleichheit erlangt in solchen Fällen Bedeutung, in denen der Staat Privaten ohne Aufwendungsersatz oder Entschädigung Leistungen auferlegt.[1046] Dabei wird der Grundsatz der Lastengleichheit rechtsdogmatisch dem Art. 3 Abs. 1 GG zugeordnet, weshalb eine Berücksichtigung dieses Grundsatzes im Rahmen des Art. 12 Abs. 1 GG nicht selbstverständlich ist.[1047] Anerkannt ist demgegenüber auch, dass Gleichheitserwägungen im Rahmen der Prüfung des Art. 12 Abs. 1 GG durchaus eine Rolle spielen können, da beide Grundrechte aufgrund der prinzipiellen Divergenzen zwischen Freiheits- und Gleichheitsgewährleistungen grundsätzlich im Verhältnis der Idealkonkurrenz zueinander stehen, sich aus diesem Grunde inhaltlich ergänzen und letztlich regelmäßig parallel gelten.[1048] Dabei ergeben sich Inhalt und Reichweite der Berufsfreiheit vielfach erst aus dem Zusammenhang mit dem allgemeinen Gleichheitssatz[1049], weshalb insbesondere bei Fällen von Indienstnahmen Privater die Beachtung des Gleichbehandlungsgebots inzident im Rahmen des Art. 12 Abs. 1 GG berücksichtigt wird.[1050]

Die bisherigen Ausführungen haben ergeben, dass insbesondere die stromliefernden EVU, welche auf der letzten gesetzlich geregelten Stufe des Belastungsausgleichs zur anteiligen Abnahme und Vergütung von Strom vom jeweils zuständigen Übertragungsnetzbetreiber verpflichtet sind (§ 11 Abs. 4 Satz 1 EEG), hierfür keinen Aufwendungsersatz oder einen finanziellen Ausgleich in Form von staatlichen Mitteln erhalten. Dabei ist unbeachtlich, dass - wie soeben festgestellt - die Möglichkeit einer Weitergabe der Mehrbelastungen an die Letztverbraucher grundsätzlich besteht[1051], da es sich dabei lediglich um eine marktabhängige Option und keine gesetzlich angeordnete Regelfolge handelt, wie dies etwa im Rahmen des „Kohlepfennigs“ der Fall war.[1052] Denn bereits die vom Gesetzgeber vorgenommene Überwälzung des Risikos, die Mehraufwendungen im Wettbewerb nicht durchsetzen zu können, stellt für die betroffenen Unternehmen eine besondere Belastung dar, welche ihrerseits gerechtfertigt sein muss. Der Grundsatz der Lastengleichheit ist daher unabhängig von den fak-

---

1046 Vgl. v. Mangoldt/Klein/Starck-*Starck*, GG, Art. 3 Abs. 1, Rn. 81.

1047 Zu dieser Frage *Richter*, Stromeinspeisungen, S. 226, welcher dies im Ergebnis bejaht; ebenso *Altrock*, Preisregelungen, S. 245 ff.

1048 Vgl. Isensee/Kirchhof-*Breuer*, HdbStaatsR VI, § 147, Rn. 99; v. Mangoldt/Klein/ Starck-*Manssen*, GG, Art. 12, Rn. 269.

1049 Vgl. Isensee/Kirchhof-*Breuer*, HdbStaatsR VI, § 147, Rn. 99; v. Mangoldt/Klein/ Starck-*Manssen*, GG, Art. 12, Rn. 270.

1050 Maunz/Dürig-*Scholz*, GG, Art. 12, Rn. 155; vgl. zu diesem Ansatz *Ossenbühl*, RdE 1997, S. 50 ff.; *Blanke/Peilert*, RdE 1999, S. 99; *Richter*, Stromeinspeisungen, S. 226.

1051 Hierzu oben, S. 106 ff.

1052 Hierzu oben, S. 195 f.

tisch bestehenden Abwälzungsmöglichkeiten als zusätzlicher Prüfungsmaßstab heranzuziehen.[1053]

Damit steht allerdings noch nicht fest, welcher Prüfungsmaßstab bei der Erörterung des Grundsatzes der Lastengleichheit anzulegen ist.

Aufgrund der dogmatischen Zuordnung der Lastengleichheit zu Art. 3 Abs. 1 GG könnte sich für den anzulegenden Prüfungsmaßstab zunächst ergeben, dass - der allgemeinen Systematik des Art. 3 Abs. 1 GG entsprechend - lediglich ein sachlicher Grund zur verfassungsrechtlichen Rechtfertigung erforderlich wäre; der Grundsatz der Lastengleichheit fungierte dann als Ausprägung des allgemeinen Willkürverbots.

Allerdings stellt der Grundsatz der Lastengleichheit eine objektiv-rechtliche Richtschnur für den Gesetzgeber dar und geht damit über ein bloßes Willkürverbot hinaus, mit dem lediglich „grobe Missgriffe" des Gesetzgebers abgewehrt werden können.[1054] Denn die Auferlegung öffentlicher Lasten, die im Gemeinwohlinteresse liegen, sind grundsätzlich auch von der Allgemeinheit zu tragen.[1055] Ausnahmen hiervon bedürfen einer besonderen Rechtfertigung, eines Zurechnungsgrundes, der sich insbesondere aus einer gesteigerten Verantwortung der Gruppe der Belasteten gegenüber der öffentlichen Aufgabe ergeben kann.[1056] Die Lastengleichheit bedeutet somit eine gerechte Verteilung der Lasten und damit - angesichts des Sozialstaatsprinzips - eine Verteilung der Lasten, die der sozialen Gerechtigkeit genügt.[1057]

Im Rahmen der Diskussion um die Verfassungsmäßigkeit des StrEG wurde der Grundsatz der Lastengleichheit von einem nicht unerheblichen Teil der Literatur weitergehend dergestalt interpretiert, dass einige der vom BVerfG aufgestellten Kriterien für die Zulässigkeit von Sonderabgaben - namentlich die Kriterien der Gruppenverantwortung und der Gruppennützigkeit - aufzugreifen und auf die Vergütungsregelung des StrEG anzuwenden seien. Dies wurde mehr oder weniger ausführlich mit der Begründung untermauert, dass es sich bei diesen

1053 In diesem Sinne auch *Richter*, Stromeinspeisungen, S. 221 ff.; zuletzt *Altrock*, Preisregelungen, S. 265 ff.

1054 *Badura*, Staatsrecht, Teil C, Rn. 50.

1055 Vgl. BVerfG, Beschl. v. 11.2.1992 - 1 BvR 890/84 und 74/87 -, BVerfGE 85, S. 226, 237; Maunz/Dürig-*Scholz*, GG, Art. 12, Rn. 155; *Ossenbühl*, RdE 1997, S. 50.

1056 Vgl. BVerfG, Beschl. v. 16.3.1971 - 1 BvR 52, 665, 667, 754/66 -, BVerfGE 77, S. 308, 337; Urt. v. 23.1.1990 - 1 BvL 44/86 und 48/87 -, BVerfGE 81, S. 156, 197; Beschl. v. 11.2.1992 - 1 BvR 890/84 und 74/87 -, BVerfGE 85, S. 226, 237; BGH, Urt. v. 22.10.1996 - KZR 19/95 -, NJW 1997, S. 574, 578; *Berendes*, ZUR 1997, S. 264 f.; *Hölzer*, Energiesektor, S. 293; ähnlich *Manssen*, welcher auf das Vorliegen einer „Sachnähe" abstellt, v. Mangoldt/Klein/Starck-*Manssen*, GG, Art. 12, Rn. 196. Hingegen ist die bloße Begrenztheit der staatlichen Mittel nicht als Zurechnungsgrund ausreichend, vgl. Maunz/Dürig-*Scholz*, GG, Art. 12, Rn. 155.

1057 *Badura*, ebenda.

Kriterien um nichts anderes als Konkretisierungen des verfassungsrechtlichen Grundsatzes der Lastengleichheit aller Bürger handele.[1058]

Eine Heranziehung der sonderabgabenrechtlichen Zulässigkeitskriterien sieht sich in diesem Zusammenhang jedoch erheblichen Bedenken ausgesetzt. Dies ist vor allem darin begründet, dass es sich bei den in Rede stehenden Kriterien nicht um Grundsätze handelt, deren Gültigkeit und Anwendungsbereich beliebig zu verallgemeinern wäre.[1059] Richtig ist zwar, dass die im Rahmen von Indienstnahmen Privater geforderte „Verantwortungsbeziehung" inhaltliche Ähnlichkeiten mit dem Erfordernis der Gruppenverantwortung bei der Zulässigkeit von Sonderabgaben aufweist. Einschränkungen ergeben sich dabei allerdings bereits aus dem Umstand, dass das Kriterium der Gruppennützigkeit fordert, dass die mit der Abgabe belastete Gruppe dem mit der Erhebung verfolgten Zweck *evident näher stehen muss* als jede andere Gruppe oder die Allgemeinheit der Steuerzahler.[1060] Denn derart strenge Anforderungen werden an das Erfordernis einer Verantwortungsbeziehung im Rahmen von Indienstnahmen Privater nicht gestellt. Einer Erweiterung der Zulässigkeitsvoraussetzungen für Indienstnahmen Privater steht entgegen, dass die Kriterien der Gruppenverantwortung und auch der Gruppennützigkeit als Hürden für die Zulässigkeit von Sonderabgaben entwickelt wurden. Die Abnahme- und Vergütungspflichten des EEG - wie auch bereits die im StrEG enthaltenen Pflichten - begründet aber keine Sonderabgabe. Eine „entsprechende" Anwendung der Kriterien ist weder direkt noch auf dem Umweg über Art. 12 Abs. 1 GG angezeigt, da es an vergleichbaren Sachverhalten und einer wie auch immer gearteten Regelungslücke fehlt. Denn gerade die mit der Implementierung von Sonderabgaben verbundenen Gefahren, etwa für das Budgetrecht des Parlaments, bestehen bei einem Einspeise- und Vergütungsgesetz wie dem EEG nicht, da keine staatliche Einnahmequelle begründet wird. Der Grundsatz der Vollständigkeit des Haushaltsplanes ist in Anlehnung an die Kohlepfennig-Entscheidung des BVerfG erst dann berührt, wenn der Gesetzgeber Einnahme- und Ausgabekreisläufe außerhalb des Budgets organisiert.[1061] Dies ist im Rahmen des EEG ersichtlich nicht der Fall.

Zu prüfen gilt es allerdings, ob sich im Hinblick auf zwei - im Rahmen dieser Diskussion herangezogene[1062] - Entscheidungen des BVerfG etwas anderes ergeben muss. In den Entschei-

---

1058 *Ossenbühl*, RdE 1997, S. 50; *Blanke/Peilert*, RdE 1999, S. 99 f.; *Richter*, Stromeinspeisungen, S. 228, welcher aber auch nicht zu verleugnende dogmatische Divergenzen einräumt; zur Rechtslage beim EEG *Altrock*, Preisregelungen, S. 249 ff.

1059 So hebt *Manssen* in v. Mangoldt/Klein/Starck, GG, Art. 12, Rn. 196, hervor, dass die Zulässigkeitskriterien strukturell nicht ohne weiteres auf den Bereich von Indienstnahmen Privater übertragen werden können.

1060 Vgl. BVerfG, Beschl. v. 31.5.1990 - 2 BvL 12, 13/88, 2 BvR 143/87 -, BVerfGE 82, S. 159, 180.

1061 BVerfG, Beschl. v. 31.5.1990 - 2 BvL 12,13/88, 2 BvR 1436/87 -, BVerfGE 82, S. 159, 179; Beschl. v. 11.10.1994 - 2 BvR 633/86 -, BVerfGE 91, S. 186, 202.

1062 Vgl. *Ossenbühl*, RdE 1997, S. 50 f.

dungen geht es zum einen um bezahlten Sonderurlaub für in der Jugendarbeit tätige Mitarbeiter[1063] und zum anderen um bezahlten Bildungsurlaub[1064].

In der erstgenannten Entscheidung hielt das BVerfG[1065] eine teilweise Kostenabwälzung des bezahlten Sonderurlaubs auf den Arbeitgeber mit der Begründung für zumutbar, dass es im Hinblick auf den Zweck der Regelung nicht an jeglicher Verantwortungsbeziehung des Arbeitgebers fehle und die Entwicklung und Förderung der Fähigkeiten des Arbeitnehmers auch dem Arbeitgeber zugute kämen.

In der zweiten Entscheidung stellte das BVerfG[1066] darauf ab, dass der Gesetzgeber bei der Auferlegung der Lasten des Bildungsurlaubs berücksichtigen durfte, dass die Weiterbildung der Arbeitnehmer nicht nur diesen, sondern ebenso der Innovationsfähigkeit der Wirtschaft zugute kommt. Zudem durfte der Gesetzgeber auch in Erwägung ziehen, dass der Arbeitgeber zur Wertschöpfung und zur Erreichung des Unternehmenszwecks regelmäßig der Mitwirkung seiner Arbeitnehmer bedarf.

Aus diesen Entscheidungen wurde im Rahmen der verfassungsrechtlichen Diskussion um das StrEG nun der Schluss gezogen, dass finanzielle Belastungen im Zusammenhang mit Berufsausübungsregelungen einer besonderen Rechtfertigung bedürfen und dass „diese Rechtfertigung gesehen werden kann in einem Nutzen, der für den Belasteten mit der gesetzlichen Regelung verbunden ist".[1067] Dieser Schluss ist für sich betrachtet nicht zu beanstanden, zumal er ohne Zweifel in Einklang mit den zitierten Entscheidungen des BVerfG steht. In keiner Weise zwingend ist allerdings die im Folgenden hieraus gezogene Konsequenz, dass somit auch das vom BVerfG entwickelte Prüfungskriterium der Gruppennützigkeit für die Überprüfung der Verfassungsmäßigkeit des StrEG heranzuziehen wären.

Zutreffend führt *Ossenbühl* aus, dass die Rechtfertigung finanzieller Belastungen im Zusammenhang mit Berufsausübungsregelungen in einem Nutzen der gesetzlichen Regelung für den Belasteten liegen *kann*.[1068] Zwingend ist das Vorliegen eines solchen Nutzens jedoch nur beim Vorliegen einer Sonderabgabe, wohingegen es bei den in Rede stehenden Entscheidungen des BVerfG nicht um Sonderabgaben, sondern um Indienstnahmen Privater ging. Dass das BVerfG den streitbefangenen Regelungen auch einen Nutzen für den belasteten Arbeitgeber entnehmen konnte, mag als allgemeines Abwägungskriterium in die Prüfung der Angemes-

1063 BVerfG, Beschl. v. 11.2.1992 - 1 BvR 890/84 und 74/87 -, BVerfGE 85, S. 226 ff.
1064 BVerfG, Beschl. v. 15.12.1987 - 1 BvR 563, 582/85, 974/86 und 1 BvL 3/86 -, BVerfGE 77, S. 308 ff.
1065 BVerfG, Beschl. v. 11.2.1992 - 1 BvR 890/84 und 74/87 -, BVerfGE 85, S. 226, 236.
1066 BVerfG, Beschl. v. 15.12.1987 - 1 BvR 563, 582/85, 974/86 und 1 BvL 3/86 -, BVerfGE 77, S. 308, 334.
1067 *Ossenbühl*, RdE 1997, S. 51.
1068 *Ossenbühl*, RdE 1997, S. 51; Hervorhebung vom Verfasser.

senheit eingeflossen sein. Dass ein solcher Nutzen indes zur Rechtfertigung der Regelungen zwingend erforderlich war, kann den zitierten Entscheidungen nicht entnommen werden.[1069]
Für die Prüfung des Grundsatzes der Lastengleichheit ist somit letztlich allein die Frage maßgeblich, ob die Vergütungspflichten des EEG eine gerechte Verteilung der Lasten und damit - angesichts des Sozialstaatsprinzips - eine Verteilung der Lasten beinhalten, die der sozialen Gerechtigkeit genügt. Da das EEG eine Indienstnahme privater Unternehmen begründet, ist hierfür die Frage entscheidend, ob für diese Indienstnahme ein besonderer Zurechnungsgrund in Form einer besonderen Verantwortungsbeziehung zwischen dem Belasteten und der zu erfüllenden Aufgabe besteht.

Hierzu ist Folgendes festzuhalten: Für die Emittierung klimawirksamer Treibhausgase liegt - in Bezug auf den Bereich der Energiewirtschaft - eine Mehrzahl von Verursachern vor. Hierzu zählen Erzeuger konventionellen Stroms, Verteiler, Verkäufer bzw. Händler und die Letztverbraucher selbst. Weiterhin kann nicht davon ausgegangen werden, dass die elektrizitätsverbrauchende Allgemeinheit eine größere Sachnähe zur Ressourcenschonung und zum Klimaschutz habe als die Elektrizitätswirtschaft.[1070] Denn auch nach Aufhebung der geschlossenen Versorgungsgebiete kann eine besondere Pflichtenlage der EVU hinsichtlich der Frage, auf welche Art und Weise diese die Elektrizitätsversorgung durchführen, festgestellt werden.[1071] Dies ergibt sich bereits aus § 1 EnWG, nach welchem Ziel des Gesetzes eine möglichst sichere, preisgünstige und umweltverträgliche leitungsgebundene Versorgung mit Elektrizität und Gas im Interesse der Allgemeinheit ist. EVU haben demnach bei all ihren Maßnahmen dem Erfordernis der Umweltverträglichkeit, also den Erfordernissen eines rationellen und sparsamen Umgangs mit Energie, Rechnung zu tragen.[1072] Dies gilt für die Erzeuger, Verteiler und Händler bzw. Verkäufer von elektrischer Energie gleichermaßen. Darüber hinaus liegt der Schluss nahe, dass die Umweltverträglichkeit - gestützt durch die Zielsetzung des EEG - als vorrangiges Ziel zu beachten sein könnte.[1073]

Im Hinblick auf die faktischen Auswirkungen des EEG kann festgehalten werden, dass das derzeitige System des bundesweiten Belastungsausgleichs Ungleichgewichtungen zu Lasten der Übertragungsnetzbetreiber beinhaltet, bei welchen ein Zwischenfinanzierungsbedarf entsteht, ohne dass - wie etwa bei den Verteilunternehmen der Fall - Vorteile aus der Vermarktung des Stroms realisiert werden können.[1074] Hinzu kommt, dass nach der gesetzgeberischen

1069 So auch *Vinnen*, Rechtsprobleme der Nutzung regenerativer Energien, S. 282 f., Fn. 142.
1070 Vgl. *Hoffmann-Riem*, Die Verwaltung 1995, S. 440 ff.
1071 Vgl. BGH, Urt. v. 22.10.1996 - KZR 19/95 -, NJW 1997, S. 574, 578 f., welcher noch maßgeblich auf die monopolartige Stellung der öffentlichen EVU innerhalb ihres Versorgungsgebietes abstellte; vgl. auch *Altrock*, Preisregelungen, S. 264 f.
1072 *Tegethoff/Büdenbender/Klinger*, § 1 EnWG, Rn. 27.
1073 Dies deutet *Salje*, RdE 2000, S. 67, an.
1074 Hierzu oben, S. 105.

Konzeption ein abschließender Ausgleich mit den Versorgern von Letztverbrauchern erst nach 12 - 15 Monaten erfolgen kann. Die Pflicht zur Leistung von Abschlägen gemäß § 11 Abs. 3 EEG kann die Belastung nur in geringem Maße abmildern. Belastet werden durch die Vergütungspflichten des EEG insbesondere auch die letztversorgenden EVU, soweit ihnen das Risiko auferlegt ist, die ihnen entstandenen Mehrkosten an die Letztverbraucher weiterzugeben. Ist die Weitergabe der Mehrkosten möglich - dieser Fall dürfte wie bereits erörtert die Regel darstellen -, sind schließlich die Letztverbraucher durch die anteilig erhöhten Strombezugspreise belastet.

Demnach kann festgehalten werden, dass die Mehrkosten durch den bundesweiten Belastungsausgleich nicht mehr nur von einzelnen Letztverbrauchern, bestimmten Netzbetreibern oder EVU getragen, sondern - zumindest zu einem großen Teil - indirekt den gesamten Erzeugungs- und Bereitstellungskosten der elektrischen Energie zugeschlagen wird.[1075] Das EEG bewirkt damit eine relativ gleiche Belastung der unmittelbar oder mittelbar betroffenen Rechtssubjekte. Ungleichgewichtungen zu Lasten der Gruppe der Übertragungsnetzbetreiber ergeben sich aus deren Funktion als „neutraler Sachwalter" des EEG. Hiergegen lässt sich nicht einwenden, dass dies der sozialen Gerechtigkeit widerspreche. Denn die in der Bundesrepublik Deutschland existenten Übertragungsnetzbetreiber sind aufgrund ihrer überschaubaren Zahl und aufgrund ihrer Funktion wie keine andere Gruppe dazu in der Lage, den unterschiedlichen Umfang der abgenommenen Strommengen und die geleisteten Vergütungszahlungen mit dem geringstmöglichen Aufwand zu erfassen und auszugleichen. Aus dieser Position resultiert eine Verantwortungsbeziehung für die zu erfüllende Aufgabe des Ausgleichs der geleisteten Vergütungszahlungen, womit ein hinreichender Zurechnungsgrund für die Indienstnahme besteht.

Mit der Weiterwälzung von Strommengen und Vergütungszahlungen auf die Ebene der Versorger von Letztverbrauchern setzt das EEG schließlich an der Nachfragestruktur an, um einen ökologischen Steuerungseffekt zu entfalten. Denn § 11 Abs. 4 Satz 1 EEG gilt nicht für solche Letztversorger, die bezogen auf die gesamte von ihnen gelieferte Strommenge zu mindestens 50 % Regenerativstrom liefern; wie bereits erörtert werden also insbesondere typische „Grünstromhändler" begünstigt[1076]. Darüber hinaus profitieren auch solche Letztverbraucher, die ihren Strombedarf bei „Grünstromhändlern" decken, da diese Stromkunden entsprechend eine EEG-bedingte Preiserhöhung für den Bezug ihrer elektrischen Energie nicht zu befürchten haben. Mit diesen Wirkungen korrespondiert eine Anreizwirkung für Letztversorger, den

1075 Vgl. *Breuer*, Anlagensicherheit und Umweltschutz, S. 938.
1076 Zum Begriff der „Grünstromhändler" oben S. 90, 94 f.

Anteil des von ihnen gelieferten Regenerativstroms zu erhöhen und eine Anreizwirkung für Letztverbraucher, ihren Strombedarf aus regenerativen Energiequellen zu decken.
Auch die Umwälzung der Lastentragung auf die Gruppe der Letztversorger kann somit als mit dem Grundsatz der Lastengleichheit vereinbar angesehen werden. Denn die Tätigkeit als Versorger bzw. Lieferant beinhaltet eine besondere Verantwortung hinsichtlich der Art und Weise, in welcher das betreffende Produkt erzeugt wurde. Dies gilt erst recht vor dem Hintergrund einer Marktwirtschaft, in der die Nachfrage den wirtschaftlichen Erfolg eines Produktes bestimmt. Denn Strom ist für den Letztverbraucher immer noch ein homogenes Produkt, so dass ausgeschlossen werden kann, dass die gesetzgeberischen Ziele des Klima- und Umweltschutzes durch einen selbständig wachsenden Nachfragemarkt für Strom aus erneuerbaren Energiequellen seitens der Stromverbraucher erreicht werden kann. Die erforderliche Verantwortungsbeziehung der Letztversorger liegt demnach vor[1077], womit im Ergebnis ein Verstoß gegen den Grundsatz der Lastengleichheit nicht festgestellt werden kann.

(c) Zwischenergebnis

Die Abnahme- und Vergütungspflichten aus den §§ 3 Abs. 2, 11 Abs. 2 und 11 Abs. 4 EEG stehen insbesondere auch im Hinblick auf den Grundsatz der Lastengleichheit nicht außer Verhältnis zum angestrebten Zweck, sie sind angemessen.

dd. Zwischenergebnis

Die Abnahme- und Vergütungspflichten der §§ 3 Abs. 2, 11 Abs. 2 und 11 Abs. 4 EEG sind insgesamt verhältnismäßig.

V. Ergebnis

Die durch das EEG begründeten Abnahme- und Vergütungspflichten aus den §§ 3 Abs. 1 Satz 1, Abs. 2, 11 Abs. 2 und Abs. 4 EEG verstoßen nicht gegen das Grundrecht der in die Pflicht genommenen EVU aus Art. 12 Abs. 1 GG.

C. Das Verbot des Unterpreisverkaufs aus § 11 Abs. 4 Satz 6 EEG und seine Vereinbarkeit mit Art. 12 Abs. 1 GG

Das Verbot des Unterpreisverkaufs gemäß § 11 Abs. 4 Satz 6 EEG[1078] ist zu beachten, soweit Letztversorger den nach § 11 Abs. 4 Satz 1 EEG abgenommenen Strom als Strom aus erneuerbaren Energien oder als diesem vergleichbaren Strom vermarkten. Der Strom darf in diesem

1077 Im Ergebnis ebenso *Altrock*, Preisregelungen, S. 264 ff.
1078 Hierzu oben, S. 101 ff.

Fall nicht unter der nach Satz 5 gezahlten Vergütung verkauft werden. Die nach Satz 5 gezahlte Vergütung - dabei handelt es sich um den Preis, zu dem die Letztversorger ihrerseits den EEG-Strom vom Übertragungsnetzbetreiber abnehmen - errechnet sich aus dem Durchschnitt der nach § 3 von der Gesamtheit der Netzbetreiber je kWh in dem vorvergangenen Quartal gezahlten Vergütungen.

Bei der „Anti-Dumping-Regel" handelt es sich damit um eine Mindestpreisregelung, welche unter dem Aspekt der Vertrags- und Preisfreiheit in den Schutzbereich des Art. 12 Abs. 1 GG eingreift.[1079] Als Berufsausübungsregelung ist für die Rechtfertigung dieser Mindestpreisregelung erforderlich, dass der Gesetzgeber mit der Regelung einen legitimen Zweck verfolgt, sowie den Verhältnismäßigkeitsgrundsatz beachtet hat.[1080]

Das Verbot des Unterpreisverkaufs gemäß § 11 Abs. 4 Satz 6 EEG soll nach seiner Zielsetzung als „Anti-Dumping-Regel"[1081] verhindern, dass diejenigen Versorger von Letztverbrauchern, die gemäß § 11 Abs. 4 Satz 1 EEG zur anteiligen Abnahme und Vergütung von Strom verpflichtet sind, diesen Strom als „Ökostrom" zu Dumpingpreisen vermarkten.

Dass die Verhinderung eines „Ökostromdumpings" ein legitimer Zweck ist, kann nicht in Abrede gestellt werden. Dem Gesetzgeber geht es gerade um einen verstärkten Ausbau der Stromerzeugung aus erneuerbaren Energien und - damit verbunden - auch um die Stärkung der Marktposition der Betreiber solcher Regenerativstromanlagen, die nicht nach dem EEG gefördert werden. Dem würde es entgegenwirken, wenn Strom im Sinne von § 11 Abs. 4 EEG von den abnahme- und vergütungspflichtigen Letztversorgern unter dem von ihnen nach § 11 Abs. 4 Satz 5 EEG gezahlten Preis als „grüner" Strom verkauft werden könnte. Ein solches Vorgehen hätte einen Preiswettbewerb auf dem „Grünstrommarkt" zur Folge, der zur Verdrängung solcher „Grünstromhändler" führen würde, deren Strom nicht nach dem EEG gefördert wird. Aus demselben Grund ist die Mindestpreisregelung des § 11 Abs. 4 Satz 6 EEG auch geeignet, ein „Ökostromdumping" zu verhindern.

Damit gilt es zu prüfen, ob die Mindestpreisregelung auch erforderlich ist[1082], ob also ein zur Erreichung des angestrebten Zwecks gleichermaßen geeignetes Mittel denkbar ist, welches die in ihrer Vertrags- und Preisfreiheit beeinträchtigten Letztversorger weniger einschneidend belasten würde. Zur Vermeidung eines Preisdumpings auf dem „Grünstrommarkt" wäre allenfalls vorstellbar, den Letztversorgern *generell* die Vermarktung des von ihnen nach § 11 Abs. 4 Satz 1 EEG abgenommenen und vergüteten Stroms als „grünen" Strom zu untersagen und vielmehr explizit die Möglichkeit zu schaffen, die aus der Abnahme- und Vergütungs-

1079 Zum Schutzbereich des Art. 12 Abs. 1 GG und den Eingriffen in die Vertrags- und Preisfreiheit vgl. bereits oben, S. 214 f.
1080 Zu den Anforderungen an die Rechtfertigung von Berufsausübungsregelungen oben S. 218 ff.
1081 Vgl. BT-Drs. 14/2776, S. 25.
1082 Zur „Erforderlichkeit" im Rahmen des Art. 12 Abs. 1 GG oben, S. 224 ff.

pflicht resultierenden Mehrbelastungen auf die Allgemeinheit der Letztverbraucher weiterzuwälzen. Mit einer solchen Vorgehensweise wären auch die bereits geltend gemachten ordnungspolitischen Bedenken gegen die Vorschrift des § 11 Abs. 4 Satz 6 EEG ausgeräumt[1083], da die in Rede stehende Vermarktungsregel in ihrer jetzigen Form lediglich eine „ökologisch wertlose Quersubventionierung“ darstellt: Kaufen die Letztverbraucher teuren Ökostrom von Letztversorgern im Sinne des § 11 Abs. 1 EEG, übernehmen sie die durch das EEG verursachte Belastung der Strompreise und finanzieren damit die niedriger bleibenden Preise der anderen Kunden.[1084]

Allerdings wäre die gänzliche Untersagung einer Vermarktung des nach § 11 Abs. 4 Satz 1 EEG abgenommenen Stroms als „grüner“ Strom ein intensiverer Eingriff in die Vertrags- und Preisfreiheit als die bloße Einführung einer Mindestpreisregelung. Damit kann die Erforderlichkeit der Regelung des § 11 Abs. 4 Satz 6 EEG nicht angezweifelt werden.

Schließlich müsste die Mindestpreisregelung des § 11 Abs. 4 Satz 6 EEG auch angemessen sein; die durch die Regelung eintretende Beeinträchtigung darf nicht außer Verhältnis zum angestrebten Zweck stehen.[1085]

Dabei ist zu beachten, dass den Letztverbrauchern eine Vermarktung der von ihnen nach § 11 Abs. 4 Satz 1 EEG abgenommenen und vergüteten Strommengen unter dem Durchschnittspreis des § 11 Abs. 4 Satz 5 EEG nicht ausnahmslos untersagt ist, sondern nur dann, wenn diese Strommengen als Strom im Sinne des § 2 EEG oder als diesem vergleichbarer Strom vermarktet werden. Sofern die Letztversorger diese Strommengen aber gemeinsam mit dem übrigen Strom als „gewöhnlichen“ Strom vermarkten, ist eine Unterschreitung des Durchschnittspreises nach § 11 Abs. 4 Satz 5 EEG zulässig.[1086] Dabei wurde bereits festgestellt, dass die aus der Abnahme- und Vergütungspflicht des § 11 Abs. 4 Satz 1 EEG resultierenden Mehrkosten regelmäßig an die Allgemeinheit der Letztverbraucher weitergegeben wird[1087], womit die aus der Mindestpreisregelung des § 11 Abs. 4 Satz 6 EEG entstehenden Belastungen als sehr gering eingeschätzt werden können. Auch der Umstand, dass bisher die Nachfrage nach „grünem“ Strom bei den Abnehmern nicht so groß ist, wie die insgesamt in Anlagen nach § 2 EEG erzeugte Strommenge[1088], spricht dafür, dass die aufgrund der Regelung des § 11 Abs. 4 Satz 6 EEG entstehenden Belastungen für die Letztversorger relativ gering sein dürften und letztlich nicht außer Verhältnis zum angestrebten Zweck stehen.

1083 Hierzu oben, S. 103 ff.
1084 Vgl. Ludwig/Odenthal-*Britz*, ebenda.
1085 Zur „Angemessenheit“ im Rahmen des Art. 12 Abs. 1 GG oben, S. 242 ff.
1086 Vgl. *Brand/Reshöft/Steiner*, EEG, § 11, Rn. 72.
1087 Hierzu oben, S. 101 ff.
1088 Vgl. *Brand/Reshöft/Steiner*, EEG, § 11, Rn. 72.

Der mit der Mindestpreisregelung des § 11 Abs. 4 Satz 6 EEG verbundene Eingriff in den Schutzbereich des Art. 12 Abs. 1 GG ist damit verfassungsrechtlich gerechtfertigt.

D. Die Vereinbarkeit der Abnahme- und Vergütungspflichten des EEG mit Art. 14 Abs. 1 GG

Eine Beeinträchtigung des Art. 14 GG durch die Abnahme- und Vergütungspflichten des EEG kommt unter mehreren Aspekten in Betracht, zwischen denen im Folgenden zu differenzieren ist.

§ 3 Abs. 1 EEG regelt zunächst die Pflicht der Netzbetreiber, Anlagen zur Erzeugung von Strom aus erneuerbaren Energien an ihr Netz anzuschließen und den gesamten angebotenen Strom vorrangig abzunehmen. Insoweit ist der verpflichtete Netzbetreiber daran gehindert, mit seinem Eigentum nach freiem Belieben i.S.d. § 903 BGB zu verfahren; seine freie Dispositionsbefugnis am Leitungsnetz ist eingeschränkt. Gleiches gilt auch für die nachfolgenden Abnahmepflichten, die in den §§ 3 Abs. 2, 11 Abs. 2 und Abs. 4 EEG geregelt sind.

Darüber hinaus ist im Rahmen der Prüfung des Art. 14 GG auch die mit der Abnahmepflicht aus § 3 Abs. 1 EEG in engem Zusammenhang stehende Netzausbaupflicht zu beachten, die in den §§ 3 Abs. 1 Satz 3 und 10 Abs. 2 EEG geregelt ist. Die in den genannten Vorschriften enthaltenen Regelungen verpflichten den Netzbetreiber unter bestimmten Voraussetzungen zu einem „wirtschaftlich zumutbaren Ausbau" des Netzes und schränken somit gleichfalls die Dispositionsbefugnis des Netzbetreibers ein.

Schließlich sind die Abnahmepflichten mit Vergütungspflichten verbunden; die Adressaten der jeweiligen Vorschrift - insbesondere die Versorger von Letztverbrauchern i.S.d. § 11 Abs. 4 EEG - sind zur Leistung von Geldzahlungen verpflichtet, ohne für den Förderanteil der Zahlungen einen Ausgleich aus staatlichen Mitteln zu erhalten. Hierin könnte gleichfalls ein Eingriff in den Schutzbereich des Art. 14 Abs. 1 GG gesehen werden.

Neben den soeben beschriebenen Belastungen der verpflichteten EVU ist auch noch ein weiterer Aspekt von Bedeutung. Wie bereits dargestellt, kann die Beeinträchtigung der freien Verfügungsmacht an den Leitungsnetzen zur Folge haben, dass Netzbetreiber dazu gezwungen sind, bestehende Netznutzungsverträge zu kündigen oder zumindest zu modifizieren. Im Folgenden wird also auch zu klären sein, inwieweit eine solche Einwirkung auf bestehende schuldrechtliche Verträge mit dem Eigentumsgrundrecht zu vereinbaren ist.

I. Konkurrenz zum Grundrecht aus Art. 12 Abs. 1 GG

Zuvor ist indes die grundsätzliche Frage zu klären, ob Art. 14 Abs. 1 GG unter Konkurrenzgesichtspunkten neben Art. 12 Abs. 1 GG zur Prüfung des EEG herangezogen werden darf.
Nach der Rechtsprechung des BVerfG schützt Art. 14 Abs. 1 GG das Erworbene, das Ergebnis der Betätigung, Art. 12 Abs. 1 GG dagegen den Erwerb, die Betätigung selbst.[1089] Diese Abgrenzung wird aber nicht in dem Sinne verstanden, dass die Schutzbereiche beider Grundrechte immer streng zu trennen wären, da zwischen beiden Grundrechten vielfältige Kohärenzen auftreten können.[1090] Auch das BVerfG[1091] hat verschiedentlich - unter Billigung durch die ganz herrschende Ansicht in der Literatur - die Möglichkeit einer Idealkonkurrenz[1092] zwischen Art. 12 Abs. 1 und Art. 14 Abs. 1 GG anerkannt; eine strikte Exklusivität der Grundrechte liegt nicht vor.[1093] Eine Idealkonkurrenz kommt insbesondere dann in Betracht, wenn die freie Nutzung eines Eigentumsrechts beruflichen Zwecken dient und in dieses Eigentumsrecht eingegriffen wird oder wenn in eine berufliche Tätigkeit eingegriffen wird, die funktionsnotwendig mit der Nutzung eines bestimmten Eigentumsrechts verbunden ist.[1094]
In Bezug auf die Dispositionsbefugnis der Netzbetreiber an den Leitungsnetzen ist somit von der grundsätzlichen Idealkonkurrenz beider Grundrechte auszugehen, da die Nutzung des Eigentums am Leitungsnetz der beruflichen Tätigkeit der Netzbetreiber dient.[1095] Bezüglich der Geldleistungspflichten und der möglichen Einflussnahme des EEG auf bestehende schuldrechtliche Verträge liegt eine Idealkonkurrenz der beiden Grundrechte jedenfalls dann vor, wenn diese Rechtspositionen vom Schutzbereich des Art. 14 Abs. 1 GG erfasst sind. Dies ist im Folgenden zu erörtern.

II. Schutzbereich des Art. 14 Abs. 1 GG

Als Eigentum i.S.d. Art. 14 Abs. 1 GG wird alles verstanden, was das einfache Recht zu einem bestimmten Zeitpunkt als Eigentum definiert.[1096] Zum Schutzbereich zählt dementspre-

---

1089 Vgl. etwa BVerfG, Beschl. v. 14.11.1989 - 1 BvL 14/85, 1 BvR 1276/84 -, BVerfGE 81, S. 70, 96; Beschl. v. 25.5.1993 - 1 BvR 345/83 -, BVerfGE 88, S. 366, 377.

1090 Vgl. Sachs-*Tettinger*, GG, Art. 12, Rn. 165.

1091 Vgl. hierzu BVerfG, Beschl. v. 10.7.1958 - 1 BvF 1/58 -, BVerfGE 8, S. 71, 79 ff.; Beschl. v. 14.2.197 - 1 BvL 17/63 -, BVerfGE 21, S. 150, 160.

1092 Idealkonkurrenz in diesem Sinne liegt vor, wenn ein Tatbestand in die Schutzbereiche zweier spezieller Grundrechte fällt, ohne dass zwischen beiden ein Spezialitätsverhältnis festgestellt werden kann, *Pieroth/Schlink*, Staatsrecht II, Rn. 343.

1093 Sachs-*Tettinger*, GG, Art. 12, Rn. 165; Sachs-*Wendt*, GG, Art. 14, Rn. 186; Isensee/Kirchhof-*Breuer*, HdbStaatsR VI, § 147, Rn. 100; v. Münch/Kunig-*Gubelt*, GG, Art. 12, Rn. 98; *Ossenbühl*, RdE 1997, S. 54; dagegen Dreier-*Wieland*, GG, Art. 14, Rn. 152, 153.

1094 Maunz/Dürig-*Scholz*, GG, Art. 12, Rn. 138.

1095 Vgl. bereits oben zur Berufsfreiheit, S. 214 ff.

1096 BVerfG, Beschl. v. 15.7.1981 - 1 BvL 77/78 -, BVerfGE 58, S. 300, 336. Der Bezug auf den *bestimmten Zeitpunkt* verdeutlicht also die Wandelbarkeit des Eigentumsbegriffs und somit auch des Eigentumsschutzes, vgl. *Pieroth/Schlink*, Staatsrecht II, Rn. 899; Jarass/Pieroth-*Jarass*, GG, Art. 14, Rn. 8 f.

chend zunächst das Eigentum nach bürgerlichem Recht, in § 903 BGB definiert als Grund- und Fahrniseigentum unter Einräumung der Befugnis, mit der Sache nach Belieben zu verfahren. Es kann somit an dieser Stelle festgehalten werden, dass zumindest das Eigentum der Netzbetreiber an den Leitungsnetzen vom Schutzbereich des Art. 14 Abs. 1 GG umfasst ist.
Da das Eigentum aber durch das gesamte einfache Recht definiert wird, sind auch die privat- und öffentlich-rechtlichen Beschränkungen des Eigentümerbeliebens von vornherein Bestandteil der Eigentumsdefinition.[1097] Eigentum i.S.d. Art. 14 Abs. 1 GG ist somit mehr als das, was durch das einfache Recht als Eigentum benannt wird. Allgemein wird dementsprechend das Eigentum i.S.d. Art. 14 GG als die Gesamtheit aller privatrechtlichen vermögenswerten Rechte und Güter definiert.[1098]

1. Schutz vor der Auferlegung von Geldleistungspflichten?

Erörterungsbedürftig ist, ob auch die Pflicht zur Zahlung der Vergütungen für den eingespeisten Regenerativstrom nach den Vorschriften des EEG unter den so definierten Schutzbereich des Art. 14 Abs. 1 GG fällt. Im Kern geht es damit um die Frage, ob Art. 14 GG auch vor der Auferlegung von Geldleistungen und damit letztlich vor reinen Vermögensbelastungen schützt.
Das BVerfG und die ganz herrschende Auffassung in der Literatur[1099] lehnen einen solchen Vermögensschutz unter Verweis auf die Entstehungsgeschichte und den Wortlaut des Art. 14 GG ab. Dies wird mit dem Argument begründet, dass der Unterschied zwischen Eigentum und Vermögen in vielen Rechtsgebieten geläufig sei. Im Gegensatz zum Eigentum sei aber das Vermögen nicht zu einer Rechtsposition durch das Privatrecht ausgebildet worden.[1100] Einer Bestands- oder Bestandswertgarantie könne somit nur subjektive Rechte des Einzelnen, nicht aber das Vermögen schlechthin unterfallen.[1101] Einschränkend verlangt das BVerfG[1102] aber in ständiger Rechtsprechung, dass Steuergesetze keine das vorhandene Eigentum „erdrosselnde Wirkung“ im Sinne einer konfiskatorischen, existenzbedrohenden Besteuerung haben dürfen.

1097 *Pieroth/Schlink*, Staatsrecht II, Rn. 901.
1098 Sachs-*Wendt*, GG, Art. 14, Rn. 22; Dreier-*Wieland*, GG, Art. 14, Rn. 31; *Pieroth/Schlink*, Staatsrecht II, Rn. 903.
1099 Vgl. BVerfG, Urt. v. 20.7.1954 - 1 BvR 459, 484, 548, 555, 623, 651, 748, 783, 801/52, 5, 9/53, 9, 114/54 -, BVerfGE 4, S. 7, 17; Beschl. v. 29.11.1989 - 1 BvR 1402, 1528/87 -, BVerfGE 81, S. 108, 122; Urt. v. 8.4.1997 - 1 BvR 48/94 -, BVerfGE 95, S. 267, 300; Sachs-*Wendt*, GG, Art. 14, Rn. 38 ff.; Maunz/Dürig-*Papier*, GG, Art. 14, Rn. 160; Dreier-*Wieland*, GG, Art. 14, Rn. 48; *Pieroth/Schlink*, Staatsrecht II, Rn. 907.
1100 Soergel-*Baur*, BGB, § 903, Rn. 143; vgl. auch Dreier-*Wieland*, GG, Art. 14, Rn. 48.
1101 Maunz/Dürig-*Papier*, GG, Art. 14, Rn. 160.
1102 BVerfG, Urt. v. 24.7.1962 - 2 BvL 15, 16/61 -, BVerfGE 14, S. 221, 241; Beschl. v. 25.9.1992 - 2 BvL 5, 8, 14/91 -, BVerfGE 87, S. 153, 169; kritisch hierzu Sachs-*Wendt*, GG, Art. 14, Rn. 39; Dreier-*Wieland*, GG, Art. 14, Rn. 48.

Unter Zugrundelegung dieser Grundsätze gälte es zunächst zu prüfen, ob die im EEG geregelten Vergütungspflichten eine erdrosselnde, konfiskatorische oder existenzbedrohende Wirkung zeitigen.

Der Annahme einer existenzbedrohenden Wirkung der Vergütungspflichten des EEG kann indes bereits entgegengehalten werden, dass die vergütungspflichtigen Unternehmen zumindest anteilig ein Äquivalent für die gezahlte Vergütung in Form des abzunehmenden Stroms erhalten.[1103] Eine relevante Belastung ist daher allein in der Pflicht zur Zahlung des über die vermiedenen Kosten[1104] hinausgehenden „Förderanteils" der Vergütung zu sehen. Darüber hinaus ist zu berücksichtigen, dass der in § 3 Abs. 2, § 11 EEG niedergelegte bundesweite Belastungsausgleich geeignet ist, einseitige und damit übermäßige Belastungen von abnahme- und vergütungspflichtigen Netzbetreibern aufzufangen. So wurde bereits festgestellt[1105], dass der Ausgleichsmechanismus eine relativ breite und gleichmäßige Belastung der involvierten EVU sicherstellt; eine existenzbedrohende Wirkung kann damit letztlich ausgeschlossen werden.[1106] Die Frage, ob die Rechtsprechung des BVerfG zum Erfordernis einer „erdrosselnden" Wirkung von Steuergesetzen überhaupt ohne weiteres auf gesetzlich angeordnete Vergütungspflichten zwischen „Privaten" übertragen werden kann, bedarf damit in diesem Zusammenhang keiner Erörterung.[1107]

2. Schutz bestehender Vertragsbeziehungen?

Weiterhin bedarf der Erörterung, ob durch den möglichen Einfluss der Regelungen des EEG auf die vielfältigen Vertragsbeziehungen zwischen Stromerzeugern, Händlern, Netzbetreibern und Lieferanten der Schutzbereich des Art. 14 Abs. 1 GG eröffnet sein könnte. Dies wäre unter mehreren Aspekten denkbar.

In der ein oder anderen Abwandlung ist etwa die Situation vorstellbar, dass ein Netzbetreiber vertragliche Lieferbeziehungen mit einem konventionellen Stromerzeuger modifizieren oder

---

1103 So bereits zur Rechtslage unter Geltung des StrEG *Richter*, Stromeinspeisungen, S. 244.

1104 Zum Begriff der vermiedenen Kosten oben S. 25 ff.

1105 Hierzu oben S. 89 ff., 105 f.

1106 Im Ergebnis ebenso *Altrock*, Preisregelungen, S. 206. Zur Rechtslage unter Geltung des StrEG hat *Richter*, Stromeinspeisungen, S. 244 eine erdrosselnde Wirkung bereits im Hinblick auf die im StrEG enthaltenen Härteklauseln (hierzu oben, S. 27 f.) abgelehnt.

1107 Auch soweit im Schrifttum die Auffassung vertreten wird, dass Steuer- oder sonstige Abgabenpflichten, welche die Innehabung und Nutzung von Eigentum sowie das Verfügen über Eigentum vermögensmäßig belasten, an der Eigentumsgarantie des Art. 14 GG zu messen sind - vgl. Maunz/Dürig-*Papier*, GG, Art. 14, Rn. 170 -, kann hinsichtlich der Vergütungspflichten nach dem EEG kein Eingriff in den Schutzbereich des Art. 14 Abs. 1 GG festgestellt werden. Denn dieser Ansatz bezieht sich auf die Betroffenheit der Eigentumsgarantie durch nicht-finale Steuereinwirkungen, also auf das Spannungsfeld zwischen Eigentumsgarantie und staatlicher Besteuerungsgewalt; er kann daher nicht ohne weiteres auf die Auferlegung von Zahlungspflichten gegenüber Privaten übertragen werden, vgl. *Richter*, Stromeinspeisungen, S. 245 f.

kündigen muss, weil es aufgrund der vorrangigen Abnahmepflicht für Regenerativstrom zu Kapazitätsengpässen im Netz kommt. Für den Erzeuger konventionellen Stroms hätte eine solche Entwicklung unter Umständen erhebliche wirtschaftliche Auswirkungen, da hierdurch seine Absatzmöglichkeiten eingeschränkt werden könnten.

Allerdings schützt Art. 14 Abs. 1 GG nur den Bestand des Eigentums, das Erworbene, das Ergebnis einer Betätigung, wohingegen bloße Umsatz- und Gewinnchancen, Hoffnungen, Erwartungen und Aussichten nicht vom Umfang des Eigentumsschutzes gedeckt sind.[1108] Dass infolge der Abnahme- und Vergütungspflichten des EEG möglicherweise konventionell erzeugte Kapazitäten von Strom aus den Leitungsnetzen verdrängt werden und damit letztlich der Wettbewerb zu Lasten konventioneller Erzeuger „verschoben" wird, ist aber vielmehr ein Problem der Wettbewerbsfreiheit, die bereits im Rahmen der Prüfung des insoweit spezielleren Art. 12 Abs. 1 GG erörtert wurde.[1109]

Anders könnte allenfalls dann entschieden werden, wenn das im EEG statuierte System von Abnahme- und Vergütungspflichten eine derartige Verdrängung von konventionellen Stroms aus den Netzen zur Folge hätte, dass entsprechende Erzeuger - vergleichbar mit erdrosselnden oder konfiskatorischen Auswirkungen von Geldzahlungspflichten - in ihrer Existenz bedroht wären. In Anbetracht des geringen derzeitigen Anteils erneuerbarer Energien an der Stromerzeugung[1110] und der nach wie vor erheblichen Bedeutung konventioneller Stromerzeugung an der Gewährleistung der Versorgungssicherheit erscheint eine solche Entwicklung aber in absehbarer Zeit ausgeschlossen.

Eine andere das Eigentumsgrundrecht betreffende Überlegung bezüglich der Auswirkungen auf Verträge geht von dem Sachverhalt aus, dass zwischen Netzbetreibern und Regenerativstromerzeugern oftmals bereits Einspeisungs- und Vergütungsverträge bestehen, deren Inhalt durch die Festsetzung von Mindestpreisen verändert wird.[1111] Bezogen auf das EEG wäre dies etwa der Fall, wenn ein vor In-Kraft-Treten des EEG bestehender Stromeinspeisungs- und Vergütungsvertrag, der noch nach den Vorschriften des StrEG zustandegekommen war, in Bezug auf die Gegenleistung für den eingespeisten Strom - die Vergütung - dahingehend modifiziert wird, dass sich die zu zahlende Einspeisevergütung erhöht. Denn durch eine solche Einwirkung auf bestehende Verträge vermindert sich die wirtschaftliche Gegenleistung dessen, was der Netzbetreiber für die Zahlung seiner Vergütung erhält; der wirtschaftliche Wert

---

1108 BVerfG, Beschl. v. 31.10.1984 - 1 BvR 35, 356, 794/82 -, BVerfGE 68, S. 193, 222; Beschl. v. 14.1.1987 - 1 BvR 1052/79 -, BVerfGE 74, S. 129, 148; Sachs-*Wendt*, GG, Art. 14, Rn. 44, welcher einen solchen Schutz allerdings nur für solche Verdienstmöglichkeiten und Erwerbschancen ausschließt, die sich aus dem bloßen Fortbestand einer günstigen Gesetzeslage ergeben.

1109 Hierzu oben S. 214 ff.

1110 Hierzu oben, S. 20 f.

1111 Hierzu grundlegend *Pohlmann*, Rechtsprobleme, S. 116 ff.; diese Frage aufgreifend BGH, Urt. v. 22.10.1996 - KZR 19/95 -, NJW 1997, S. 574, 579.

der Lieferforderungen hat sich insoweit vermindert, als die Festsetzung der Mindestpreise durch die §§ 4 - 8 EEG die zu erbringende Gegenleistung erhöht hat.[1112] Gerade unter der Geltung des EEG wird dieser Sachverhalt vermehrt zutreffen, da die im EEG neu eingeführten Festpreise die ursprünglich nach dem 1998 geänderten StrEG zu gewährende Vergütung regelmäßig übersteigen wird.

Allerdings wird ein Schutz bestehender Vertragsbeziehungen durch Art. 14 Abs. 1 GG nur insoweit anerkannt werden können, als der eigentliche Bestand des Vertrages tangiert wird.[1113] Denn die Einbeziehung einer gesetzlichen Einflussnahme auf den wirtschaftlichen Tauschwert einer vertraglichen Leistung in den Schutzbereich des Art. 14 GG würde zu einem umfassenden Vermögensschutz führen, der durch Art. 14 GG gerade nicht gewährleistet werden soll.[1114] Der eigentliche Bestand der Stromeinspeisungsverträge wird jedoch durch das EEG nicht tangiert, so dass auch unter diesem Aspekt ein Eingriff in den Schutzbereich des Art. 14 Abs. 1 GG nicht festgestellt werden kann.

Gleiches gilt für neu abgeschlossene oder abzuschließende Stromeinspeisungsverträge, in die von vornherein durch das EEG eingegriffen wird, da es sich dabei lediglich um Chancen bzw. Verdienstmöglichkeiten handelt[1115], die grundsätzlich nicht den Schutz des Art. 14 Abs. 1 GG genießen.[1116]

3. Eingerichteter und ausgeübter Gewerbebetrieb

Fraglich ist schließlich, ob die durch das EEG bedingten Belastungen der in die Pflicht genommenen EVU - soweit nicht bereits ohnehin der Schutzbereich des Art. 14 Abs. 1 GG tangiert wurde[1117] - unter dem Aspekt des Eingriffs in das Recht am eingerichteten und ausgeübten Gewerbebetrieb in die Prüfung des Art. 14 GG einzubeziehen sind.

Das von der Zivilrechtsprechung entwickelte Recht am Gewerbebetrieb[1118] schützt den Gewerbebetrieb in all seinen Erscheinungsformen, d.h. im gesamten Bereich der gewerblichen

---

1112 Vgl. - in Bezug auf das StrEG - BGH, Urt. v. 22.10.1996 - KZR 19/95 -, NJW 1997, S. 574, 579.

1113 *Richter*, Stromeinspeisungen, S. 247; im Ergebnis ebenso *Pohlmann*, Rechtsprobleme, S. 117 f., welcher allerdings primär auf die privatrechtliche Forderung aus dem Stromeinspeisungsvertrag abstellt.

1114 Vgl. Maunz/Dürig-*Papier*, GG, Art. 14, Rn. 164; Sachs-*Wendt*, GG, Art. 14, Rn. 44; Dreier-*Wieland*, GG, Art. 14, Rn. 49.

1115 Vgl. auch - in Bezug auf die nach § 103 GWB a.F. eröffnete Möglichkeit zum Abschluss von Konzessions- und Demarkationsverträgen - *Baur/Moraing*, Deregulierung, S. 29.

1116 Hierzu BVerfG, Beschl. v. 31.10.1984 - 1 BvR 35, 356, 794/82 -, BVerfGE 68, S. 193, 222; Beschl. v. 14.1.1987 - 1 BvR 1052/79 -, BVerfGE 74, S. 129, 148; *Pieroth/Schlink*, Staatsrecht II, Rn. 912; einschränkend Sachs-*Wendt*, GG, Art. 14, Rn. 44.

1117 So bezüglich der freien Dispositionsbefugnis der Netzbetreiber an ihren Leitungsnetzen, unten S. 263.

1118 Vgl. insoweit grundlegend die „Jutefaser"-Entscheidung des RG, Urt. v. 27.2.1904 - Rep. I 418/03 -, RGZ 58, S. 24 ff.; darüber hinaus BGH, Urt. v. 15.6.1951 - I ZR 59/50 -, BGHZ 2, S. 387 ff.; Urt. v. 28.11.1952 - I ZR 21/52 -, BGHZ 8, S. 142 ff.; Urt. v. 5.11.1962 - I ZR 39/61 -, BGHZ 38, S. 200 ff.; Urt. v. 14.2.1978 - X ZR 19/76 -, BGHZ 71, S. 86 ff. und den Überblick über die Entwicklung der Rechtsprechung des BGH bei *Larenz/Canaris*, Schuldrecht II/2, S. 538 ff.

Betätigung soweit tatsächlich ein „eingerichteter und ausgeübter Gewerbebetrieb“ vorliegt. Ein Unternehmer, der erst noch einen Betrieb gründen will ist nach dem Konzept der Rechtsprechung also ebensowenig geschützt wie Angehörige freier Berufe, da diese kein Gewerbe im Rechtssinn betreiben.

Durch das Recht am Gewerbebetrieb soll der Unternehmer in seinem gesamten gewerblichen Tätigkeitsbereich vor Störungen durch Dritte bewahrt werden. Geschützt sind nach der Rechtsprechung etwa der Kundenstamm oder die Geschäftsbeziehungen. Der Sache nach geht es also vor allem um eine Ausweitung des Schutzes gegen primäre Vermögensschäden und gegen Beeinträchtigungen der wirtschaftlichen Handlungsfreiheit über die Grenzen der §§ 823 Abs. 2, 826 BGB hinaus.[1119]

Im Zivilrecht ist das Recht am Gewerbebetrieb zwar zum Teil nach wie vor Gegenstand von Kritik[1120], wird aber aufgrund des verbreitet als unzureichend empfundenen Schutzes der Unternehmer als erforderlich betrachtet.[1121]

Im Bereich des Eigentumsgrundrechts aus Art. 14 Abs. 1 GG, wird die Frage, ob ein Recht am eingerichteten und ausgeübten Gewerbebetrieb dem Eigentumsbegriff zu unterstellen ist, nicht einheitlich beantwortet. Während dies vom BVerwG[1122] und einem beachtlichen Teil der Literatur[1123] befürwortet wird, nimmt insbesondere das BVerfG[1124] eine restriktivere Haltung ein. So sei das Unternehmen eigentumsrechtlich die tatsächliche - nicht aber die rechtliche - Zusammenfassung der zu einem Unternehmen gehörenden Sachen und Rechte, die an sich schon vor verfassungswidrigen Eingriffen geschützt sind. Daher solle der Schutz des Gewerbebetriebes jedenfalls nicht weitergehen als der Schutz, den seine wirtschaftliche Grundlage genießt.[1125]

Trotz dieser dogmatischen Unsicherheiten wird auch von den Befürwortern des Rechts am Gewerbebetrieb nicht in Abrede gestellt, dass Art. 14 Abs. 1 GG nicht in einen bloßen Vermögensschutz ausufern darf und ausschließlich einen Bestands-, nicht aber einen Erwerbs-

---

1119 *Larenz/Canaris*, Schuldrecht II/2, S. 539.

1120 Vgl. *Larenz/Canaris*, Schuldrecht II/2, S. 544 ff. mit weiteren Nachweisen.

1121 Vgl. MünchKomm-*Mertens*, BGB, § 823, Rn. 481; Palandt-*Thomas*, BGB, § 823, Rn. 19; kritisch Erman-*Schiemann*, BGB, § 823, Rn 49.

1122 Vgl. etwa BVerwG, Urt. v. 27.5.1981 - 7 C 34.77 - BVerwGE 62, S. 224, 226.

1123 Maunz/Dürig-*Papier*, GG, Art. 14, Rn. 95; Schmidt-Bleibtreu-*Klein*, GG, Art. 14, Rn. 3e; mit Einschränkungen Jarass/Pieroth-*Jarass*, GG, Art. 14, Rn. 10.

1124 BVerfGE 51, S. 193, 221; 74, 129, 148.

1125 BVerfG, Beschl. v. 15.7.1981 - 1 BvL 77/78 -, BVerfGE 58, S. 300, 353; zustimmend Jarass/Pieroth-*Jarass*, GG, Art. 14, Rn. 10.

schutz begründet.[1126] Insbesondere umfasst das Recht am Gewerbebetrieb nicht bloße Gewinnaussichten, Verdienstmöglichkeiten, Hoffnungen und Erwartungen.[1127]
Dementsprechend müssen durch das EEG bedingte Umsatzeinbußen, Veränderungen des wirtschaftlichen Tauschwerts vertraglicher Leistungen und die bloße Auferlegung von Geldleistungspflichten[1128] bei der Beurteilung der Frage, ob das Recht am eingerichteten und ausgeübten Gewerbebetrieb betroffen sein könnte, ausser Betracht bleiben.[1129]
Soweit teilweise der Schutz vor einseitigen hoheitlichen Begünstigungen von Mitkonkurrenten unter das Recht am eingerichteten und ausgeübten Gewerbebetrieb subsumiert wird[1130], kann dies nach anderer Auffassung nur eingeschränkt gelten. Danach sei es zur Vermeidung einer Ausweitung des Vermögensschutzes erforderlich, der Anwendung des Art. 14 Abs. 1 GG in diesem Zusammenhang nur insoweit Raum zu gewähren, als die Konkurrenzförderungspflicht ein Ausmaß erreiche, welches die betroffenen Unternehmen in ihrer Substanz selbst träfe.[1131] Dieser Folgerung ist im Ergebnis zuzustimmen, da ansonsten gerade eine trennscharfe Unterscheidung zwischen Bestands- und Erwerbsschutz unmöglich gemacht würde. Zudem führt eine restriktive Auslegung des Schutzbereiches des Art. 14 Abs. 1 GG hinsichtlich des Schutzes vor einseitigen hoheitlichen Begünstigungen von Mitkonkurrenten nicht zu einer „Schutzlücke", da derartige Beeinträchtigungen bereits vom Schutzbereich der Art. 12 Abs. 1 GG, Art. 3 Abs. 1 GG erfasst sind[1132]. Dass aber die in Rede stehenden Regelungen des EEG ein Ausmaß erreichen, welches die betroffenen Unternehmen in ihrer Substanz trifft, ist nicht der Fall.[1133]
Schließlich bedarf es - soweit die im EEG niedergelegten Pflichten die Dispositionsbefugnis des Netzbetreibers an seinem Leitungsnetz betreffen - keines Rückgriffes auf ein Recht am eingerichteten und ausgeübten Gewerbebetrieb. Somit ist das Recht am eingerichteten und ausgeübten Gewerbebetrieb - soweit man es anerkennen will - in Bezug auf die durch das EEG verursachten Belastungen und Beeinträchtigungen nicht verletzt.

1126 Maunz/Dürig-*Papier*, GG, Art. 14, Rn. 100, 164; v. Münch/Kunig-*Bryde*, GG, Art. 14, Rn. 23.
1127 BVerfG, Beschl. v. 16.3.1971 - 1 BvR 52, 665, 667, 754/66 -, BVerfGE 30, S. 292, 334 f.; BGH, Urt. v. 22.10.1996 - KZR 19/95 -, NJW 1997, S. 574, 579; Dreier-*Wieland*, GG, Art. 14, Rn. 44; BK-*Kimminich*, GG, Art. 14, Rn. 84, 86.
1128 Oben S. 258 f.
1129 Vgl. zur Rechtslage beim StrEG *Richter*, Stromeinspeisungen, S. 249 ff.
1130 So etwa Sachs-*Wendt*, GG, Art. 14, Rn. 51.
1131 *Richter*, Stromeinspeisungen, S. 252 f.; *Altrock*, Preisregelungen, S. 206 f.
1132 Vgl. hierzu oben, S. 214 f.
1133 Hierzu bereits oben, S. 258 f.

4. Zwischenergebnis

Somit kann festgehalten werden, dass der Schutzbereich des Art. 14 Abs. 1 GG lediglich unter dem Aspekt der freien Dispositionsbefugnis der Netzbetreiber an den Leitungsnetzen eröffnet ist, und zwar einerseits durch die Kette von Abnahme- und Vergütungspflichten der §§ 3 Abs. 1, Abs. 2, 11 Abs. 2 und Abs. 4 EEG, andererseits aber auch durch die in § 3 Abs. 1 Satz 3 EEG i.V.m. § 10 Abs. 2 EEG geregelte Pflicht des Netzbetreibers zum Ausbau seines Netzes.

III. Eingriff in den Schutzbereich

Ein Eingriff in den Schutzbereich des Art. 14 Abs. 1 GG kommt - neben Enteignungen[1134] und sonstigen Eingriffen - vor allem durch gesetzliche Inhalts- und Schrankenbestimmungen i.S.d. Art. 14 Abs. 1 Satz 2 GG in Betracht. Dabei liegt ein Eingriff dann vor, wenn eine gesetzliche Inhalts- und Schrankenbestimmung die Befugnisse des Eigentümers verkürzen oder Eigentumsnutzungen verschließen.[1135] Formell liegt eine Inhalts- und Schrankenbestimmung dann vor, wenn eine Norm generell und abstrakt die Rechte und Pflichten des Eigentümers festlegt.[1136]

Bezogen auf die genannten Eröffnungen des Schutzbereiches lässt sich in Ansehung dieser Konkretisierungen festhalten, dass die §§ 3 Abs. 1 und Abs. 2, 11 Abs. 2 und Abs. 4 EEG auch Eingriffe in den Schutzbereich darstellen, soweit die dort geregelten Pflichten die Dispositionsbefugnis des Netzbetreibers an seinen Leitungsnetzen einschränken.

Gleiches gilt für § 3 Abs. 1 Satz 3 EEG, wonach der Netzbetreiber auf Verlangen des Einspeisewilligen unverzüglich dazu verpflichtet ist, sein Netz auszubauen, wenn dies die Abnahme des angebotenen Stroms unter dem Vorbehalt wirtschaftlicher Zumutbarkeit ermöglicht. Denn auch diese Vorschrift verkürzt die Befugnisse des Netzbetreibers, welchem grundsätzlich durch § 903 BGB die Befugnis zusteht, mit seinem Eigentum nach Belieben zu verfahren.

Keinen Eingriff stellt für sich betrachtet die Kostentragungspflicht des Netzbetreibers gemäß § 10 Abs. 2 EEG dar, da Art. 14 Abs. 1 GG - wie bereits erörtert - nicht vor der Auferlegung von Geldleistungspflichten schützt.

1134 Vgl. zum Enteignungsbegriff Jarass/Pieroth-*Jarass*, GG, Art. 14, Rn. 62; Sachs-*Wendt*, GG, Art. 14, Rn. 76 ff. Nach der Rechtsprechung des BVerfG ist eine Enteignung auf die „vollständige oder teilweise Entziehung konkreter subjektiver Eigentumspositionen i.S.d. Art. 14 Abs. 1 Satz 1 GG zur Erfüllung bestimmter öffentlicher Aufgaben gerichtet", vgl. etwa BVerfG, Beschl. v. 19.6.1985 - 1 BvL 57/79 -, BVerfGE 70, S. 191, 199 f.; BVerfG, Beschl. v. 12.3.1986 - 1 BvL 81/79 -, BVerfGE 72, S. 66, 76. Die Vorschriften des EEG stellen nach ihrer Zielsetzung und Intensität ersichtlich keine Enteignung dar, vgl. hierzu *Altrock*, Preisregelungen, S. 211 ff.

1135 BVerfG, Beschl. v. 12.3.1986 - 1 BvL 81/79 -, BVerfGE 72, S. 66, 76; Sachs-*Wendt*, GG, Art. 14, Rn. 58; Dreier-*Wieland*, GG, Art. 14, Rn. 65; *Pieroth/Schlink*, Staatsrecht II, Rn. 920.

1136 BVerfG, Beschl. v. 15.7.1981 - 1 BvL 77/78 -, BVerfGE 58, S. 300, 330; Beschl. v. 12.3.1986 - 1 BvL 81/79 -, BVerfGE 72, S. 66, 76.

IV. Rechtfertigung der Eingriffe

Die verfassungsrechtliche Rechtfertigung von Inhalts- und Schrankenbestimmungen erfordert zunächst, dass diese durch Gesetz erfolgen, was sich bereits unmittelbar aus Art. 14 Abs. 1 Satz 2 GG ergibt. Das EEG als formelles Gesetz genügt diesen Anforderungen.

Schwerpunkt der Überlegungen zur Rechtfertigung der erörterten Eingriffe in den Schutzbereich des Art. 14 Abs. 1 GG ist damit die Frage, ob die in Rede stehenden Maßnahmen - unter Berücksichtigung der Ausprägungen der Rechtsprechung des BVerfG - dem Grundsatz der Verhältnismäßigkeit entsprechen. Dabei ist im Folgenden zwischen den durch die §§ 3 Abs. 1, Abs. 2, 11 Abs. 2 und Abs. 4 EEG verursachten Eingriffen und dem durch § 3 Abs. 1 Satz 3 EEG i.V.m. 10 Abs. 2 EEG verursachten Eingriff zu differenzieren.

1. Rechtfertigung der mit §§ 3 Abs. 1 und Abs. 2, 11 Abs. 2 und Abs. 4 EEG verbundenen Eingriffe

Die mit den §§ 3 Abs. 1 und Abs. 2, 11 Abs. 2 und Abs. 4 EEG verbundenen Eingriffe müssten zunächst verhältnismäßig, also mit Blick auf die gesetzgeberische Intention geeignet, erforderlich und angemessen sein. Als Besonderheit des Art. 14 Abs. 1 GG ist aber hervorzuheben, dass der Gesetzgeber bei der Bestimmung von Inhalt und Schranken des Eigentums die Sozialbindung des Art. 14 Abs. 2 GG zu verwirklichen hat. Das BVerfG stellt deshalb im Rahmen von Inhalts und Schrankenbestimmungen auch darauf ab, ob diese „vom geregelten Sachbereich her geboten und auch in ihrer Ausgestaltung sachgerecht“ sind.[1137]

Bezüglich der Verhältnismäßigkeit der Abnahmepflichten kann im Wesentlichen auf die Erörterung der entsprechenden Normen im Rahmen der Prüfung des Art. 12 Abs. 1 GG verwiesen werden, ohne dass zwischen der ursprünglichen Abnahmepflicht aus § 3 Abs. 1 EEG und den Abnahmepflichten im Rahmen des bundesweiten Belastungsausgleichs näher unterschieden werden müsste.[1138] Aufgrund der weitgehenden Identität der Schrankenregelungen der Berufsfreiheit und der Eigentumsgarantie kann grundsätzlich davon ausgegangen werden, dass eine zulässige Beschränkung der Berufsausübungsfreiheit prinzipiell auch eine zulässige Inhalts- und Schrankenbestimmung darstellt.[1139]

Es wurde bereits festgestellt, dass das vom Gesetzgeber gewählte System geeignet ist, den Anteil erneuerbarer Energien an der Stromerzeugung zu erhöhen und dabei einen relativ gerechten Ausgleich der Belastungen herbeizuführen.[1140] Darüber hinaus kann festgehalten wer-

1137 BVerfG, Beschl. v. 12.6.1979 - 1 BvL 19/76 -, BVerfGE 52, S. 1, 29 f.

1138 Hierzu oben S. 222 ff., 238 ff.

1139 Vgl. BVerfG, Urt. v. 1.3.1979 - 1 BvR 532, 533/77, 419/78 und 1 BvL 21/78 -, BVerfGE 50, S. 290, 364; BGH, Beschl. v. 3.3.1986 - AnwZ (B) 1/86 -, NJW 1986, S. 2499 f.; Maunz/Dürig-*Papier*, GG, Art. 14, Rn. 222.

1140 Hierzu oben, S. 222 ff., 239.

den, dass dem Gesetzgeber keine milderen, in gleicher Weise geeigneten Mittel zur Verfügung standen, um seine Ziele zu erreichen.[1141] Insbesondere die gesetzgeberische Absicht, kleine und dezentrale Stromerzeugungsanlagen zu einem Standbein der Energieversorgung zu machen, lässt die Verpflichtung des Netzbetreibers zum Anschluss, zur Abnahme und zur Vergütung des angebotenen Stroms erforderlich erscheinen, da die Netzanbindung unbedingte Voraussetzung für die Einspeisung und damit auch für die Erhöhung des Anteils von erneuerbaren Energien an der Stromerzeugung ist. Es stellt sich allenfalls die Frage, ob die Einführung des Vorrangprinzips als erforderlich eingestuft werden kann, oder ob eine - für den Netzbetreiber weniger belastende - „einfache" Abnahmepflicht ausreichend gewesen wäre. Diesem Einwand ist jedoch zu entgegnen, dass ein Einspeisegesetz unter Verzicht auf das Vorrangprinzip nicht die gleiche Eignung zum Ausbau der Stromerzeugung aus erneuerbaren Energien gehabt hätte. Zudem ist zu beachten, dass dem Gesetzgeber auch bei der Einführung eigentumsrelevanter Gesetze ein weiter Spielraum zugebilligt wird[1142], welcher hier als nicht überschritten angesehen werden kann.
Die Abnahmepflichten müssten schließlich auch angemessen sein. Hierfür ist erforderlich, dass der Gesetzgeber die schutzwürdigen Interessen der Beteiligten in einen gerechten Ausgleich und in ein ausgewogenes Verhältnis bringt. Den bereits erwähnten hochrangigen Zielen des EEG steht das Interesse der Netzeigentümer an einer freien Verfügungsmacht über das Leitungsnetz gegenüber. Dabei ist zu beachten, dass nach wie vor solche EVU, die in der windgünstigen norddeutschen Küstenregion ansässig sind, einen wesentlich größeren Anteil ihrer Kapazitäten für Regenerativstrom zur Verfügung zu stellen haben als andere EVU.[1143] Allerdings hat der Gesetzgeber mit dem Belastungsausgleich des § 11 EEG die Voraussetzung dafür geschaffen, dass die Belastungen an die Übertragungsnetzbetreiber weitergegeben und ausgeglichen werden können. Die wirtschaftlichen Folgen der Kapazitätsbelegung werden damit weitgehend aufgefangen.[1144] Zudem muss im Rahmen der Abwägung der Umstand berücksichtigt werden, dass die Verfügungsmacht der Netzbetreiber bereits aufgrund kartellrechtlicher Vorschriften eingeschränkt ist.[1145] Handelt es sich demnach bei der im EEG geregelten Abnahmepflicht dem Grunde nach um eine spezialgesetzliche Ausgestaltung einer nach

1141 Hierzu oben, S. 224 ff.

1142 Hierzu - insbesondere im Rahmen von Eingriffen in das Eigentumsgrundrecht - BVerfG, Beschl. v. 10.7.1958 - 1 BvF 1 /58 -, BVerfGE 8, S. 71, 80; Urt. v. 28.2.1980 - 1 BvL 17/77, 7, 9, 14, 15, 16, 37, 64, 74, 78, 100/78, 5, 1/79 und 1 BvR 807/78 -, BVerfGE 53, 257, 293.

1143 Hierauf weist *Altrock*, Preisregelungen, S. 223, hin.

1144 Vgl. *Altrock*, Preisregelungen, S. 225.

1145 Hierzu bereits oben S. 25 f. Auch nach dem In-Kraft-Treten des StrEG bzw. des EEG wird ein kartellrechtlicher Anspruch auf Einspeisung und Vergütung von Regenerativstrom, der nicht nach den Grundsätzen des EEG gefordert wird, unter bestimmten Umständen angenommen werden können, hierzu *Herrmann*, Festschrift Baur, S. 161 ff.

kartellrechtlichen Bestimmungen ohnehin bestehenden Abnahmepflicht, kann die hierdurch eintretende Beschränkung der freien Verfügungsmacht durch das EEG nicht als unangemessen bewertet werden. Soweit nach der Rechtsprechung des BVerfG erforderlich ist, dass Inhalts- und Schrankenbestimmungen vom geregelten Sachbereich her geboten und in ihrer Ausgestaltung sachgerecht sind, ist die bereits erwähnte[1146], besondere Verantwortungsbeziehung der Netzbetreiber insbesondere gegenüber den unabhängigen Einspeisern von regenerativ erzeugter elektrischer Energie zu beachten, da das Eigentum bzw. die Verfügungsmacht an Leitungsnetzen - wie bereits dargestellt - ein natürliches Monopol begründet. Eine Förderung des Ausbaus der Stromerzeugung aus erneuerbaren Energien gerade in kleineren dezentralen Anlagen erfordert daher zwingend die Ermöglichung des Netzzugangs für die entsprechenden Erzeuger.
Die mit den §§ 3 Abs. 1 und Abs. 2, 11 Abs. 2 und Abs. 4 EEG verbundenen Eingriffe sind dementsprechend verhältnismäßig; eine Verletzung des Art. 14 Abs. 1 GG liegt nicht vor.

2. Rechtfertigung des mit § 3 Abs. 1 Satz 3 EEG verbundenen Eingriffs

Fraglich ist schließlich, ob die Pflicht des Netzbetreibers zum Netzausbau verfassungsrechtlich gerechtfertigt ist. Auch hierbei ist zunächst danach zu fragen, ob die Netzausbaupflicht verhältnismäßig, also mit Blick auf den vom Gesetzgeber verfolgten Zweck geeignet, erforderlich und angemessen ist.
Festzuhalten ist zunächst, dass unter der Geltung des StrEG die Abnahme von Regenerativstrom verweigert werden konnte, wenn das Leitungsnetz anderweitig durch konventionellen Strom ausgelastet war, was ein Hindernis beim Ausbau der Stromerzeugung aus erneuerbaren Energien darstellte. Um diese Schwierigkeit zu beseitigen, hat sich der Gesetzgeber des EEG zur Einführung des Vorrangprinzips entschlossen, nach welchem der gesamte angebotene Strom aus erneuerbaren Energien vorrangig abgenommen werden muss. Dementsprechend kommt eine Pflicht zum Netzausbau auch erst dann in Betracht, wenn das Netz vollständig mit Regenerativstrom ausgelastet ist, was grundsätzlich ein Ausnahmefall sein wird.[1147] Dies gilt umso mehr, als das Vorrangprinzip - wie bereits erörtert - durch das Gebot der Versorgungssicherheit begrenzt wird. Die Versorgungssicherheit wird aber derzeit vor allem durch konventionell erzeugten Strom gewährleistet. Situationen, in denen Netzbetreiber zum Ausbau ihres Netzes verpflichtet sind, können daher als selten betrachtet werden. Zugleich muss in die Betrachtung mit einbezogen werden, dass der Gesetzgeber unter volkswirtschaftlichen Überlegungen den Betreiber des nächstgelegenen geeigneten Leitungsnetzes verpflichtet.

1146 Hierzu bereits oben, S. 247 ff.
1147 BT-Drs. 14/2776, S. 22.

Unter Zugrundelegung dieser Erwägungen begegnet der Aspekt der Geeignetheit der Ausbaupflicht des Netzbetreibers keinen verfassungsrechtlichen Bedenken, da die Regelung den umfassenden und gleichzeitig volkswirtschaftlich sinnvollen Anschluss von Regenerativstromanlagen ermöglicht. Denn denkbar wäre auch gewesen, auf die Ausbaupflicht des nächstgelegenen Netzbetreibers zu verzichten und statt dessen in Fällen, in denen ein Netzausbau erforderlich wäre, einen anderen - etwa den „zweitnächsten" - Netzbetreiber zum Anschluss der Anlage und zur Abnahme und Vergütung des Stroms zu verpflichten. Dann aber bestünde die Gefahr, dass die Anschlusskosten, die grundsätzlich gemäß § 10 Abs. 1 EEG vom Anlagenbetreiber zu tragen sind, etwa durch die Notwendigkeit der Errichtung längerer Verbindungsleitungen ein Ausmaß erreichen, das einen wirtschaftlichen Betrieb der Anlage von vornherein in Frage stellt. Unter dem gleichen Aspekt ist die Ausbaupflicht des Netzbetreibers auch erforderlich, da ein Verzicht darauf nicht als gleich geeignet zur Erreichung des vom Gesetzgeber intendierten Ziels angesehen werden kann.

Schließlich ist die Ausbaupflicht des Netzbetreibers auch angemessen, was sich insbesondere aus dem Umstand ergibt, dass dieser die Kosten eines infolge neu anzuschließender Anlagen erforderlichen Netzausbaus gemäß § 10 Abs. 2 Satz 3 EEG bei der Ermittlung des Netznutzungsentgelts in Ansatz bringen kann. Zudem steht die Pflicht zum Ausbau des Netzes schon qua Gesetz unter dem Vorbehalt der Verhältnismäßigkeit, da dem Netzbetreiber gemäß § 3 Abs. 1 Satz 3 EEG nur die Pflicht zum wirtschaftlich zumutbaren Ausbau seines Netzes obliegt. Ist der Ausbau dem Netzbetreiber wirtschaftlich unzumutbar, so kann er das entsprechende Verlangen des Anlagenbetreibers zurückweisen.

Unter Zugrundelegung dieser Gesichtspunkte steht die Beeinträchtigung des Netzbetreibers nicht außer Verhältnis zum angestrebten Zweck der Vorschrift.

V. Ergebnis zu Art. 14 Abs. 1 GG

Die mit den §§ 3 Abs. 1 Satz 1, Abs. 2, 11 Abs. 2 und Abs. 4 EEG sowie § 3 Abs. 1 Satz 3 EEG verbundenen Eingriffe in den Schutzbereich des Art. 14 Abs. 1 GG sind verfassungsrechtlich gerechtfertigt.

E. Die Vereinbarkeit der Abnahme- und Vergütungspflichten mit Art. 2 Abs. 1 GG

Eine Erörterung der Vereinbarkeit der Abnahme- und Vergütungspflichten des EEG mit Art. 2 Abs. 1 GG kommt nach den bisherigen Ausführungen nicht in Betracht, da dem Grundrecht der Berufsfreiheit aus Art. 12 Abs. 1 GG und der Eigentumsgarantie des Art. 14 Abs. 1 GG aufgrund inhaltlicher Spezialität ein systematischer, den Prinzipien der Gesetzeskonkurrenz entsprechender Geltungsvorrang zukommt.[1148]

F. Die Vereinbarkeit der Abnahme- und Vergütungspflichten des EEG mit Art. 3 Abs. 1 GG

Fraglich bleibt, ob die im EEG implementierten Abnahme- und Vergütungspflichten das Grundrecht der in die Pflicht genommenen Unternehmen aus Art. 3 Abs. 1 GG verletzt. Dabei bedarf der bereits erörterte Grundsatz der Lastengleichheit, der originär dem Schutzbereich des Art. 3 Abs. 1 GG zuzuordnen ist, an dieser Stelle keiner Erörterung mehr, da bereits im Rahmen der Prüfung des Art. 12 Abs. 1 GG festgestellt wurde, dass kein Verstoß gegen diesen Grundsatz vorliegt.

I. Anwendungsbereich des Art. 3 Abs. 1 GG

Der Gleichheitssatz des Art. 3 Abs. 1 GG gebietet allgemein die Rechtsanwendungsgleichheit, also die Gleichheit vor dem Gesetz, und die Rechtssetzungsgleichheit, worunter die Gleichheit des Gesetzes zu verstehen ist. Dabei folgt das Gebot der Rechtssetzungsgleichheit zwar nicht aus dem Wortlaut des Art. 3 Abs. 1 GG, aber aus der Bindung der Gesetzgebung an die Grundrechte gemäß Art. 1 Abs. 3 GG.[1149]

Der Gleichheitssatz verbietet nach einer gängigen Formel des BVerfG „wesentlich Gleiches willkürlich ungleich zu behandeln". Erforderlich ist für die Prüfung des Gleichheitssatzes somit zunächst die Vergleichbarkeit mehrerer Personen, Gruppen oder Sachverhalte, die verschieden behandelt werden.[1150] Dabei ist so zu verfahren, dass zunächst im Hinblick auf die verfolgten Ziele der Regelung ein gemeinsamer Oberbegriff zu suchen ist, unter welchen die verschieden behandelten Personen oder Sachverhalte vollständig und abschließend fallen.[1151] Anschließend ist die Ungleichbehandlung aufgrund eines Unterscheidungsmerkmals festzustellen.[1152]

II. Verletzung des Gleichheitssatzes durch die Aufnahme von Grubengas in den Kreis der förderungswürdigen Energieträger?

Mit Blick auf den Anwendungsbereich des EEG lässt sich bereits im Vorfeld einer eigentlichen Untersuchung der Abnahme- und Vergütungspflichten die Frage aufwerfen, ob der vom

1148 Vgl. BVerfG, Beschl. v. 7.1.1959 - 1 BvR 100/57 -, BVerfGE 9, S. 73, 77; Dreier-*Dreier*, GG, Art. 2 I, Rn. 66; Isensee/Kirchhof-*Breuer*, HdbStaatsR VI, § 147, Rn. 97; Sachs-*Tettinger*, GG, Art. 12, Rn. 162.

1149 *Pieroth/Schlink*, Staatsrecht II, Rn. 428.

1150 Dreier-*Heun*, GG, Art. 3, Rn. 21.

1151 Dreier-*Heun*, GG, Art. 3, Rn. 21, 22.

1152 Dreier-*Heun*, GG, Art. 3, Rn. 21.

Gesetzgeber festgesetzte Anwendungsbereich des EEG mit dem Gleichheitssatz aus Art. 3 Abs. 1 GG vereinbar ist.[1153] Bedenken könnten sich dabei aus der Aufnahme von Grubengas in den Kreis der förderungswürdigen Energieträger ergeben, da Grubengas - wie bereits festgestellt - nicht als „erneuerbarer“ Energieträger eingeordnet werden kann.[1154]
Der Annahme einer Verletzung des Art. 3 Abs. 1 GG könnte zunächst entgegenstehen, dass eine Ungleichbehandlung nach allgemeiner Auffassung einen Nachteil für den Betroffenen bewirken muss, da die Beeinträchtigung im Bereich der Gleichheitsrechte gerade nicht in der Belastung einer geschützten Rechtsposition des Betroffenen, sondern in dessen Ungleichbehandlung im Vergleich zu anderen besteht.[1155] Daher müsste zunächst durch die Förderung von Grubengas überhaupt eine im Rahmen des Art. 3 Abs. 1 GG relevante Benachteiligung begründet werden. Dies könnte allenfalls hinsichtlich solcher Stromerzeuger der Fall sein, die von einer Förderung durch das EEG gänzlich ausgeschlossen sind, insbesondere also hinsichtlich solcher, die fossile Energieträger zur Stromerzeugung nutzen. Fasst man Grubengas als fossilen Energieträgern vergleichbar auf, so begründet dessen Aufnahme in den Kreis der förderungswürdigen Energieträger des EEG eine Ungleichbehandlung im Vergleich zu Stromerzeugern, die fossile Energieträger zur Stromerzeugung nutzen.
Für die Rechtfertigung dieser Ungleichbehandlung ist das Vorliegen eines sachlichen Grundes erforderlich. Was dabei in Anwendung des Gleichheitssatzes sachlich vertretbar oder sachfremd ist, lässt sich dabei nicht abstrakt und allgemein feststellen, sondern nur in Bezug auf die Eigenart des konkreten Sachbereichs, der geregelt werden soll.[1156]
Die Aufnahme von Grubengas in den Kreis der förderungswürdigen Energieträger soll nach der Begründung zum Gesetzentwurf des EEG eine Verbesserung der Kohlendioxid- und Methanbilanz gegenüber einer unverwerteten Abgabe des Grubengases an die Atmosphäre bewirken.[1157] Grubengas fällt beim Abbau fossiler Kohlen als Neben- oder Abfallprodukt an.[1158] Seine Verwendung zur Stromerzeugung dient damit letztlich der Ressourcenschonung, wenngleich es sich um einen Energieträger handelt, der sich nicht in überschaubaren Zeiträumen regeneriert. Der entscheidende Unterschied zu anderen, insbesondere fossilen Energieträ-

1153 Dabei soll an dieser Stelle nicht auf die Vereinbarkeit der Anlagengrenzwerte mit Art. 3 Abs. 1 GG eingegangen werden. Dass die Festlegung von Grenzwerten und Typisierungen zulässig ist und dem Gesetzgeber in diesem Zusammenhang ein erheblicher Einschätzungsspielraum zusteht, entspricht einhelliger Auffassung, vgl. etwa BVerfG, Beschl. v. 11.3.1980 - 1 BvL 20/76 und 1 BvR 826/76 -, BVerfGE 53, S. 313, 329; Dreier-*Heun*, GG, Art. 3, Rn. 31; Sachs-*Osterloh*, GG, Art. 3, Rn. 104 ff.; BK-*Rüfner*, GG, Art. 3 Abs. 1, Rn. 111 ff.; Jarass/Pieroth-*Jarass*, GG, Art. 3, Rn. 30.

1154 Vgl. hierzu oben S. 42 f.

1155 Vgl. BVerfG, Beschl. v. 18.7.1984 - 1 BvL 3/81 -, BVerfGE 67, 239, 244; Jarass/Pieroth-*Jarass*, GG, Art. 3, Rn. 11; Sachs-*Osterloh*, GG, Art. 3, Rn. 84.

1156 Vgl. BVerfG, Beschl. v. 9.3.1994 - 2 BvL 43, 51, 63, 64, 70, 80/92, 2 BvR 2031/92 -, BVerfGE 90, S. 145, 195 f.

1157 Vgl. BT-Drs. 14/2341, S. 7.

1158 Oben S. 42.

gern ist in dem Umstand begründet, dass Grubengas nicht gezielt zum Zweck der Stromerzeugung „abgebaut“ wird, wie dies etwa bei fossilen Kohlen der Fall ist, bei deren Abbau Grubengas zwangsläufig auftritt. Es ging dem Gesetzgeber also nicht in erster Linie um die Regelung des „Ob“ der Grubengas*gewinnung*, sondern um das „Wie“ seiner *Verwendung*. Der Umstand, dass der Energieträger Grubengas bislang lediglich ein Abfallprodukt darstellte, welches durch Verstromung sinnvoll und im Interesse der Ressourcenschonung nutzbar gemacht werden kann, ist ein sachlicher Unterscheidungsgrund im Sinne des Art. 3 Abs. 1 GG. Zudem muss auch der dem Gesetzgeber zustehende, weite Gestaltungsspielraum in ausreichendem Maß berücksichtigt werden, der im Rahmen des Art. 3 Abs. 1 GG insbesondere bei wirtschaftslenkenden Maßnahmen innerhalb einer Marktordnung zum Tragen kommt.[1159] Dass der Gesetzgeber eine Förderung von Grubengas im Interesse einer Verbesserung der CO_2- und Methanbilanz gegenüber einer unverwerteten Abgabe an die Atmosphäre in das EEG aufgenommen hat, überschreitet die Grenzen dieses Gestaltungsspielraums nicht, da die Verstromung von Grubengas - einem Neben- bzw. Abfallprodukt, welches nicht originär zum Zweck der Stromerzeugung gefördert wird - durchaus einen Beitrag zur Ressourcenschonung im Sinne des § 1 EEG leisten kann. Dies ist bei der Verstromung anderer fossiler Energieträger, die ausschließlich zum Zweck der Verstromung gewonnen werden, gerade nicht der Fall. Eine Verletzung des Gleichheitssatzes kann in der Förderung der Grubengasverstromung durch das EEG nicht gesehen werden.

III. Gleichheit in der Fläche

Unter der Geltung des StrEG beschränkte sich die verfassungsrechtliche Diskussion im Rahmen des Art. 3 Abs. 1 GG nicht allein auf den Aspekt der Lastengleichheit. Von Bedeutung war insbesondere auch der Umstand, dass das StrEG zu standortbedingten Belastungsunterschieden führte; die öffentlichen EVU hatten im norddeutschen Küstenraum wesentlich mehr Strom aufzunehmen und zu vergüten als die Energieversorger im Binnenland, ohne dass diese unterschiedlichen Belastungen ausgeglichen wurden.[1160] Der Schluss, dass das StrEG durch

1159 Vgl. BVerfG, Urt. v. 27.1.1965 - 1 BvR 213, 715/58 u. 66/60 -, BVerfGE 18, S. 315, 331 f.; hierzu BK-*Rüfner*, GG, Art. 3 Abs. 1, Rn. 109.

1160 Dies führte innerhalb eines beachtlichen Teils der Literatur und der Rechtsprechung zur Auffassung, dass das StrEG mit dem Gleichheitssatz aus Art. 3 Abs. 1 GG nicht zu vereinbaren war, vgl. etwa AG Plön, Beschl. v. 13.6.1996 - 2 C 350/96 -, NJW 1997, S. 591; *Zinow*, Elektrizitätswirtschaft 1995, S. 1088; *Ossenbühl*, ET 1996, S. 99 f.; *ders.*, RdE 1997, S. 54 f.; *Treffer*, UPR 1996, S. 131; *Blanke/Peilert*, RdE 1999, S. 101 f.; *Richter*, Stromeinspeisungen, S. 258 ff.; in diesem Sinne wohl auch *Studenroth*, DVBl. 1995, S. 1222 f., welcher zwar grundsätzlich von der Verfassungsmäßigkeit des StrEG ausgeht, im Hinblick auf Art. 3 Abs. 1 GG jedoch einen Ausgleich der unterschiedlichen Mehrbelastungen fordert. Einen Verstoß des StrEG gegen Art. 3 Abs. 1 GG verneinen *Kremser*, AöR 121, S. 431 ff.; *Pohlmann*, NJW 1997, S. 549 f.; *Berendes*, ZUR 1997, S. 266 f.; *Koch/Schütte*, ZNER 1/1998, S. 10 f.; *Mengers*, ZNER 4/1998, S. 31 f.

die Anknüpfung an das jeweilige Versorgungsgebiet bereits gleichheitswidrig angelegt war, lag nahe, da damit von vornherein an die vorgegebene Standortungleichheit der EVU angeknüpft wurde.[1161]

Das BVerfG hält diese Sichtweise in seiner bislang unveröffentlichten Entscheidung vom 17.5.2002[1162] jedoch keineswegs für zwingend. Im Nichtannahmebeschluss hinsichtlich der Vorlag des AG Plön gibt es zu bedenken, dass das StrEG eine Härtefallregelung, und damit eine Typisierung enthielt. Nicht jede generalisierende, typisierende und pauschalierende Regelung verstoße aber gegen den Gleichheitssatz, jedenfalls für einen gewissen Zeitraum, innerhalb dessen der Gesetzgeber Erfahrungen sammeln dürfe.[1163]

Unter der Geltung des EEG hat sich die Grundlage für die Annahme einer Ungleichbehandlung „in der Fläche" aufgrund der Einführung des bundesweiten Belastungsausgleichs in § 11 EEG weiter relativiert. Zwar schlägt sich auch vor dem Hintergrund der neuen Rechtslage zunächst das regional unterschiedliche Windkraft- und Wasserkraftpotenzial in einer ungleichen Belastung der aufnehmenden Netzbetreiber nieder.[1164] Während aber das StrEG lediglich eine Härteklausel zur Abmilderung der Belastungen der abnahme- und vergütungspflichtigen Netzbetreiber vorsah, führt der bundesweite Belastungsausgleich - wie bereits dargelegt[1165] - zu einer tatsächlichen Umverteilung der Vergütungslast. Ob damit die bislang bestehenden regionalen Disparitäten gänzlich ausgeräumt werden konnten, wird sich in der Praxis erweisen müssen; nach der Konzeption des EEG kann aber hiervon ausgegangen werden. Nach dem derzeitigen Kenntnisstand kann somit eine Ungleichbehandlung der aufnehmenden Netzbetreiber „in der Fläche" und damit ein Verstoß der Abnahme- und Vergütungspflichten des EEG gegen Art. 3 Abs. 1 GG nicht mehr angenommen werden.

G. Zusammenfassung

Die Untersuchung der verfassungsrechtlichen Zusammenhänge hat ergeben, dass es sich bei den durch das EEG begründeten Abnahme- und Vergütungspflichten weder um eine Steuer noch um eine Sonder- oder eine sonstige Abgabe handelt. Zutreffend sind die beschriebenen Vergütungspflichten als staatliche Preisregelungen einzuordnen, die von einer vorrangigen Abnahmepflicht flankiert werden. Hieraus ergibt sich, dass sich eine entsprechende Anwendung der vom BVerfG entwickelten Prüfungsmaßstäbe für die Zulässigkeit von Sonderabgaben verbietet. Denn die von Sonderabgaben gefährdeten verfassungsrechtlichen Grundsätze

1161 *Ossenbühl*, RdE 1997, S. 54 f.
1162 BVerfG, Beschl. v. 17.5.2000 - 2 BvL 6/02 -.
1163 BVerfG, Beschl. v. 17.5.2000 - 2 BvL 6/02 -, S. 9.
1164 *Salje*, EEG, Einführung, Rn. 109.
1165 Hierzu oben S. 89 ff., 247 ff.

der Ertragsverteilungsordnung werden durch die Abnahme- und Vergütungspflichten des EEG gerade nicht berührt.

Prüfungsmaßstäbe für die Abnahme- und Vergütungspflichten sind vielmehr die Grundrechte der in die Pflicht genommenen EVU. Wenngleich im Rahmen dieser Untersuchung zum Teil erhebliche Eingriffe in die Schutzbereiche der Grundrechte aus Art. 12 Abs. 1 und Art. 14 Abs. 1 GG festgestellt werden konnten, so sind diese nach hier vertretener Auffassung gerechtfertigt. Auch eine Verletzung des sich aus Art. 3 Abs. 1 GG ergebenden Grundsatzes der Lastengleichheit kann in Anbetracht des in § 11 EEG geregelten bundesweiten Belastungsausgleichs nicht angenommen werden.

FAZIT UND AUSBLICK

Das EEG ist ein in jeder Hinsicht ungewöhnliches Gesetz. Dies ergibt sich aus seiner Funktion als Fördergesetz zugunsten der Stromerzeugung aus erneuerbaren Energiequellen in einem liberalisierten Strommarkt, da eine Förderung regenerativ erzeugten Stroms unvermeidlich mit wettbewerbsverzerrenden Effekten verbunden ist. Dennoch ist auf nationaler und internationaler Ebene anerkannt, dass sich die von der Europäischen Gemeinschaft und ihren Mitgliedstaaten angestrebten Klimaschutzziele nicht ohne geeignete Fördermaßnahmen erreichen lassen.

Das EEG befindet sich dementsprechend in einem Spannungsfeld zwischen beihilfenrechtlichen Vorschriften, Vorschriften zum Schutz des freien Warenverkehrs und nationalem Verfassungsrecht. Dies gilt umso mehr, als die mit dem EEG verbundenen Beeinträchtigungen der in die Pflicht genommenen Unternehmen im Vergleich zum StrEG deutlich intensiver geworden sind; beispielhaft seien die Stichworte Vorrangprinzip, Festpreise und Netzausbaupflicht genannt. Zudem führt der angestrebte Ausbau der Stromerzeugung aus erneuerbaren Energien zwangsweise zu einem entsprechenden Anstieg der durch das EEG begründeten Vergütungslast und des administrativen Aufwands der Unternehmen, wenngleich davon ausgegangen werden kann, dass die Vergütungslast regelmäßig an die Letztverbraucher weitergegeben wird.[1166]

Die Untersuchung der europa- und verfassungsrechtlichen Zusammenhänge ergibt, dass die im EEG implementierte garantierte Einspeisevergütung nicht gegen europäisches Beihilfenrecht sowie die Vorschriften zum Schutz des freien Warenverkehrs verstößt. Darüber hinaus kann auch kein Verstoß gegen finanzverfassungsrechtliche Grundsätze oder eine Verletzung von Grundrechten der in die Pflicht genommenen EVU festgestellt werden. Entscheidend bei der verfassungsrechtlichen Beurteilung ist insbesondere der Umstand, dass der mit dem EEG neu eingeführte bundesweite Belastungsausgleich Ungleichgewichtungen zu Lasten einzelner Unternehmen oder Regionen vermeidet.

Gleichwohl fordert ein Gesetz wie das EEG aus ordnungspolitischer Sicht Widerspruch heraus, denn bei den durch das EEG verfolgten Zielen Klimaschutz, Umweltschutz und Ressourcenschonung handelt es sich um allgemeine Staatsaufgaben, die grundsätzlich aus öffentlichen Mitteln finanziert werden müssen. Dass dies beim EEG gerade nicht der Fall ist, vermag, wie gezeigt, die Annahme eines gesetzgeberischen Formenmissbrauchs nicht zu rechtfertigen. Dennoch sind die insbesondere von *Kirchhof* vorgebrachten Bedenken nicht unerheblich: Mit der Einführung einer „Subvention durch Private“ entfällt die parlamentarische Entscheidung

1166 Hierzu oben S. 106 ff.

über das jeweilige Volumen staatlich veranlasster Unterstützung und die periodische Wirkungskontrolle im Rahmen der jährlichen Haushaltsbewilligung.[1167]
Die Entwicklung der letzten zehn Jahre hat gezeigt, dass sich das Recht der Stromeinspeisung zu einer eigenständigen und immer weiter ausdifferenzierten Materie entwickelt hat, eine Entwicklung, die vor allem mit Blick auf die Richtlinie zur Förderung der Stromerzeugung aus erneuerbaren Energien sicherlich noch nicht als abgeschlossen betrachtet werden kann. War die Förderung bestimmter Stromerzeugungsformen anfangs ein „Exot" im Gefüge des Energierechts, so haben sich Fördergesetze mittlerweile als fester Bestandteil des Energierechts mit erheblicher wirtschaftlicher Bedeutung entwickelt. Die Eigendynamik, die von garantierten Einspeisevergütungen ausgeht, zeigt sich am Beispiel der Förderung erneuerbarer Energien im kontinuierlich steigenden Vergütungsvolumen und verlangt angesichts des Fehlens einer regelmäßigen parlamentarischen Kontrolle im Rahmen der jährlichen Haushaltsbewilligung einen verantwortungsvollen Umgang durch die Politik. Insbesondere müssen die wirtschaftlichen Auswirkungen auf die betroffenen Unternehmen beobachtet werden, um einer unverhältnismäßigen Ausuferung des Finanzierungsvolumens und umweltpolitischen Fehlentwicklungen - etwa bei der Förderung der Windkraft - rechtzeitig begegnen zu können.
Vor diesem Hintergrund werden auch im Hinblick auf den Erfahrungsbericht des Bundesministeriums für Wirtschaft und Technologie vom 28.6.2002 [1168] derzeit Möglichkeiten einer Novellierung des EEG diskutiert.[1169] Gegenstand der Überlegungen sind die Anpassung der Fördersätze sowie eine zusätzliche Förderung von förderungswürdigen Anlagen (etwa Wasserkraftanlagen mit einer installierten elektrischen Leistung über 5 MW).[1170] Im Rahmen des bundesweiten Belastungsausgleichs wird auch über den Ersatz des finanziellen und physikalischen Ausgleichs durch einen rein finanziellen Ausgleich diskutiert.[1171] Diese Diskussion ist vor dem Hintergrund zu verstehen, dass bei der Regelung des Belastungsausgleichs des KWKG auf die Einführung eines physikalischen Ausgleichs der aufgenommenen Strommengen verzichtet wurde. Wie bereits erwähnt, wird die Vergütung für Strom aus KWK-Anlagen nach dem KWKG nicht wie beim EEG aufgrund gesetzlich festgelegter Festpreise gewährt; vorgesehen ist vielmehr die Zahlung der „üblichen" Vergütung zuzüglich eines Zuschlages.[1172] Gegenstand des in § 9 KWKG geregelten Belastungsausgleichs sind lediglich die Zu-

1167 Vgl. *Kirchhof*, FAZ v. 8.5.2001, S. 11.
1168 Bericht über den Stand der Markteinführung und der Kostenentwicklung von Anlagen zur Erzeugung von Strom aus erneuerbaren Energien (Erfahrungsbericht zum EEG) vom 28. Juni 2002.
1169 Vgl. hierzu *BMU* (Hrsg.), Novellierung des Gesetzes für den Vorrang erneuerbarer Energien (EEG), Umwelt 2003, S. 144 ff.; sowie die Beiträge von *Böhmer*, ew 2003, Heft 7, S. 22 ff. , *Lackmann*, ZNER 2002, S. 146 ff. sowie *Tauber*, ET 2002, S. 818 ff.
1170 Hierzu *Böhmer*, ew 2002, Heft 10, S. 33 f.
1171 VKU-ND 2002, Ausgabe 647, S. 2.
1172 Hierzu oben S. 231 ff.

schläge, nicht hingegen der gezahlte Preis für den aufgenommenen Strom. Diese - auch im Rahmen des Belastungsausgleichs vorgenommene - Aufspaltung in Vergütung und Zuschlag dürfte die einzig praktikable Möglichkeit sein, die Schwierigkeit der Mehrkostenermittlung bei einem nachträglichen Ausgleich zu umgehen, ohne wie beim EEG auch einen physikalischen Mengenausgleich durchführen zu müssen.[1173] Nachteilig ist hingegen die im Vergleich zu einer Festpreisregelung geminderte Investitionssicherheit, welche im Bereich der KWK nicht in gleichem Maße wie bei der Förderung der Stromerzeugung aus erneuerbaren Energien zielführend ist.[1174] Denn das KWKG ist im Gegensatz zum EEG nach wie vor primär auf die Bestandssicherung bzw. Modernisierung bereits bestehender KWK-Anlagen ausgelegt; dem Aspekt der Investitionssicherheit kommt demnach nicht die gleiche Bedeutung zu wie beim EEG, welches eine Verdopplung des Anteils der Stromerzeugung aus erneuerbaren Energien anstrebt, ein Ziel, welches nur durch einen erheblichen Zubau von Neuanlagen erreicht werden kann. Im Zuge einer Novellierung des EEG ist vor diesem Hintergrund eine Abschaffung des physikalischen Mengenausgleichs zugunsten eines Bonus- bzw. Zuschlagsmodells wie beim KWKG nicht zu erwarten.

1173 Zu diesem Aspekt oben S. 240 ff.

1174 Vgl. zur Zielsetzung des KWKG etwa *Herrmann*, Festschrift Baur, S. 168; *Büdenbender/Rosin*, KWK AusbauG, § 1, Rn. 45 ff.

ZUSAMMENFASSUNG

I. Regelungsgehalt und Funktionsweise des EEG

1. Das EEG bestimmt in § 1 als Gesetzesziel die Ermöglichung einer nachhaltigen Entwicklung der Energieversorgung im Interesse des Klima- und Umweltschutzes. Aus der Erwähnung der „Nachhaltigkeit" ergibt sich, dass die Ressourcenschonung neben Klima- und Umweltschutz als gleichberechtigtes Gesetzesziel zu betrachten ist.

2. Grundlage der Förderung regenerativer Stromerzeugung durch das EEG ist - wie bereits unter der Geltung des StrEG - die Anschluss-, Abnahme- und Vergütungspflicht von EVU, die Netze für die allgemeine Versorgung betreiben, § 3 Abs. 1 Satz 1, § 2 Abs. 1 Satz 1 EEG.
   Verpflichtet sind Netzbetreiber aller Spannungsebenen, da nicht nur das örtliche Niederspannungsnetz der allgemeinen Versorgung i.S.d. § 2 Abs. 3 EnWG dient. Keine Allgemeinversorgung liegt dann vor, wenn das Versorgungsnetz von vornherein nur einem oder mehreren Abnehmern zur Verfügung steht.

3. Die im EEG niedergelegten Anschluss-, Abnahme- und Vergütungspflichten begründen einen Kontrahierungszwang, nicht hingegen ein gesetzliches Schuldverhältnis. Voraussetzung einer Förderung ist damit der Abschluss eines entsprechenden Einspeisevertrags zwischen Anlagenbetreiber und Netzbetreiber.

4. Die in § 3 Abs. 1 EEG enthaltene Anschlusspflicht besteht trotz des missverständlichen Wortlauts der Vorschrift ausschließlich gegenüber inländischen Betreibern von Regenerativstromanlagen.

5. Aus § 2 Abs. 2 Nr. 2 EEG ergibt sich eine indirekte, im Vergleich zum StrEG wesentliche Erweiterung des Anwendungsbereichs, da nunmehr auch Anlagen, die zu über 25 % öffentlichen EVU oder Unternehmen gehören, die mit ihnen i.S.d. § 15 AktG verbunden waren, einer Förderung zugänglich sind.

6. Der Kreis der förderungswürdigen Energieträger hat sich im Vergleich zum StrEG vergrößert. Nunmehr sind auch Geothermie und Grubengas grundsätzlich einer Förderung

zugänglich. Dabei ist festzuhalten, dass es sich bei Grubengas nicht um einen erneuerbaren Energieträger i.S.d. EEG handelt, da er sich nicht in überschaubaren Zeiträumen regeneriert. Die praktische Bedeutung der Grubengasförderung darf allerdings nicht überschätzt werden. Der Gleichheitssatz des Art. 3 Abs. 1 GG wird durch die Grubengasförderung nicht verletzt.

7. Die am 22.6.2001 in Kraft getretene BiomasseVO trägt erheblich zur Rechtssicherheit bei, da sie den unbestimmten Begriff der Biomasse konkretisiert und damit zur Investitionssicherheit beiträgt. Mit Blick auf das Ausschließlichkeitsprinzip, welches vor allem im Bereich der Biomasse von Bedeutung ist, verdienen aber nicht alle Regelungen der BiomasseVO - insbesondere die Aufnahme von Pflanzenölmethylester in den Kreis der förderungswürdigen Energieträger - Zustimmung. Gleichwohl liegt kein Verstoß gegen die Ermächtigungsnorm oder den Bestimmtheitsgrundsatz vor.

8. Eine Zünd- und Stützfeuerung mit fossilen Brennstoffen stellt nach allgemeiner Ansicht keinen Verstoß gegen das Ausschließlichkeitsprinzip dar. Da es sich dabei um einen Ausnahmetatbestand handelt, ist jedoch eine restriktive Auslegung des Begriffes Zünd- bzw. Stützfeuerung angezeigt. Daher kann nicht mehr von einer Stützfeuerung ausgegangen werden, wenn durch den zusätzlichen Einsatz fossiler Brennstoffe lediglich der Brennwirkungsgrad der Anlage insgesamt verbessert werden soll. Eine Kürzung der Einspeisevergütung um den Anteil, der auf die Zünd- und Stützfeuerung entfällt, kommt nicht in Betracht.

9. In der Praxis wird die Grenze zur Mischfeuerung bei maximal 10 % der Energieausbeute angesiedelt. Dieser Grenzwert kann jedoch nicht als verbindlich betrachtet werden. Ob eine unzulässige Mischfeuerung vorliegt, bestimmt sich danach, ob die Feuerung im konkret zu beurteilenden Einzelfall über das technisch erforderliche Maß für die In-Gang-Setzung und Aufrechterhaltung des Erzeugungsprozesses hinausgeht.

10. Wie auch beim StrEG ist die Förderung der Regenerativstromerzeugung im Rahmen des EEG an bestimmte Leistungsgrenzen der jeweiligen Anlagen geknüpft. Dabei ist die Möglichkeit einer Umgehung der Leistungsgrenzen durch die missbräuchliche Aufteilung von Anlagen problematisch. Insbesondere solche Sachverhalte, in denen ein einzelner Investor mehrere Anlagen, die jeweils knapp unterhalb der einschlägigen Kapazitätsgrenzen liegen, in einem räumlichen Zusammenhang errichtet, erfordern eine nähere Untersu-

chung. Ein missbräuchliches Verhalten wird dabei jedenfalls dann vorliegen, wenn eine Aufteilung der Anlagen entgegen den optimalen technischen und wirtschaftlichen Kennziffern durchgeführt wird.

11. Netzbetreiber sind gemäß § 3 Abs. 1 EEG zur vorrangigen Abnahme und Vergütung des gesamten angebotenen Regenerativstroms verpflichtet. Dementsprechend können Netzbetreiber die Abnahme- und Vergütungspflicht nicht mehr mit dem Argument zurückweisen, dass das Netz bereits mit konventionellem Strom ausgelastet sei. Dies gilt allerdings nicht uneingeschränkt. Seine Grenze findet das Vorrangprinzip in der Versorgungssicherheit. Nur der Anteil konventionellen Stroms im Netz, der nicht zur Gewährleistung der Versorgungssicherheit erforderlich ist, kann aufgrund des Vorrangprinzips durch Strom aus erneuerbaren Energien substituiert werden.

12. Das Vorrangprinzip kann Auswirkungen auf bestehende Stromlieferungs- und Netznutzungsverträge haben. Eine daraus resultierende Schadensersatzpflicht des verpflichteten Netzbetreibers kommt jedoch nicht in Betracht.

13. Die in § 3 Abs. 1 Satz 4 EEG enthaltene Offenlegungspflicht des Netzbetreibers hinsichtlich seiner Netzdaten ist nicht in dem Sinne zu verstehen, dass der Netzbetreiber auch mittels einer nachprüfbaren Berechnung darüber Auskunft erteilen muss, ob sich an einem konkret benannten Standort eine bestimmte Anzahl von Erzeugungsanlagen installieren lässt. Auch eine Pflicht zur Berechnung der abnehmbaren Strommenge und der voraussichtlichen Anschlusskosten besteht nicht.

14. Die Abgrenzung zwischen Netzanschluss- und Netzverstärkungskosten bereitet in der Praxis Schwierigkeiten. Der zum Teil vertretene Ansatz, wonach das Verlangen des Netzbetreibers auf Übertragung des Eigentums an der zu verlegenden Netzanschlussleitung ein gewichtiges Indiz für das Vorliegen von Netzverstärkungskosten darstellen soll, ist indes abzulehnen, da eine solche Sichtweise zu zufälligen Ergebnissen führt. Sachgerecht ist allein die im Einzelfall vorzunehmende Differenzierung anhand der allgemein anerkannten Unterscheidungsmerkmale.

15. Die Einführung des bundesweiten Belastungsausgleichs stellt im Vergleich zur Rechtslage unter Geltung des StrEG einen erheblichen Fortschritt dar. Der Belastungsausgleich bewirkt, dass die Vergütungslast nicht mehr nur von einzelnen Letztverbrauchern, be-

stimmten Netzbetreibern oder EVU getragen wird; er führt zu einer relativ ausgewogenen Lastenverteilung. Seine gesetzliche Ausgestaltung ist jedoch teilweise missverständlich und widersprüchlich; insbesondere kommt der Umstand, dass der Mengenausgleich mit einer Fiktion arbeitet, im Gesetzeswortlaut nicht hinreichend deutlich zum Ausdruck. Nachteilig wirkt sich der erhebliche zeitliche Nachlauf des Ausgleichs aus; er kann für die verpflichteten EVU mit einem Zwischenfinanzierungsbedarf verbunden sein. Auch begründet der Belastungsausgleich Ungleichgewichtungen zu Lasten der Übertragungsnetzbetreiber, welche keine Vorteile aus der Vermarktung des aufzunehmenden Stroms realisieren können.

16. Das in § 11 Abs. 4 Satz 6 EEG geregelte Verbot des Unterpreisverkaufs ist ordnungspolitisch bedenklich, da der Gesetzgeber einen schädlichen Nebeneffekt zu Lasten solcher Verbraucher bewirkt, die davon abgehalten werden, ihren Energiebedarf über einen „echten“ Ökostromanbieter zu beziehen. Soweit Versorger von Letztverbrauchern den im Rahmen des Belastungsausgleichs abgenommenen und vergüteten Strom als Strom im Sinne des § 2 EEG oder als diesem vergleichbarer Strom vermarkten, kann ein Verstoß dieses Vorgehens gegen die §§ 1, 3 UWG indes nicht festgestellt werden.

17. Eine Weitergabe der Mehrbelastungen des EEG an Letztverbraucher ist insbesondere im Rahmen von Tarifkundenverträgen grundsätzlich möglich; im Rahmen von Sonderkundenverträgen kann die Weitergabe bei Altverträgen über Steuer- und Abgabenklauseln erfolgen. Zwar stellen die Mehrbelastungen weder eine Steuer noch eine Abgabe dar, die Anwendbarkeit der Steuer- und Abgabeklauseln ergibt sich aber aus der gebotenen ergänzenden Auslegung dieser Klauseln.

18. Eine Weitergabe der Mehrbelastungen des EEG über Vertragsanpassungsklauseln wird regelmäßig nicht in Betracht kommen, da deren Tatbestand nicht bei jeder beliebigen, unbedeutenden Änderung der wirtschaftlichen Verhältnisse erfüllt ist. Dies gilt allerdings nicht allgemein, sondern ist besonders im Hinblick auf das ausfüllungsbedürftige Merkmal der „Unzumutbarkeit des Festhaltens am Vertrag“ stets für den jeweiligen Einzelfall zu prüfen.

II. Die Vereinbarkeit des EEG mit dem Recht der Europäischen Gemeinschaften

1. Das EEG begründet keine „aus staatlichen Mitteln" gewährte Beihilfe i.S.d. Art. 87 Abs. 1 EG. Eine staatliche Mittelbelastung kann insbesondere nicht aufgrund der nicht unerheblichen Beteiligung der öffentlichen Hand an EVU angenommen werden. Denn eine solche Differenzierung würde zu einer erheblichen zusätzlichen Wettbewerbsverzerrung führen und wäre darüber hinaus kaum praktikabel. Auch kann nicht ohne weiteres davon ausgegangen werden, dass sich das Stromeinspeisungs-Urteil des EuGH nur auf die Belastung privater EVU bezieht, denn der EuGH hat in seiner Entscheidung die Beteiligung der schleswig-holsteinischen Landkreise von insgesamt 34,7 % an der Schleswag AG gerade nicht beanstandet.

2. Das EEG ist nicht als „staatliche Beihilfe" i.S.d. Art. 87 Abs. 1 EG einzuordnen. Denn der Begriff der Beihilfe ist in Einklang mit der Rechtsprechung des EuGH nur auf solche Sachverhalte anzuwenden, in denen eine unmittelbare oder mittelbare Belastung des Staatshaushalts vorliegt. Der Anwendungsbereich des Beihilfenrechts bestimmt sich nicht nur nach dem Ziel eines möglichst unverfälschten Wettbewerbs zwischen den Mitgliedstaaten, sondern auch im Hinblick auf die Kompetenz der Mitgliedstaaten zur wirtschaftspolitischen Gestaltung. Insoweit stellt das Erfordernis der staatlichen Mittelbelastung ein taugliches Abgrenzungskriterium dar. Da das EEG aber weder unmittelbar noch mittelbar oder vorübergehend den Staatshaushalt belastet, ist es der Kontrolle des Beihilfenrechts entzogen.

3. Die im EEG enthaltenen Abnahme- und Vergütungspflichten sind als Maßnahmen gleicher Wirkung wie eine mengenmäßige Beschränkung einzuordnen, die auch i.S.d. Dassonville-Rechtsprechung geeignet sind, den innergemeinschaftlichen Handel unmittelbar oder mittelbar, tatsächlich oder potenziell zu behindern. Soweit es sich dabei um die nichtdiskriminierende Maßnahme des § 11 Abs. 4 EEG handelt, ist diese als Verkaufsmodalität i.S.d. Keck-Rechtsprechung gerechtfertigt. Die Vorschriften der §§ 3 Abs. 1 und 2, 11 Abs. 2 EEG fallen hingegen aufgrund ihres diskriminierenden Charakters in den Anwendungsbereich des Art. 28 EG.

4. Eine Rechtfertigung der in Rede stehenden Normen nach Art. 30 EG kommt aufgrund der gebotenen engen Auslegung nicht in Betracht. Dies kann auch nicht im Hinblick auf das Stromeinspeisungs-Urteil des EuGH angenommen werden, wenngleich dieser in seinen

Erwägungen auch auf den Umstand abstellt, dass das StrEG dem Schutz der Gesundheit und des Lebens von Menschen, Tieren und Pflanzen zu dienen bestimmt ist.

5. Allerdings sind die Vorschriften des EEG durch zwingende Erfordernisse des Umweltschutzes i.S.d. „Cassis de Dijon"-Rechtsprechung des EuGH gerechtfertigt. Dabei ist zunächst davon auszugehen, dass auch diskriminierende Maßnahmen grundsätzlich - und nicht nur ausnahmsweise - durch zwingende Gründe gerechtfertigt werden können. Es sprechen gute Gründe dafür, die - letztlich nicht gebotene - Einschränkung der Cassis-Formel auf unterschiedslos anwendbare Maßnahmen im Interesse von Transparenz, Rechtssicherheit und zur Vermeidung von Widersprüchen aufzugeben. Einer Ausweitung handelsbehindernder Maßnahmen kann durch die Anwendung des Verhältnismäßigkeitsgrundsatzes entgegengewirkt werden.
   Die durch das EEG begründeten Handelsbehinderungen verstoßen nicht gegen den Grundsatz der Verhältnismäßigkeit.

6. Das Stromeinspeisungs-Urteil des EuGH vom 13.3.2001 trägt zur Klärung der nicht immer eindeutigen Rechtsprechung zur Rechtfertigung von Handelsbeeinträchtigungen kaum bei. Die Entscheidung könnte so zu verstehen sein, dass die diskriminierenden Maßnahmen des EEG - allerdings hier nur ausnahmsweise - durch zwingende Gründe gerechtfertigt sind. Dafür spricht, dass der Gerichtshof - ähnlich wie in der Entscheidung zum wallonischen Verbot der Abfalleinfuhr - den Ausnahmecharakter der Entscheidung deutlich zum Ausdruck gebracht hat. Denkbar ist allerdings auch, dass der EuGH in seinem Urteil die bisherige Systematik der Rechtfertigung von Handelsbeeinträchtigungen zugunsten eines offenen und zielgerichteten Verständnisses des Art. 28 EG gänzlich verlassen hat. Welchen Weg der EuGH in der Zukunft weiterverfolgt, bleibt abzuwarten.

7. Die Ausnahmevorschrift des § 11 Abs. 4 Satz 2 EEG befreit solche EVU, die bezogen auf die gesamte von ihnen gelieferte Strommenge zu mindestens 50 % Strom i.S.d. § 2 EEG liefern, von der Abnahme- und Vergütungspflicht gegenüber dem jeweils regelverantwortlichen Netzbetreiber. Die Vorschrift ist im Hinblick auf Art. 28 EG europarechtskonform dahingehend auszulegen, dass sich ein Letztversorger gegenüber seinem regelverantwortlichen Übertragungsnetzbetreiber auch dann darauf berufen kann, dass er zu 50 % oder mehr Strom aus erneuerbaren Energien liefert, wenn dieser Strom ganz oder zum Teil aus anderen Mitgliedstaaten importiert wurde.

8. Einige Auswirkungen auf das EEG dürfte die EE-RL haben, welche vor allem die Pflicht zur Einführung von Herkunftsnachweisen für Regenerativstrom bis spätestens zum 27.10.2003 vorsieht. Keinesfalls besteht aber unter der Geltung der EE-RL ein Recht auf Inanspruchnahme der in den einzelnen Mitgliedstaaten geschaffenen nationalen Fördermechanismen. Zumindest mittelbar geht die EE-RL also von der Zulässigkeit von Reziprozitäts- oder Ausschlussregeln aus. Umsetzungsbedarf für den nationalen Gesetzgeber besteht im Wesentlichen nur hinsichtlich der Einführung von Herkunftsnachweisen. Denkbar ist es, ein System von Herkunftsnachweisen in das EEG zu integrieren.

9. Im Hinblick auf die auf europäischer Ebene angestrebte Schaffung eines Gemeinschaftsrahmens zur Förderung regenerativer Stromerzeugung kann festgehalten werden, dass die Regelungen des EEG aufgrund der in der EE-RL enthaltenen Übergangszeiträume bis mindestens 2012 Bestand haben können. Dies steht freilich unter dem Vorbehalt etwaiger Änderungen durch den Gesetzgeber.

III. Verfassungsrechtliche Aspekte des EEG

1. Die Abnahme- und Vergütungspflichten des EEG sind als durch vorrangige Abnahmepflichten flankierte Preisregelungen einzuordnen und damit nicht Gegenstand des Finanzverfassungsrechts. Dies kann insbesondere nicht unter Verweis auf das Prinzip der adäquaten Gegenleistung in Abrede gestellt werden, da sich Preisregelungen sowohl durch Gegenleistung als auch durch Gegenleistungslosigkeit auszeichnen. Ob die durch die Preisregelung angestrebten Ergebnisse auch mit marktwirtschaftlichen Mitteln erreicht werden könnten, ist unbeachtlich.

2. Eine entsprechende Anwendung der vom BVerfG entwickelten sonderabgabenrechtlichen Prüfungsmaßstäbe auf das EEG kommt trotz struktureller Ähnlichkeiten zum „Kohlepfennig" nicht in Betracht, da die finanzverfassungsrechtlichen Bestimmungen über die Ertragsverteilungsordnung durch das EEG nicht berührt werden.

3. Das EEG stellt keinen gesetzgeberischen Formenmissbrauch dar und kann daher auch nicht als Umgehung des Finanzverfassungsrechts angesehen werden. Das EEG ist vielmehr an den Grundrechten insbesondere der in die Pflicht genommenen EVU zu messen.

4. Die Vorschriften des EEG greifen zum Teil erheblich in den Schutzbereich des Art. 12 Abs. 1 GG ein. Die besondere Intensität der Eingriffe ergibt sich insbesondere daraus, dass es sich um Indienstnahmen Privater für die Erfüllung öffentlicher Aufgaben handelt. Die Eingriffe sind jedoch verfassungsrechtlich gerechtfertigt. Insbesondere kann kein Verstoß gegen den Grundsatz der Lastengleichheit festgestellt werden, was maßgeblich auf die Einführung des bundesweiten Belastungsausgleichs zurückzuführen ist.

5. Die „Anti-Dumping-Vorschrift" des § 11 Abs. 4 Satz 6 EEG greift als Mindestpreisregelung in den Schutzbereich des Art. 12 Abs. 1 GG ein, ist aber verfassungsrechtlich gerechtfertigt.

6. Das EEG verletzt nicht das Grundrecht der verpflichteten Unternehmen aus Art. 14 Abs. 1 GG. Zwar liegt eine Beeinträchtigung der unternehmerischen Dispositionsfreiheit der EVU an den Leitungsnetzen vor; diese ist aber verfassungsrechtlich gerechtfertigt.

7. Eine Verletzung des Gleichheitssatzes aus Art. 3 Abs. 1 GG kann im Hinblick auf regionale Unterschiede in der Belastungswirkung nicht mehr festgestellt werden. Hierzu leistet der im Rahmen des EEG neu eingeführte bundesweite Belastungsausgleich einen maßgeblichen Beitrag.

LITERATURVERZEICHNIS

Ackermann, Thomas: Warenverkehrsfreiheit und „Verkaufsmodalitäten" - Zu den EuGH-Entscheidungen „Keck" und „Hünermund", in: RIW 1994, S. 189 ff. (zit.: *Ackermann*, RIW 1994)

Altrock, Martin: „Subventionierende" Preisregelungen, München 2002 (zit.: *Altrock*, Preisregelungen)

Arndt, Hans-Wolfgang: Zur finanzverfassungsrechtlichen Zulässigkeit subventionierender Vergütungen nach dem Stromeinspeisungsgesetz vom 7. Dezember 1990, in: RdE 1995, S. 41 ff. (zit.: *Arndt*, RdE 1995)

Badura, Peter: Die wirtschaftliche Betätigung der öffentlichen Hand mit besonderer Berücksichtigung der öffentlich-rechtlichen Wettbewerbs-Versicherungsunternehmen, in: ZHR 146 (1982), S. 448 ff. (zit.: *Badura*, ZHR 146 (1982))

ders.: Die Unternehmensfreiheit der Handelsgesellschaften - Ein Problem des Grundrechtsschutzes juristischer Personen des Privatrechts -, in: DÖV 1990, S. 353 ff. (zit.: *Badura*, DÖV 1990)

ders.: Staatsrecht, 2. Auflage, München 1996 (zit.: *Badura*, Staatsrecht)

Bartosch, Andreas: Neues zum Tatbestandsmerkmal der „Belastung des Staatshaushalts" i.S. des Art. 87 I EG, in: NVwZ 2001, S. 643 ff. (zit.: *Bartosch*, NVwZ 2001)

Bartsch, Michael / Dingeldey, Thomas: Rechtsprobleme der Einspeisevergütung, in: ET 1995, S. 249 ff. (zit.: *Bartsch/Dingeldey*, ET 1995)

Bauer, Franz / Kamm, Klaus: Regenerative Energien - Erscheinungsformen, Potenziale, Wirtschaftlichkeit, in: WLB 4/1999, S. 27 ff. (zit.: *Bauer/Kamm*, WLB 4/1999)

Baumbach/Hefermehl, Wettbewerbsrecht, 22. Auflage, München 2001 (zit.: *Baumbach/ Hefermehl*, Wettbewerbsrecht)

Baur, Jürgen F.: Der Mißbrauch im deutschen Kartellrecht, Tübingen 1972 (zit.: *Baur*, Der Mißbrauch im deutschen Kartellrecht)

ders.: Vertragliche Anpassungsregelungen, dargestellt am Beispiel langfristiger Energielieferungsverträge, Heidelberg 1983 (zit.: *Baur*, Vertragliche Anpassungsregelungen)

ders.: Preisänderungsklauseln, Vertragsanpassungsklauseln und Höhere-Gewalt-Klauseln in langfristigen Lieferverträgen über Energie, in: ZIP 1985, S. 905 ff. (zit.: *Baur*, ZIP 1985) *ders.*: Das Kartellgesetz - Novellierungserfordernisse aus energiepolitischer Sicht?, in: Bodo Börner (Hrsg.), Beharren und Wandel im Energierecht, Veröffentlichungen des Instituts für Energierecht an der Universität zu Köln, Band 55, S. 63 ff., Baden-Baden 1986 (zit.: *Baur*, Das Kartellgesetz)

ders.: Kooperative Wirtschaftslenkung und Kartellrecht, in: Festschrift für Otto-Friedrich Frhr. v. Gamm, Köln / Berlin / Bonn / München 1990, S. 525 ff. (zit.: *Baur*, Festschrift v. Gamm)

ders.: Vergütungen für Strom aus Eigenerzeugungsanlagen, Baden-Baden 1990 (zit.: *Baur*, Vergütungen für Strom aus Eigenerzeugungsanlagen)

ders.: Wirtschaftsklauseln, in: Festschrift für Ernst Steindorff zum 70. Geburtstag am 13. März 1990, Berlin / New York 1990, S. 509 ff. (zit.: *Baur*, Festschrift Steindorff)

ders.: Windkraftanlagen vor der Küste. Abnahme- und Vergütungspflichten für anliegende Elektrizitätsversorgungsunternehmen (EltVU), in: RdE 1996, S. 173 ff. (zit.: *Baur*, RdE 1996)

ders.: Ausnahmen von Kostenwälzungen zum Erhalt der Aluminiumindustrie in Deutschland, unveröffentlichtes Rechtsgutachten im Auftrag der VAW aluminium AG, Köln 2001 (zit.: *Baur*, Ausnahmen von Kostenwälzungen)

ders.: Das Gesetz zum Schutz der Stromerzeugung aus Kraft-Wärme-Kopplung (KWKG), in: Dietmar Pauger, Das Elektrizitätsrecht nach der ElWOG-Novelle, Wien 2001 (zit.: *Baur*, KWKG)

ders.: Ökologische Energieversorgung in Deutschland unter europarechtlichen Rahmenbedingungen, in: Gunther Kühne / Jürgen F. Baur / Michael Baron / Ulrich Büdenbender, Das deutsche Berg- und Energierecht auf dem Wege nach Europa, Baden-Baden 2002, S. 9 ff. (zit.: *Baur*, Ökologische Energieversorgung)

Baur, Jürgen F. / Henk-Merten, Katrin / Matthey, Philip / Weck, Markus: Förderung von KWK-Anlagen - Möglichkeiten und Grenzen neuer Fördermethoden, Veröffentlichungen des Instituts für Energierecht an der Universität zu Köln, Band 102, Baden-Baden 2002 (zit.: *Baur/Henk-Merten/Matthey/Weck*, Förderung von KWK-Anlagen)

Baur, Jürgen F. / Moraing, Markus: Rechtliche Probleme einer Deregulierung der Elektrizitätswirtschaft, Veröffentlichungen des Instituts für Energierecht an der Universität zu Köln, Band 72, Baden-Baden 1994 (zit.: *Baur/Moraing*, Deregulierung)

Berendes, Dirk: Stromeinspeisung und Verfassungsrecht, in: ZUR 1997, S. 261 ff. (zit.: *Berendes*, ZUR 1997)

Bettermann, Karl August: Grundfragen des Preisrechts für Mieten und Pachten, Tübingen 1952 (zit.: *Bettermann*, Preisrecht)

Birk, Dieter: Steuerrecht, 3. Auflage, Heidelberg 2000 (zit.: *Birk*, Steuerrecht)

Blanke, Hermann-Josef / Peilert, Andreas: Zur Verfassungsmäßigkeit energiewirtschaftlicher Subventionsregime (Teil 1), in: RdE 1999, S. 96 ff. (zit.: *Blanke/Peilert*, RdE 1999)

Bleckmann, Albert: Subventionsprobleme des GATT und der EG, in: RabelsZ, 48. Jahrgang 1984, S. 419 ff. (zit.: *Bleckmann*, RabelsZ 1984)

ders.: Europarecht, 6. Auflage, Köln / Berlin / Bonn / München 1997 (zit.: *Bleckmann*, Europarecht)

Böhmer, Till: Das Erneuerbare-Energien-Gesetz - Erfahrungen, Auswirkungen und Perspektiven, in: ew 2002, Heft 10, S. 28 ff. (zit.: *Böhmer*, ew 2002, Heft 10)

ders.: Nutzung erneuerbarer Energien zur Stromerzeugung im Jahr 2001 in: ew 2003, Heft 7, S. 22 ff. (zit.: *Böhmer*, ew 2003, Heft 7)

Bönning, Christina: Investitionssicherheit für Betreiber einer Anlage zur Erzeugung von Strom aus erneuerbaren Energien durch das Erneuerbare-Energien-Gesetz?, in: ZNER 4/2000, S. 268 ff. (zit.: *Bönning*, ZNER 4/2000)

dies.: Anmerkung zu LG Regensburg, Urteil vom 30.10.2001 - 4 O 1618/01 -, in: ZNER 2001, S. 270 (zit.: *Bönning*, ZNER 2001, S. 270)

Börner, Achim-Rüdiger: Das KWK-Gesetz im rechtlichen Rahmen: Das Umfeld von EnWG, GWB, GG und EG-Recht, in: Bodo J. Herrmann/Andreas Klemm (Hrsg.), Das Gesetz zum Schutz der Stromerzeugung aus Kraft-Wärme-Kopplung in Wissenschaft und Praxis, S. 19 ff., Kölner Miszellen zum Energierecht, Heft 12, Baden-Baden 2001 (zit.: *Börner*, Das KWK-Gesetz im rechtlichen Rahmen)

Böwing, Andreas / Rosin, Peter: Aktuelle Probleme bei der Gestaltung von Stromlieferverträgen, in: ET 2000, S. 74 ff. (zit.: *Böwing/Rosin*, ET 2000)

Brandt, Edmund / Reshöft, Jan / Steiner, Sascha: Erneuerbare-Energien-Gesetz, Baden-Baden 2001 (zit.: *Brandt/Reshöft/Steiner*, EEG)

Breitenstein, Peter: Staatliche administrierte Preise: Staatliche Preisadministration, Inflation und Konjunktur in der Bundesrepublik Deutschland von 1950-1969, Baden-Baden 1977 (zit.: *Breitenstein*, Staatliche administrierte Preise)

Breuer, Rüdiger: Anlagensicherheit und Umweltschutz im Energiesektor, in: Klaus Peter Dolde (Hrsg.), Umweltrecht im Wandel: Bilanz und Perspektiven aus Anlass des 25-jährigen Bestehens der Gesellschaft für Umweltrecht (GfU), Berlin 2001, S. 915 ff. (zit.: *Breuer*, Anlagensicherheit und Umweltschutz)

Brox, Hans: Allgemeiner Teil des Bürgerlichen Gesetzbuchs, 25. Auflage, Köln / Berlin / Bonn / München 2001 (zit.: *Brox*, BGB-AT)

Brox, Hans / Walker, Wolf-Dietrich: Besonderes Schuldrecht, 25. Auflage, München 2000 (zit.: *Brox/Walker*, Schuldrecht)

Bruhn, Matthias: Umweltfreundliche Stromerzeugung in geothermisch-fossilen Hybridkraftwerken, in: ew 1999, 36 ff. (zit.: *Bruhn*, ew 1999)

von Bubnoff, Daniela: Der Schutz der künftigen Generationen im Umweltrecht: Leitbilder, Grundsätze und Instrumente eines dauerhaften Umweltschutzes, Berlin 2001 (zit.: *von Bubnoff*, Schutz der künftigen Generationen)

Büdenbender, Ulrich: Energierecht - Eine systematische Darstellung des gesamten Rechts der öffentlichen Energieversorgung, München / Köln 1982 (zit.: *Büdenbender*, Energierecht)

ders.: Die Entwicklung des Energierechts seit In-Kraft-Treten der Energierechtsreform von 1998, in: DVBl. 2001, S. 952 ff. (zit.: *Büdenbender*, DVBl. 2001)

ders.: Schwerpunkte der Energierechtsreform 1998, Köln 1999 (zit.: *Büdenbender*, Schwerpunkte)

ders.: Die Weitergabe politischer Mehrbelastungen an endverbrauchende Kunden, in: ET 2001, S. 298 ff. (zit.: *Büdenbender*, ET 2001)

Büdenbender, Ulrich / Rosin, Peter: KWK-AusbauG - Kommentar zum Gesetz für die Erhaltung, die Modernisierung und den Ausbau der Kraft-Wärme-Kopplung, Köln 2003 (zit.: *Büdenbender/Rosin*, KWK-AusbauG)

Bull, Hans Peter: Die Staatsaufgaben nach dem Grundgesetz, 2. Auflage, Kronberg 1977 (zit.: *Bull*, Staatsaufgaben)

Bundesministerium für Umwelt, Naturschutz und Reaktorsicherheit (Hrsg.): Erneuerbare Energien und Nachhaltige Entwicklung, 2. Auflage, Berlin 1999 (zit.: *BMU*, Erneuerbare Energien)

dass.: Biomasseverordnung in Kraft getreten - Weiterer Baustein der Energiewende, in: Umwelt 2001, S. 502 ff.

Bunte, Herrmann-Josef: Kartellrecht mit neuem Vergaberecht, München 2003 (zit.: *Bunte*, Kartellrecht)

ders. / Stober, Rolf: Lexikon des Rechts der Wirtschaft, Loseblatt, Stand: April 2000; Neuwied / Kriftel / Berlin (zit.: *Bunte/Stober*, LdRW)

Bürger, Ilka / Senger, Falk: Das neue Gesetz für den Vorrang Erneuerbarer Energien und seine verfassungs- und europarechtliche Problematik, in: UPR 2000, S. 215 ff. (zit.: *Bürger/Senger*, UPR 2000)

Bußmann, Werner: Aufbruchstimmung bei der Geothermie?, in: ZfK 1/2001, S. 11 (zit.: *Bußmann*, ZfK 1/2001, S. 11)

Bydlinski, Franz: Zu den dogmatischen Grundfragen des Kontrahierungszwanges, in: AcP 180 (1980), S. 1 ff. (zit.: *Bydlinski*, AcP 180)

Calliess, Christian / Ruffert, Mathias: Kommentar des Vertrages über die Europäische Union und des Vertrages zur Gründung der Europäischen Gemeinschaft: EUV/EGV, Neuwied / Kriftel 1999 (zit.: Calliess/Ruffert-*Bearbeiter*)

Cerveny, Michael / Gerstmayr, Hubert: Einspeiseregelungen für die Stromerzeugung aus erneuerbaren Energiequellen in europäischen Ländern, Studie im Auftrag des Bundesministeriums für Umwelt, Jugend und Familie, Wien 1997 (zit.: *Cerveny/Gerstmayr*, Einspeiseregelungen)

Creifelds, Carl: Rechtswörterbuch, 16. Auflage, München 2000 (zit.: *Creifelds*, Rechtswörterbuch)

Dannischewski, Johannes: Die Verordnung über die Erzeugung von Strom aus Biomasse (Biomasse-Verordnung) - Ein Überblick über die am 28. Juni 2001 in Kraft getretene Regelung, in: ZNER 2/2001, S. 70 ff. (zit.: *Dannischewski*, ZNER 2/2001)

Dauses, Manfred A.: Handbuch des EU-Wirtschaftsrechts, Band 1, Loseblatt, Stand: Januar 1999, München 1999 (zit.: Dauses-*Bearbeiter*, Hdb. EU-WirtschaftsR)

Dederer, Hans-Georg / Schneller, Christian: Garantierte Stromeinspeisungsvergütung versus Zertifikats-Handelsmodell, in: RdE 2000, S. 214 ff. (zit.: *Dederer/Schneller*, RdE 2000)

Depenheuer, Otto: Arbeitgeber als Zahlstelle des Sozialstaates - Zur Indienstnahme privater Arbeitgeber zur Auszahlung des Kindergeldes, in: BB 1996, S. 1218 ff. (zit.: *Depenheuer*, BB 1996)

Deutsches Steuerberaterinstitut e.V.: Steuerberater Rechtshandbuch, Loseblatt, Stand: März 2001 (zit.: StbRhb-*Bearbeiter*)

Dittmann, Achim / Zscherning, Joachim: Energiewirtschaft, Stuttgart 1998 (zit.: *Dittmann/Zscherning*, Energiewirtschaft)

Doehring, Karl: Völkerrecht: ein Lehrbuch, Heidelberg 1999 (zit.: *Doehring*, Völkerrecht)

Dolzer, Rudolf / Vogel, Klaus: Bonner Kommentar zum Grundgesetz, Loseblatt, Stand: Mai 2001, Heidelberg 2001 (zit.: BK-*Bearbeiter*, GG)

Dreier, Horst: Grundgesetz, Kommentar, Band I, Art. 1 - 19, Tübingen 1996 (zit.: Dreier-*Bearbeiter*, GG)

ders.: Grundgesetz, Kommentar, Band II, Art. 20 - 82, Tübingen 1998 (zit.: Dreier-*Bearbeiter*, GG) *ders.*: Grundgesetz, Kommentar, Band III, Art. 83 - 146, Tübingen 2000 (zit.: Dreier-*Bearbeiter*, GG)

Drillisch, Jens: Quotenregelung für regenerative Stromerzeugung, Schriften des Energiewirtschaftlichen Instituts, Band 55, München 1999 (zit.: *Drillisch*, Quotenregelung)

ders.: Quotenregelung für regenerative Stromerzeugung, in: ZfE 1999, S. 251 ff. (zit.: *Drillisch*, ZfE 1999)

DVG e.V. (Hrsg.): Kriterienkatalog zum EEG, Stand 05.02.2001, Heidelberg 2001 (zit.: *DVG*, Kriterienkatalog EEG)

Ebel, Hans-Rudolf: Weitergabe von Mehrbelastungen an endverbrauchende Stromkunden?, in: ET 2001, S. 812 ff. (zit.: *Ebel*, ET 2001)

Ehmer, Jörg: Das Tarifwesen der Elektrizitätswirtschaft und sein (grund-)rechtlicher Rahmen, Baden-Baden 1995 (zit.: *Ehmer*, Tarifwesen)

Ehricke, Ulrich: Staatliche Maßnahmen zur Förderung umweltfreundlicher Energien und europäisches Wettbewerbsrecht, in: RdE 2003, S. 57 ff. (zit.: *Ehricke*, RdE 2003)

Emmerich, Volker: Das Wirtschaftsrecht der öffentlichen Unternehmen, Bad Homburg / Berlin / Zürich 1969 (zit.: *Emmerich*, Wirtschaftsrecht)

ders.: Die Neuregelung der AVB, in: ZfE 1980, S. 110 ff. (zit.: *Emmerich*, ZfE 1980)

ders.: Kartellrecht: ein Studienbuch, 9. Auflage, München 2001 (zit.: *Emmerich*, Kartellrecht)

Ennuschat, Jörg: Rechtsfragen der Stromeinspeisung nach dem StrEG, in: RdE 1996, S. 182 ff. (zit.: *Ennuschat*, RdE 1996)

Erbguth, Wilfried: Offshore-Windenergieanlagen - Rechtsfragen, in: RdE 1996, S. 85 ff. (zit.: *Erbguth*, RdE 1996)

Erman, Walter: Bürgerliches Gesetzbuch, 10. Auflage, Münster / Köln 2000 (zit.: Erman-*Bearbeiter*, BGB)

Espey, Simone: Internationaler Vergleich energiepolitischer Instrumente zur Förderung von regenerativen Energien in ausgewählten Industrieländern, Bremen 2001 (zit.: *Espey*, Energiepolitische Instrumente)

Everling, Ulrich: Rechtsanwendungs- und Auslegungsgrundsätze des Gerichtshofs der Europäischen Gemeinschaften, in: Heinrich Wilhelm Kruse (Hrsg.), Zölle, Verbrauchsteuern, europäisches Marktordnungsrecht, Köln 1988, S. 51 ff. (zit.: *Everling*, Rechtsanwendungsgrundsätze) *ders.*: Zur neueren EuGH-Rechtsprechung zum Wettbewerbsrecht, in: EuR 1982, S. 301 ff. (zit.: *Everling*, EuR 1982)

von Fabeck, Wolf: Überlegungen zur Härteklausel des Stromeinspeisungsgesetzes für Erneuerbare Energien, in: ZNER 3/1998, S. 61 f. (zit.: *von Fabeck*, ZNER 3/1998)

Faber, Markus: Die Vereinbarkeit des Stromeinspeisungsgesetzes und des Erneuerbare-Energien-Gesetzes mit dem primären Europarecht - Anmerkungen zum Urteil des EuGH NuR 2002, 149 -, in: NuR 2002, S. 140 ff. (zit.: *Faber*, NuR 2002)

Falk, Hermann: Die materielle Beurteilung des deutschen Stromeinspeisungsgesetzes nach europäischem Beihilferecht, in: ZIP 1999, S. 738 ff. (zit.: *Falk*, ZIP 1999)

Fezer, Karl-Heinz: Europäisierung des Wettbewerbsrechts - Gemeinschaftsrechtliche Grenzen im Recht des unlauteren Wettbewerbs, in: JZ 1994, S. 317 ff. (zit.: *Fezer*, JZ 1994)

Fischer, Joachim: Einsatzmöglichkeiten von Biomasse in KWK-Systemen, in: Kaltschmitt/ Fischer/Langnickel (Hrsg.), Bioenergieträger in Kraft-Wärme-Kopplungsanlagen, S. 1 ff., Berlin 2002 (zit.: *Fischer*, Biomasse in KWK-Systemen)

Fischer, Kristian: Die Einwirkungen des europäischen auf das nationale Umweltrecht, in: JuS 1999, S. 320 ff. (zit.: *Fischer*, JuS 1999)

Flume, Werner: Allgemeiner Teil des Bürgerlichen Rechts, Zweiter Band, Das Rechtsgeschäft, 3. Auflage, Berlin / Heidelberg / New York 1979 (zit.: *Flume*, Das Rechtsgeschäft)

Forsthoff, Ernst: Lehrbuch des Verwaltungsrechts - Allgemeiner Teil -, 10. Auflage, München 1973 (zit.: *Forsthoff*, Verwaltungsrecht)

Frenz, Walter: Klimaschutz und Instrumentenwahl - Zum Stand nach der Konferenz von Den Haag und vor der Konferenz in Bonn, in: NuR 2001, S. 301 ff. (zit.: *Frenz*, NuR 2001)

ders.: Quoten, Zertifikate und Gemeinschaftsrecht - Am Beispiel einer Förderung der Kraft-Wärme-Kopplung, in: DVBl. 2001, S. 673 ff. (zit.: *Frenz*, DVBl. 2001)

ders.: Energiebeihilfen bei Abnahmegarantien zu Mindestpreisen und Selbstverpflichtungen, in: RdE 2002, S. 201 ff.

Friauf, Karl Heinrich: Öffentliche Sonderlasten und Gleichheit der Steuerbürger, in: Festschrift für Hermann Jahrreiß zum 80. Geburtstag, Köln / Berlin / Bonn / München 1974, S. 45 ff. (zit.: *Friauf*, Festschrift Jahrreiß)

ders.: Zur Zulässigkeit von aussersteuerlichen Sonderabgaben, in: Der Bürger als Objekt der staatlichen Finanzpolitik, Festschrift für Willy Haubrichs zum 65. Geburtstag, 2. Auflage, Bad Wörishofen 1977, S. 103 ff. (zit.: *Friauf*, Festschrift Haubrichs) *ders.*: Das Stromeinspeisungsgesetz als Mittel einer unzulässigen Zwangssubventionierung zu Lasten privater Unternehmen, in: ET 1995, S. 597 ff. (zit.: *Friauf*, ET 1995)

Gahlen, Klaus / Weiß, Ernst-Günter: Gewinnung und Verwertung von Grubengas und die sich daraus ergebenden Aufgabenstellungen für die Bergbehörde in NRW, in: Glückauf 2001, S. 532 ff. (zit.: *Gahlen/Weiß*, Glückauf 2001)

Garbe, Georg: Administrierte Preise als Steuerungselement, in: Peter Eichhorn / Theo Thiemeyer (Hrsg.), Finanzierung öffentlicher Unternehmen, Festschrift für Paul Münch, Baden-Baden 1979, S. 105 ff. (zit.: *Garbe*, Festschrift Münch)

Gebauer, Jochen / Wollenleit, Ulrich / Hack, Martin: Der EuGH und das Stromeinspeisungsgesetz: Ein neues Paradigma zum Verhältnis von Grundfreiheiten und Umweltschutz?, in: ZNER 1/2001, S. 12 ff. (zit.: *Gebauer/Wollenleit/Hack*, ZNER 1/2001)

Geiger, Rudolf: EG-Vertrag - Kommentar zu dem Vertrag zur Gründung der Europäischen Gemeinschaft, 2. Auflage, München 1995 (zit.: *Geiger*, EGV)

Gellermann, Martin: Das Stromeinspeisungsgesetz auf dem Prüfstand des Europäischen Gemeinschaftsrechts, in: DVBl. 2000, S. 509 ff. (zit.: *Gellermann*, DVBl. 2000)

Gent, Kai: Mindestpreise und Abnahmezwang als Beitrag zum Europäischen Umweltschutz?, Frankfurt a. M. 1999 (zit.: *Gent*, Mindestpreise)

ders.: Deutsches Stromeinspeisungsgesetz und Europäisches Wettbewerbsrecht, in: ET 1999, S. 854 ff. (zit.: *Gent*, ET 1999)

ders.: Beihilferechtliche Anforderungen an das Erneuerbare-Energien-Gesetz, in: ET 2000, S. 600 ff. (zit.: *Gent*, ET 2000)

ders.: Preiserhöhungen in laufenden Sonderkundenverträgen auf Grund des EEG und KWKG, in: RdE 2001, S. 50 ff. (zit.: *Gent*, RdE 2001)

Georgi, Hanspeter: Quo vadis KWK?, in: Kommunalwirtschaft 2000, 679 ff. (zit. *Georgi*, Kommunalwirtschaft 2000)

Germer, Christoph: Anspruch auf kostenlose Auskunft fraglich - Erneuerbare und die Offenlegung der Netzdaten: Wie weit reichen die Pflichten des Netzbetreibers?, in: ZfK 12/2001, S. 16 (zit.: *Germer*, ZfK 12/2001)

Gloy, Wolfgang: Handbuch des Wettbewerbsrechts, 2. Auflage, München 1997 (zit.: Gloy-*Bearbeiter*, Wettbewerbsrecht)

Grabitz, Eberhard: Der Grundsatz der Verhältnismäßigkeit in der Rechtsprechung des Bundesverfassungsgerichts, in: AöR 98 (1993), S. 568 ff. (zit.: *Grabitz*, AöR 98)

Grabitz, Eberhard / Hilf, Meinhard: Das Recht der Europäischen Union, Altband I (Maastrichter Fassung) und Band 1 (Amsterdamer Fassung), München 2000 (zit.: Grabitz/Hilf-*Bearbeiter*)

Graf Vitzthum, Wolfgang: Völkerrecht, Berlin / New York 1997, (zit.: Graf Vitzthum-*Bearbeiter*, Völkerrecht)

von der Groeben, Hans / Thiesing, Jochen / Ehlermann, Claus-Dieter (Hrsg.): Kommentar zum EU-/EG-Vertrag, Band 2/II, Artikel 88 - 102 EGV, 5. Auflage, Baden-Baden 1999 (zit.: G/T/E-*Bearbeiter*)

Haberzettel, Manfred V.: Zertifikathandel als neues Förderinstrument im Wettbewerb?, in: ET 2000, S. 639 ff. (zit.: *Haberzettel*, ET 2000)

Haubrich, Hans-Jürgen / Fritz, Wolfgang / Zimmer, Christian / von Sengbusch, Klaus / Kopp, Stefanie / Li, Feng: Grenzüberschreitende Übertragungskapazitäten und Engpässe im europäischen Stromnetz, in: ET 2002, S. 232 ff. (zit.: *Haubrich u.a.*, ET 2002)

Hebeisen, Michael W.: Staatszweck, Staatsziele, Staatsaufgaben, Chur / Zürich 1996 (zit.: *Hebeisen*, Staatszweck)

Heermann, Peter W.: Artikel 30 EGV im Lichte der „Keck“-Rechtsprechung: Anerkennung sonstiger Verkaufsmodalitäten und Einführung eines einheitlichen Rechtfertigungstatbestandes?, in: GRUR Int. 1999, S. 579 ff. (zit.: *Heermann*, GRUR Int. 1999)

von der Heide, Dirk: Das Verbot mengenmäßiger Beschränkungen und Maßnahmen gleicher Wirkung gemäß Art. 30 EWG-Vertrag, in: Manfred Dauses / Gisela Mevissen / Arsène Verny / Dirk von der Heide: Zur Umsetzung von EG-Recht, S. 141 ff., Wiesbaden 1994 (zit.: *von der Heide*, Art. 30 EWG-Vertrag)

von Heinegg, Wolff Heintschel: Vergütungspflichten nach §§ 3 und 4 des Gesetzes zum Schutz der Stromerzeugung aus Kraft-Wärme-Kopplung und §§ 3 ff. des Gesetzes für den Vorrang erneuerbarer Energien als öffentlich-rechtliche Abgaben, unveröffentlichtes Kurzgutachten (zit.: *von Heinegg*, Kurzgutachten)

ders.: Gemeinschaftsrechtliche Implikationen der Förderung der Stromerzeugung aus erneuerbaren Energien, in: Das neue Energierecht in der Bewährung, Festschrift zum 65. Geburtstag von Professor Dr. Jürgen F. Baur, Baden-Baden 2002, S. 117 ff. (zit.: *von Heinegg*, Festschrift Baur)

Heller, Wolfgang: Stromeinspeisungsgesetz bestätigt - europäisches Beihilferecht kein Allheilmittel gegen ordnungspolitische Fehlentwicklungen, in: GewArch 2001, S. 191 (zit.: *Heller*, GewArch 2001)

Henkin, Louis / Pugh, Richard Crawford / Schachter, Oscar / Smit, Hans: International Law, cases and materials, 3rd Edition, St. Paul 1993 (zit.: *Henkin/Pugh/Crawford/Schachter/ Smit*, International Law)

Hensing, Ingo / Pfaffenberger, Wolfgang / Ströbele, Wolfgang: Energiewirtschaft: Einführung in Theorie und Politik, München / Wien 1998 (zit.: *Hensing/Pfaffenberger/Ströbele*, Energiewirtschaft)

Herdegen, Matthias: Völkerrecht, München 2000 (zit.: *Herdegen*, Völkerrecht)

Hermes, Georg: Staatliche Infrastrukturverantwortung, Tübingen 1998 (zit.: *Hermes*, Infrastrukturverantwortung)

Herrmann, Bodo J.: Anwendungsprobleme des Stromeinspeisungsgesetzes, Veröffentlichungen des Instituts für Energierecht an der Universität zu Köln, Band 80, Baden-Baden 1996 (zit.: *Herrmann*, Anwendungsprobleme)

ders.: Zur Rechtsnatur von Stromlieferungsverträgen zwischen Elektrizitätsversorgungsunternehmen und Erzeugern erneuerbarer Energie, in: RdE 1998, S. 219 ff. (zit.: *Herrmann*, RdE 1998)

ders.: Das Kraft-Wärme-Kopplungsgesetz - Systematik, Anwendungsbereich und Grenzen, in: RdE 2000, S. 184 ff. (zit.: *Herrmann*, RdE 2000)

ders.: Der Anwendungsbereich des Kraft-Wärme-Kopplungsgesetzes, in: Bodo J. Herrmann / Andreas Klemm (Hrsg.), Das Gesetz zum Schutz der Stromerzeugung aus Kraft-Wärme-Kopplung in Wissenschaft und Praxis, S. 59 ff., Kölner Miszellen zum Energierecht, Heft 12, Baden-Baden 2001 (zit.: *Herrmann*, Der Anwendungsbereich des KWKG)

ders.: Das Recht der Stromeinspeisung in Deutschland, in: Das neue Energierecht in der Bewährung, Festschrift zum 65. Geburtstag von Professor Dr. Jürgen F. Baur, Baden-Baden 2002, S. 153 ff. (zit.: *Herrmann*, Festschrift Baur)

Herrmann, Bodo J. / Dick, Claudia: Die Bündelung der Stromnachfrage als kartell- und energierechtliches Problem, Veröffentlichungen des Instituts für Energierecht an der Universität zu Köln, Band 94, Baden-Baden 2000 (zit.: *Herrmann/Dick*, Bündelung der Stromnachfrage)

Herrmann, Bodo J. / Schweers, Elmar: Rechtsgrundlagen der Energiewirtschaft, Kölner Miszellen zum Energierecht, Sonderheft, 3. Auflage, Baden-Baden 2002 (zit.: *Herrmann/Schweers*, Rechtsgrundlagen)

Hesse, Karl: Grundzüge des Verfassungsrechts der Bundesrepublik Deutschland, 20. Auflage, Heidelberg 1995 (zit.: *Hesse*, Verfassungsrecht)

Hinsch, Andreas / Meier, Klaus: Netzanschluss und -kosten für Strom aus erneuerbaren Energien, in: ZNER 2002, S. 290 (zit.: *Hirsch/Meier*, ZNER 2002)

Hoffmann-Riem, Wolfgang: Vom Staatsziel Umweltschutz zum Gesellschaftsziel Umweltschutz, in: Die Verwaltung 1995, S. 425 ff. (zit.: *Hoffmann-Riem*, Die Verwaltung 1995) *ders.*: Umweltschutz als Gesellschaftsziel - illustriert an Beispielen aus der Energiewirtschaft, in: GewArch 1996, S. 1 ff. (zit.: *Hoffmann-Riem*, GewArch 1996)

Hölzer, Frank: Der Energiesektor zwischen Marktwirtschaft und öffentlicher Aufgabe, Köln / Berlin / Bonn / München 2000 (zit.: *Hölzer*, Energiesektor)

Hucko, Elmar Mathias: Zum Stromeinspeisungsgesetz, zum Verfassungsrecht als Nothelfer und zur Rechtskultur der alten Griechen, in: RdE 1995, S. 141 f. (zit.: *Hucko*, RdE 1995)

Ipsen, Hans Peter: Gesetzliche Indienstnahme Privater für Verwaltungsaufgaben, in: Um Recht und Gerechtigkeit, Festgabe für Erich Kaufmann zum 75. Geburtstag, Stuttgart / Köln 1950, S. 141 ff.(zit.: *Ipsen*, Festschrift Kaufmann)

Ipsen, Jörn: Stufentheorie und Übermaßverbot - zur Dogmatik des Art. 12 GG, in: JuS 1990, S. 634 ff. (zit.: *Ipsen*, JuS 1990)

Ipsen, Knut: Völkerrecht, 4. Auflage, München 1999 (zit.: *Ipsen*, Völkerrecht)

Iro, Stephan Philipp: Die Vereinbarkeit des Stromeinspeisungsgesetzes mit dem EG-Vertrag, in: RdE 1998, S. 11 ff. (zit.: *Iro*, RdE 1998)

Isensee, Josef / Kirchhof, Paul: Handbuch des Staatsrechts der Bundesrepublik Deutschland, Band I - Grundlagen von Staat und Verfassung, 2. Auflage, Heidelberg 1995 (zit.: Isensee/Kirchhof-*Bearbeiter*, HdbStaatsR I)

dies.: Handbuch des Staatsrecht der Bundesrepublik Deutschland, Band IV - Finanzverfassung - Bundesstaatliche Ordnung, Heidelberg 1990 (zit.: Isensee/Kirchhof-*Bearbeiter*, HdbStaatsR IV)

dies.: Handbuch des Staatsrechts der Bundesrepublik Deutschland, Band VI - Freiheitsrechte, Heidelberg 1989 (zit.: Isensee/Kirchhof-*Bearbeiter*, HdbStaatsR VI)

Jackel, Günther: Einspeisevergütung und Auslaufen der Konzessionsverträge - eine kritische Studie zu neueren Rechtsentwicklungen, in: Jürgen F. Baur (Hrsg.), Deregulierung und Regulierung durch nationales und europäisches Kartellrecht, Veröffentlichungen des Instituts für Energierecht an der Universität zu Köln, Band 71, Baden-Baden 1994, S. 31 ff. (zit.: *Jackel*, Einspeisevergütung)

Jarass, Hans D.: Richtlinienkonforme bzw. EG-rechtskonforme Auslegung nationalen Rechts, in: EuR 1991, S. 211 ff. (zit.: *Jarass*, EuR 1991)

Jarass, Hans D. / Pieroth, Bodo: Grundgesetz für die Bundesrepublik Deutschland, 5. Auflage, München 2000 (zit.: Jarass/Pieroth-*Bearbeiter*, GG)

Kahl, Wolfgang: Umweltprinzip und Gemeinschaftsrecht - Eine Untersuchung zur Rechtsidee des „bestmöglichen Umweltschutzes“ im EWG-Vertrag, Heidelberg 1993 (zit.: Kahl, Umweltprinzip und Gemeinschaftsrecht)

Karstens, Jan: Das novellierte Stromeinspeisungsgesetz und alternative Möglichkeiten der Förderung regenerativer Energien, in: ZUR 1999, S. 188 ff. (zit.: *Karstens*, ZUR 1999)

Kersting, Andreas / Hagmann, Joachim: Investitionssicherheit für nach dem EEG geförderte Anlagen, in: UPR 2001, S. 215 ff. (zit.: *Kersting/Hagmann*, UPR 2001)

Kirchhof, Paul: Die Sonderabgaben, in: Festschrift für Karl Heinrich Friauf zum 65. Geburtstag, Heidelberg 1996, S. 669 ff. (zit.: *Kirchhof*, Festschrift Friauf)

ders.: Der normative Halt, in: FAZ vom 8.5.2001, S. 11 (zit.: *Kirchhof*, FAZ vom 8.5.2001)

Klein, Franz: Abgabenordnung, 7. Auflage, München 2000 (zit.: *Klein*, AO)

Klemm, Andreas: Das Klimaprotokoll von Kyoto, in: RdE 1998, S. 133 ff. (zit.: *Klemm*, RdE 1998)

ders.: Das Ausschließlichkeitsprinzip des Erneuerbare-Energien-Gesetzes in der Praxis, in: ET 2001, S. 592 ff. (zit.: *Klemm*, ET 2001)

ders.: Die Kraft-Wärme-Kopplung im Spannungsfeld zwischen Wettbewerb und Klimaschutz, in: Bodo J. Herrmann / Andreas Klemm (Hrsg.): Das Gesetz zum Schutz der Stromerzeugung aus Kraft-Wärme-Kopplung in Wissenschaft und Praxis, S. 1 ff., Kölner Miszellen zum Energierecht, Heft 12, Baden-Baden 2001 (zit.: *Klemm*, Kraft-Wärme-Kopplung)

Klinger, Heinz: Das Stromeinspeisungsgesetz vom 14.12.1990 - ein ordnungspolitischer Sündenfall, in: Festschrift für Bodo Börner zum 70. Geburtstag, Köln / Berlin / Bonn / München 1992, S. 541 ff. (zit.: *Klinger*, Festschrift Börner)

Koch, Hans-Joachim / Schütte, Peter: Zur Verfassungsmäßigkeit des Stromeinspeisungsgesetzes, in: ZNER 1/1998, S. 3 ff. (zit.: *Koch/Schütte*, ZNER 1/1998)

Köck, Wolfgang: Die Sonderabgabe als Instrument des Umweltschutzes, Umweltrechtliche Studien, Band 11, Düsseldorf 1991 (zit.: *Köck*, Die Sonderabgabe)

Koenig, Christian / Kühling, Jürgen: Grundfragen des EG-Beihilfenrechts, in: NJW 2000, S. 1065 ff. (zit.: *Koenig/Kühling*, NJW 2000)

dies.: Das PreussenElektra-Urteil des EuGH: Freibrief für Abnahme- und Vergütungspflichten in der Energiewirtschaft, in: NVwZ 2001, S. 768 ff. (zit.: *Koenig/Kühling*, NVwZ 2001)

Köhler, Helmut / Piper, Henning: Gesetz gegen den unlauteren Wettbewerb mit Preisangabenverordnung - Kommentar, 3. Auflage, München 2002 (Köhler/Piper-*Bearbeiter*, UWG)

Koppensteiner, Hans-Georg: Zur Grundrechtsfähigkeit gemischtwirtschaftlicher Unternehmungen, in: NJW 1990, S. 3105 ff. (zit.: *Koppensteiner*, NJW 1990)

Kremser, Holger: Verfassungsrechtliche Fragen des Stromeinspeisungsgesetzes, in: AöR 121 (1996), S. 40 ff. (zit.: *Kremser*, AöR 121)

Krieger, Stephan: Die Anwendbarkeit des Stromeinspeisungsgesetzes auf Erzeugnisse der Land- und Forstwirtschaft, in: RdE 1993, 218 ff. (zit.: *Krieger*, RdE 1993)

Krzikalla, Norbert / Schrader, Knut / Lehmann, Simone: „Veredelter" EEG-Strom, in: ME 5-6/2001, S. 34 ff. (zit.: *Krzikalla/Schrader/Lehmann*, ME 5-6/2001)

Kübler, Knut: Glanz und Elend quantitativer Ziele in der Energiepolitik - Zur aktuellen Situation in der Europäischen Gemeinschaft, in: ZfE 2001, 67 ff. (zit.: *Kübler*, ZfE 2001)

Kühling, Jürgen: Von den Vergütungspflichten des Energieeinspeisungsgesetzes bis zur Dekkungsvorsorge des Atomgesetzes: Die deutsche Energierechtsordnung im Koordinatensystem des Europäischen Beihilfenrechts, in: RdE 2001, S. 93 ff. (zit.: *Kühling*, RdE 2001)

Kühne, Gunther: Anmerkung zu BVerfG, Beschluss der 3. Kammer des 1. Senats v. 1.5.1989 - 1 BvR 705/88 -, in: JZ 1990, S. 335 f. (zit.: *Kühne*, JZ 1990)

ders.: Anmerkung zu EuGH, Urteil vom 13.3.2001 - C-379/98 -, JZ 2001, S. 759 ff. (zit.: *Kühne*, JZ 2001)

Lackmann, Johannes: Erfahrungen von Erzeugern mit dem EEG, in: ZNER 2002, S. 146 ff. (zit.: *Lackmann*, ZNER 2002)

Langniß, Ole / Markard, Jochen: Grüner Strom und staatliche Förderung: Eine Analyse der Wechselwirkungen, in: ZfE 1999, S. 275 ff. (zit.: *Langniß/Markard*, ZfE 1999)

Larenz, Karl: Lehrbuch des Schuldrechts, Erster Band, Allgemeiner Teil, 14. Auflage, München 1987 (zit.: *Larenz*, Schuldrecht AT)

ders.: Lehrbuch des Schuldrechts, Zweiter Band, Besonderer Teil, 1. Halbband, 13. Auflage, München 1986 (zit.: *Larenz*, Schuldrecht BT II/1)

Larenz, Karl / Canaris, Claus-Wilhelm: Lehrbuch des Schuldrechts, Zweiter Band, Besonderer Teil, 2. Halbband, 13. Auflage, München 1994 (zit.: *Larenz/Canaris*, Schuldrecht BT II/2) *dies.*: Methodenlehre der Rechtswissenschaft, 3. Auflage, Berlin / Heidelberg / New York 1995, (zit.: *Larenz/Canaris*, Methodenlehre)

Larenz, Karl / Wolf, Manfred: Allgemeiner Teil des Bürgerlichen Rechts, 8. Auflage, München 1997 (zit.: *Larenz/Wolf*, BGB-AT)

Lecheler, Helmut: Anmerkung zu EuGH, Urteil vom 13.3.2001 - C-379/98 -, in: RdE 2001, 140 ff. (zit.: *Lecheler*, RdE 2001)

Leisner, Walter: Die Unzulässigkeit steuerlicher Fiskalprivilegien, in: BB 1970, S. 405 ff. (zit.: *Leisner*, BB 1970)

Loske, Annette: Die Förderung erneuerbarer Energien in der EU und ihre Auswirkung auf die Wettbewerbsfähigkeit der Industrie, in: VIK-Mitteilungen 4-2002, S. 70 ff. (zit.: *Loske*, VIK-Mitt. 2002)

Ludwig, Wolfgang / Odenthal, Hans / Hempel, Dietmar / Franke, Peter: Recht der Elektrizitäts-, Gas- und Wasserversorgung, Kommentar, Loseblatt, Neuwied / Kriftel, Stand: Dezember 2002 (zit.: Ludwig/Odenthal-*Bearbeiter*)

Madlener, Reinhard / Stagl, Sigrid: Quotenregelungen mit Zertifikathandel und garantierte Einspeisevergütungen für Ökostrom: Sozio-ökologisch-ökonomische Bewertung förderungswürdiger Technologien, in: ZfE 2001, S. 53 ff. (zit.: *Madlener/Stagl*, ZfE 2001)

von Mangoldt, Hermann / Klein, Friedrich / Starck, Christian: Das Bonner Grundgesetz, Band 1: Präambel, Artikel 1 bis 19, 4. Auflage, München 1999 (zit.: v. Mangoldt/ Klein/ Starck-*Bearbeiter*, GG)

Maunz, Theodor / Dürig, Günter: Grundgesetz, Loseblatt, Stand: Oktober 1999, München (zit.: Maunz/Dürig-*Bearbeiter*, GG)

Maurer, Hartmut: Allgemeines Verwaltungsrecht, 13. Auflage, München 2000 (zit.: *Maurer*, Verwaltungsrecht)

Meller, Eberhard: Erneuerbare Energien im liberalisierten Strommarkt, in: ew 24/1999, S. 8 f. (zit.: *Meller*, ew 24/1999)

Mengers, Heino: Novellierungs- bzw. Anpassungsmöglichkeiten des Stromeinspeisungsgesetzes (StrEG), in: ZNER 4/1998, S. 29 ff. (zit.: *Mengers*, ZNER 4/1998)

ders.: Zu den Pflichten nach § 3 Erneuerbare-Energien-Gesetz, in: ZNER 1/2001, S. 45 f. (zit.: *Mengers*, ZNER 1/2001)

Menges, Roland: Staatlich garantierte Preise oder regenerativer Quotenhandel?, in: ET 1998, S. 687 ff. (zit.: *Menges*, ET 1998) *ders.*: Zur Ausgestaltung der zukünftigen energiepolitischen Handlungsspielräume des Staates - Förderung der erneuerbaren Energien durch Einspeise- oder Quotenregelungen?, in: ZNER 4/1998, S. 18 ff. (zit.: *Menges*, ZNER 4/1998)

Menzel, Hans-Joachim: Das Konzept der „nachhaltigen Entwicklung - Herausforderung an Rechtssetzung und Rechtsanwendung, in: ZRP 2001, S. 221 ff. (zit.: *Menzel*, ZRP 2001)

Mestmäcker, Ernst-Joachim: Vereinbarkeit von Preisregelungen auf dem Arzneimittelmarkt mit dem Recht der Europäischen Wirtschaftsgemeinschaft, Baden-Baden 1979 (zit.: *Mestmäcker*, Preisregelungen auf dem Arzneimittelmarkt)

Millarg, Ivo: Die Schranken des freien Warenverkehrs in der EG - Systematik und Zusammenwirken von Cassis-Rechtsprechung und Art. 30 EG-Vertrag, Baden-Baden 2001 (zit.: *Millarg*, Schranken des Warenverkehrs)

Modlich, Joachim Johannes: Nationale Infrastrukturmaßnahmen und Art. 92 Abs. 1 EGV, Köln / Berlin / Bonn / München 1996 (zit.: *Modlich*, Infrastrukturmaßnahmen)

Moench, Christoph / Corino, Carsten: Noch einmal: Preiserhöhungen auf Grund des EEG und des KWKG, in: RdE 2002, S. 124 ff. (zit.: *Moench/Corino*, RdE 2002)

Müller, Leonhard: Handbuch der Elektrizitätswirtschaft: technische, wirtschaftliche und rechtliche Grundlagen, Heidelberg 1998 (zit.: *Müller*, Handbuch der Elektrizitätswirtschaft)

Müller-Graff, Peter-Christian: Wettbewerbsbeschränkung durch Gesetz: Preisbindungspflicht bei Büchern - Zum Leclerc-Urteil des EuGH vom 10.1.1985 -, in: EuR 1985, S. 293 ff. (zit.: *Müller-Graff*, EuR 1985)

ders.: Die Erscheinungsformen der Leistungssubventionstatbestände aus wirtschaftlicher Sicht, in: ZHR 152 (1988), S. 403 ff. (zit.: *Müller-Graff*, ZHR 152)

von Münch, Ingo / Kunig, Philip: Grundgesetz-Kommentar, Band 1 (Präambel bis Art. 19), 5. Auflage, München 2000 (zit.: v. Münch/Kunig-*Bearbeiter*, GG)

Münchener Kommentar zum Bürgerlichen Gesetzbuch, Band 1, Allgemeiner Teil (§§ 1 - 240), AGB-Gesetz, 3. Auflage, München 1993; Band 2, Schuldrecht, Allgemeiner Teil (§§ 241 - 432), 3. Auflage, München 1994 (zit.: MünchKomm-*Bearbeiter*, BGB)

Mussgnug, Reinhard: Die zweckgebundene öffentliche Abgabe, in: Festschrift für Ernst Forsthoff zum 70. Geburtstag, München 1972, S. 259 ff. (zit.: *Mussgnug*, Festschrift Forsthoff)

Mutschler, Ulrich: Stromeinspeisung und ihre Vergütung - Ordnungspolitische Überlegungen -, in: RdE 1995, S. 12 ff. (zit.: *Mutschler*, RdE 1995)

Mutzbauer, Norbert: Die hoheitliche Gestaltung privatrechtlich vereinbarter Preise durch Rechtsvorschriften und Verwaltungsentscheidungen, München 1988 (zit.: *Mutzbauer*, Hoheitliche Gestaltung privatrechtlich vereinbarter Preise)

Nagel, Bernhard: EU-Gemeinschaftsrecht und nationales Gestaltungsrecht - Entspricht das EEG den Vorgaben des Gemeinschaftsrechts?, in: ZNER 1/2000, S. 3 ff. (zit.: *Nagel*, ZNER 1/2000)

Neumann-Mahlkau, Peter: Treibhaus oder Kühlhaus? - Das Klima der Erde, in: ET 1/2 2002, S. 96 ff. (zit.: *Neumann-Mahlkau*, ET 2002)

Niedersberg, Jörg: Nachbarschutz bei der Errichtung und dem Betrieb von Windenergieanlagen, in: ZNER 2/1998, S. 19 ff. (zit.: *Niedersberg*, ZNER 2/1998)

ders.: Das Gesetz für den Vorrang erneuerbarer Energien (Erneuerbare-Energien-Gesetz, EEG), in: NVwZ 2001, S. 21 ff. (zit.: Niedersberg, NVwZ 2001)

Nill-Theobald, Christiane / Theobald, Christian: Grundzüge des Energiewirtschaftsrechts: die Liberalisierung der Strom- und Gaswirtschaft, München 2001 (zit.: *Nill-Theobald/ Theobald*, Energiewirtschaftsrecht)

Nipperdey, Hans Carl: Kontrahierungszwang und diktierter Vertrag, Jena 1920 (zit.: *Nipperdey*, Kontrahierungszwang)

Novak, Meinhard: Ungleichbehandlung von ausländischen Produkten oder Dienstleistungen - Einheitlicher Rechtfertigungstatbestand im EG-Vertrag, in: DB 1997, S. 2589 ff. (zit.: *Novak*, DB 1997)

Obernolte, Wolfgang / Danner, Wolfgang: Energiewirtschaftsrecht, Loseblatt, Stand: Mai 2000, München (zit.: Obernolte/Danner-*Bearbeiter*, Energiewirtschaftsrecht)

Oliver, Peter: Some Reflections on the Scope of Articles 28-30 (ex 30-36) EC, in: CMLR 1999, S. 783 ff. (zit.: *Oliver*, CMLR 1999)

Oppermann, Thomas: Europarecht, 2. Auflage, München 1999 (zit.: *Oppermann*, Europarecht)

Oschmann, Volker: Das Gesetz für den Vorrang Erneuerbarer Energien, in: ET 2000, S. 460 ff. (zit.: *Oschmann*, ET 2000)

ders.: Scheitert die europäische Richtlinie für Erneuerbare Energien an der Rechtsgrundlage? Ein Beitrag zur Abgrenzung von Art. 95 EGV und Art. 175 EGV, in: ZNER 2/2001, S. 84 ff. (zit.: *Oschmann*, ZNER 2/2001) *ders.*: Strom aus erneuerbaren Energien im Europarecht - Die Richtlinie 2001/77EG des Europäischen Parlaments und des Rates zur Förderung der Srtromerzeugung aus erneuerbaren Energiequellen im Elektrizitätsbinnenmarkt, Baden-Baden 2002 (zit.: *Oschmann*, Strom aus erneuerbaren Energien)

Ossenbühl, Fritz: Verfassungsrechtliche Fragen des Stromeinspeisungsgesetzes, in: ET 1996, S. 97 ff. (zit.: *Ossenbühl*, ET 1996)

ders.: Zur Verfassungswidrigkeit der Vergütungsregelung des Stromeinspeisungsgesetzes, RdE 1997, S. 46 ff. (zit.: *Ossenbühl*, RdE 1997)

Palandt, Otto: Bürgerliches Gesetzbuch, 61. Auflage, München 2002 (zit.: Palandt-*Bearbeiter*)

Palic, Markus: Auswirkungen auf den Strompreis in Deutschland, in: ew 3/2002 S. 70 ff. (zit.: *Palic*, ew 3/2002)

Pestalozza, Christian: „Formenmißbrauch" des Staates, Münchener Universitätsschriften, Band 28, München 1973 (zit.: *Pestalozza*, Formenmißbrauch)

Peters, Hans: Öffentliche und staatliche Aufgaben, in: Festschrift für Hans Carl Nipperdey zum 70. Geburtstag, Band II, München 1965, S. 877 ff. (zit.: *Peters*, Festschrift Nipperdey)

Petschke, Matthias: Die Warenverkehrsfreiheit in der neuesten Rechtsprechung des EuGH, in: EuZW 1994, S. 107 ff. (zit.: *Petschke*, EuZW 1994)

Pieroth, Bodo / Schlinck, Bernhard: Grundrechte, Staatsrecht II, 17. Auflage, Heidelberg 2001 (zit.: *Pieroth/Schlinck*, Staatsrecht II)

Pohlmann, Mario: Rechtsprobleme der Stromeinspeisung nach dem Stromeinspeisungsgesetz, Köln/Berlin/Bonn/München 1995 (zit.: *Pohlmann*, Rechtsprobleme)

ders.: Anwendungsprobleme des Stromeinspeisungsgesetzes - Geltungsbereich, Anschlußund Netzverstärkungskosten, in: RdE 1997, S. 93 ff. (zit. *Pohlmann*, RdE 1997)

ders.: Der Streit um das Stromeinspeisungsgesetz vor dem Grundgesetz, in: NJW 1997, S. 545 ff. (zit.: *Pohlmann*, NJW 1997)

Praetorius, Barbara / Ziesing, Hans-Joachim: Quotenmodell für Kraft-Wärme-Kopplung mit handelbaren Zertifikaten, in: ZfE 2001, S. 107 ff. (zit.: *Praetorius/Ziesing*, ZfE 2001)

Pünder, Hermann: Die Förderung alternativer Energiequellen durch das Stromeinspeisungsgesetz auf dem Prüfstand des europäischen Gemeinschaftsrechts, in: NVwZ 1999, S. 1059 ff. (zit.: *Pünder*, NVwZ 1999)

Püttner, Günter: Die öffentlichen Unternehmen - Ein Handbuch zu Verfassungs- und Rechtsfragen der öffentlichen Wirtschaft, 2. Auflage, Stuttgart / München / Hannover 1985 (zit.: *Püttner*, Die öffentlichen Unternehmen)

Raabe, Marius / Meyer, Niels: Das Erneuerbare-Energien-Gesetz, in: NJW 2000, S. 1298 ff. (zit.: *Raabe/Meyer*, NJW 2000)

Ranzini, Gianluca: Astronomie, Klagenfurt 2000 (zit.: *Ranzini*, Astronomie)

Reinholz, Hans: Die rechtliche Einordnung des Energielieferungsvertrages, in: RdE 1999, S. 64 ff. (zit.: *Reinholz*, RdE 1999)

Richter, Stefan K.: Grenzen der wirtschaftlichen Förderung regenerativer Stromeinspeisungen in Deutschland, Stuttgart / München / Hannover / Berlin / Weimar / Dresden 2000 (zit.: *Richter*, Stromeinspeisungen)

Ritgen, Klaus: Stromeinspeisungsgesetz und europäisches Beihilfenrecht, in: RdE 1999, S. 176 ff. (zit.: *Ritgen*, RdE 1999)

Rosin, Peter / Elspas, Maximilian: Das neue Kraft-Wärme-Kopplungsgesetz, in: RdE 2002, S. 174 ff. (zit.: *Rosin/Elspas*, RdE 2002)

dies.: Energieversorgungsunternehmen kann belastende Kosten nach EEG und KWK-G nicht auf Gewerbekunden abwälzen, in: BB 2002, S. 1773 f. (zit.: *Rosin/Elspas*, BB 2002)

Ruge, Reinhard: Anmerkung zu EuGH, Urteil vom 13.3.2001 - Rs. C-379/98 - (PreussenElektra AG/Schleswag AG), in: EuZW 2001, S. 247 f. (zit.: *Ruge*, EuZW 2001)

ders.: Das Beihilfe-Merkmal der staatlichen Zurechenbarkeit in der Rechtsprechung des EuGH am Beispiel des Stromeinspeisungsgesetzes, in: WuW 2001, S. 560 ff. (zit.: *Ruge*, WuW 2001)

Rupp, Jürgen-Johann: Rechtliche Rahmenbedingungen für Umweltvereinbarungen und ihre Anwendung auf die Energiewirtschaft, in: Gunther Kühne / Wolfgang Straßburg / Hans-Peter Hermann / Jürgen-Johann Rupp: Wettbewerb - Bestandsschutz - Umweltschutz, Baden-Baden 1997, S. 51 ff. (zit.: *Rupp*, Umweltvereinbarungen)

Rüthers, Bernd: Rechtstheorie, München 1999 (zit.: *Rüthers*, Rechtstheorie)

Sachs, Michael: Grundgesetz, 3. Auflage, München 2003 (zit.: Sachs-*Bearbeiter*, GG)

Sack, Rolf: Auswirkungen der Art. 30, 36 und 59 ff. EG-Vertrag auf das Recht gegen unlauteren Wettbewerb, in: GRUR 1998, S. 871 ff. (zit.: *Sack*, GRUR 1998)

ders.: Staatliche Wettbewerbsbeschränkungen und die Art. 30 und 59 EG, in: WRP 1998, S. 103 ff. (zit.: *Sack*, WRP 1998)

Salje, Peter: Schuldnerwechsel als unbillige Härte?, in: ET 1996, S. 171 ff. (zit.: *Salje*, ET 1996)

ders.: Der Durchleitungsvertrag, in: RdE 1998, S. 169 ff. (zit.: *Salje*, RdE 1998)

ders.: Die Vereinbarkeit des Stromeinspeisungsgesetzes mit dem EG-Vertrag, in: RIW 1998, S. 186 ff. (zit.: *Salje*, RIW 1998)

ders.: Stromeinspeisungsgesetz: Gesetz über die Einspeisung von Strom aus erneuerbaren Energien in das öffentliche Netz , Köln / Berlin / Bonn / München 1999 (zit.: *Salje*, StrEG)

ders.: Das neue Recht der Stromeinspeisung, in: Versorgungswirtschaft 2000, S. 173 ff. (zit.: *Salje*, Versorgungswirtschaft 2000)

ders.: Erneuerbare-Energien-Gesetz: Gesetz für den Vorrang Erneuerbarer Energien, 2. Auflage, Köln / Berlin / Bonn / München 2000 (zit.: *Salje*, EEG)

ders.: Vorrang für Erneuerbare Energien - Das neue Recht der Stromeinspeisung -, in: RdE 2000, S. 125 ff. (zit.: *Salje*, RdE 2000)

ders.: Kraft-Wärme-Kopplungsgesetz: Gesetz zum Schutz der Stromerzeugung aus Kraft-Wärme-Kopplung (KWK-G), Köln / Berlin / Bonn / München 2001 (zit.: *Salje*, KWKG)

ders.: Netzverträglichkeitsprüfung und Anspruch auf Anschluss regenerativer Energieerzeugungsanlagen, in: Versorgungswirtschaft 2001, S. 225 ff. (zit.: *Salje*, Versorgungswirtschaft 2001)

Schaefer, Helmut (Hrsg.): VDI-Lexikon Energietechnik, Düsseldorf 1994 (zit.: *Schaefer*, Energietechnik)

Scheer, Hermann: EU-Einspeiserichtlinie und Einspeisegesetze für Erneuerbare Energien versus Einführungsquoten, in: ZNER 2/1998, S. 3 ff. (zit.: *Scheer*, ZNER 2/1998)

Schmidt-Aßmann, Eberhard: Der Grundrechtsschutz gemischt-wirtschaftlicher Unternehmen nach Art. 19 Abs. 3 GG, in: BB, Beilage 34 zu Heft 27/1990 (zit.: *Schmidt-Aßmann*, BB 1990, Beil. 34)

Schmidt-Bleibtreu, Bruno / Klein, Franz: Kommentar zum Grundgesetz, 9. Auflage, Neuwied / Kriftel 1999 (zit.: *Schmidt-Bleibtreu/Klein*, GG)

Schmitz, Erich: Die Nichtgewährung von Einspeisevergütungen in Höhe der Vorlieferantenpreise - Eine unbillige Behinderung i.S.d. GWB? -, in: RdE 1990, S. 110 ff. (zit.: *Schmitz*, RdE 1990)

Scholz, Rupert: Die Vergütungsregelung des Stromeinspeisungsgesetzes als Mittel verfassungsmäßiger Wirtschaftslenkung und Umweltpolitik, in: ET 1995, S. 600 ff. (zit.: *Scholz*, ET 1995)

Schorkopf, Frank: Die „vereinbarte" Novellierung des Atomgesetzes, in: NVwZ 2000, S. 1111 ff. (zit.: *Schorkopf*, NVwZ 2000)

Schulte-Beckhausen, Sabine: Stromhandel - Möglichkeiten und Grenzen im neuen europäischen und nationalen Ordnungsrahmen für Energie, in: RdE 1999, S. 51 ff. (zit.: *Schulte-Beckhausen*, RdE 1999)

Schulz, Wolfgang: Die Förderung erneuerbarer Energiearten in Deutschland und bestehende Potentiale in: Wolfgang Pfaffenberger / Heinz Strebel: Ökonomische Energienutzung, München / Wien 1999, S. 127 ff. (zit.: *Schulz*, Förderung erneuerbarer Energiearten)

Schulz-Jander, Rüdiger: Problematik des Stromeinspeisungsgesetzes aus Sicht der Versorgungsunternehmen, in: ew 1999, S. 64 ff. (zit.: *Schulz-Jander*, ew 1999)

Schwarze, Jürgen (Hrsg.): EU-Kommentar, Baden-Baden 2000 (zit.: Schwarze-*Bearbeiter*)

Schweers, Elmar: Vertragsbeziehungen und Haftung im novellierten Energiewirtschaftsrecht, Veröffentlichungen des Instituts für Energierecht an der Universität zu Köln, Band 97, Baden-Baden 2001 (zit.: *Schweers*, Vertragsbeziehungen)

Schwerdtfeger, Gunther: Öffentliches Recht in der Fallbearbeitung, 10. Auflage, München 1997 (zit.: *Schwerdtfeger*, Öffentliches Recht)

Soergel, Hans Theodor: Bürgerliches Gesetzbuch mit Einführungsgesetzen und Nebengesetzen, Band 6, Sachenrecht (§§ 854 - 1296), 12. Auflage, Stuttgart 1990 (zit.: Soergel-*Bearbeiter*, BGB)

Soltész, Ulrich: Die „Belastung des Staatshaushalts" als Tatbestandsmerkmal einer Beihilfe i.S. des Art. 92 I EGV, in: EuZW 1998, S. 747 ff. (zit.: *Soltész*, EuZW 1998)

Soria, José Martínez: Anmerkung zu EuGH, Urteil vom 13.3.2001 - C-379/98 -, DVBl. 2001, S. 882 ff. (zit.: *Soria*, DVBl. 2001)

Staiß, Frithjof: Jahrbuch Erneuerbare Energien 2001, Radebeul 2001 (zit.: *Staiß*, Jahrbuch Erneuerbare Energien)

Starke, Jochen: Die Zulässigkeit der Weitergabe von Belastungen aus EEG und KWK-Gesetz im Rahmen Allgemeiner Geschäftsbedingungen, in: Peter Becker / Christian Held / Martin Riedel / Christian Theobald: Energiewirtschaft im Aufbruch: Analysen - Szenarien - Strategien, Köln 2001, S. 411 ff. (zit.: *Starke*, Weitergabe von Belastungen)

Steeg, Helga: Energie und Umwelt - Langfristige Risiken und Strategien -, in: RdE 1998, S. 129 ff. (zit.: *Steeg*, RdE 1998)

Stoltenberg, Klaus: Das 100000-Dächer-Solarprogramm, in: ew 24/1999, S. 52 ff. (zit.: *Stoltenberg*, ew 24/1999)

Streinz, Rudolf: Europarecht, 2. Auflage, Heidelberg 1995 (zit.: *Streinz*, Europarecht, 2. Aufl.)

ders.: Europarecht, 5. Auflage, Heidelberg 2001 (zit.: *Streinz*, Europarecht)

Studenroth, Stefan: Verfassungswidrigkeit des Stromeinspeisungsgesetzes?, in: DVBl. 1995, S. 1216 ff. (zit.: *Studenroth*, DVBl. 1995)

Tauber, Clemens: Energie- und volkswirtschaftliche Aspekte der Windenergienutzung in Deutschland, in: ET 2002, S. 818 ff. (zit.: *Tauber*, ET 2002)

Taupitz, Jochen: Haftung der Versorgungsunternehmen für Folgen einer Energieleiterunterbrechung, in: BB 1982, S. 769 ff. (zit.: *Taupitz*, BB 1982)

Tegethoff, Wilm / Büdenbender, Ulrich / Klinger, Heinz: Das Recht der öffentlichen Energieversorgung, Kommentar, Loseblatt, Stand: Juni 2000, Essen (zit.: Tegethoff/ Büdenbender/Klinger)

Tettinger, Peter J.: Das Grundrecht der Berufsfreiheit in der Rechtsprechung des Bundesverfassungsgerichts, in: AöR 108 (1983), S. 92 ff. (zit.: *Tettinger*, AöR 108)

ders.: Besonderes Verwaltungsrecht/1, 4. Auflage, Heidelberg 1995 (zit.: *Tettinger*, Besonderes Verwaltungsrecht)

ders.: Recht der Energiewirtschaft, in: Reiner Schmidt (Hrsg.), Öffentliches Wirtschaftsrecht, Besonderer Teil 1, S. 691 ff., Berlin / Heidelberg / New York 1995, (zit.: *Tettinger*, Recht der Energiewirtschaft)

ders.: Die rechtliche Ausgestaltung von Public Private Partnership, in: DÖV 1996, S. 764 ff. (zit.: *Tettinger*, DÖV 1996)

ders.: Zur Stärkung der ökologischen Dimension der Elektrizitätswirtschaft - dargestellt unter besonderer Berücksichtigung der deutschen Förderung erneuerbarer Energiequellen und der Kraft-Wärme-Kopplung (KWK) -, in: Klaus Peter Dolde (Hrsg.): Umweltrecht im Wandel: Bilanz und Perspektiven aus Anlass des 25-jährigen Bestehens der Gesellschaft für Umweltrecht (GfU), Berlin 2001, S. 949 ff. (zit.: *Tettinger*, Zur Stärkung der ökologischen Dimension der Elektrizitätswirtschaft)

Theobald, Christian: Verfassungsmäßigkeit des Stromeinspeisungsgesetzes, in: NJW 1997, S. 550 ff. (zit.: *Theobald*, NJW 1997)

Timpe, Christof / Fritsche, Uwe R.: Ein Gütesiegel für zertifizierten Ökostrom, in: ET 1999, S. 730 ff. (zit.: *Timpe/Fritsche*, ET 1999)

Traube, Klaus / Riedel, Martin: Quoten-/Zertifikatsmodell zur Förderung des Ausbaus der Elektrizitätserzeugung in Kraft-Wärme-Kopplung, in: ZNER 2/1998, S. 25 ff. (zit.: *Traube/Riedel*, ZNER 2/1998)

Treffer, Christian: Zur Verfassungswidrigkeit des Stromeinspeisungsgesetzes, in: UPR 1996, S. 128 ff. (zit.: *Treffer*, UPR 1996)

Troost, Georg: Zur Auswirkung der Abnahme- und Vergütungspflichten aus EEG und KWKG auf bereits bestehende Stromlieferungsverträge: Preiserhöhung als Folge zusätzlicher Abgaben oder Verpflichtung zu Anpassungsverhandlungen?, in: RdE 2001, S. 205 ff. (zit.: *Troost*, RdE 2001)

Ulmer, Peter / Brandner, Hans Erich / Hensen, Horst-Diether / Schmidt, Harry: AGB-Gesetz: Kommentar zum Gesetz zur Regelung des Rechts der allgemeinen Geschäftsbedingungen, 9. Auflage, Köln 2000 (zit.: Ulmer/Brandner/Hensen/Schmidt-*Bearbeiter*, AGBG)

Verband der industriellen Energie- und Kraftwirtschaft e.V. - VIK: Kurzgutachten des VIK Verband der industriellen Energie- und Kraftwirtschaft e.V. zur Frage der zulässigen Weitergabe der EEG- und KWK-Mehrbelastungen als öffentlich-rechtliche Abgaben an die stromverbrauchende Wirtschaft, unveröffentlicht (zit.: *VIK*, Kurzgutachten)

Vereinigung Deutscher Elektrizitätswerke - VDEW - e.V. (Hrsg): Stromeinspeisungsgesetz 1998 - Kommentar zur Neuregelung des StrEG 1998, Frankfurt a.M. 1998 (zit.: VDEW-*Bearbeiter*, StrEG 1998)

dies.: Strommarkt Deutschland 1998, Frankfurt a.M. 1999 (zit.: *VDEW*, Strommarkt 1998)

dies.: Strommarkt Deutschland 2000, Frankfurt a.M. 2000 (zit.: *VDEW*, Strommarkt 2000)

Verlags- und Wirtschaftsgesellschaft der Elektrizitätswerke m.b.H. - VWEW (Hrsg.): Energiewirtschaftsgesetz 1998, Frankfurt a. M. 1999 (zit.: VWEW-*Bearbeiter*, EnWG)

Vinnen, Bodo: Rechtsprobleme der Nutzung regenerativer Energien (Sonne, Wind, Wasser) zur Stromerzeugung, Dissertation, Darmstadt 1998 (zit.: *Vinnen*, Rechtsprobleme der Nutzung regenerativer Energien)

Vogel Klaus, Der räumliche Anwendungsbereich der Verwaltungsrechtsnorm - Eine Untersuchung über die Grundfragen des sogenannten Internationalen Verwaltungs- und Steuerrechts, Frankfurt a.M. 1965 (zit.: Vogel, Anwendungsbereich der Verwaltungsrechtsnorm)

Vykydal, Swen: Der unmittelbare Kontrahierungszwang im deutschen Recht - unter besonderer Berücksichtigung des § 2 StromeinspeisungsG, in: JA 1996, S. 81 ff. (zit.: *Vykydal*, JA 1996) *ders.*: Privatautonomie und Kontrahierungszwang, in: JuS 1996, S. L 33 ff. (zit.: *Vykydal*, JuS 1996)

Wagner, Eberhard: Regenerative Energien - Bewertungs-, Einheiten- und Zuordnungsprobleme, in: ew 1993, S. 420 ff. (zit.: *Wagner*, ew 1993)

Wassermann, Rudolf (Hrsg.): Kommentar zum Grundgesetz für die Bundesrepublik Deutschland in zwei Bänden, Reihe Alternativkommentare, 2. Auflage, Neuwied / Frankfurt 1989 (zit.: AK-*Bearbeiter*, GG, 2. Aufl.)

Weiher, Birgit: Nationaler Umweltschutz und internationaler Warenverkehr, Baden-Baden 1997 (zit.: *Weiher*, Nationaler Umweltschutz)

Weißenborn, Christoph: Rechtliche Fragestellungen zum Zuschlagsmodell, in: Neuere Entwicklungen zur KWK-Förderung, Energie im Dialog Band 1, S. 8-1 ff., Frankfurt 2002 (zit.: *Weißenborn*, Zuschlagsmodell)

Wiedemann, Gerhard: Handbuch des Kartellrechts, München 1999 (zit.: Wiedemann-*Bearbeiter*, Kartellrecht)

von Wilmowsky, Peter: Abfallwirtschaft im Binnenmarkt - Europäische Probleme und amerikanische Erfahrungen, Düsseldorf 1990 (zit.: *von Wilmowsky*, Abfallwirtschaft)

ders.: Abfall und freier Warenverkehr: Bestandsaufnahme nach dem EuGH-Urteil zum wallonischen Einfuhrverbot, in: EuR 1992, S. 414 ff. (zit.: *von Wilmowsky*, EuR 1992)

Witthohn, Alexander / Smeddinck, Ulrich: Die EuGH-Rechtsprechung zum Stromeinspeisungsgesetz - ein Beitrag zum Umweltschutz?, in: ET 2001, S. 466 ff. (zit.: *Witthohn/ Smeddinck*, ET 2001)

Wolf, Rainer: Gehalt und Perspektiven des Art. 20 a GG, in: KritV 1997, S. 280 ff. (zit.: *Wolf*, KritV 1997)

Zimmermann, Norbert: Zur Grundrechtssubjektivität kommunaler Energieversorgungsunternehmen - BVerfG, NJW 1990, 1783, in: JuS 1991, S. 294 ff. (zit.: *Zimmermann*, JuS 1991)

ders.: Der grundrechtliche Schutzanspruch juristischer Personen des öffentlichen Rechts, München 1993 (zit.: *Zimmermann*, Schutzanspruch juristischer Personen)

Zinow, Bernd-Michael: Rechtsprobleme der grenzüberschreitenden Durchleitung von Strom in einem EG-Binnenmarkt für Energie, Frankfurt a.M. / Bern / New York / Paris 1991 (zit.: *Zinow*, Rechtsprobleme der grenzüberschreitenden Durchleitung von Strom)

ders.: Verfassungsrechtliche Problematik des Stromeinspeisungsgesetzes, in: ew 1995, S. 1085 ff. (zit.: *Zinow*, ew 1995)

Peter Lang · Europäischer Verlag der Wissenschaften

Stefan Tüngler

Der Netzzugang in der Elektrizitätswirtschaft auf der Grundlage des Energiewirtschaftsgesetzes (EnWG)

Frankfurt am Main, Berlin, Bern, Bruxelles, New York, Oxford, Wien, 2002.
XX. 280 S.
Europäische Hochschulschriften: Reihe 2, Rechtswissenschaft. Bd. 3355
ISBN 3-631-39028-9 · br. € 51.50*

Die rechtlichen Rahmenbedingungen für die Elektrizitätswirtschaft haben sich in den letzten Jahren grundlegend geändert. An erster Stelle steht die wettbewerbsorientierte Umgestaltung des energiewirtschaftlichen Ordnungssystems durch das Gesetz zur Neuregelung des Energiewirtschaftsrechts vom 24.04.1998. Neben der durch die Aufhebung der kartellrechtlichen Freistellungstatbestände (§§ 103, 103 a GWB a.F.) ermöglichten Alternative des freien Leitungsbaues hat die Energierechtsnovelle die Stromversorgungsnetze mittels Durchleitungsrechten auch Wettbewerbern zugänglich gemacht (§§ 5 ff EnWG). Nach der dogmatischen Herleitung des Anspruchs auf Mitbenutzung fremder Elektrizitätsversorgungsnetze werden Inhalt und Grenzen dieses Anspruchs untersucht.

Aus dem Inhalt: Der Netzzugang in der Elektrizitätswirtschaft · Inhalt und Grenzen des Anspruchs aus § 6 EnWG

Frankfurt am Main · Berlin · Bern · Bruxelles · New York · Oxford · Wien
Auslieferung: Verlag Peter Lang AG
Moosstr. 1, CH-2542 Pieterlen
Telefax 00 41 (0) 32 / 376 17 27

*inklusive der in Deutschland gültigen Mehrwertsteuer
Preisänderungen vorbehalten

Homepage http://www.peterlang.de

Kolibri 360 GmbH
Ferdinand-Jühlke-Straße 7
99095 Erfurt, Deutschland
produktsicherheit@kolibri360.de

Druck:
CPI Druckdienstleistungen GmbH
im Auftrag der
Kolibri 360 GmbH
Ferdinand-Jühlke-Str. 7
99095 Erfurt